中国深层油气形成与分布规律丛书

金之钧　主编

沉积盆地流体活动与成储效应

朱东亚　刘全有　王静彬　等　著

科　学　出　版　社

北　京

内 容 简 介

我国含油气盆地深层碳酸盐岩经历复杂多期多类型成岩流体溶蚀改造作用，流体活动与构造/断裂作用密切相关，存在抬升-大气水岩溶、断裂-热液、沉降埋藏-有机成岩流体溶蚀改造作用。依据野外和岩心观察、室内测试分析、实验数值模拟等，开展不同流体属性类型识别，厘定碳酸盐岩储层流体溶蚀改造动态过程，明确深层-超深层储层发育控制因素，提出有利相带奠定基础、断裂-流体改造优化拓展、深埋环境有效保持的储层发育与保持机理，建立不同流体作用下储层发育地质模式，明确万米深层有效储集体类型。

本书适合从事碳酸盐岩油气勘探研究人员和研究生阅读参考。

审图号：GS京（2025）0264号

图书在版编目（CIP）数据

沉积盆地流体活动与成储效应 / 朱东亚等著. --北京 ：科学出版社，2025.2

（中国深层油气形成与分布规律丛书）

ISBN 978-7-03-077233-6

Ⅰ. ①沉… Ⅱ. ①朱… Ⅲ. ①沉积盆地-油气藏形成-研究 Ⅳ. ①P618.130.2

中国国家版本馆CIP数据核字(2023)第244947号

责任编辑：孟美岑/ 责任校对：何艳萍

责任印制：肖　兴 / 封面设计：无极书装

科学出版社出版

北京东黄城根北街16号

邮政编码：100717

http://www.sciencep.com

北京建宏印刷有限公司印刷

科学出版社发行　各地新华书店经销

*

2025年2月第　一　版　开本：787×1092　1/16

2025年2月第一次印刷　印张：15

字数：356 000

定价：218.00元

（如有印装质量问题，我社负责调换）

丛书编委会

丛书序

深层油气是中国油气资源战略接替的三大领域（深层、海域、非常规）之一。但深层高温、高压及复杂地应力给油气勘探实践带来了巨大挑战。首先，在油气地质方面，海相深层往往经历多期盆地原型叠合，发育了多套油气成藏组合，具有多源、多期成藏和构造改造调整过程，烃源岩成熟度高，油气源对比及多途径生气气源判识难度大。尤其是有机-无机相互作用贯穿了深层-超深层整个成烃-成藏过程，水的催化加氢究竟有何影响？深层油气是浅成深埋还是深成，或者是连续过程？深层油气相态、成藏动力、富集机理与分布规律是什么？均是困扰学术界多年的难题。其次，在深层油气领域方面，缺乏相应的区带、圈闭评价技术。然后，在地震勘探技术方面，由于埋深加大，普遍存在的多次波、缝洞绕射等导致成像不清、分辨率降低，使断裂、裂缝预测精度低，有效储集体表征和流体识别难度增大。最后，在工程技术方面，深层-超深层相关的随钻测量与地质导向、旋转导向等关键技术受制于人，严重制约了深层油气勘探进程与成效。为此，中国科学院组织实施了战略性先导科技专项（A类）——智能导钻技术装备体系与相关理论研究（XDA14000000），“深层油气形成与分布预测”（XDA14010000）是专项任务之一，主要攻关任务是通过深层油气形成与分布预测研究，揭示深层油气形成机理与分布规律，发展深层油气成藏与富集理论和评价技术。

项目团队经过6年的艰苦努力，取得了丰富的研究成果，主要进展如下：

建立了克拉通裂谷/裂陷、被动陆缘坳陷（陡坡与缓坡）和台内坳陷三类四型烃源岩发育地质模式，揭示了深层高温高压条件下全过程生烃及多元生气途径，扩展了生烃门限，强调了裂解气（干酪根及滞留油）、有机-无机相互作用是深层生烃的重要特点，扩大了深层油气资源规模。

基于控制深层-超深层优质规模储层发育和保持的岩相-不整合面-断裂三个关键要素的分析，提出了储层分类新方案，明确了早期有利岩相是基础，后期抬升剥蚀及断裂改造是关键，深埋条件下的特殊流体环境决定了储集空间的长期保持。建立了深层-超深层强非均质性储层地质模式与地球物理预测方法，形成了基于知识库的智能储层钻前精细建模与随钻快速动态建模方法。

建立了深层油气跨尺度非线性渗流模型，实现了从微纳米孔隙到储层的跨尺度非线性渗流模拟，揭示了不同类型致密储层空间内的油气运聚动力条件和运聚机理差异，明确了油气在高渗透层、洞-缝型储层以浮力运移为主，超压在致密储层中规模运移起关键作用。

明确了深层油气具有“多期充注、浅成油藏、相态转化、改造调整、晚期定位”的成藏特征和“多层叠合、有序分布、源位控效、优储控富”的富集与分布规律。

针对含油气系统理论对中国叠合盆地的不适应性，发展和完善了油气成藏体系理论，提出了成藏体系的烃源体、聚集体、输导体三要素及结构功能动态评价思路，形成深层盆地-区带-圈闭评价技术体系和行业规范，搭建了沉积-成岩-成藏一体化模拟软件平台，优选了战略突破区带和勘探目标，支撑了油气新领域的重大发现与突破。

该套丛书是对深层油气理论技术的一次较系统的总结，相信它们的出版将对深层海相油气未来的深入研究与勘探实践产生重要的指导作用。

谨此作序。

朱日祥

2023 年 8 月 16 日

前　　言

近年来，我国油气勘探逐渐由中浅层向深层-超深层拓展，无论是在中西部盆地还是在东部盆地都陆续获得了一系列重大油气勘探发现，包括塔里木盆地塔河和轮南岩溶缝洞型油气田、顺北和富满超深断控缝洞型油气田、天山南北致密砂岩气田、四川盆地普光和元坝礁滩型气田、磨溪和安岳震旦系—寒武系台缘丘滩相大型气田、川东南志留系页岩气田、渤海湾盆地渤中潜山凝析气田、琼东南盆地乐东-陵水凹陷中新统海底扇油气田等。

随着勘探技术日益提高，越来越多的超深钻井在 8000m 甚至超过 9000m 的超深层碳酸盐岩中发现规模性油气资源。顺北油气田是我国目前平均埋藏深度最深的断控缝洞型碳酸盐岩油气田，最大钻井深度超过 9000m，油藏中部平均深度超过 7761m，油柱高度超过 900m。轮探 1 井在震旦系奇格布拉克组 8737～8750m 段微生物岩中发现气层，塔深 5 井在奇格布拉克组 8780～8840m 段微生物岩储层中测试获日产气 38957m^3。这些勘探成果不仅为科学研究提供了第一手资料，也坚定了向超万米特深层系油气勘探的信心。

深层-超深层发育优质储层是实现商业性油气勘探的关键因素。结合近些年的油气勘探实践，针对深层-超深层碳酸盐岩储层发育控制因素已经取得共识。马永生等提出三元控储理论，认为沉积和成岩环境控制早期孔隙发育，构造-压力耦合控制裂缝与溶蚀，流体与岩石相互作用控制深部溶蚀与孔隙的保存。赵文智等提出沉积礁/滩及白云岩、后生溶蚀-溶滤和深层埋藏-热液等是碳酸盐岩储层大型化发育的关键地质条件。沈安江等认为规模性优质储集体大多在沉积成岩早期形成。何治亮等提出构造、层序、岩相、流体和时间五个因素控储的地质成因模型。这些学者普遍认为早期有利高能相带发育形成的丘滩相碳酸盐岩再经历早期白云岩化作用和浅表条件下的规模性岩溶作用，是储层发育的基础。后期构造/断裂与流体耦合改造作用促使储层储集空间进一步改造优化，长期深埋藏过程中有利的流体保持环境促使优质储层保持至今。

由此可以看出，深层-超深层优质碳酸盐岩储层发育和长期保持的一个重要因素是流体的溶蚀改造作用。不同流体改造类型和改造方式与构造和断裂活动密切相关，如构造抬升过程中会伴随大气降水的岩溶改造作用，走滑断裂成为上行热液等多种流体活动的通道，沉降埋藏过程中存在有机成岩流体、热化学硫酸盐还原作用等。构造/断裂与流体溶蚀改造作用在碳酸盐岩沉积和成岩过程中始终具有一定的影响，对深层-超深层储层发育和保持起到了重要作用。

在深层-超深层储层研究中，明确成岩改造流体作用类型、控制流体活动的构造/断裂条件、构造/断裂-流体活动期次和时代，是深入开展储层形成和保持、储层发育地质模式并分布预测的关键环节，也是研究油气成藏和富集规律的基础。

针对流体作用类型识别、流体溶蚀改造机制等方面的研究，许多学者采用了多种地质与地球化学测试分析，开展了多种数值模拟和物理实验模拟，对研究流体属性类型、流体溶蚀改造作用机理有重要的借鉴作用。这些技术方法包括从宏观到微观的地质描述表征与分析技术、沉积成岩流体环境原位微区定性-定量-定时动态分析技术、储层发育机理与过程物理实验和数值定量模拟分析技术等。

从宏观到微观的地质描述表征与分析技术方面，近年来逐步发展完善与系统应用的技术包括野外露头无人机观测、激光点云扫描、薄片图像数字化自动化处理、场发射扫描电镜、核磁和计算机断层扫描孔隙结构分析等。通过这一系列技术应用，针对不同类型储集体的宏观形态与展布、规模与尺度大小、岩石与矿物组成、孔隙结构、孔隙连通性与非均质性等开展宏观至微观多尺度刻画与表征。

沉积成岩流体环境原位微区定性-定量-定时分析方面，近年来发展起来的技术主要包括原位微区主量、微量、稀土元素，原位微区碳、氧和锶同位素、镁同位素、硫同位素、团簇同位素、U-Pb 同位素测年等技术。传统的溶样分析方法需要挑选方解石、白云石单矿物或选择单一组构的碳酸盐岩，不但需要的量较多，而且不能对毫米-微米级的成岩矿物进行精细分析。近年来，激光剥蚀与高精度质谱仪的联合应用逐步实现了元素（特别是稀土元素）和多种同位素的原位微区分析，使得沉积成岩环境识别、示踪和动态演化过程分析更加精确。

在储层发育机理与过程物理实验和数值定量模拟分析技术方面，主要根据研究目标所处的地质环境，提取流体-岩石体系的关键反应参数，如温度、压力、流体、岩石组分、流体岩石比、孔隙几何形状等，在此基础上开展物理实验以及数值定量模拟计算，可以厘清不同地质与成岩流体环境下碳酸盐岩储层储集空间形成过程的控制因素，进而明确优势储集体的成因机制。模拟实验主要借助高温高压反应釜、混合流反应器、旋转盘反应装置、金刚石压腔反应釜、毛细硅管反应装置等设备查明矿物溶解-沉淀过程中的反应速率常数、反应速率等；同时，结合微观观测手段如扫描电子显微镜、原位拉曼光谱、垂直干涉扫描仪、纳微米计算机断层扫描等，研究矿物溶蚀-沉淀界面形貌的变化、孔隙几何形态的变化等。数值模拟是计算和预测流动与反应进程、溶质输运、矿物分布、孔隙分布的有力工具，可包括的参数全面、计算范围广、便于考察无法实时或直接观测的物理实验过程。常用的流体岩石相互作用相关的数值模拟工具包括 TOUGHREACT、格子波尔兹曼方法、Crunch 方法等。

本书立足我国主要含油气盆地深层-超深层多类型储层中所揭示的多种复杂流体溶蚀改造作用，通过多种技术方法与手段，明确构造/断裂活动对流体属性类型的控制作用，厘定断裂-流体耦合作用期次、时代和动态过程，揭示复杂断裂-流体作用下储层溶蚀发育和保持机理，并对重点油气勘探区域和层系开展应用。

本书由刘全有教授对全书章节结构进行构架设置，朱东亚组织章节内容编写和统稿。第一章由刘全有、朱东亚、张军涛撰写，第二章由王静彬、朱东亚撰写，第三章由朱东亚、刘全有、张军涛撰写，第四章由朱东亚、王静彬、武重阳、丁茜撰写，第五章由朱东亚、张军涛撰写。全书由刘全有、朱东亚、王静彬最终定稿。本书编写过程中，金之钧院士、胡文瑄教授、何治亮教授、孙冬胜教授等在相关研究和撰写过程中给予指导。中国科学院地球化学研究所曾成研究员在第二章贵州现代岩溶研究中给予诸多技术指导。本书由中国科学院 A 类先导项目“深层油气形成与分布预测”之子课题“深层海相碳酸盐岩储层发育机理与分布规律”（XDA14010201）、国家自然科学基金委员会地质联合基金“鄂尔多斯盆地铝土岩层系富氦气藏形成与富集机理”（U2244209）和石油化工联合基金“盆地深部地质作用过程与资源效应”（U20B6001）及“海相深层油气富集机理与关键工程技术基础研究”（U19B6003）共同资助。

目　录

第一章　沉积盆地主要流体作用

第一节　沉积盆地主要流体类型划分

国内外已有大量勘探实践在深层-超深层中发现丰富的油气资源，主要得益于深层-超深层中优质碳酸盐岩储层的发育。美国阿纳达科（Anadarko）盆地米尔斯牧场（Mills Ranch）气田中最深的产气层为上奥陶统至下泥盆统亨顿群（Hunton Group）白云岩，埋藏深度超过 26000ft[①]（Sternbach and Friedman，1986）。中国在塔里木和四川盆地超深层碳酸盐岩中陆续获得重大油气勘探发现。塔里木盆地塔深 1 井、塔深 5 井、轮探 1 井、顺北 44 井，四川盆地川深 1 井、角探 1 井、马深 1 井、元深 1 井、仁探 1 井等，都在超过 8000m 的超深碳酸盐岩中发现优质储集体和丰富的油气显示。塔里木盆地顺北油田奥陶系断控缝洞型碳酸盐岩油藏的埋深普遍超过 7000m，并陆续有多口井在超过 8000m 特深储层中获得日产超千吨的石油。至 2021 年，顺北油田探明地质储量约 3×10^8t（油当量），年产量超百万吨（马永生等，2022），是世界上第一个实现商业开发的断控超深层油气田。因此，超深层碳酸盐岩，特别是白云岩层系目前已经成为塔里木盆地油气勘探主要目的层，具有良好的油气勘探前景（陈永权等，2023）。

深层优质碳酸盐岩储层的形成与沉积埋藏之后多种类型流体溶蚀改造有着密切的关系，如大气降水岩溶作用（Hajikazemi et al.，2010；Loucks，1999；Mazzullo，2004），有机质成熟生烃所产生酸性流体（有机酸、CO_2 等）溶蚀作用（mesogenetic dissolution）（Jin et al.，2009；Mazzullo and Harris，1992；Qian et al.，2006），热液溶蚀和热液白云岩化（Lavoie et al.，2010；Davies and Smith，2006），热化学硫酸盐还原（thermochemical sulphate reduction，TSR）作用产生 H_2S 和 CO_2 的溶蚀作用（Cai et al.，2001；Hao et al.，2015；Liu et al.，2016；Zhang et al.，2007）。我国的塔里木盆地、四川盆地、鄂尔多斯盆地等深层碳酸盐岩普遍都经历了非常复杂的构造演化、沉降埋藏以及抬升剥蚀过程（He et al.，2017），因而也经历了多种流体类型的复杂叠加溶蚀改造作用（Shen et al.，2015）。系统梳理总结储层发育经历的流体作用类型，明确特定流体作用发生发展的构造环境，对寻找深层优质储层有着重要的意义。

一、主要流体作用类型

针对储层沉积和成岩发育过程中所经历的流体改造作用类型，无论是在国外主要产油气盆地还是我国的四川盆地、塔里木盆地、鄂尔多斯盆地等主要产油气沉积盆地中，都已经做了大量的研究工作。对这些研究工作进行总结，厘定了储层沉积和成岩发育过程中经

① $1ft=3.048\times10^{-1}m$。

历的流体作用类型主要包括沉积和早期成岩阶段的海水、埋藏过程中的地层水、抬升暴露过程中的大气降水、沿断裂的热液流体、有机成岩相关的油气流体和 TSR 相关流体等。

1. 海水

由于海相碳酸盐岩沉积发育在海水环境中，碳酸盐岩储层最早会经历海水沉积和溶蚀改造作用。碳酸盐岩沉积过程中准同生期的白云岩化作用是海水中发生的主要改造作用。前期研究已经证实碳酸盐岩沉积过程具有多种白云岩化类型和机制，如撒布哈白云岩化、渗透回流白云岩化、混合水白云岩化（Land，1980；Machel，2004；Warren，2000）、埋藏白云岩化（Wierzbicki et al.，2006）、热液白云岩化（Davies and Smith，2006）、微生物白云岩化（Vasconcelos and McKenzie，1997）等。但地质历史上大规模白云岩化一般都是在准同生阶段局限台地蒸发海水环境中形成的，主要发生撒布哈、渗透回流等白云岩化过程，都与蒸发浓缩超高盐度海水有密切的关系（Land，1980；Machel，2004；Warren，2000）。

由于礁或者滩坝存在，碳酸盐岩台地区域海水流动会受到限制，逐渐蒸发形成高盐度卤水。当蒸发海水中 $CaSO_4$ 的浓度逐渐超过石膏的饱和度时，石膏便会从海水中沉淀出来。石膏的沉淀消耗海水中的 Ca^{2+}，导致海水中 Mg/Ca 值增加。正常海水中的 Mg/Ca 值一般是 5。当 Mg/Ca 值达到 10 时，白云石开始沉淀形成（Boggs，2009）。

随着海水蒸发浓缩程度的增加，海水氧同位素组成会逐渐变重，但 $^{87}Sr/^{86}Sr$ 值会保持不变。海水中 CO_2 的溶解度会随着盐度的增加而逐渐减小（Duan and Sun，2003），所以部分 CO_2 会从海水中溢出。根据同位素分馏原理，^{12}C 优先进入溢出的气态 CO_2 中，^{13}C 会留在海水中，导致海水中的 CO_2 或 CO_3^{2-} 的 $\delta^{13}C$ 值会随着海水蒸发浓缩而逐渐增高。所以，从海水中沉淀的白云石便会具有相对较重的碳和氧同位素组成。

除白云岩化作用之外，海水也会在碳酸盐岩沉积物的原生孔隙中产生胶结充填作用。海相碳酸盐沉积物在沉积形成之后便会遭受海水胶结作用。海水中沉淀形成的方解石胶结物通常在同位素组成上与海相灰岩较为类似。在地表或近地表海水环境中最早沉淀的胶结矿物为针状放射状的文石，文石很快转变为围绕颗粒的环边纤柱状方解石，其流体包裹体一般在常温下多呈均一的液相，少数具有较低的均一温度。在碳、氧和锶同位素以及稀土元素组成上通常与海相灰岩较为一致。

2. 埋藏地层水

碳酸盐岩从海水沉积形成之后逐渐进入深埋藏成岩演化阶段。在逐渐深埋藏过程中，封存在孔隙中的流体会持续与碳酸盐岩围岩反应，逐渐浓缩形成高温高盐度地层卤水。封存在碳酸盐岩孔隙中的地层水会在孔隙中产生方解石的胶结作用。

埋藏地层水长期与灰岩围岩作用，会逐渐与灰岩围岩达到地球化学平衡，因此其碳和锶同位素组成与灰岩围岩基本一致。但受高温条件下流体与方解石氧同位素分馏效应的影响$[1000\ln\alpha_{(CaCO_3-H_2O)}=2.78\times(10^6T^{-2})-3.39]$（O'Neil et al.，1969），方解石胶结物氧同位素组成会显著减轻。

3. 大气降水

受构造抬升作用影响，碳酸盐岩会暴露至地表遭受大气降水岩溶作用，形成岩溶缝洞型碳酸盐岩储层（Wang and Al-Aasm，2002；Zhao et al.，2014）。抬升暴露过程中，碳酸盐岩受到剥蚀淋滤，形成于上覆地层之间的不整合面，可以是区域性的一级或二级不整合面，也可以是局部性的三级、四级或五级不整合面。塔里木盆地和鄂尔多斯盆地奥陶系都广泛发育有岩溶缝洞型油气藏。大气降水也会在碳酸盐岩缝洞中形成方解石的充填胶结作用。

受同位素蒸发分馏作用的影响，大气降水通常具有非常轻的氧同位素组成，从其中沉淀形成的方解石也会具有非常轻的氧同位素组成（Hays and Grossman，1991）。方解石的碳同位素组成由溶液中的碳酸根或 CO_2 决定。通常有机成因的碳酸根（CO_3^{2-}）或 CO_2 具有较低的碳同位素值，其 $\delta^{13}C$ 值一般低于-20‰（Cai et al.，2002），受此影响的碳酸盐岩矿物也会具有较轻的碳同位素组成。因此，岩溶风化壳上有机成因的 CO_2/CO_3^{2-}（生物作用、有机质氧化）会具有较轻的碳同位素组成。大气降水可以从地表风化壳中获得有机成因的 CO_2/CO_3^{2-}，从而导致沉淀形成的方解石具有较轻的碳同位素组成。

长英质碎屑岩和泥岩中通常会因含有较多的放射性成因 ^{87}Sr 而具有较高的 $^{87}Sr/^{86}Sr$ 值，前人从大西洋中部 Alpha 洋脊晚新生代沉积物中分离出的硅酸盐碎屑物质组分的 $^{87}Sr/^{86}Sr$ 值为 0.713100～0.725100（Winter et al.，1997）。地表大气降水对砂泥质碎屑物质的风化淋滤可以使流体中相对富集 ^{87}Sr，从而具有较高的 $^{87}Sr/^{86}Sr$ 值，从中沉淀形成的方解石也会具有高的 $^{87}Sr/^{86}Sr$ 值。

大气降水在地表对碳酸盐岩发生溶蚀作用之后，会沿断裂裂缝以及洞穴通道下渗到地下一定深度，形成巨晶方解石的胶结充填。方解石的流体包裹体均一温度一般较低。根据流体温度与方解石氧同位素关系，流体的 $\delta^{18}O_{SMOW}$ 位于-10‰～-8‰之间，表明为较轻的大气降水。

4. 热液流体

碳酸盐岩在埋藏成岩演化过程中，会受到广泛的断裂热液的改造作用。断裂沟通深部热卤水向上覆碳酸盐岩地层运移。热卤水在流经碳酸盐岩地层时，比所经地层中的地层水具有更高的温度压力，富含 CO_2、CO_3^{2-}、SO_4^{2-}、S^{2-}、F^-、Ca^{2+}、Mg^{2+}、Si^{4+}等活跃组分，因此会打破地层流体与围岩之间的物理化学平衡，从而与所经浅部地层发生显著的水岩相互作用。对碳酸盐岩油气储层来说，深部热液与所经地层之间的水岩反应主要是使碳酸盐岩发生溶蚀作用、次生矿物的充填作用、热液重结晶作用（Zhu et al.，2010）、热液硅化作用、热液白云岩化作用（Davies and Smith，2006）等。断裂和其相关的裂缝体系构成热液活动的通道体系，热液沿这些通道对碳酸盐岩产生溶蚀改造作用。热液的温度一般要比碳酸盐岩地层温度高 5℃以上

盆地范围内大规模热液流体的活动需要大量外来流体的循环补给，挤压的构造应力环境为盆地范围大规模热液活动提供了驱动力（Qing and Mountjoy，1994）。深部卤水向浅部地层的运移需要有效的热驱动机制。盆地内部的岩浆火山活动释放出来的热成为热液流体向浅部地层运移的重要热源。塔里木盆地经历四次地质热事件，其中二叠纪的岩浆火山活动触发了盆地范围的热液活动（Chen et al.，1997）；四川盆地震旦纪末期至早寒武世的桐湾期和二叠纪的峨眉期岩浆火山活动影响了四川盆地的热液活动（Chen et al.，2009；Liu et al.，2008）。通过锆石 U-Pb 定年，确定了塔里木盆地影响热液作用的热事件的时间为二叠纪（Dong et al.，2013）。

在从流体沉淀生成过程中，方解石与流体之间发生氧同位素的分馏作用，^{18}O 分馏系数为$[1000\ln\alpha_{(CaCO_3-H_2O)}=2.78\times(10^6T^{-2})-3.39]$（O'Neil et al.，1969）。由分馏关系式可以看出，方解石氧同位素组成受沉淀时流体的温度制约。流体如果具有较高的温度，所形成的方解石通常会具有较轻的氧同位素组成。热液流体在沿着断裂裂缝体系从深部向浅部运移过程中，会从深部基底或碎屑岩地层中获取较多的放射性成因的 ^{87}Sr，从而具有较高的 $^{87}Sr/^{86}Sr$ 值。

5. 埋藏-TSR 流体

一般认为 TSR 作用是在较高温度下，地层中的硫酸盐类矿物（如硬石膏）中的硫在有机质（气态烃或液态烃）作用下发生还原，由 SO_4^{2-} 状态还原成 S^{2-} 状态的过程（Cai et al.，2001；Worden et al.，1995）。其反应方程为

$$CaSO_4 + C_nH_m（烃）\longrightarrow CaCO_3 + H_2S + CO_2 + H_2O$$

可以看出，TSR 作用形成的 CO_2 和 $CaCO_3$ 中的 CO_3^{2-} 来自所消耗的烃类，因此会具有非常轻的碳同位素组成。

前期研究表明，塔里木盆地奥陶系，四川盆地震旦系、寒武系、二叠系和三叠系碳酸盐岩中都发生了 TSR 作用，尤其是在三叠系飞仙关组，TSR 作用尤为强烈，使得天然气中含有大量的 H_2S（Zhu et al.，2007）。

方解石最显著的特征是具有非常轻的碳同位素组成。其原因是方解石中的 CO_3^{2-} 来自 TSR 反应所消耗的有机质。TSR 作用在碳酸盐岩地层内发生，相关的流体活动也多局限在地层内部，因此 $^{87}Sr/^{86}Sr$ 值的变化范围与早三叠世时期的海水范围较为一致。

TSR 作用一般需要较高温度，实验研究表明，TSR 反应一般需要 175℃以上的温度条件（Goldhaber and Orr，1995）。方解石的流体包裹体均一温度范围为 134.1～218℃，平均为 169.3℃，满足了 TSR 作用的条件。根据氧同位素与均一温度关系图，TSR 相关流体与深部热液类似，是浓缩的流体，具有较重的氧同位素组成。

二、内源与外源流体

在后期成岩演化过程中，碳酸盐岩分别遭受了来自碳酸盐岩地层内部的流体或碳酸盐岩地层外部的流体的溶蚀改造作用，分别称为内源流体和外源流体。埋藏地层水、有机成岩相关的油气流体和 TSR 相关高含 CO_2 和 H_2S 的流体为内源流体。内源流体改造形成的方解石在锶同位素组成上一般与灰岩围岩一致。较轻的氧同位素组成与较高温度有关。碳同位素组成受有机质的影响显著。

大气降水和热液流体为外源流体。外源流体形成的方解石在碳氧和锶同位素组成上与碳酸盐岩围岩有着显著的差别。流体通常能从碎屑物质中获得较多的 ^{87}Sr，从而具有较高的 $^{87}Sr/^{86}Sr$ 值。

第二节　流体类型地质地球化学识别

塔里木盆地塔河、顺北、顺南、塔中、古城等地区处于不同的构造位置和构造背景，

超深碳酸盐岩不但普遍发育走滑断裂，而且遭受了沿走滑断裂不同属性流体溶蚀改造，所形成的储层类型与特征有显著的差异。走滑断裂本身可以使致密碳酸盐岩破碎形成断裂空腔体的储集空间（Ma et al.，2022），也可作为大气降水或热液流体活动的通道，形成岩溶型或热液改造型碳酸盐岩储层（Guo et al.，2021；Lu et al.，2017）。不同地区沿断裂活动流体属性类型的差异性、成储机制的差异性以及储集空间类型和特征的差异性亟待开展深入探索和系统对比。

在对塔里木盆地下古生界超深层碳酸盐岩储层大量样品分析测试以及数据统计的基础上，主要基于碳、氧和锶同位素、稀土元素、流体包裹体温度分析数据，综合识别断裂-溶蚀改造流体属性类型，厘定不同区域不同断裂-流体耦合改造作用下碳酸盐岩储层特征和分布，揭示不同断裂-流体耦合作用下储层发育机制和差异性控制因素。通过这些研究明确超深碳酸盐岩储集体的分布规律，对超深碳酸盐岩中油气勘探具有重要的指导意义。

一、塔里木盆地断裂-流体活动基本地质背景

塔里木盆地位于中国西北地区的天山、昆仑山与阿尔金山之间，面积 56 万 km^2。北部边界为南天山北界断裂带，西南部边界为西昆仑山断裂带，东南部边界为阿尔金断裂带。现今为欧亚大陆板块南缘蒙古弧与帕米尔弧之间的广阔增生边缘中间地块。塔里木盆地是一个由古生界克拉通盆地以及中生界、新生界前陆盆地叠加而成的叠合盆地，其基底为太古宇、元古宇组成的古老陆壳基底，古生界由海相克拉通沉积构成，中生界、新生界则为陆相前陆盆地沉积。

塔里木盆地周缘古洋盆消减闭合、碰撞造山等活动的差异性，造就了环满西缘不同时期应力场大小和方向的转换，也为盆内古隆起及内部断裂系统的形成演化提供了条件。加里东中期（中奥陶世），原特提斯洋开始向北俯冲消减，塔里木板块南缘进入聚敛环境（贾承造，1997），塔中-麦盖提斜坡地区开始隆升，导致塔中古隆起形成。同期北天山洋盆自中寒武世开始向中天山地体下俯冲，持续到中奥陶世末关闭，使得塔里木盆地北部受到 N-S 向的挤压应力场影响，塔北隆起逐步开始形成。

受盆地周缘碰撞造山和挤压应力的影响，随着塔中和塔北两个隆起的形成，塔里木盆地台盆区塔河、顺北、塔中、顺南、古城一带的下古生界碳酸盐岩中发育一系列 NE 向为主的走滑断裂系统（Deng et al.，2022；Ma et al.，2022；Qiu et al.，2019）（图 1.1）。走滑断裂系统经历了加里东晚期、海西早期、海西晚期、印支期—燕山期及喜马拉雅期等多期演化，不同地区断裂的形成及演化过程有显著的不同（Li et al.，2013a；Lu et al.，2017）。一方面，这些基底走滑断裂使碳酸盐岩发生机械破碎形成断裂空腔体型储集空间；另一方面，走滑断裂成为多种成岩流体活动的通道，流体溶蚀改造形成溶蚀孔洞型储集空间。走滑断裂和流体改造极大地提升了深层-超深层碳酸盐岩的储集能力（焦方正，2017）。NE 向主干走滑断裂向下切至寒武系底界，可以沟通深部油源，为油气垂向运移提供了关键通道，控制了油气成藏（Ma et al.，2022；Neng et al.，2018）。因此，沿着基底走滑断裂带，一系列钻井在超深层奥陶系碳酸盐岩储层中获得了高产油气流。

下古生界寒武系至奥陶系在塔里木盆地分布非常稳定（图 1.1）。虽然不同区域在岩性组合上有一定差异，但总体上，下古生界以碳酸盐岩为主。寒武系包括下寒武统玉尔吐斯

组（Є$_1y$）、肖尔布拉克组（Є$_1x$）和吾松格尔组（Є$_1w$），中寒武统沙依里克组（Є$_2s$）和阿瓦塔格组（Є$_2a$），上寒武统下秋里塔格组（Є$_3x$）（图 1.1）。玉尔吐斯组为台地边缘缓坡相带中沉积形成的，以黑色泥页岩为主，是重要的烃源岩层。吾松格尔组和肖尔布拉克组是台地和台地边缘相带的沉积，主要是微生物丘和鲕粒滩相白云岩。阿瓦塔格组和沙依里克组是蒸发台地相的沉积，以膏盐岩、含膏白云岩、高能颗粒滩相白云岩和微生物白云岩沉积为主。下秋里塔格组为局限台地相带中的白云岩，广泛发育台内和台缘生物礁体。

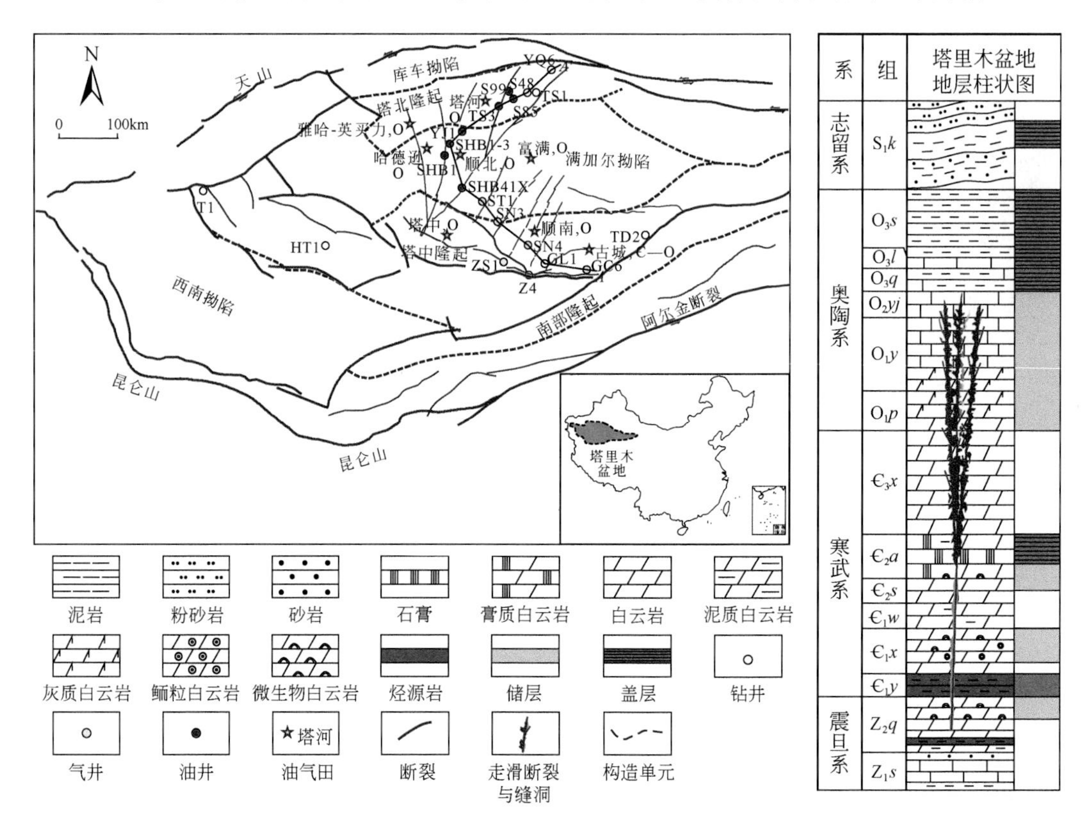

图 1.1　塔里木盆地构造单元分区与综合地层柱状图

奥陶系包括下奥陶统的蓬莱坝组（O$_1p$）和鹰山组（O$_1y$），中奥陶统的一间房组（O$_2yj$），上奥陶统的恰尔巴克组/吐木休克组（O$_3q$/O$_3t$）、良里塔格组（O$_3l$）和桑塔木组（O$_3s$）。蓬莱坝组和鹰山组以局限台地相带的白云岩为主，一间房组以台内和台缘颗粒灰岩为主，恰尔巴克组、良里塔格组和桑塔木组以陆棚斜坡相带的泥质灰岩和泥岩为主。

二、断裂-流体作用类型

深层-超深层碳酸盐岩储层在受到后期沿断裂活动不同类型流体溶蚀改造作用下，通常会在溶蚀孔隙或断裂裂缝中产生碳酸盐岩矿物（方解石、白云石等）的沉淀充填作用（图 1.2）。这些充填的方解石和白云石的碳、氧和锶同位素特征、稀土元素特征、流体包裹体特征等能有效地示踪相关的流体作用类型。

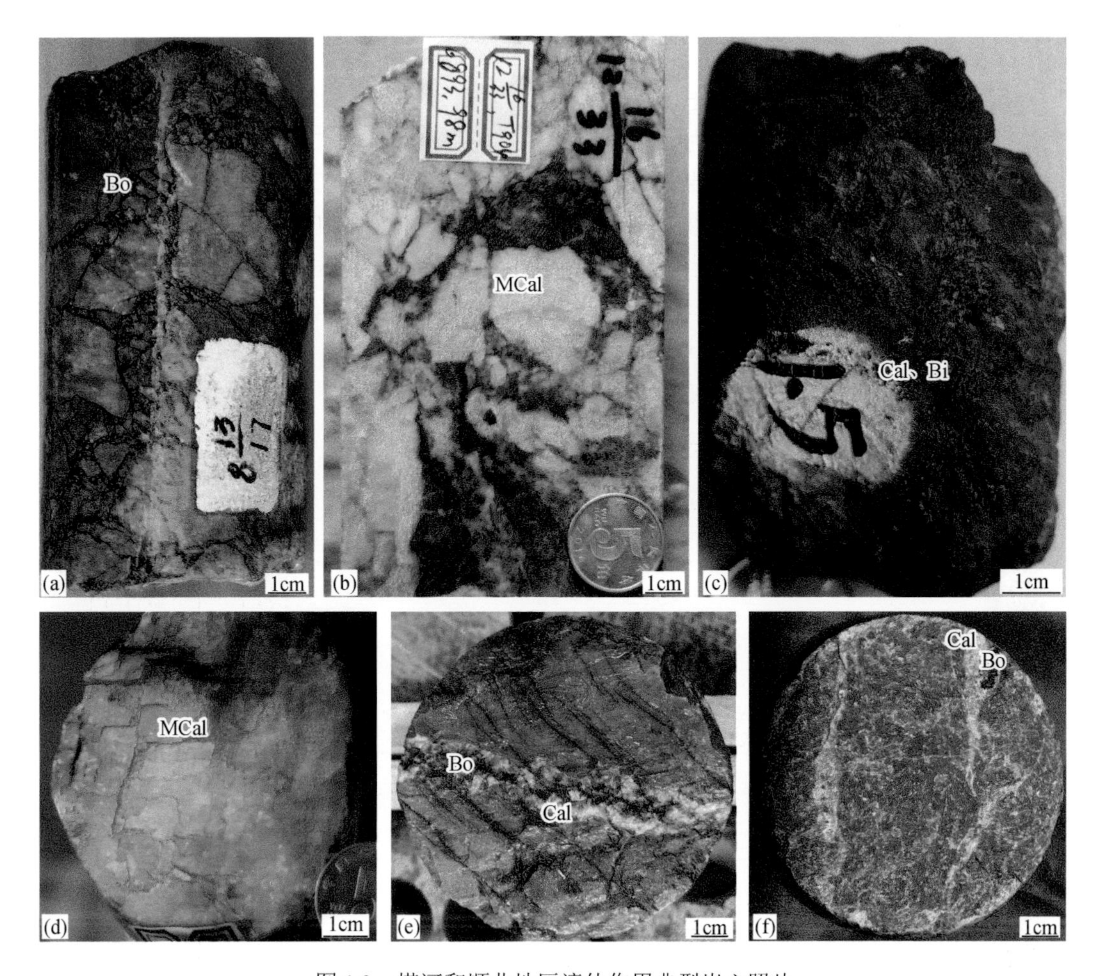

图 1.2　塔河和顺北地区流体作用典型岩心照片

(a) 塔河地区岩溶角砾，角砾之间充填黑色稠油，S69 井，$O_{1-2}y$，5697.81m；(b) 岩溶角砾（深灰色）之间巨晶方解石充填（白色），T904 井，O_2yj，6893.98m；(c) 角砾之间充填粉砂质/泥质碎屑物质和黑色沥青，顺北 1-3 井，O_2yj，7269.81m；(d) 岩溶缝洞内充填的巨晶方解石，TS3 井 $O_{1-2}y$ 取心段揭示巨晶方解石长段长 6m（6100.00～6106.00m），6106.31m；(e) 顺北奥陶系灰岩中断裂裂缝充填方解石和黑色的油，溶蚀作用弱，顺北 42X 井，O_2yj，7415.83m；(f) 富满地区奥陶系灰岩中断裂裂缝充填方解石和黑色的油，溶蚀作用弱，MS171H，$O_{1-2}y$，7836.97m。Bo. 黑油；Bi. 沥青；Cal. 方解石；Mcal. 巨晶方解石

所采集的样品来自塔里木盆地塔河、顺北、顺南、塔中、古城地区的超深层寒武系和奥陶系碳酸盐岩储层，多数取自钻井岩心，部分来自野外剖面。依据手标本、显微镜观测和阴极发光特征对不同类型、产状、形态和结构的成岩矿物进行区分和取样。对较大的孔洞或裂缝充填的方解石和白云石样品（毫米级至厘米级），采用机械破碎的方式破碎成小的颗粒，然后用分样筛分选至 40～60 目，在双目镜下挑选纯净的矿物颗粒。对较小的微米级方解石和白云石样品，双面抛光成厚约 0.3～0.5mm 的薄片，再利用微钻钻取不同世代的样品。

将所选出的样品研磨成小于 200 目的粉末，用于碳、氧和锶同位素以及稀土元素分析。碳、氧同位素分析用 100%磷酸法前处理，在 Mat 252 质谱仪上测试。锶同位素测定在 Finnigan MAT Triton TI 质谱仪上测试，测得的 $^{87}Sr/^{86}Sr$ 值按照 $^{87}Sr/^{86}Sr$＝0.1194 的质量分馏标准进行校正。测得的 NBS987 标准样品锶同位素平均值为 0.710273±0.000012。稀土元素通过 ICP-MS 分析，所用仪器为 Yokogawa PMS-200 离子质谱仪。

（一）端元地球化学指标

在沉积之后的成岩演化过程中，碳酸盐岩通常会遭受多种类型流体沿着断裂溶蚀的改造作用。依据构造背景、走滑断裂特征、成岩充填矿物类型、地球化学数据、流体包裹体均一温度（T_h）等，识别出沿着走滑断裂影响深层碳酸盐岩储层发育演化的重要流体类型，包括大气降水、热液流体、深埋藏地层水、TSR 相关流体等（Zhu et al.，2019a）。单一类型流体强烈溶蚀改造作用之后所沉淀的方解石通常会具有特征性的地球化学指标，也就是端元指标。塔里木盆地奥陶系原始海相灰岩、埋藏地层水、大气降水、热液流体的端元指标和代表性钻井样品见表 1.1。

表 1.1　典型样品端元流体类型识别地球化学指标

指标	海相灰岩	地层水	大气降水	热液流体	TSR 相关流体
$\delta^{18}O_{V\text{-}PDB}$/‰	−5.8	−5.4	−17.2	−9.3	−10.2
$\delta^{13}C_{V\text{-}PDB}$/‰	0.5	−0.15	−1.4	−1.2	−15.7
包裹体均一温度/℃	—	50～90	54～65	156～199	150～218
$^{87}Sr/^{86}Sr$	0.708802	0.708710	0.710340	0.709513	0.707638
δEu	0.8	0.96	0.92	76.03	10.9
U-Pb 年龄/Ma	477±14、465.2±2.5	444.1±4.1、441±20、430±18	351±30、383±14	295±5.2、232±2.0	
典型钻井	T115、TZ44、S114、TZ12	S94、T114、S91、S119、TP2	AD3、S85、TS3、T90	Zhong4、Zhong16、TZ12	PG1、PG10、YB2（四川盆地二叠和三叠系）

塔里木盆地奥陶系不含孔隙和胶结物的致密泥晶灰岩或生屑灰岩，发育均匀暗红色阴极发光，代表正常海相沉积灰岩，其$\delta^{18}O_{V\text{-}PDB}$和$\delta^{13}C_{V\text{-}PDB}$值的变化范围分别为−8.6‰～−3.9‰和−2.4‰～2.0‰，平均值分别为−6.7‰和 0.2‰；$^{87}Sr/^{86}Sr$ 值变化范围为 0.7083970～0.709224，平均值为 0.708718。塔里木盆地北部代表性钻井 T115 井奥陶系一间房组泥晶灰岩的$\delta^{18}O_{V\text{-}PDB}$、$\delta^{13}C_{V\text{-}PDB}$和 $^{87}Sr/^{86}Sr$ 值分别为−5.8‰、0.5‰和 0.708802（表 1.1）。这些值与全球奥陶系正常海相灰岩范围一致（Veizer et al.，1999）。T115 井中上奥陶统灰岩的$\delta^{18}O_{V\text{-}PDB}$、$\delta^{13}C_{V\text{-}PDB}$和 $^{87}Sr/^{86}Sr$ 值分别为−5.4‰、0.5‰和 0.708802，可代表塔里木盆地中上奥陶统海相灰岩的端元指标值。灰岩沉积之后的中浅埋藏阶段，如果没有遭受构造抬升与大气降水岩溶以及沿断裂热液流体等的强烈的改造作用，灰岩中的成岩流体以继承海水而来的地层水为主，形成的方解石胶结物附着在灰岩颗粒/砾屑周围，呈环边放射状形态，其碳、氧、锶同位素组成和稀土元素组成与原始沉积灰岩基本一致。塔里木盆地典型的代表性钻井为 S94、T114、S91、S119、TP2 等，S94 井作为端元指标的代表样品，其地层水成因的方解石的$\delta^{18}O_{V\text{-}PDB}$、$\delta^{13}C_{V\text{-}PDB}$和 $^{87}Sr/^{86}Sr$ 值分别为−5.4‰、−0.15‰和 0.708710。

由于构造抬升作用，碳酸盐岩往往会暴露至地表而遭受大气降水岩溶作用。在不少钻井岩心中都可见到与岩溶有关的岩溶角砾岩和岩溶洞穴充填的巨晶方解石（图 1.2）。大气降水成因的巨晶方解石具有极负偏的氧同位素值和极高的锶同位素比值，典型样品为 AD3 岩溶洞穴中充填的巨晶方解石，其端元指标$\delta^{18}O_{V\text{-}PDB}$和 $^{87}Sr/^{86}Sr$ 值分别为-17.2‰和 0.710340。

在世界上各大含油气盆地中，深部热液流体沿着断裂产生溶蚀改造作用都非常普遍，能有效改善储集物性。塔里木盆地塔中、顺南、古城地区遭受了强烈的热液改造作用，见有丰富的热液溶蚀孔洞和方解石、白云石、石英等热液矿物沉淀（图 1.3）。热液流体中沉淀出来的方解石通常具有较高的形成温度、较高的 $^{87}Sr/^{86}Sr$ 值和显著高的正 Eu 异常值。典型样品为塔中地区中 4 井裂缝方解石脉，其流体包裹体均一温度（T_h）可达 155.9～202°C，$^{87}Sr/^{86}Sr$ 值为 0.709513，δEu 正异常值高达 76.03。

图 1.3　塔中、顺南和古城地区沿断裂热液流体作用典型照片

（a）礁滩相灰岩裂缝中充填方解石（Cal）和黄铁矿（Py），TZ12 井，O_3l，4811.60m；（b）细晶白云岩裂缝中见热液白云石脉（HD）和黄铁矿（Py），TZ12 井，O_1，5298.60m；（c）细中晶白云岩中见大小不等的溶蚀孔洞（几毫米到 1～2cm），塔中 1 井，O_1，3583.20m；（d）硅化灰岩裂缝中见石英（Qz）和方解石（Cal）的充填，顺南 4 井，O_1y，6669.49m；（e）硅化灰岩裂缝中见石英（Qz），顺南 4 井，O_1y，6668.85m；（f）硅化灰岩裂缝中见石英（Qz）和方解石（Cal）的充填，顺南 4 井，O_1y，6668.85m；（g）泥粉晶白云岩中见热液白云石（白色），古城 6 井，O_1y，5719.21m；（h）泥粉晶白云岩中见热液白云石（HD），古城 6 井，O_1y，5719.32m

随着埋藏深度和温度逐渐升高（接近或超过 175℃），超深层海相含膏碳酸盐岩储层中往往发生显著的 TSR 作用，此过程常伴随黄铁矿、方解石、热沥青等矿物形成（Liu et al., 2016）。TSR 相关流体中沉淀的方解石通常具有显著偏轻的碳同位素组成、与同时期地层一致的锶同位素比值、较高的流体包裹体均一温度和较高的δEu 正异常值。塔里木盆地 TSR 作用不显著，选用四川盆地普光气田 PG1 井作为典型代表样品，其δ^{13}C 值为−15.7‰，$^{87}Sr/^{86}Sr$ 为 0.707638，δEu 正异常值达 10.9，流体包裹体均一温度范围介于 150.3～218.2°C 之间。

（二）断裂-流体类型识别与差异性

依据超深层碳酸盐岩中成岩矿物及其地球化学指标、流体包裹体均一温度等特征，明确了塔里木盆地塔北隆起，顺北、顺南、塔中和古城地区沿着走滑断裂作用的流体属性类型及其显著差异性特征。除上述典型钻井样品的端元指标之外，不同区域不同流体作用的方解石具有不同的碳-氧-锶同位素组成和稀土元素配分模式（图 1.4～图 1.6）。

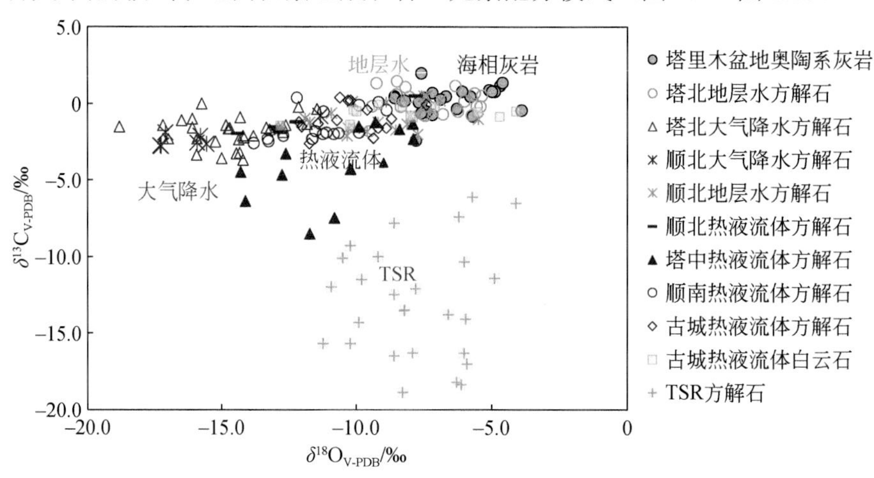

图 1.4　不同类型成因方解石$\delta^{13}C_{V-PDB}$-$\delta^{18}O_{V-PDB}$交会图

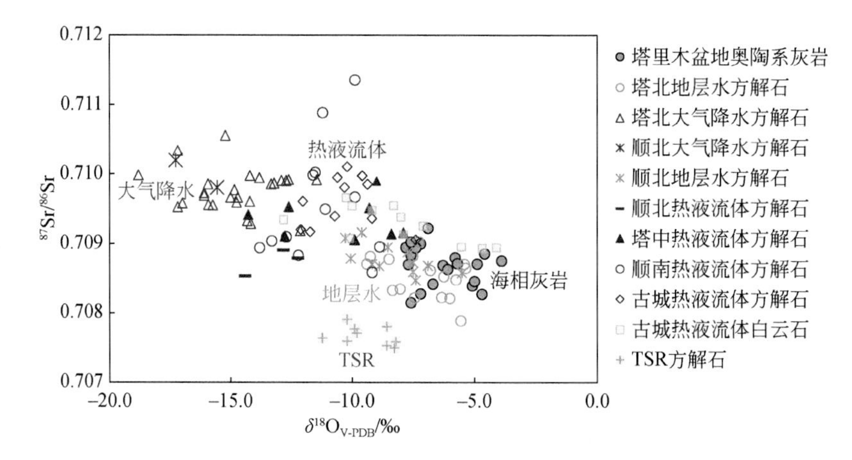

图 1.5　不同类型成因方解石 $^{87}Sr/^{86}Sr$-$\delta^{18}O_{V-PDB}$ 交会图

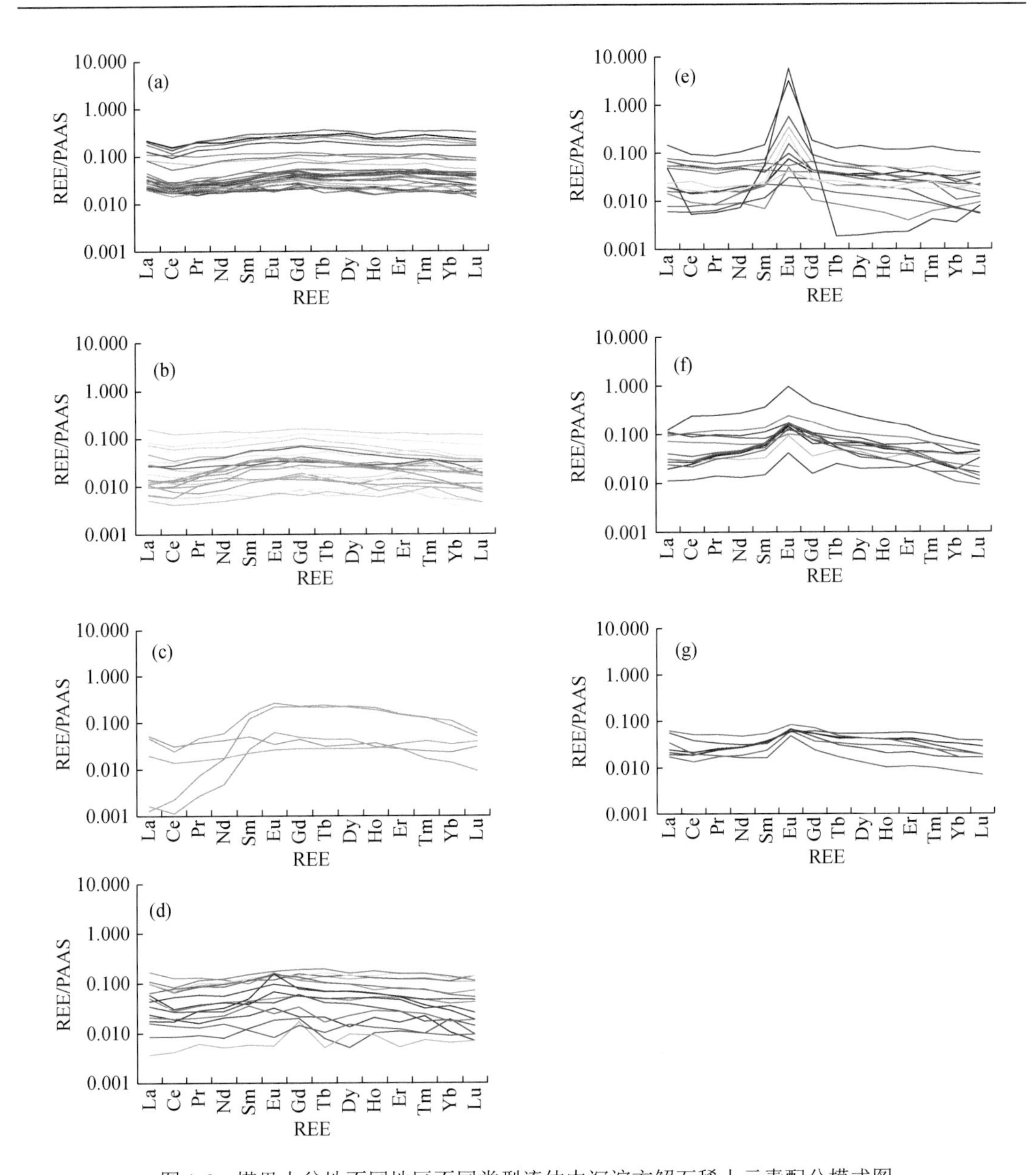

图 1.6 塔里木盆地不同地区不同类型流体中沉淀方解石稀土元素配分模式图

（a）海相灰岩；（b）塔河大气降水方解石；（c）顺北大气降水方解石；（d）顺北地层水和热液流体（红线）；（e）塔中热液流体方解石；（f）顺南热液流体方解石；（g）古城热液流体白云岩。PAAS 为后太古代澳大利亚页岩（Taylor and McLennan，1985），REE/PAAS 代表稀土元素（REE）经 PAAS 标准化

1. 塔北断裂-大气降水

塔里木盆地塔北隆起阿克库勒凸起奥陶系碳酸盐岩经历了强烈的构造抬升和大气降水沿走滑断裂的岩溶改造作用，形成了典型不整合面风化壳型碳酸盐岩岩溶储层（赵文智等，2012）。沿岩溶不整合面之下的大型岩溶缝洞型灰岩储层是塔北隆起塔河油田的主力产层。

塔河地区奥陶系碳酸盐岩岩溶作用具有多期次叠加特征，包括加里东中期（早奥陶世末期至奥陶纪末期）、海西早期（晚泥盆世末期至早石炭世）和海西晚期（二叠纪末期），其中加里东中期岩溶又可分为两个幕次，在一间房组（O_2yj）与恰尔巴克组（O_3q）、良里塔格组（O_3l）与桑塔木组（O_3s）之间形成不整合面。相比之下，海西早期岩溶对奥陶系碳酸盐岩储层影响程度最大，在塔北隆起大部分地区都有表现，导致中上奥陶统碳酸盐岩被剥蚀殆尽，形成中下奥陶统与上覆石炭系之间的大型不整合面。而海西晚期岩溶作用只在塔河油田北部于奇地区发育，表现为中下奥陶统与三叠系之间的岩溶不整合面。测得塔河地区大气降水相关的方解石 U-Pb 同位素年龄约为 351Ma 和 383Ma，反映出海西早期的大气降水活动。

在断裂-裂缝或岩溶洞穴中沉淀形成的大气降水相关的方解石往往是晶体颗粒粗大的巨晶方解石［图 1.2（b）（d）］。AD3 井岩心揭示一间房组（O_2yj）溶洞充填巨晶方解石长度 2.7m；TS3 井奥陶系鹰山组（$O_{1\text{-}2}y$）岩心揭示巨晶方解石段长 6m（6100.0～6106.00m）［图 1.2（d）］。由于大气降水作用深度一般较浅，方解石中流体包裹体均一温度一般较低，其值分布在 35.5～75.3℃之间，平均值为 57.5℃。

然而，受同位素蒸发分馏作用的影响，大气降水通常都具有非常轻的氧同位素组成，因而沉淀形成的方解石也会具有非常轻的氧同位素组成（图 1.4）。方解石碳同位素组成由溶液中的碳酸根或 CO_2 决定。通常有机成因的碳酸根（CO_3^{2-}）或 CO_2 具有较低的碳同位素值，其$\delta^{13}C$ 值一般低于-20‰（Cai et al.，2002）。大气降水可以从地表风化壳中获得有机成因的 CO_2/CO_3^{2-}，使得所沉淀的方解石具有较轻的碳同位素组成（图 1.4）。例如，塔北地区大气降水形成的方解石的$\delta^{18}O$ 和$\delta^{13}C$ 的变化范围分别为-18.8‰～-11.8‰和-3.6‰～0.02‰，平均值分别为-14.6‰和-1.8‰，比正常海相灰岩的值显著偏轻。其中，TS3、S85、AD12 等井岩溶缝洞中充填巨晶方解石的$\delta^{18}O$ 强烈负偏，分别为-16.1‰、-17.2%和-18.8‰。在稀土元素配分模式上，部分方解石具有显著的轻稀土亏损的特征，指示大气降水成因来源［图 1.6（b）］。

长英质碎屑岩和泥岩通常会因含有较高的放射性 ^{87}Sr 而具有较高的 $^{87}Sr/^{86}Sr$ 值，前人从大西洋中部 Alpha 洋脊晚新生代沉积物中分离出的硅酸盐碎屑物质组分的 $^{87}Sr/^{86}Sr$ 值位于 0.713100～0.725100 之间。地表大气降水对砂泥质碎屑物质的风化淋滤会使得流体相对富集 ^{87}Sr，从而具有较高的 $^{87}Sr/^{86}Sr$ 值，其沉淀形成的方解石也会具有高的 $^{87}Sr/^{86}Sr$ 值（图 1.5）。塔北地区大气降水影响的方解石的 $^{87}Sr/^{86}Sr$ 变化范围为 0.709289～0.710558，平均值分 0.709757，比正常海相灰岩的值显著偏高。其中，TS3、S85、AD3 等井岩溶缝洞中充填巨晶方解石的 $^{87}Sr/^{86}Sr$ 值显著升高，分别为 0.709696、0.709526 和 0.710340。

2. 顺北断裂-埋藏混合流体

顺北 P1 井奥陶系鹰山组 8450m 深处的部分方解石脉体的$\delta^{18}O$ 位于-17.3‰～-15.6‰之间，$^{87}Sr/^{86}Sr$ 值位于 0.709805～0.710201 之间，表明受大气降水的影响。顺北 1-3 和顺北 P3 井一间房组方解石脉体的$\delta^{18}O$ 位于-17.1‰～-11.3‰之间，也具有大气降水影响的特征（图 1.4 和图 1.5 中的蓝色“*”号的样品）。

顺北 16 井一间房组方解石脉的$\delta^{18}O$ 为-14.4‰～-7.8‰，流体包裹体均一温度为 141～298℃，平均值为 224℃，表明受到热液活动的影响。但方解石的 $^{87}Sr/^{86}Sr$ 值为 0.707588～0.708528，并没有表现出典型热液流体高 $^{87}Sr/^{86}Sr$ 值的特征，表明热液流体并没有经过下伏的富 ^{87}Sr 的碎屑岩或基底地层。推测这些热液流体与顺北 16 井附近火山岩侵入奥陶系碳酸盐岩带来的局部层内流体加热作用密切相关。顺北 42X 和顺北 7 井也具有与顺北 16 类似的局部热液影响的特征（图 1.4 和图 1.5 中的红色“-”号的样品）。热液方解石 U-Pb 同位素年龄约为 295Ma 和 232Ma，代表二叠纪—三叠纪之间的热液活动。

除了北部受大气降水和局部受热液流体影响之外，顺北地区大多数钻井样品方解石脉的$\delta^{18}O$为-9‰～-5‰，$\delta^{13}C$为-2‰～1‰，$^{87}Sr/^{86}Sr$值为 0.707～0.709，与同时期灰岩围岩同位素组成基本一致（图 1.4 和图 1.5），主要受灰岩层内埋藏地层流体的影响。地层水相关方解石 U-Pb 同位素年龄约为 444.1Ma，代表奥陶系埋藏之后地层水的产物。

在稀土元素配分模式上，顺北地区大多数方解石脉体与灰岩围岩特征也基本一致［图 1.6（d）］，反映出受地层水的影响为主。部分样品具较高的δEu正异常值，如顺北 16-1、顺北 4-4-9 等［图 1.6（d）］，表明有热液流体影响的存在。还有部分样品具有显著的轻稀土亏损的特点，如顺北 1-3-2 和顺北 1-3-3 等［图 1.6（c）］，与塔河 T904-202、T904-03、S85-201 等具有类似的配分模式，表明了大气降水的影响。

上述分析表明，顺北地区主要流体作用为奥陶系灰岩地层内部的地层水，仅在北部局部地区见有大气降水的影响，在局部钻井中受层内热液流体的影响。流体活动特征与顺北地区构造地质背景密切相关。自加里东中期奥陶系沉积埋藏之后，顺北地区主体区逐渐沉降埋藏，虽然遭受走滑断裂破裂作用影响，但外来流体作用影响较弱。大多数钻井奥陶系的岩心上除了破裂储层以外，很少见有沿断裂-裂缝显著溶蚀作用，更多表现为方解石充填作用，方解石具有类似围岩灰岩的地球化学特征，以地层水流体充填为主。

塔北隆起地区在加里东中期、海西晚期强烈抬升后，遭受强烈大气降水岩溶作用影响。此时，顺北北部顺北 1-3、顺北 P1 和 P3 井区位于塔北隆起至顺北低洼区的斜坡部位，大气降水能从塔北隆起区沿着走滑断裂、顺地层斜坡运移至顺北北部，导致部分井区发育大气降水成因的方解石充填现象。顺北 16、顺北 42X 和顺北 7 井局部见有火山岩侵入体的发育，导致局部高温热液流体活动，成岩矿物表现出与同时期灰岩围岩地层相似的地球化学特征。

3. 塔中-顺南-古城断裂-热液流体

碳酸盐岩在埋藏成岩演化过程中，会受到广泛的断裂热液改造作用。断裂使深部热卤水向上覆碳酸盐岩地层运移。热卤水在流经碳酸盐岩地层时，比所经地层中的地层水具有更高的温度压力，富含 CO_2、CO_3^{2-}、Ca^{2+}、Mg^{2+}等活跃组分，因此会打破地层流体与围岩之间的物理化学平衡，从而与浅部地层发生显著的水岩相互作用。对碳酸盐岩油气储层来说，深部热液与所经地层之间的水岩反应主要是使碳酸盐岩发生溶蚀作用、次生矿物的充填作用、热液重结晶作用（Zhu et al.，2010）、热液白云岩化作用（Davies and Smith，2006）等。

盆地范围内大规模热液流体的活动需要大量地层流体的循环供给，挤压的构造应力环境为盆地范围大规模热液活动提供了驱动力（Qing and Mountjoy，1994）。深部卤水向浅部地层的运移需要有效的热驱动机制。盆地内部的岩浆火山活动释放出来的热成为热液流体向浅部地层运移的重要热源。塔里木盆地经历四次地质热事件，其中二叠纪的岩浆火山活动最为强烈，在塔里木盆地分布最为广泛（Chen et al.，1997）。通过锆石 U-Pb 定年，确定了塔里木盆地影响热液作用的热事件的时间为二叠纪（Dong et al.，2013）。塔中的中 16 井、顺托 1 井等都在奥陶系中钻遇了辉绿岩侵入体，厚度达 44m。地震资料揭示顺托 1 井区附近有大片侵入体分布。岩浆活动提供的异常热作用触发了盆地范围的热液活动。

断裂和其相关的裂缝体系构成热液活动的通道体系，热液沿这些通道对碳酸盐岩产生溶蚀改造作用并形成典型热液矿物（方解石、白云石、石英、黄铁矿等）的沉淀充填（图 1.3）。热液的温度一般要比碳酸盐岩地层温度高 5℃以上。塔中地区断裂裂缝中的方解石脉的热液流体包裹体均一温度为 156～199℃（表 1.1），顺南地区流体包裹体均一温度为 163～175℃（尤东华等，2018）或 147.6～259.6℃（李培军，2016），都远高于奥陶系埋藏时古地温，表明为热液流体。

由于方解石与流体之间的氧同位素分馏作用（O'Neil et al.，1969），从较高温度热液中沉淀形成的方解石通常会具有较轻的氧同位素组成（图 1.4）。塔中、顺南、古城地区$\delta^{18}O$分别位于-14.3‰～-7.9‰、-13.8‰～-8.9‰和-12.1‰～-7.4‰，平均值为-10.7‰、-11.0‰和-10.2‰。热液流体在沿着断裂裂缝体系从深部向浅部运移过程中，会从深部基底或碎屑岩地层中获取较多的放射性成因的 ^{87}Sr，从而具有较高的 $^{87}Sr/^{86}Sr$ 值（图 1.5）。塔中、顺南、古城地区 $^{87}Sr/^{86}Sr$ 值分别为 0.709049～0.709891、0.708585～0.711362 和 0.709050～0.710106，平均值分别为 0.709349、0.709541 和 0.709588。

不同热液流体具有非常类似的稀土元素（REE）配分模式，即轻稀土元素（LREE）富集和 Eu 正异常（Cai et al.，2008；James et al.，1995；Mills and Henry，1995）。塔中、顺南和古城地区方解石的稀土元素配分模式比较类似，都具有轻稀土富集的特征和 Eu 正异常（图 1.6）。其中 Eu 的正异常值δEu 差别较为显著，从塔中至顺南至古城地区逐渐降低，塔中地区最高值达 76.03，而顺南和古城地区最高值为 2.76 和 2.46。根据流体包裹体均一温度，碳、氧、锶同位素和δEu 正异常值推测，塔中、顺南和古城地区的热液活动强度具有依次降低的趋势。

海相碳酸盐岩地层中由于含有较多的石膏或者地层水中含有硫酸根，往往会发生 TSR 作用形成 H_2S 或黄铁矿（Cai et al.，2013）。TSR 作用发生的一个必要条件是要经历较高的埋藏温度，如超过 175℃（Goldhaber and Orr，1995）或者 220℃（Cross et al.，2004；Pan et al.，2006）。四川盆地海相层系中普遍发生了 TSR 作用，具有显著负偏的$\delta^{13}C$ 值和较高的δEu 正异常（表 1.1、图 1.4 和图 1.5）。塔里木盆地寒武系—奥陶系碳酸盐岩经历的埋藏温度普遍较低，满足不了 TSR 作用发生的条件，但局部强烈的热液活动能提供异常高温度条件，能够促使 TSR 作用的进行（Liu et al.，2016）。塔中地区塔中 12、中 16 和中 4 井的方解石的$\delta^{13}C$ 值具有显著负偏的特征，可达-8.5‰，揭示了 TSR 作用的影响。塔中 12 井热液方解石和白云石脉中伴生的黄铁矿具有偏正的$\delta^{34}S$ 值（22.3‰）（朱东亚和孟庆强，2010），也表明了黄铁矿为 TSR 作用成因。塔中、顺南等地区原油中硫代金刚烷系列（thiadiamondoids）化合物的出现也表明了局部 TSR 作用的发生（Ma et al.，2018；Zhu et al.，2007）。

4. 不同地区断裂-流体作用差异性控制因素

依据构造演化背景、岩石矿物学和地球化学特征的差异认为，塔北隆起的塔河、顺北、塔中、顺南和古城等不同地区的构造演化差异性控制了沿断裂活动的流体作用类型及其差异性，可将塔北隆起依次划分为塔北抬升大气降水岩溶区、顺北强断弱溶区、塔中强热液溶蚀区域、顺南硅质热液改造区和古城热液白云岩化区（图 1.6）。

塔北隆起塔河地区，构造抬升导致产生强烈的大气降水岩溶作用，具有极负偏的$\delta^{18}O$值、极高的 $^{87}Sr/^{86}Sr$ 值。大气降水沿着走滑断裂和地层斜坡向塔河南部至顺北北部拓展至顺北 1-3、顺北 P1 井等区域。往南至顺北地区，总体逐渐过渡为埋藏环境下的以地层水为主的流体作用，碳-氧-锶和稀土元素地球化学指标中大多数与奥陶纪同时期围岩特征基本一致。尽管顺北地区走滑断裂破裂作用较强，但流体作用总体较弱，几乎看不到溶蚀作用[图 1.2（e）（f）]，是强断弱溶的区域。而塔中、顺南和古城地区具有强烈的热液改造作用，其中顺南地区以硅质热液流体改造为主，古城地区则以热液白云岩化改造为主。热液流体表现为中等偏负的$\delta^{18}O$值、较高的 $^{87}Sr/^{86}Sr$ 值、显著高的流体包裹体均一温度和δEu正异常值。

第三节　断裂-流体耦合作用下碳酸盐岩储层差异性

塔里木盆地主体区的塔北、顺北、塔中、顺南和古城地区都经历了加里东中期至海西期的走滑断裂作用（邓尚等，2021）。深部走滑断裂和相关的裂缝不但构成碳酸盐岩中油气聚集的储集空间，而且还是各种流体活动的通道体系。然而，不同地区由于构造演化和走滑断裂作用过程的差异性，所经历的流体溶蚀改造作用类型不同，其活动过程和强度也不相同，导致不同区域碳酸盐岩储集体发育主控因素和储集空间特征表现出显著的差异（图 1.7）（Zhu et al.，2024）。

塔里木盆地加里东早期至中期处于南“压”北“张”的构造应力背景下，塔中地区隆升强于塔北地区，是走滑断裂局部初始发育阶段，此时的流体活动类型主要是由封存的海水转化而成的地层水。U-Pb 同位素测年方式测得地层流体形成的刀刃状/粒状方解石的年龄为 444.1±4.1Ma、444.1±20Ma。加里东晚期至海西早期，塔里木盆地南部和东北部处于不对称挤压的构造应力背景中。此时，塔北地区开始强烈隆升，张扭型走滑断裂进入主发育阶段，南部与北部走滑断裂体系发生对接。塔北隆起的塔河地区受构造抬升和强烈大气降水岩溶作用的影响，为主发育断裂-岩溶缝洞型储层。顺北地区遭受强烈的走滑破裂作用，但流体溶蚀作用较弱，具有强断-弱溶改造的特点，主要形成断裂主导的断控缝洞空腔体型储层。顺北北部地区顺北 5-1X、顺北 42X 等井的岩心见有沿断裂扩容的现象，顺北 1-3 井见有沿断裂裂缝发育的砂泥质碎屑渗流产物，表明大气降水顺着走滑断裂下渗溶蚀的特征，裂缝中充填的方解石的 U-Pb 年龄为 351±30Ma 和 383±14Ma，表明为海西早期流体活动的产物。海西晚期，塔中、顺南和古城地区则主要是受较强的断裂-流体改造作用，分别发育热液溶蚀型、热液硅化型和热液白云岩化型储层（图 1.7）。U-Pb 同位素测年表明热液相关的方解石的年龄为 295±5.2Ma 和 232±2.0Ma。

一、塔河断裂-岩溶缝洞型储层

塔里木盆地塔北隆起地区分别在加里东中期（早奥陶世末期、奥陶纪末期）、海西早期（泥盆纪）、海西晚期（二叠纪末期）受强烈构造挤压运动的影响，下古生界碳酸盐岩被多次抬升暴露地表，遭受到了较为强烈的大气降水岩溶作用。塔里木盆地北部受多期次岩溶

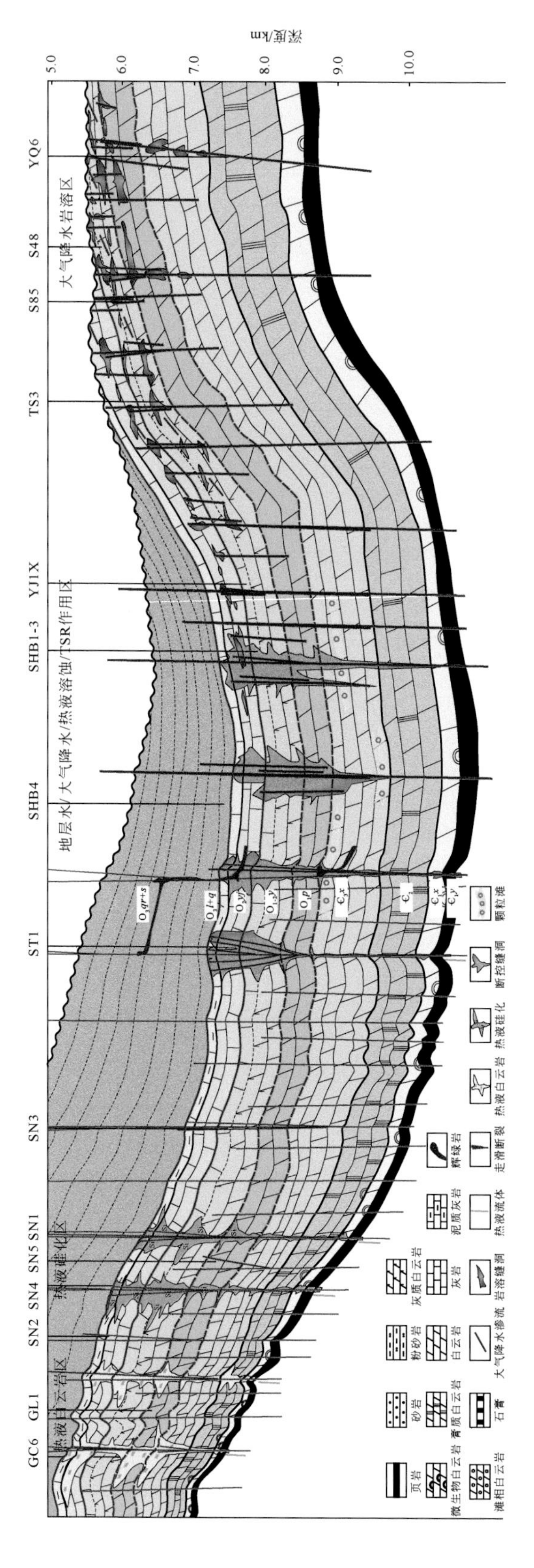

图1.7 塔里木盆地主体区塔河-顺北-塔中-顺南-古城地区断裂-流体耦合控制下深层碳酸盐岩储层类型(剖面位置见图1.1*A*-*A*′)

作用影响发育了典型的岩溶地貌，包括岩溶高地、岩溶丘丛、岩溶斜坡、岩溶洼地等（图1.8）。大气降水沿着已经存在的走滑断裂体系溶蚀改造形成的岩溶缝洞型储集体是塔北等隆起区的下古生界碳酸盐岩中最重要的油气储集空间［图 1.9（a）（b）］。钻井统计结果表明大气降水岩溶作用一般只发育在地表岩溶不整合面之下 200m 左右的深度范围之内（闫相宾，2002；云露等，2004），局部延伸至 1100m 深度（刘春燕等，2006）。储集空间类型主要包括岩溶洞穴型、岩溶裂缝和岩溶孔洞型储层。

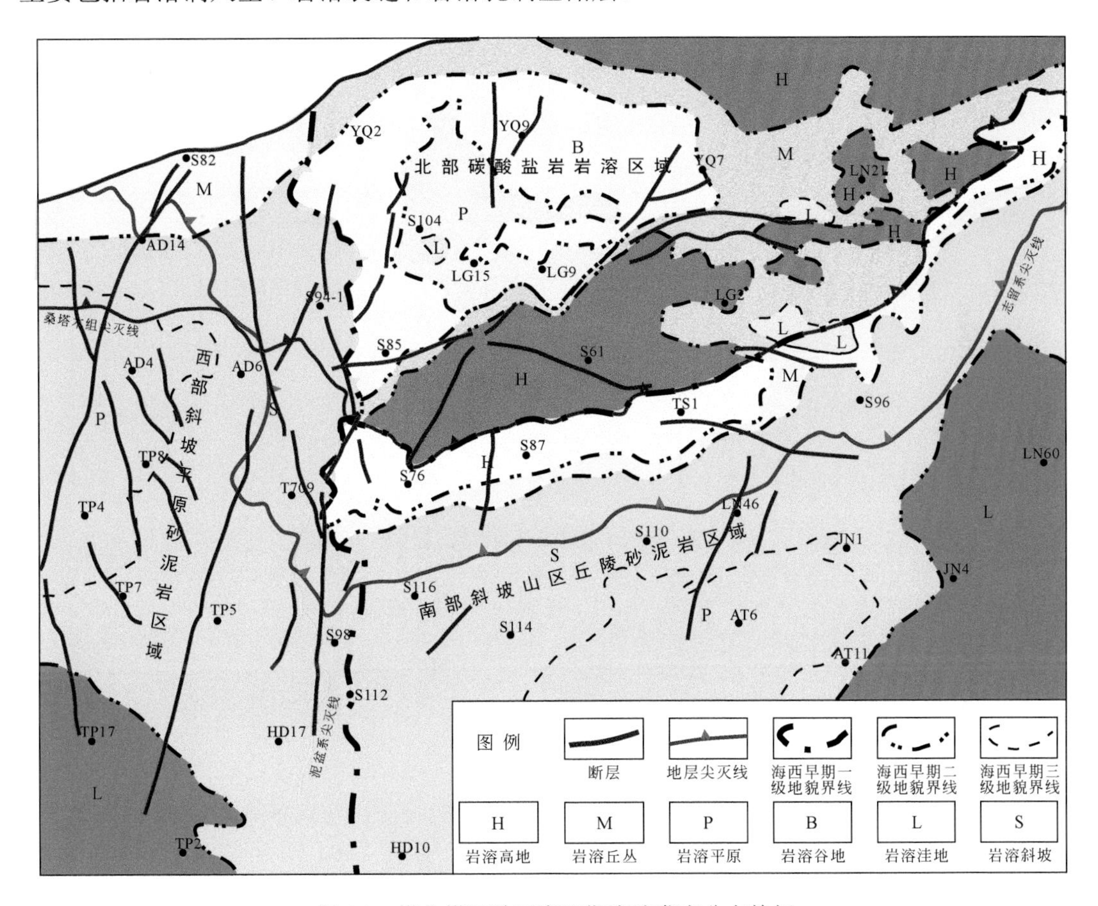

图 1.8　塔北塔河地区海西期岩溶发育分布特征

1. 钻井表现特征

沿着走滑断裂大气降水岩溶形成的岩溶缝洞型碳酸盐岩储层，在钻井过程中往往会出现钻井放空和严重的泥浆漏失，可作为未被充填洞穴层或部分充填洞穴层的重要识别标志。严重井漏和钻井放空一般在隆起区中央高点部位发育，如塔北隆起区塔河油田北部的主体区；在隆起区边缘的斜坡地带，放空漏失现象较少，说明岩溶洞穴相对不发育。

在塔北隆起区，塔河油田钻井放空漏失现象比较严重的井有 S88 井、AD4 井等。其中 S88 井在下奥陶统碳酸盐岩 5622～5647m 处钻遇 25m 放空段，漏失泥浆 1945.8m^3，属于 I 类储层；AD4 井分别在奥陶系一间房组（O_2yj）6518～6541m 段以及 6490～6543m 段钻遇 23m 和 53m 放空段，后段漏失泥浆 1704.1m^3，均为 I 类储层，且为高产油气层。

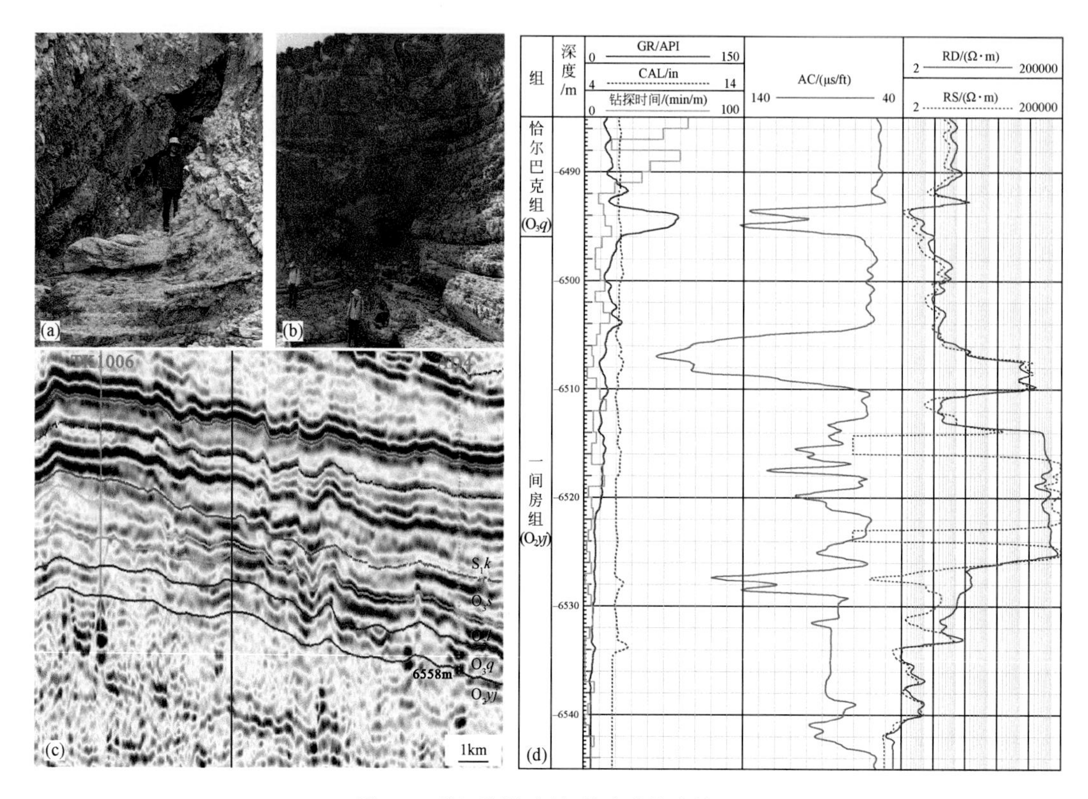

图 1.9　塔河断控岩溶型碳酸盐岩储层

（a）走滑断裂岩溶缝洞储层，底部被砂泥质碎屑物质充填，奥陶系一间房组（O_2yj），塔里木盆地西北部西克尔剖面；（b）岩溶洞穴被褐黄色粉砂岩/泥岩充填，奥陶系一间房组（O_2yj），塔里木盆地西北部硫磺沟剖面；（c）过 AD4 井地震剖面，AD4 井和 TK1006 井所在位置见串珠状反射，表明岩溶洞穴的存在；（d）AD4 井 6488.73～6541m 段钻井揭示为岩溶洞穴发育。GR.自然伽马；CAL.井径；AC.声波时差；RD.深双侧向电阻率；RS.浅双侧向电阻率。1in=2.54cm；1ft=3.048×10^{-1}m

2. 岩心特征

钻井录井和取心上可以看到在下古生界碳酸盐岩中有岩溶角砾岩、砂泥质以及巨晶方解石的充填物［图 1.2（a）～（d）］，揭示了岩溶洞穴层的存在。岩溶角砾岩是岩溶洞穴垮塌时机械堆积形成碳酸盐岩角砾，如塔北隆起塔河油田 T403 井下奥陶统 5484.84～5542.64m 井段钻遇 57.8m 的岩溶角砾岩层，为油气产层；S69 井在下奥陶统 5697.81m 岩心段揭示岩溶角砾层，角砾之间见有很少稠油［图 1.2（a）］。未坍塌的岩溶洞穴通常会发生砂泥质等碎屑物质和巨晶方解石的部分充填或全充填。如在 TK604 井下奥陶统 5506.0～5531m 和 5531.0～5605.5m 段的岩心揭示溶洞被浅灰色中砂岩部分充填，为Ⅱ类储层；AD3 井下奥陶统 6546.44～6560.00m 段岩心揭示岩溶洞穴被白色巨晶方解石完全充填，成为Ⅲ类储层。AD12 井在中下奥陶统鹰山组（$O_{1-2}y$）6450.52～6445.14m 钻遇 5.36m 厚方解石充填洞穴；S85 井在中下奥陶统（O_1）5960.00～5966.58m 钻遇 6.58m 厚方解石充填洞穴；T904 井在一间房组（O_2yj）5892.46～5900.41m 钻遇 7.95m 厚方解石充填洞穴；TS3 井在 $O_{1-2}y$ 的取心段揭示长度达 6m 的巨晶方解石（6100.00～6106.00m）。

除了单一类型的充填物外，一些钻井还揭示了两种或两种以上物质的混合充填。如在 S69 井下奥陶统 5697.90～5698.60m 和 5646.00～5654.50m 段岩心揭示岩溶洞穴被岩溶角砾和方解石充填，为Ⅲ类储层；YQ3 井下奥陶统 5793.00～5844.00m 段岩心揭示岩溶洞穴被灰绿色砂泥岩和方解石充填，为Ⅲ类储层；YQ4 井下奥陶统 5694.00～5707.00m 段钻井岩心揭示岩溶洞穴被灰绿色砂岩和岩溶角砾充填。

3. 测井和地球物理特征

大型岩溶缝洞体在地震剖面上通常会表现出串珠状的反射特征［图 1.9（c）］。串珠状反射的岩溶缝洞体有的没有被充填，有的可能部分或全部被沙泥碎屑物质或方解石充填［图 1.9（a）（b）］。这些现象在测井和地球物理上均有不同的表现。

AD3 井 6514.03～6517.05m 井段在钻遇 3.02m 放空段，证实为一大型未被充填的岩溶洞穴。AD4 井是艾丁地区洞穴最为发育的高产油井之一，该井在钻至井深 6488.73m 就开始漏失泥浆，边钻边漏，一直到完井漏失泥浆 203.1m^3，油田水 1501m^3，累计漏失 1704.1m^3。6506～6541m 以低钻时的放空井段为主［图 1.9（d）］。放空层段在声波测井曲线（AC）上表现出特别高值，井径有不同程度的扩大。而在放空层段的上部声波时差值增大不明显，说明属于裂缝发育带井漏，这种裂缝发育带可以在泥岩或泥灰岩层段。钻井剖面未充填洞穴层的识别应以测井和低钻时资料为准，作为参考洞穴识别指标的井漏显示也可能发生在裂缝发育层段。在感应测井（RD）和（RS）曲线上，岩溶洞穴发育段部分具有低的 RD 和 RS 值，也指示了岩溶洞穴和油层的存在。

除了塔北隆起上的塔河主体区之外，在塔河南部至顺北北部也有多口钻井揭示大气降水沿断裂活动的证据，表明大气降水岩溶作用能沿着走滑断裂并顺地层斜坡向南部低洼区拓展。断裂-大气降水对塔河南部斜坡区中下奥陶统碳酸盐岩的改造主要特征为断裂体系对洞穴型储层发育起主导作用，大气降水溶蚀作用进一步强化储集空间。距上奥陶统桑塔木组剥蚀线约 90km 的顺北 1-3x 井中，钻井揭示在埋深超 7200m（距碳酸盐岩顶面 4m）的井段，有三层固态沥青与泥质充填的洞穴层，并在 7300m 的井段钻遇放空 0.84m，钻完井期间累计漏失泥浆 600m^3，表明岩溶流体可以沿断裂在侧向上长距离活动。其北部的跃进 1-1x 井也在鹰山组—一间房组钻揭多层洞穴型储层及相关岩溶流体活动。塔深 6 井下奥陶统蓬莱坝组埋深超 7600m 井段取心，观察到白云岩发生了强烈的去白云石化（具有菱形白云石被方解石交代的成分与结构残余特征），其距离不整合面约 1200m，表明岩溶流体沿断裂可在更大深度范围内活动。

二、顺北断裂主导断裂空腔体

顺北地区主干走滑断裂带在空间上多具有平面分带、分段特征，在中下奥陶统碳酸盐岩顶面可识别出走滑平移段、拉分段和压隆段；同时还具有纵向分层变形、垂向多期叠加的特征，构成叠接拉分段、叠接压隆段和复合构造段，形成一系列的正花、负花状构造（Deng et al.，2019b）。受多幕次继承性活动的影响，顺北地区主干走滑断裂以主滑移带高陡断层的方式向下断穿寒武系，断至基底，向上以雁列断层的方式断至石炭系、二叠系。虽然地球化学数据表明顺北地区经历了大气降水、深部热液、地层水等多种流体沿走滑断裂活动，但流体溶蚀改造作用都较弱，碳酸盐岩储层储集空间主要是断裂活动构成的储集空间，具有强断-弱溶的特征。

强烈多期走滑断裂活动形成了顺北地区奥陶系断控缝洞型碳酸盐岩储集体，其储集空间主要是断控缝洞体系，包括断裂空腔（洞穴）、构造缝和构造角砾缝以及少量沿断裂裂缝发育的溶蚀孔洞和孔隙（马永生等，2022）。塔里木盆地北部皮羌断裂南段为研究顺北断控型储集体提供了很好的类比对象，揭示了走滑断裂主控的碳酸盐岩储层发育特征［图 1.10（a）］，与走滑断裂相关的储集结构具有沿着主断裂向两侧有序减弱的趋势。主走滑断裂带内碳酸盐岩发生强烈的角砾化，并形成断裂空腔体，而主干断裂两侧伴生一系列次级断裂和裂缝，向两侧逐渐减弱。顺北 5 井在走滑断裂裂缝带破碎的岩心揭示为破碎的灰岩角砾［图 1.10（b）］。

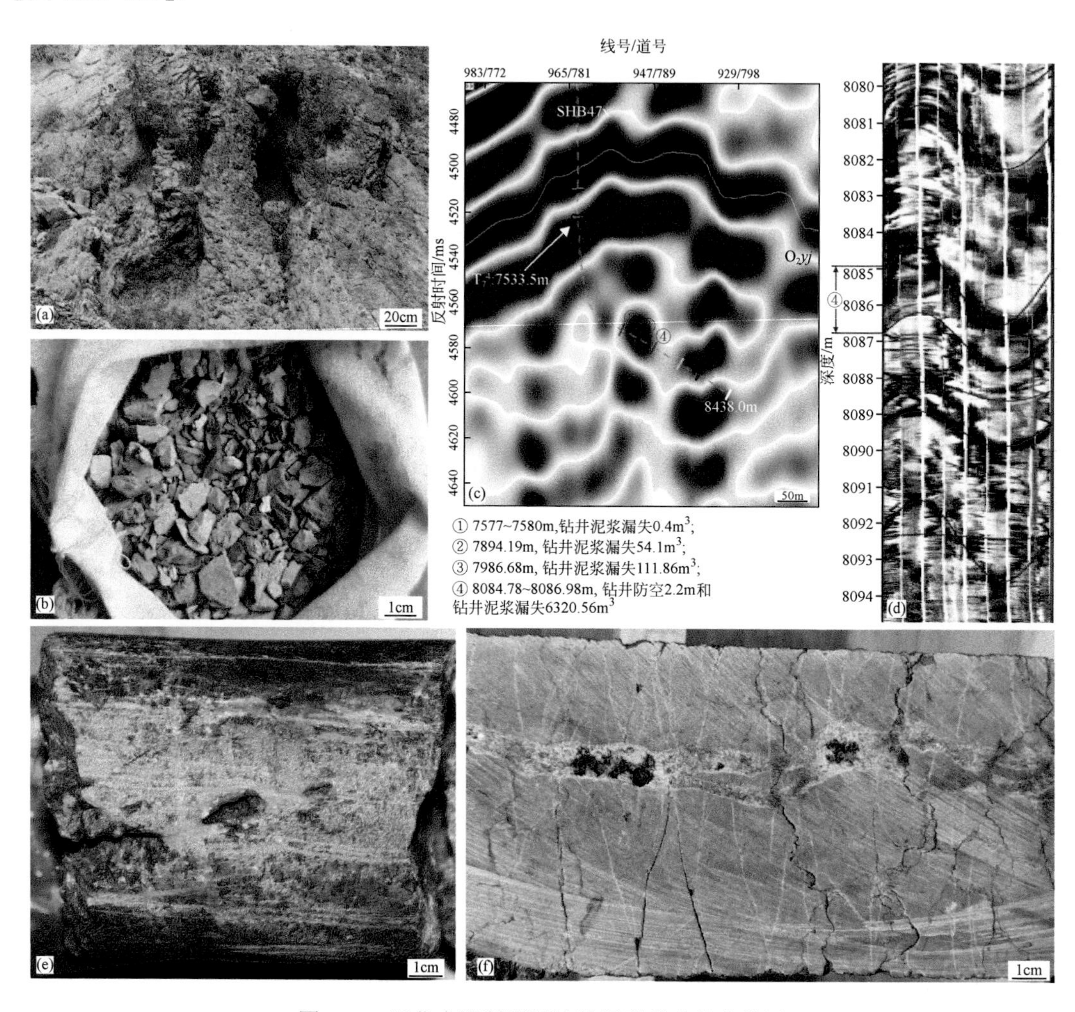

图 1.10　顺北走滑断裂断控缝洞型碳酸盐岩储层

（a）走滑断裂带中栅簇状断裂裂缝，奥陶系灰岩，皮羌断裂带南段；（b）顺北 5 井走滑断裂裂缝带破碎的岩心，奥陶系灰岩，7332.98m；（c）顺北 47X 井走滑断裂带串珠状反射结构，钻井揭示多个断裂/裂缝带，呈栅簇状结构，具钻井放空和泥浆漏失的现象，垂直井轨迹的线段代表放空漏失的缝洞段；（d）电阻率成像测井表明放空和漏失段，④为缝洞发育段；（e）沿着断裂方解石充填和溶蚀扩容，满深 171H 井，奥陶系灰岩；（f）沿着断裂方解石充填和溶蚀扩容，顺北 42X 井，奥陶系灰岩

近年来，顺北地区沿断裂带持续部署一大批新的钻井，在顺北 4 号带、8 号带发现多口千吨井，根据其实钻资料进一步深化了断控缝洞型储集体的储层地质模型。在 7000～

9000m 的超深层致密灰岩基岩中规模发育受构造应力物理破裂形成的储集空间，表现为沿断面分布的空腔洞穴、破碎角砾带和裂缝带，走滑断裂规模和活动强度控制储集体的发育程度。受走滑断裂多期继承性活动影响，断裂-裂缝的储集结构呈韵律性多次出现，构成以洞穴（断层空腔）、裂缝带和基岩有序排列的多组缝洞集合体，即呈栅簇状分布（李映涛等，2023；张煜等，2023）。顺北地区以奥陶系鹰山组—一间房组为钻探目的层的钻井在钻穿断裂带的过程中，多钻遇放空、钻井液漏失的现象，表明断裂空腔体储层的存在，是对应的油气高产段。顺北 47 斜井段走滑断裂带呈串珠状反射结构，钻井揭示放空和泥浆漏失的现象。依据钻井岩心、钻井泥浆漏失、成像测井和地震资料综合分析，揭示该井钻揭 1 段断裂空腔（2.2m，8084.78～8086.68m）和多段断裂裂缝破碎角砾岩段，储层发育段总体上呈栅簇状［图 1.10（c）（d）］。成像测井揭示走滑断裂中心部位（核部）发育断裂角砾，两侧则是裂缝发育带，角砾与角砾之间普遍见空腔体储集空间，具有高孔隙高渗的特征。

除了走滑断裂控制形成断裂缝洞体储集空间之外，顺北地区局部流体活动，尤其是从塔河隆起高部位沿着走滑断裂向顺北地区渗流的大气降水，对断裂裂缝体系具有进一步的溶蚀改造作用。大气降水等流体作用主要表现为断裂裂缝中方解石的充填和溶蚀扩容的现象，满深 171H 和顺北 42X 井钻井岩心揭示了这些现象［图 1.10（e）（f）］。

近期完钻的顺北 84X 井，在超 9000m 埋深的特深层致密灰岩中钻揭断控缝洞型储集体，钻遇放空和漏失，放空段长 1.19m，漏失钻井液 4000m^3，经井震标定和分析，放空漏失段位于断裂带内部。在位于放空漏失段上部获得的岩心中观察到强烈的破碎作用，大量角砾间孔洞及高角度构造缝被方解石胶结，具有典型的断层破碎角砾带与裂缝带特征。顺北 84X 井测试获得千吨高产，其构造破裂规模成储机制得到进一步证实。

三、塔中、顺南和古城断裂-热液改造储集体

基底走滑断裂成为深部热液向上运移的重要通道（图 1.7）。受深部热源驱动，深部热液流体沿着断层从深部向浅部运移。流体具有较高的温度，挟带大量 CO_2，以及丰富的硅、氟和硫等组分；热液流体沿着断层向上运移经过碳酸盐岩地层时会发生溶蚀、交代，并产生黄铁矿、石英和萤石沉淀，从而形成热液改造型储集体。在塔中地区主要见有热液溶蚀形成的溶蚀孔洞型储层，顺南地区主要是富硅热液流体作用形成热液硅化型储层，古城地区则是富 Mg 热液流体作用下形成的热液白云岩化储层（图 1.3）。

在顺南地区，已有一批钻井揭示了富硅热液流体的活动和对储层的建设性改造作用，以顺南 4 井为代表（图 1.11）。顺南 4 井在 6668～6681m 段的奥陶系鹰山组中揭示了强烈的硅化热液改造形成的碳酸盐岩储层。硅化灰岩（现今埋深 6669～6673m）中石英流体包裹体均一温度为 150～190℃（You et al.，2018）。硅化灰岩段储集空间以残余裂缝、溶蚀孔洞、晶间孔隙为主［图 1.11（c）～（e）］，该段孔隙度为 3%～20.5%，远高于未溶蚀改造的灰岩（孔隙度 1.4%～1.6%）（You et al.，2018）。顺南 4 井鹰山组累产天然气超 1200 万 m^3。顺南 501 井和顺北蓬 1 井鹰山组见较高温的萤石与黄铁矿等热液矿物，指示热液流体活动（尤东华等，2018）。

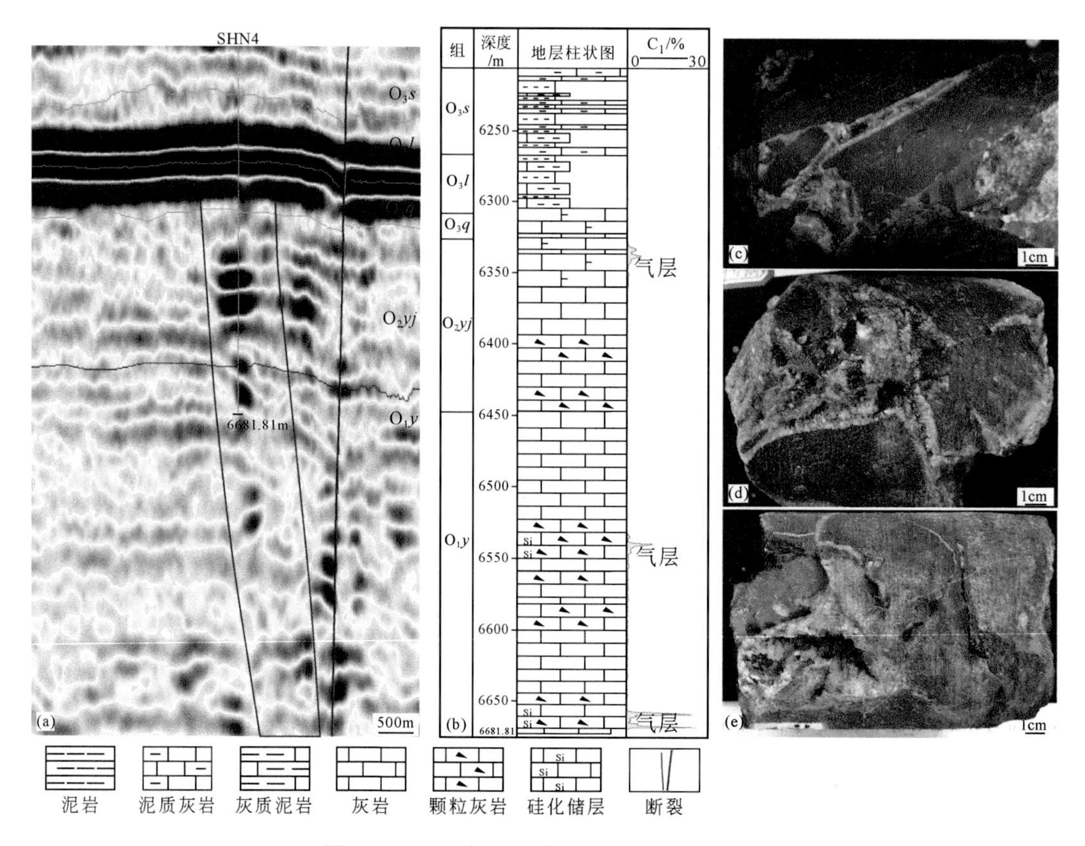

图 1.11　顺南走滑断裂断硅化碳酸盐岩储层

（a）过顺南 4 井地震剖面；（b）顺南 4 井硅化碳酸盐岩储层柱状图；（c）顺南 4 井沿裂缝硅化形成优质储层，O_1y，6668.81m；（d）顺南 4 井沿裂缝硅化形成优质储层，$O_{1\text{-}2}y$，6669.87m；（e）顺南 4 井沿裂缝硅化形成优质储层，$O_{1\text{-}2}y$，6673.28m

顺托 1 井在奥陶系一间房组与鹰山组也揭示了相似成因的储层。一间房组取心 2.5cm 直径柱塞样孔隙度 3%～6%（平均值 4.27%，N=25），发育孔隙-微孔隙及较多石英等次生矿物。鹰山组储层段未获取岩心资料，在埋深超 7800m 的储层发育段放喷，初期估算日产气达 358 万 m^3。

富 Ca^{2+}、Mg^{2+}的热液流体沿基底断裂活动会使碳酸盐岩发生热液白云岩化改造作用，包括灰岩发生白云岩化、溶蚀或充填作用等，可形成典型的斑马纹状的热液白云岩储集体（Davies and Smith，2006）。热液白云岩化储集体已经成为密歇根盆地、西加拿大盆地、中东等大型油气田的重要储集体类型（Al-Aasm，2003；Luczaj et al.，2006）。从基底地层沿断裂大规模循环的热液流是规模性热液白云岩化储集体发育的重要作用机制（Koeshidayatullah et al.，2020；Stacey et al.，2021）。

塔里木盆地古城地区富 Mg 热液流体沿着走滑断裂活动，对寒武系和奥陶系碳酸盐岩产生显著的热液白云岩化改造作用，形成大规模热液改造白云岩储层。古城地区城探 1、古城 8 井等都揭示热液有关的热液白云岩储层（王坤等，2017）。城探 1 井在白云岩丘滩体、裂缝和孔洞内见有粗晶鞍形白云石，具有波状消光特征；其氧同位素、微量元素及稀土元素配分特征与北美洲地区下古生界典型热液白云岩的地球化学特征十分类似。这些特征均指示其为典型热液白云岩。热液对白云岩储层改造强度的差异会造成角砾化程度、基质和胶结物含量、孔洞数量及规模的差异，使热液白云岩储层具有较强的非均质性，位于丘滩体核部的强热液改造区发育最有利的热液改造型储层。

古城 14、古城 13 等钻井表明奥陶系蓬莱坝组和鹰山组见典型的“砂糖状”白云石，颜色为浅灰-深灰色，常伴有“斑杂状”结构，见有丰富的开启或充填的针状溶孔。结合稀土元素等地球化学证据，这些白云岩为典型的热液白云岩，推测热液流体来自深部寒武系以下地层（刘策等，2017）。除了热液白云岩化之外，古城地区部分钻井也揭示了强烈的热液硅化作用，如城探 1、古城 8、古城 9、古城 13、古城 15、古城 601 等在奥陶系鹰山组白云岩中见有丰富的硅质交代或晶簇状石英沉淀（卢曦，2022；王珊等，2020）。

热液白云岩化储层是世界上多个盆地油气藏中的主要储层类型之一。在我国的四川盆地，二叠系栖霞茅口组发生了显著的热液白云岩化作用。热液沿着断裂活动无论对致密灰岩还是对疏松多孔的颗粒滩相灰岩都产生了热液白云岩化改造作用。四川盆地二叠系热液白云岩主要在川东、川北至川西地区分布，与北西向基底断裂发育密切相关。二叠系火山岩发育为大规模热液流体活动提供了驱动热源。在川西地区，围绕峨眉山火山岩体，大深 1、汉深 1 等井揭示了厚度较大的热液白云岩。在川东南的泰来地区的泰来 6 井茅口组热液白云岩勘探取得突破，测试获天然气日产 11.08 万 m^3，并落实圈闭面积 469.5km^2。双探 1 井在茅口组热液白云岩中获天然气日产 126.77 万 m^3。川西的大深 1 井在茅口组获天然气日产 10.5 万 m^3。

世界上著名的以热液白云岩为主要储层的油气田实例包括加拿大 Clarke Lake 中泥盆统气田（Lonnee and Machel，2006）、西加盆地中寒武统—中泥盆统气田（Stacey et al.，2021）、美国纽约上奥陶统热液白云岩气田（Smith，2006）。其共同特征是热液流体来自深部基底的热卤水，热对流驱动大规模热液流体沿着断裂裂缝向浅部灰岩地层对流循环，附近地形高点位置大气降水沿着断裂向基底渗流并补给基底卤水。大规模热液对流循环形成大规模热液白云岩化储层。四川盆地二叠系与这些地区地层有着类似的地方，因而形成了大规模的热液白云岩化储层。塔里木盆地古城、顺北等地区奥陶系碳酸盐岩中沿着断裂裂缝也见到一些热液白云石，但总体热液白云岩化强度和热液白云岩化储层规模相对较小，与热液流体循环规模有限有关。

上述研究表明：①影响塔里木盆地超深层碳酸盐岩储层发育的主要流体属性类型有大气降水、埋藏地层水、热液流体等。大气降水在岩溶缝洞中沉淀巨晶方解石，具有显著负偏的$\delta^{18}O$值（−17.2‰）、显著高的$^{87}Sr/^{86}Sr$值（0.710340）和轻稀土亏损的特征。热液成因方解石脉具有中等负偏的$\delta^{18}O$值（−9.3‰）、显著高的$^{87}Sr/^{86}Sr$值（0.709513）、较高的流体包裹体均一温度（199.1°C）和显著高的δEu正异常值（76.03）。热液活动触发了塔中等地区局部的 TSR 作用，导致部分热液方解石脉体具有较轻的$\delta^{13}C$值（−8.5‰）。②走滑断裂是塔里木盆地主体台盆区控制流体活动的通道，不同地区构造背景的差异控制着沿走滑断裂流体属性类型的差异性。塔北隆起塔河地区因受多期构造抬升作用而遭受强烈的大气降岩溶作用。顺北地区长期处于埋藏条件，因而经历地层水为主的流体作用，局部有弱的大气降水和热液流体作用。塔中、顺南和古城地区由于岩浆火山活动强烈，遭受了较显著的热液流体作用。③沿着走滑断裂流体作用的差异性导致不同地区储集体类型的差异性。塔北隆起塔河地区遭受强烈大气降水沿着走滑断裂岩溶，形成岩溶缝洞型储集体。顺北地区具有强断-弱溶的特征，走滑断裂破裂作用是成储的主要机制，形成断裂裂缝空腔体型储集体，流体溶蚀改造作用较弱。沿着走滑断裂热液流体作用在塔中、顺南和古城地区具有建设性成储作用，热液流体沿着断裂在塔中地区形成溶蚀孔洞型储层，在顺南地区形成热液硅化型储层，在古城地区则形成热液白云岩化储层。

第四节　埋藏有机成岩流体溶蚀改造作用

在浅海台地或斜坡相带上发育的原始碳酸盐岩沉积物通常都具有非常高的原始孔隙度，一般可达 60%～80%（Scholle and Ulmer-Scholle，2003）。当埋藏深度达到几百米到几千米时，在强烈压实和广泛的胶结作用下，碳酸盐岩中的原生孔隙度和渗透率会逐渐消失，产生对储层非常不利的影响。这样的碳酸盐岩要成为有效的油气储层，埋藏过程中以及埋藏之后的次生溶蚀改造作用是一个非常关键的因素。20 世纪 70 年代之前，地质学家普遍认为地表大气降水溶蚀作用是次生孔隙发育的决定因素，碳酸盐岩油藏的分布受不整合面控制（James and Choquette，1984）。但此后，随着对碳酸盐岩埋藏环境认识的逐渐深入，地质学家不但发现了埋藏溶蚀孔隙的存在，而且还意识到了埋藏溶蚀在储层发育中的重要意义。埋藏溶蚀是碳酸盐岩埋藏在地下一定深度、成岩演化到一定阶段、在地层中活跃的流体作用下发生的溶蚀作用，也被称为中成岩期溶蚀作用、深部岩溶等（Mazzullo and Harris，1992；贾振远和郝石生，1989），是 20 世纪 80 年代碳酸盐岩成岩作用研究的主要进展之一，为盆地深部那些未曾受到地表岩溶作用影响的碳酸盐岩油气勘探指明了方向。

塔河油田主体位于塔里木盆地北部沙雅隆起阿克库勒凸起上。受加里东中晚期区域性抬升构造的影响，塔北阿克库勒地区发生快速隆升，于中奥陶世末形成一个向北抬升、向南倾没的鼻状凸起，简称鼻凸（邬兴威等，2005）。鼻凸北部露出水面，造成中上奥陶统地层的沉积间断和不同程度的风化剥蚀。阿克库勒地区自加里东期以来，长期处于隆起状态，尤其是在泥盆纪末期鼻凸北部再次受到强烈挤压抬升，奥陶系再次暴露至地表，并遭受强烈的风化剥蚀。现今塔河油田北部隆起区大部分地区（图 1.8 中上奥陶统桑塔木以北区域）中上奥陶统均已剥蚀殆尽，仅在鼻凸外围的低部位残留部分中上奥陶统。钻井揭示北部隆起区下奥陶统碳酸盐岩中主要发育岩溶缝洞型油气藏（张抗，2001；张希明等，2004）。

塔河油田南部向南倾没的斜坡区在北部隆起抬升剥蚀的过程中很少暴露至地表，受到地表大气降水溶蚀作用的影响也较弱。随着油气勘探向南部斜坡区深层碳酸盐岩拓展，许多钻井揭示奥陶系一间房组（O_2yj）灰岩中埋藏溶蚀作用发育良好，埋藏溶蚀作用形成的次生孔隙为该区域的主要储集空间（图 1.12），也有不少钻井在埋藏溶蚀发育的层段获得工业性油气流。本书以塔河油田南部斜坡区奥陶系一间房组灰岩为例，探讨埋藏溶蚀的两种流体类型及其发育特征，并建立埋藏溶蚀发育的地质模式（Jin et al.，2009）。

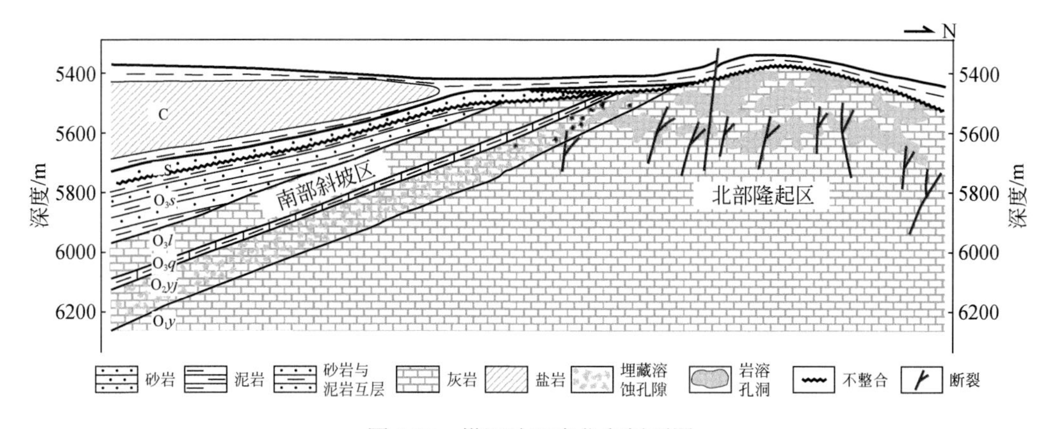

图 1.12　塔河油田南北向剖面图

塔北隆起下奥陶系碳酸盐岩储集空间主要是岩溶缝洞，而南部斜坡地区 O_2yj 灰岩的储集空间以埋藏溶蚀形成的孔隙为主

一、埋藏溶蚀改造作用储层发育特征

（一）埋藏溶蚀作用的宏观特征

通过进行详细的岩心观察发现，奥陶系一间房组灰岩中埋藏溶蚀作用较为发育，其上面的恰尔巴克组和良里塔格组溶蚀现象较为少见，下面鹰山组泥晶灰岩角砾之间也有类似的现象，但溶蚀作用较弱。埋藏溶蚀作用在一间房组灰岩中发育并不均匀，多是沿着缝合线和裂缝向周围溶蚀扩展。发生溶蚀的部位一般充填沥青或褐黄色的原油，颜色较深，而未溶蚀的部位颜色较浅，呈浅灰色或浅红褐色。溶蚀部位所占比例在不同井的不同层段也有较大的差别，表现出明显的不均匀性。

埋藏溶蚀作用在岩心上多表现出两种不同的方式，即斑状溶蚀和顺层溶蚀。其中斑状溶蚀作用在一间房组灰岩中最为常见，顺层溶蚀偶尔在鹰山组上部灰岩或云质灰岩中发育，下面对这两种溶蚀方式进行具体介绍。

（1）斑状溶蚀：斑状溶蚀为流体沿缝合线或裂缝向周围渗透扩展并溶蚀的现象，具有溶蚀部位向未溶蚀部位入侵的特征［图 1.13（a）（b）］。斑状溶蚀在岩心上表现为灰岩部分发生了溶蚀，溶蚀部位充填有黑色沥青或褐黄色原油，未溶蚀部位颜色较浅并较为致密，没有沥青或原油的浸入。溶蚀区域和未溶蚀区域呈不规则斑状交织在一起。斑状溶蚀在所观察的大多数井的岩心上都有表现，但不同井，甚至同一口井的不同层段之间溶蚀的程度都有着较大的差异。

（2）顺层溶蚀：顺层溶蚀是流体沿近似水平的层理面以及水平裂缝对上下两侧的灰岩进行溶蚀，溶蚀后充填有沥青或褐黄色的原油，呈层状或扁平的透镜体形态。顺层溶蚀发育的典型井段为 S67 井的一段岩心［图 1.13（c）］。

无论是斑状溶蚀作用，还是顺层溶蚀作用，溶蚀形成的孔隙直径多数非常小，但在部分钻井岩心上也可以见到一些相对较大的溶蚀孔洞［图 1.13（d）］。在斑状溶蚀或顺层溶蚀较为发育的岩心上，可见油浸、油斑等不同程度的油气显示。

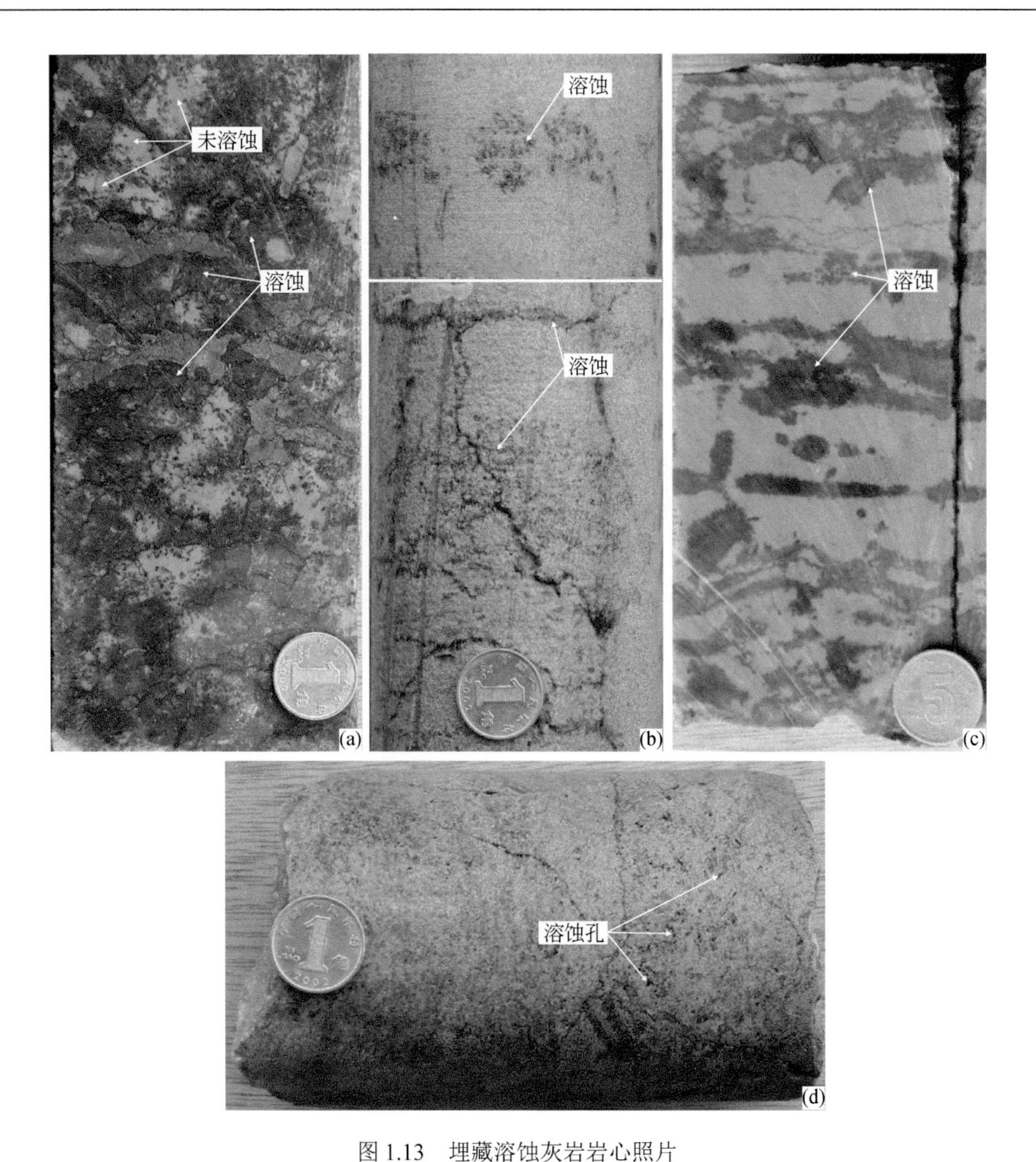

图 1.13　埋藏溶蚀灰岩岩心照片

（a）斑状溶蚀，S76 井，5580.35m；（b）斑状溶蚀，S100 井，5515.36m 和 5576.30m；（c）顺层溶蚀，S67 井，5670.74m；（d）埋藏溶蚀形成的小的溶蚀孔，S79 井，5588.68m

（二）埋藏溶蚀作用的微观特征

通过镜下观察发现，发生埋藏溶蚀作用灰岩的溶蚀部分具有较多的溶蚀孔隙，这些溶蚀孔隙中多充填有褐色的油或者黑色的沥青。溶蚀孔隙的孔径一般在 0.01～0.03mm 之间，少数可达 0.1mm 以上。溶蚀形成的孔隙一般小而密，多呈网眼状、港湾状等形态［图 1.14（a）（b）］。在灰岩中所含颗粒的内部及边缘［图 1.14（a）］、泥晶基质［图 1.14（b）］以及亮晶方解石胶结物［图 1.14（c）］中都可见到一定的溶蚀孔洞。但是，在灰岩的这些不同部位中，发生溶蚀的程度有着较大的区别。其中溶蚀程度最大、最易发生溶蚀作用的是颗粒灰岩中的颗粒［图 1.14（d）（f）］。对于岩心上表现为斑状溶蚀的区域，在显微镜下发现发生溶蚀作用的主要是颗粒灰岩的颗粒。相比之下，泥晶基质和胶结物中溶蚀区域的多少、溶蚀面积的大小以及溶蚀程度的强弱都要明显次于灰岩中的颗粒。

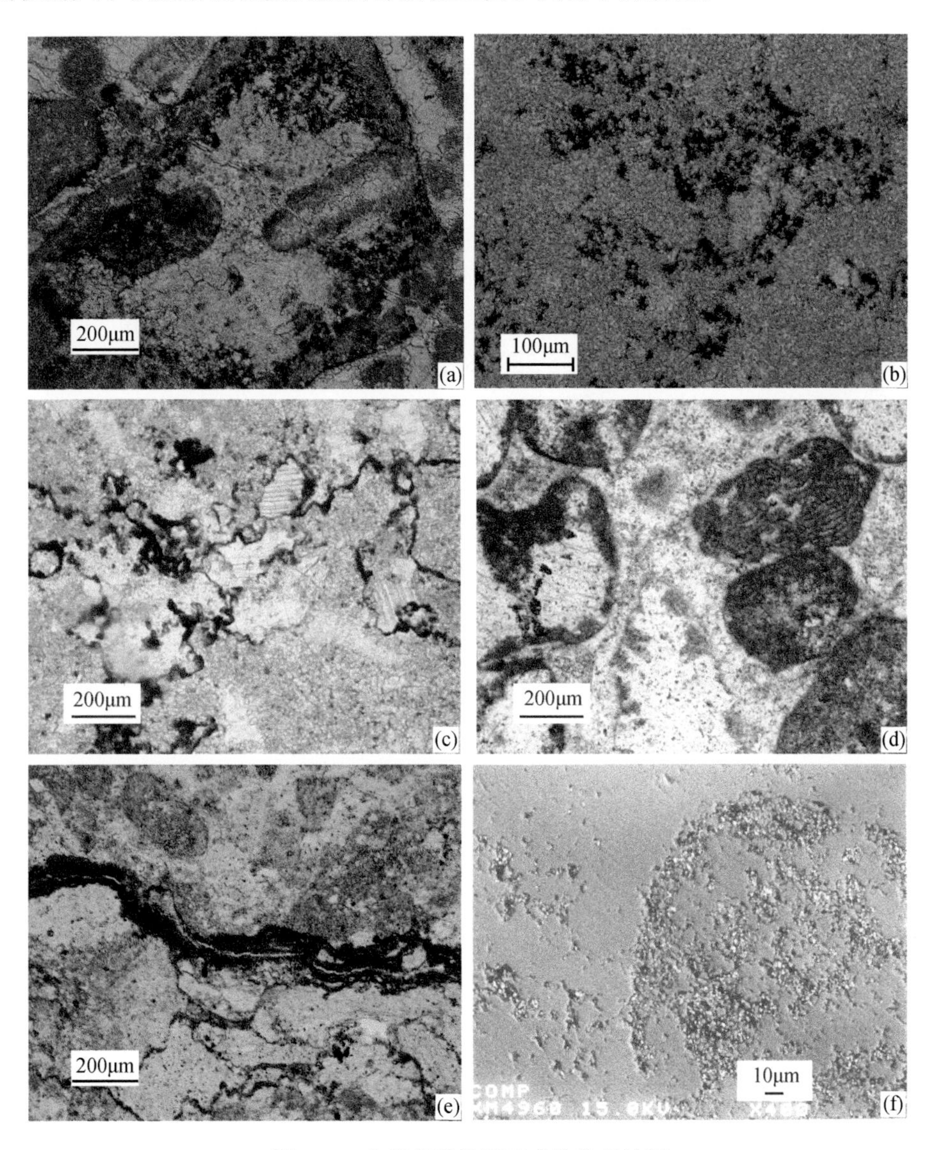

图 1.14　灰岩埋藏溶蚀形成的微观特征

（a）灰岩中颗粒的溶蚀，S102 井，6059.20m，单偏光；（b）灰岩泥晶基质的溶蚀，S79 井，5652.32m，单偏光；（c）灰岩中方解石胶解物的溶蚀，S102 井，6059.87m，单偏光；（d）灰岩中藻团块颗粒和方解石胶解物的溶蚀，S102 井，6059.99m，单偏光；（e）缝合线的溶蚀扩大和沿缝合线的溶蚀，T708，5809.46m，单偏光；（f）灰岩中颗粒的自源溶蚀，T708 井，5793.06m，二次电子图像

埋藏溶蚀作用在一定程度上受缝合线和微裂缝控制，在缝合线或微裂缝发育的部位，其周围的灰岩溶蚀作用也较为发育［图 1.14（e）］。灰岩中的缝合线是灰岩在压实作用下形成的，缝合线上下的灰岩一般呈犬牙交错状紧密吻合在一起，但塔河地区一间房组灰岩中

发育的缝合线上下交错的齿状突起比较弱，较为圆滑，缝合线宽度一般也都较大，中间充填有沥青或褐色的原油［图 1.14（e）］。在缝合线的两侧，无论是颗粒，泥晶基质，还是胶结物都可见发生了明显的溶蚀作用。缝合线的溶蚀扩大以及缝合线两侧较强的溶蚀作用表明，缝合线起到了溶蚀流体运移通道的作用。除缝合线外，碳酸盐岩中的微裂缝也是重要的流体运移通道，运移而来的流体对微裂缝周围的灰岩发生一定的溶蚀作用。

（三）埋藏溶蚀作用对储层的影响

埋藏溶蚀作用的强弱直接影响到灰岩储层物性和油气显示的好坏。S76 井是一个典型的例子，多个回次取心井段均发育了不同程度的埋藏溶蚀作用（图 1.15）。其中第 12 回次取心段（C-Ⅰ）（5559.2～5565.8m）属于上奥陶统良里塔格组（O_3l）。该取心段埋藏溶蚀作用不发育，孔隙度和渗透率都比较低，平均值分别为 0.83%和 $0.09\times10^{-3}\mu m^2$，也几乎没有任何的油气显示。第 13 回次（5578.0～5583.8m）（C-Ⅱ）和第 14 回次（5590.2～5598.4m）（C-Ⅲ）取心段都属于一间房组，均发育了不同程度的埋藏溶蚀作用。相比较而言，第 14 回次取心段溶蚀程度比第 13 回次更为强烈。第 13 回次取心段的平均孔隙度和渗透率分别为 1.35%和 $0.28\times10^{-3}\mu m^2$，要大于第 12 回次取心段相应的值。第 14 回次取心段的孔隙度和渗透率平均值分别为 3.69%和 $0.57\times10^{-3}\mu m^2$，明显高于第 12～13 回次取心段。从油气显示程度上来看，第 13 回次取心段为油斑或油迹，优于第 12 回次取心段；第 14 回次取心段为油浸，优于第 13 回次取心段。从上述分析可以看出，埋藏溶蚀发育的程度制约着灰岩储层孔隙度和渗透率的大小以及油气显示程度的好坏。

二、埋藏溶蚀改造作用类型划分和流体来源分析

（一）埋藏溶蚀作用类型划分

根据溶蚀孔隙形态和溶蚀流体来源，埋藏溶蚀作用可以进一步分为两种类型，自源溶蚀作用和他源溶蚀作用。自源溶蚀作用是灰岩本身所产生的溶蚀流体对灰岩的溶蚀作用，这种溶蚀作用只在灰岩中产生一些小的近圆形的孔洞，这些孔洞许多都是单个独立存在的，彼此之间连通性差，并且许多这样的小孔在薄片上是非贯通的，溶蚀孔隙的大小一般只有几微米。他源溶蚀作用是来自灰岩之外的流体对灰岩的溶蚀作用，这种溶蚀作用在灰岩中产生许多大的相互连通的溶蚀孔隙，如在低倍镜下的灰岩颗粒中可以看到大的溶蚀孔洞和沿缝合线、裂缝发生的溶蚀作用。

多数情况下，埋藏溶蚀作用是两种类型溶蚀共同作用的结果。在内部侵蚀性流体作用下，灰岩会先发生自源溶蚀；随着外部流体的渗入，在自源溶蚀的基础上，会进一步发生他源型溶蚀作用。在他源溶蚀作用下，灰岩的溶蚀强度会大大增加。灰岩中的埋藏溶蚀作用是自源溶蚀和他源溶蚀相互叠加的结果，在溶蚀作用较弱的区域，通常都可以看到一些自源溶蚀特征，但在溶蚀作用较强烈的区域，一般只能看到他源溶蚀作用。在岩心上肉眼可以看到的，如斑状溶蚀，主要是他源溶蚀作用的结果。

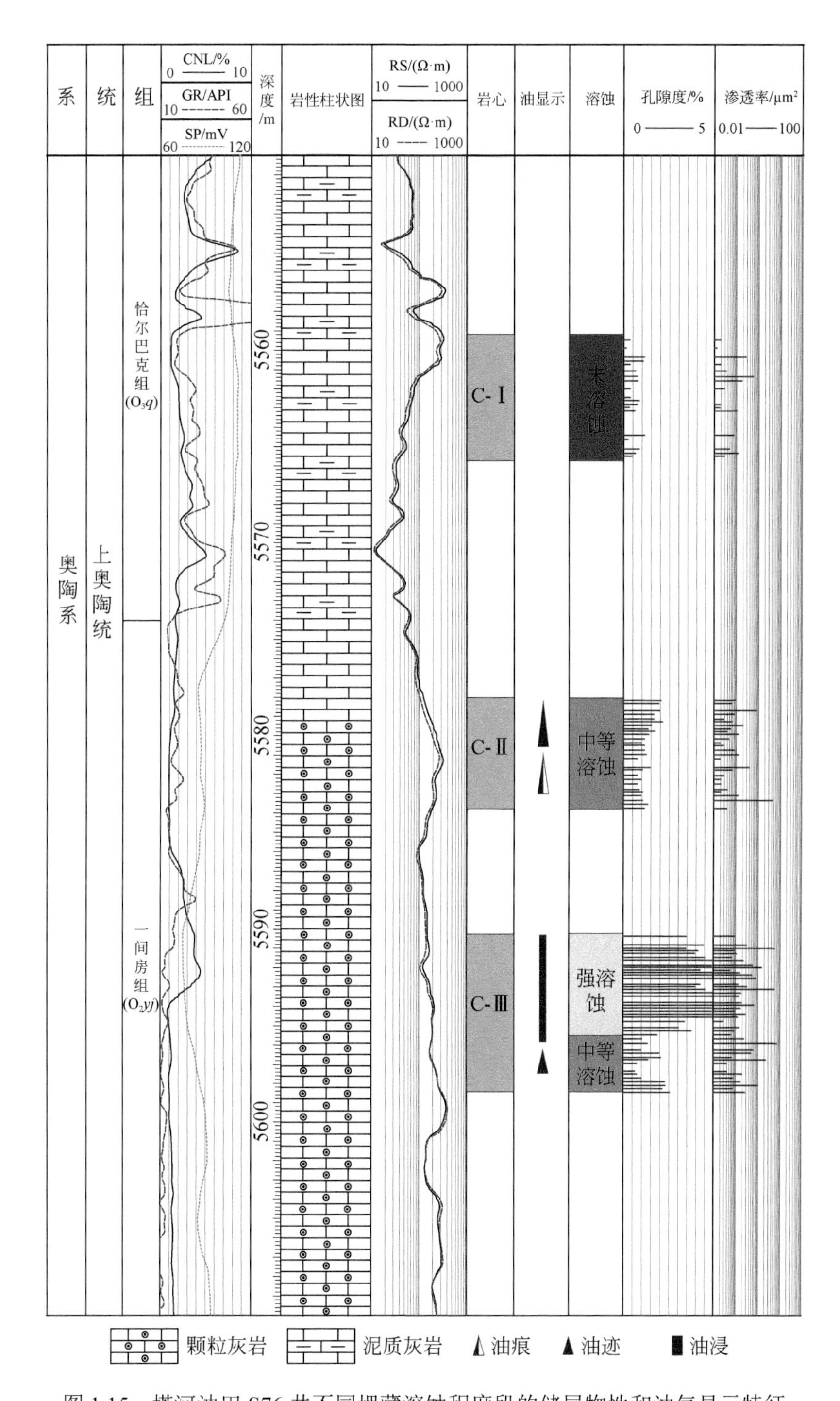

图 1.15　塔河油田 S76 井不同埋藏溶蚀程度段的储层物性和油气显示特征

在 S76 井中，C-Ⅰ岩心不受埋藏溶蚀的影响，而 C-Ⅱ受到埋藏溶蚀，C-Ⅲ受到强烈埋藏溶蚀。随着埋藏溶蚀程度从 C-Ⅰ到 C-Ⅲ的不断增加，储层岩石物理性质和油气含量越来越好。CNL. 补偿中子；SP. 自然电位

（二）埋藏溶蚀作用流体来源分析

灰岩内部会含有一定量的原始孔隙水，以及蒸发岩类矿物（如石膏等）通过脱水作用提供的一定量的流体（Kendall，1984；Machel and Anderson，1989），但原始孔隙水在埋藏初期就已经与碳酸盐岩围岩达到了平衡，并且随着温度的升高（埋深的增加），碳酸钙的溶解度会有一定程度的降低；蒸发盐类矿物脱水作用一般都是在盆地沉降早期进行的（Kendall，1984；Hower et al.，1976），也会很快与碳酸盐岩围岩达到平衡。因此，灰岩中存在的这些流体都不大可能会对埋藏成岩条件下的灰岩产生溶蚀作用。

在有机质成熟作用过程中，以及盆地演化后期阶段的烃类热降解过程中，会产生一定数量的有机酸、CO_2 和 H_2S 等酸性物质（Tissot and Welte，1978；Schmidt and McDonald，1979；Surdam et al.，1982，1984）。排放到地层中的这些酸性物质会改变周围地层中流体的成分，使这些地层中的流体具有一定的对碳酸钙的溶蚀能力。因此，有机成岩作用过程中产生的对碳酸钙不饱和流体是使灰岩发生埋藏溶蚀的最可能的流体（Spirakis and Heyl，1988；Moore，1989）。

塔河一间房组灰岩主要是泥晶灰岩和泥晶颗粒灰岩，灰岩颗粒包括内碎屑颗粒、生物碎屑颗粒、鲕粒、藻团块颗粒等。藻团块颗粒和泥晶基质中通常会含有或多或少的有机质，并被保存下来。随着埋藏深度的增加，这些有机质会发生热成熟作用，释放出一定量的酸性物质，从而使灰岩发生自源溶蚀作用。一间房组灰岩中由于有机质含量非常低，产生的酸性物质数量非常有限，在使紧邻有机质的碳酸钙发生溶蚀时便很快消耗殆尽，不再具有溶蚀较远处的碳酸钙的能力。因此，自源溶蚀作用是一种原位的溶蚀作用，仅能在酸性物质产生的位置发生溶蚀，产生一些非常小的溶蚀孔。对具有一定机质含量的各种类型碳酸盐岩来说，自源溶蚀作用应该是一种较为普遍的现象。

相对于自源溶蚀作用来说，他源溶蚀作用的流体来自灰岩地层之外。可能的流体包括大气降水和由于混入了泥/页岩压实作用而排出的且在化学成分上发生改变的地层水。大气降水向深部的循环在一些地层倾斜或断陷盆地中时有发生。除非挟带有地下产生的有机酸或 CO_2，否则渗入地下深处的大气降水不大可能会对碳酸盐岩具有溶蚀能力，因为大气降水在从地表向下渗透过程中会很快与碳酸盐岩达到平衡（Banner and Hanson，1990）。泥/页岩压实作用过程中，流体的排出大多与黏土矿物的转变（蒙脱石向伊利石）、无定形无机凝胶体的变化、硅酸盐的水解等有关（Foscolos，1984），流体数量非常有限，并且沉积的泥/页岩中会富含灰质成分，所以流体也会在泥/页岩中与碳酸钙达到平衡，不大可能对其他层位的碳酸钙产生溶蚀作用。

而来自烃源岩的含油气流体不但富含有机质成熟过程中释放出来的有机酸、CO_2 和 H_2S 等酸性物质，而且数量巨大。当沿着断裂、裂缝以及不整合面等通道运移到灰岩地层中时，必然会对灰岩发生溶蚀作用。因此，来自烃源岩的含油气流体是使灰岩发生他源溶蚀的最可能流体。

塔河油田周围地区寒武系-奥陶系烃源岩多期演化，长期供烃，油水运移过程中可以挟带不断从烃源岩中排出而溶于其中的有机酸、CO_2 以及 H_2S 等进入上覆碳酸盐岩地层，使碳酸盐岩发生溶蚀。从塔河油田奥陶系灰岩油田水的分析化验结果来看，pH 多在 5～6.7

之间，HCO_3^-浓度在30.97～5151.26mg/L之间，表现为酸性。但是，由于油田水到达地面后，其中所溶解的CO_2和H_2S已大多从溶液中逸出，油田水在地下的真实pH可能会比地面上测定的小许多。另外，在塔河油田114个油田水样中，有机酸根离子（OAA）在总碱度（HCO_3^-＋CO_3^{2-}＋HS^-＋OAA）中所占的比例大多数在30%～70%之间，有24个（21.1%）油田水样品中有机酸根占总碱度的70%以上，最高达92%（蔡春芳等，1997）。这些分析结果表明了塔河碳酸盐岩地层中的流体对碳酸钙具有一定的溶蚀能力，并且随油气运移而来的有机酸对地层流体的酸度有着较大的贡献。

（三）埋藏溶蚀流体来源地球化学证据

1. 微量元素示踪流体来源

从Bi到W的微量元素数据和稀土元素数据（REEs）配分模式特征如图1.16和图1.17所示。图1.16表明，溶蚀部分和未溶蚀部分与泥质烃源岩中的Sr、U、Be、Cr、Sn和W含量相似，而从Bi到Mo的其他元素的含量则明显不同。从Bi到Mo，溶蚀部分各微量元素的浓度介于未溶蚀部分和泥质烃源岩之间，换句话说，低于泥质烃源岩，高于未溶蚀部分。如图1.17所示，烃源岩的稀土元素模式与O_2yj灰岩的溶蚀和未溶蚀部分相似。因稀土元素的含量不同，溶蚀部分的稀土元素含量略高于未溶蚀部分，但都远低于烃源岩。

促使埋藏溶蚀的流体应该继承了流体源区的特征，包括微量元素和稀土元素。通过元素交换、扩散和/或其他机制，流体的一些元素组成特征可以在水-岩石相互作用期间部分进入溶蚀的石灰岩中。因此，通过测量侵蚀石灰石的元素组成，可以确定流体来源。

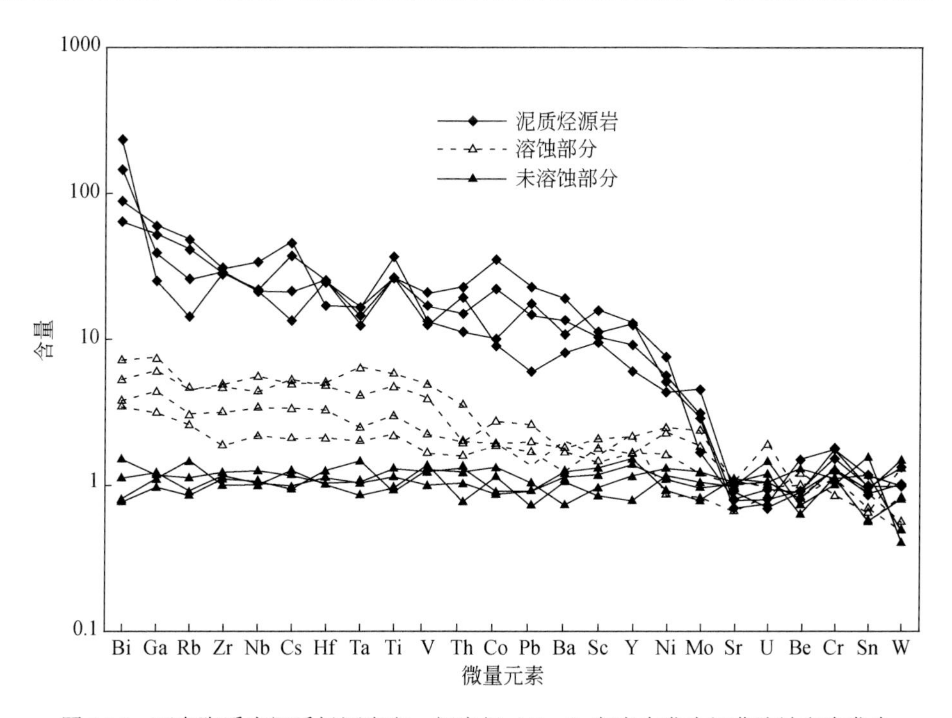

图1.16　下奥陶系富泥质烃源岩和一间房组（O_2yj）灰岩中发生埋藏溶蚀和未发生溶蚀灰岩的微量元素分布

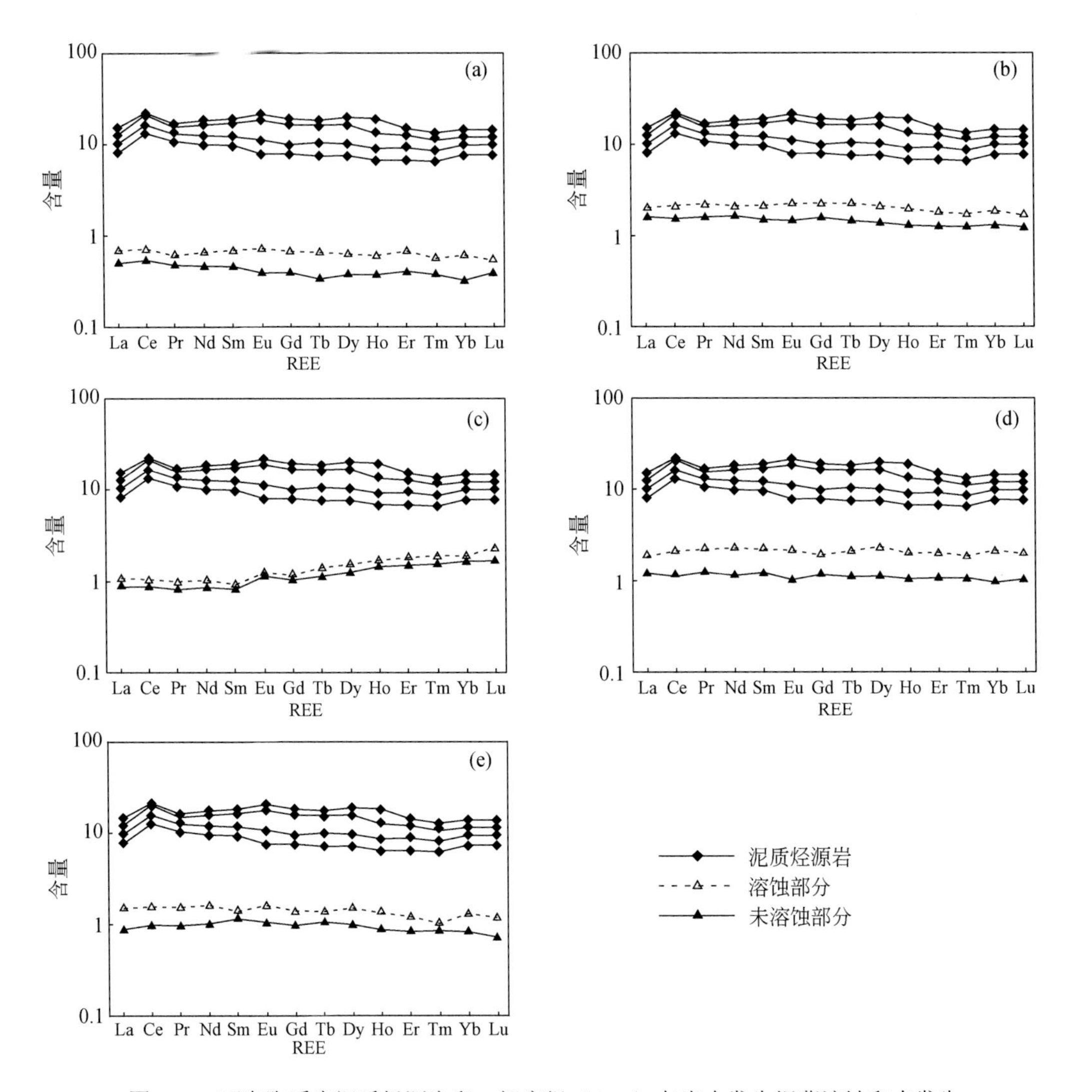

图 1.17　下奥陶系富泥质烃源岩和一间房组（O_2yj）灰岩中发生埋藏溶蚀和未发生溶蚀灰岩的稀土元素分布图

（a）～（e）中的五个样品分别从 S109 井（O_2yj，6250.63m）、T207 井（O_2yj，5586.01m）、S100 井（O_2yj，5617.63m）、S76 井（O_2yj，5583.57m）和 S102 井（O_2yj，6047.40m）采集

有机质含量高的沉积物通常会富集一些微量元素。例如，一些黑色页岩中 Cu、Cr、Co、Mo、Ni、V 和 Zn 的含量比其他没有或含有较少有机物的沉积物中的高 330 倍（Brumsack，1980）。这些微量元素在富含有机物的沉积物中具有相对较高的浓度可归因于：①微量元素在有机组织中的逐渐积累；②保存的有机物有助于细菌硫酸盐的减少，导致微量元素沉淀为硫化物；③微量元素在黏土矿物上的吸附（Brumsack，1980）（Nijenhuis et al.，1999）。塔里木盆地富含泥质的深灰色或黑色烃源岩也同样富含这些微量元素（图 1.16）。烃源岩中这些微量元素的浓度比未溶蚀的 O_2yj 石灰岩中的浓度高 10～100 倍（图 1.16）。从这种烃源岩中产生的含烃流体继承了高微量元素含量的特征。然后流体中的微量元素可以通过元

素交换、元素扩散或其他机制进入被溶蚀的灰岩中，导致发生溶蚀的灰岩中从 Bi 到 Mo 浓度的增加，而烃源岩中 Sr 至 W 的浓度与未溶蚀石灰岩中的浓度相似。

下奥陶统富有机质黑色烃源岩和一间房组灰岩之间的相似稀土元素模式反映了泥岩和灰岩地层沉积在具有相似稀土元素特征的海水中，继承了海水的稀土元素模式（Nothdurft et al.，2004；Piper，1991）。在海水中，稀土元素可以吸附到有机物和黏土矿物上（Sholkovitz，1992；Viers et al.，1997），因此，富含泥浆和有机物的烃源岩中稀土元素的浓度通常远高于其他含有较少或不含有机物的石灰岩。

稀土元素的浓度也可能与 Eh 的变化有关。然而，在方解石晶格中，稀土元素通常取代 Ca^{2+}。REEs 在碳酸盐岩中通常都以+3 价的状态存在，但当 Eh 变化时，Eu 可以以+2 价的价态出现，铈的化合价态为+4 价。化合价的变化随后会影响离子半径的大小，进而影响置换的能力。但 Eh 的变化只影响 Eu 和 Ce 含量，而不是整个 REE 元素的配分模式。

下奥陶统烃源岩中稀土元素的实测浓度是 O_2yj 灰岩的 5～15 倍。酸性物质，如有机成岩作用产生的有机酸、CO_2 和 H_2S，将改变烃源岩系统的 pH 条件，从而使稀土元素活化（Möller and Bau，1993；Nesbitt and Markovics，1997），随后进入含碳氢化合物的流体。当运移至 O_2yj 灰岩中时，含烃流体通过水岩相互作用使溶蚀部分的 REE 丰度增加。根据微量元素和稀土元素的含量分布关系，使灰岩发生溶蚀的流体可以推断为源自烃源岩的含烃流体。

2. 碳氧同位素示踪流体来源

未溶蚀的灰岩的 $\delta^{13}C_{PDB}$ 和 $\delta^{18}O_{PDB}$ 值分别为 0.6‰～1.3‰和−7.6‰～−6.1‰（表 1.2）。碳和氧同位素组成位于塔里木中下奥陶统海相灰岩的范围内，并且与全世界的奥陶系海相灰岩非常吻合（Veizer et al.，1999）。发生埋藏溶蚀灰岩的 $\delta^{13}C_{PDB}$ 和 $\delta^{18}O_{PDB}$ 值分别为 0.3‰～0.6‰和−8.7‰～−7.3‰（表 1.2）。

表 1.2　碳氧同位素结果

钻井	S76	S76	S100	S100	S102	S102	T207	T207	S109	S109
深度/m	5583.57	5583.57	5617.63	5617.63	6047.4	6047.4	5586.01	5586.01	6250.63	6250.63
层位	O_2yj	O_2yj	O_2yj	O_2yj	O_2yj	O_2yj	O_2yj	O_2yj	O_2yj	O_2yj
特征	溶蚀	未溶蚀	溶蚀	未溶蚀	溶蚀	未溶蚀	溶蚀	未溶蚀	溶蚀	未溶蚀
$\delta^{13}C_{PDB}$/‰	0.6	1.3	0.5	0.9	0.4	0.8	0.4	0.6	0.3	0.8
$\delta^{18}O_{PDB}$/‰	−7.9	−6.4	−7.3	−6.1	−8.1	−6.7	−8.7	−7.6	−8.4	−7

虽然发生埋藏溶蚀部分的灰岩的碳氧同位素组成也在奥陶系碳酸盐的范围内，但它们均比未溶蚀部分略轻。有机来源的 CO_2 在碳同位素组成中通常相对较轻，含烃流体通常含有大量的有机来源的 CO_2/HCO_3^-。受含有机来源 CO_2/HCO_3^- 的影响，发生溶蚀灰岩在碳同位素组成中会略轻。埋藏溶蚀作用一般发生在石灰岩埋藏到一定深度时，此时含烃流体的温度相对较高，在相对较高的温度下，水-岩石相互作用会导致溶蚀灰岩的氧同位素相对较轻。

三、埋藏溶蚀改造作用储层发育地质模式

尽管在自源溶蚀和它源溶蚀作用中，对碳酸盐岩产生溶蚀作用的物质组分是相同的，即都是有机质成熟过程产生的有机酸、CO_2 和 H_2S 等酸性物质。但对自源溶蚀来说，这些侵蚀性物质产生在碳酸盐岩地层内部，而对他源溶蚀来说，这些侵蚀性物质产生在碳酸盐岩地层之外，经过了长距离运移，所以，两者在溶蚀发育模式有着明显的差别。

自源溶蚀作用发育的模式见图 1.18（a）。自源溶蚀作用与灰岩本身所含有的少量机质成熟作用有关，具有溶蚀能力的流体不具有流动性，只能在有机质所在的位置对碳酸钙进行溶蚀，并很快消耗完。自源溶蚀的发育受灰岩本身有机质的含量、有机质的类型以及埋藏演化过程所制约。

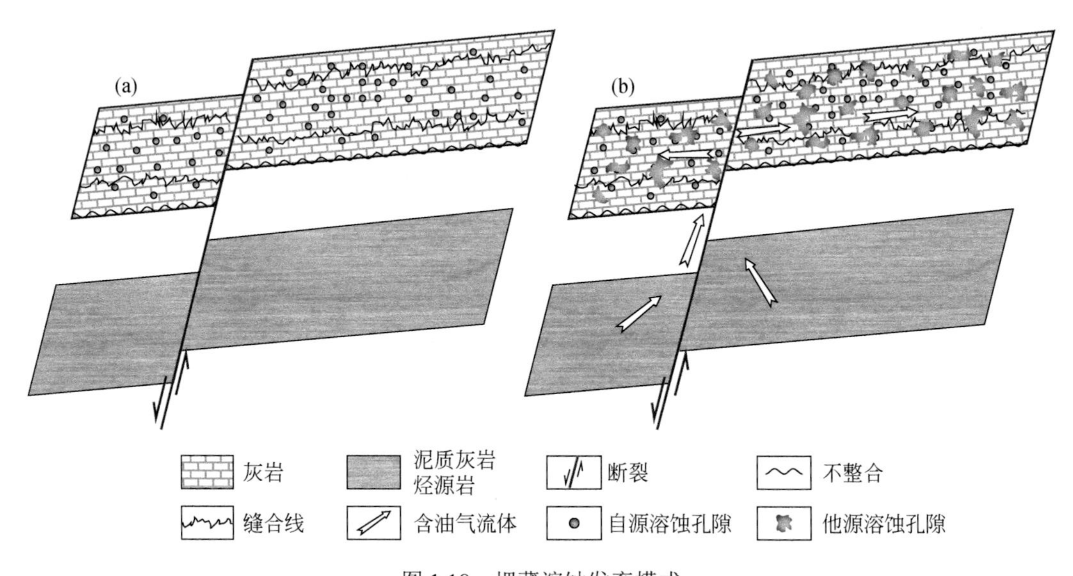

图 1.18　埋藏溶蚀发育模式

（a）自源溶蚀发育模式；（b）他源溶蚀发育模式

灰岩中发育的他源溶蚀作用是挟带酸性物质的含油气流体大量运移而至的结果，其溶蚀发育模式见图 1.18（b）。他源溶蚀作用既需要大量富含酸性物质的油气流体，又需要从烃源岩到灰岩有效的运移通道沟通，也需要流体在碳酸盐岩地层内部的流动，因此，他源溶蚀作用受到烃源岩与灰岩的空间耦合关系、断裂和不整合面发育以及灰岩自身缝合线、微裂隙和原有孔隙发育状况等多种因素所制约。含油气流体一旦运移到灰岩地层中，就会沿着缝合线和微裂隙向灰岩内部渗透并使灰岩溶蚀。溶蚀方式既可以是产生新的溶蚀孔隙，也可以是对缝合线、微裂隙以及原有孔隙的溶蚀扩大。自源溶蚀作用形成的微小孔隙可作为他源溶蚀发生的基础，他源溶蚀流体在这些微小自源溶蚀孔隙的基础上进一步溶蚀扩大，从而溶蚀产生大的次生溶蚀孔隙。

第五节 断裂-热液流体溶蚀改造作用

一、沿断裂上行热液流体溶蚀-充填机制

塔里木盆地塔北地区TS1井于2006年完钻，完钻深度8408m，在7～8km的深层寒武系白云岩中发现了丰富的溶蚀孔隙。溶蚀孔隙大小从几毫米至几厘米不等。从溶蚀孔隙发育形态和已有研究来看，这些溶蚀孔隙是白云岩同生或准同生时期大气降水地表岩溶作用形成（焦存礼等，2011；朱东亚等，2012）。

已有研究表明，上覆奥陶系碳酸盐岩许多裂缝或者岩溶洞穴被方解石充填，方解石充填作用与大气降水（刘存革等，2007；张涛和蔡希源，2007）或者深部热液流体活动有关（蔡春芳等，2009；Li et al.，2011）。但深层寒武系白云岩经历了漫长的成岩演化阶段和复杂的流体作用过程，其中仍有大量的孔隙空间保存下来。前人较多关注深层白云岩中的储集空间是怎么形成的（Zhu et al.，2008；焦存礼等，2011；朱东亚等，2012），但经历复杂而漫长的成岩过程之后，对于储集空间是如何保存下来的还没有相关研究。

碳酸盐岩中的储集空间能否免于被充填、能否保存下来，或者多大程度上能保存下来，与其所经历的流体作用环境有着密切的关系。塔里木盆地深层寒武系白云岩中的储集空间免于被充填而保存下来，受什么样的流体作用环境控制，是一个非常值得深入探讨的问题。这方面的研究对寻找深层优质白云岩储层有着十分重要的意义。

根据Duan和Li（2008）所建立的H_2O-CO_2-NaCl-$CaCO_3$热力学相平衡和物质平衡模型，模拟计算了不同类型流体作用下$CaCO_3$溶解度变化特征，并据此进一步分析了碳酸盐岩矿物的溶蚀-充填规律，然后结合塔里木盆地塔北地区实例进一步分析寒武系深层碳酸盐岩储层储集空间免受方解石充填而得以保存下来所需要的流体作用环境。

（一）热力学数值计算

某种类型流体之所以能对碳酸盐岩产生溶蚀或者在已有储集空间中产生碳酸盐岩矿物（如方解石）的沉淀充填，就是因为在一定温度、压力等条件下，流体对$CaCO_3$处于溶解或饱和状态。$CaCO_3$在流体中的溶解度随温压等条件的变化特征决定着地层中活动的流体是溶解还是沉淀充填碳酸盐岩矿物。流体对$CaCO_3$溶解度的大小受热力学平衡因素控制。我们这里将选择合适的方法来计算$CaCO_3$在不同类型流体中溶解度的变化特征。这是进一步讨论碳酸盐岩储层储集空间保存的流体环境的基础。

1. 模型的选择

针对碳酸盐岩矿物在水溶液中溶解量多少的研究，已有不少的模型可以参考，如PHREEQC（Parkhurst and Appelo，1990），PHRQPITZ（Plummer et al.，1988），WATEQ4F（Ball and Nordstrom，1991）和MINTEQA2（Allison et al.，1991）。但这些模型能够应用的温度和压力范围有限，与实验成果差别较大。

在相平衡和物质平衡的基础上，Duan和Li（2008）建立了CO_2-H_2O-$CaCO_3$-NaCl体系的热力学平衡模型。在这一模型中，考虑到了众多相互独立的物质组分和反应过程，如气

体状态的 $H_2O(g)$和 $CO_2(g)$，溶液状态的 $H_2O(aq)$、$CO_2(aq)$、H^+、Na^+、Ca^{2+}、$CaHCO_3^+$、$Ca(OH)^+$、OH^-、Cl^-、HCO_3^-、CO_3^{2-}、$CO_2(aq)$和 $CaCO_3(aq)$，固态的 $CaCO_3(s)$（方解石）和 NaCl(s)（石盐）。模型中各物质活度系数的确定充分考虑了阳-阳、阴-阴、阴-阳、阴-阴-阳、阳-阳-阴等各种物质组分之间的相互作用和影响。该模型可以用于计算含有一定量 CO_2 和一定盐度（NaCl）水溶液中的 $CaCO_3$ 溶解度，具有较宽的温度（0～250℃）和压力（1～1000bar①）适应范围，并且考虑到了盐度的影响（0～NaCl 饱和），与前人的实验成果具有很好的一致性。本次研究将选择这一模型来模拟计算不同流体类型中 $CaCO_3$ 溶解度的变化特征。

2. 流体条件

针对塔里木盆地下古生界碳酸盐岩储层储集空间的发育机制，已经有不少的研究做了探讨。他们认为碳酸盐岩地层中较为活跃并对碳酸盐岩储层影响较为显著的流体作用类型主要为大气降水（Moore，2001；陈强路等，2007；刘存革等，2007；张涛和蔡希源，2007；Loucks，1999；Loucks et al.，2004）和深部热液流体（Davies and Smith，2006；金之钧等，2006；Lü et al.，2008；陈代钊，2008；蔡春芳等，2009；Lavoie et al.，2010；Zhu et al.，2010；Li et al.，2011）。本书主要针对这两种类型流体进行模拟计算。

大气降水具有从地表/近地表向深部地层运移的特点，深部热液则具有从深部地层向浅部地层运移的特点。因此需要计算得到两种类型流体中 $CaCO_3$ 溶解度随深度变化的特点。采用 CO_2-H_2O-$CaCO_3$-NaCl 热力学模型进行计算时，需要设定温度、压力、盐度、CO_2 含量等参数。在地层中活动的流体，其温度和压力设定为地层的温度和压力，是深度的函数，随所处地层深度的变化而变化。这样，通过计算某一深度对应的温度和压力下的 $CaCO_3$ 溶解度值，就可以得到 $CaCO_3$ 溶解度随深度变化的特征。

不同深度下的温度的确定方法如下：

$$T_h=T_s+g_c\times h \tag{1.1}$$

式中，T_h 为垂深为 h 时地层温度，K；T_s 为地表温度，K，本书取 288.15K；g_c 为地温梯度，K/km，由于影响塔里木盆地下古生界碳酸盐岩的火山岩浆活动主要发生在二叠纪末（Chen et al.，1997；贾承造等，1995），所以地温梯度可以按照晚二叠世时期地温梯度 30K/km（李慧莉等，2005；陈瑞银等，2009）取值；h 为地层垂深，km；压力为静水压力，计算方法为

$$P_h=P_a+\rho gh/101325 \tag{1.2}$$

式中，P_h 为深度为 h 时的压力，bar；P_a 为标准大气压，1.01325×10^5Pa；ρ为水的密度，1g/cm^3；g 为重力加速度，9.8m/s^2；h 为地层垂深，m。

虽然流体在地层活动过程中会溶解多种盐类矿物组分，应用该模型时可按照一般的做法，即用等效 NaCl 盐度来表述实际盐度的大小。大气降水在降落至地表时，设定盐度为 0%，随着与碳酸盐岩地层作用，盐度会逐渐增加，计算时选取了 1%和 5%的盐度作为代表。深部热液流体在深部与地层发生相互作用，通常会具有较高的盐度，计算时设定为 10%、5%和 1%三个值。

---

① 1bar=10^5Pa。

3. CO_2 含量

由于大气降水可以从空气中溶解得到 CO_2，因此，本书假设大气降水在地表条件下初始 CO_2 含量是饱和的。在地表条件下，CO_2 的饱和含量可根据 Duan 和 Zhang（2006）建立的 H_2O-CO_2 体系分子动力学模型来进行计算，其计算值为 0.044253mol/kg。根据上述模型，CO_2 饱和含量具有随大气降水向下渗透而增加的趋势，但增加的幅度不大。若非遇到特殊情况，如局部遇到深部来源 CO_2 补充进来，大气降水在向下渗透的过程中实际所含的 CO_2 可能不会显著增加。因此，在区域范围上，即使地层中会有一定量的不同形式的 CO_2 存在，也不会很大程度上改变大气降水在向下渗流过程中的 CO_2 含量，所以本书假设大气降水 CO_2 值为恒定的 0.044253mol/kg。

与岩浆火山活动有关的深部热液流体通常是一种富含 CO_2 的流体（Gerlach，1980；戴金星等，1995；Shangguan et al.，2000；朱东亚等，2010）。本次计算分别取 CO_2 饱和、0.3mol/kg 和 0.1mol/kg 三个含量值，代表可能的不同 CO_2 含量深部热液流体，其中 CO_2 饱和最接近实际富 CO_2 深部流体。流体中 CO_2 饱和含量的多少受温度和压力共同控制，随压力的增加而增加，随温度的增加而减少。不同温度和压力下 CO_2 饱和含量的多少可用 Duan 和 Zhang（2006）建立的 H_2O-CO_2 体系分子动力学模型来进行计算。

4. 计算结果

依据 Duan 和 Li（2008）建立的 CO_2-H_2O-$CaCO_3$-NaCl 体系热力学模型及 Duan 和 Zhang（2006）建立的 H_2O-CO_2 体系分子动力学模型进行计算，对大气降水和深部热液两种流体在不同条件下 $CaCO_3$ 溶解度随深度变化进行计算的结果见图 1.19 和图 1.20。

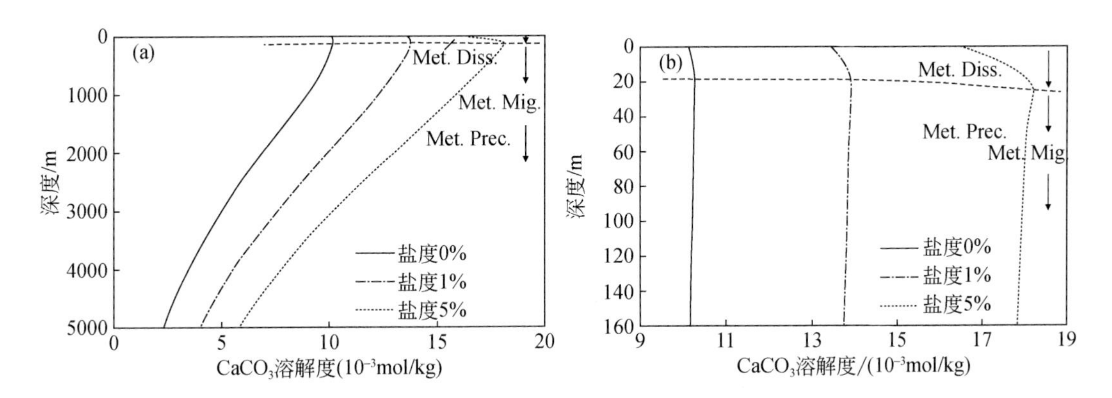

图 1.19　CO_2 含量为 0.044253mol/kg 时，CO_2-H_2O-$CaCO_3$-NaCl 体系 $CaCO_3$ 溶解度随深度（温度、压力）和盐度变化特点（代表大气降水对 $CaCO_3$ 溶解度变化特点）

（a）深度从 0～5000m；（b）深度从 0～160m。Met. Diss.代表大气降水溶蚀；Met. Prec.代表大气降水充填；Met. Mig.代表大气降水运移方向。大气降水具有从浅部（地表）向深部运移的特点，在这个过程中对 $CaCO_3$ 溶解度具有在浅部地层中先增大，再往深处逐渐减小的特征

（二）溶蚀-充填机制

1. 流体对 $CaCO_3$ 溶蚀-充填特点

从前面计算结果来看，无论在大气降水还是深部热液流体中，$CaCO_3$ 溶解度都随温度、

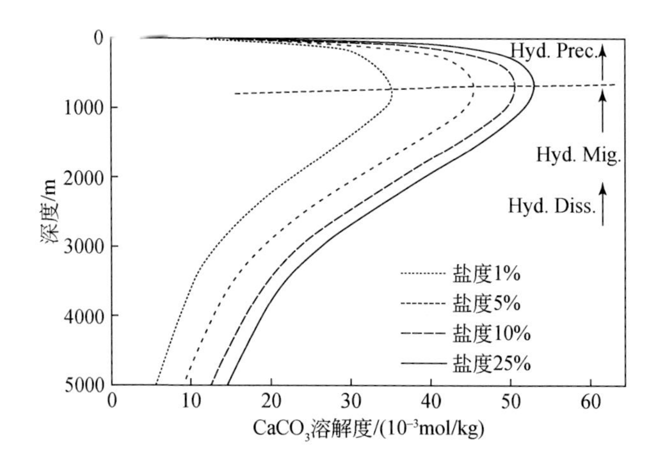

图 1.20 CO_2 含量饱和时，CO_2-H_2O-$CaCO_3$-NaCl 体系 $CaCO_3$ 溶解度随深度（温度、压力）和盐度变化特点（代表深部热液流体对 $CaCO_3$ 溶解度变化特点）

Hyd.Prec.代表热液充填；Hyd.Diss.代表热液溶蚀；Hyd.Mig.代表热液流体运移方向。深部热液具有从深部向浅部运移的特点，在这个过程中 $CaCO_3$ 溶解度具有在深部地层中先逐渐增大，再往浅部逐渐减小的特征

压力、盐度的变化而变化。温度和压力与地层深度相对应，因此 $CaCO_3$ 溶解度随温度、压力的变化可以认为是随流体在地层中深度的变化。大气降水和深部热液流体运动方式截然相反。前者是从地表向地下深处运移，后者是从深部地层向浅部地层运移。下面将分别对具有不同物理化学条件和运动特征的两种流体中碳酸盐岩矿物溶解度变化特征及溶蚀-充填特征进行详细讨论。

1）大气降水溶蚀-充填特点

（1）深度（温度、压力）的影响

如果仅考虑深度（温度、压力）的变化，从图 1.19 可以看出，在地层温度和压力下，无论盐度是 0%、1%还是 5%，在自地表向地下深处运移过程中，大气降水对 $CaCO_3$ 溶解度逐渐增加，并在比较浅的深度条件下（约 20m）达到最大值，然后开始逐渐降低。这表明大气降水在向下渗透过程中，浅部约 20m 的深度范围对碳酸盐岩具有持续的溶解能力，再向下部运移过程中不再具有溶蚀能力，相反要沉淀出碳酸盐矿物，充填原先存在的孔隙。

（2）盐度的影响

大气降水中盐度的变化对 $CaCO_3$ 溶解能力有着很大的影响。在与碳酸盐岩作用过程中，大气降水的盐度会逐渐增加，$CaCO_3$ 溶解度也随之增加。在初始盐度为 0%时，溶解度最大值为 10.279×10^{-3}mol/kg。当盐度增加到 1%时，溶解度最大值为 13.89×10^{-3}mol/kg；在下渗至深度为 1500～2000m 时，溶解度才降低至盐度为 0%时的最大溶解度附近。也就是说，当盐度从 0%增加到 1%时，在大气降水下渗至 1500～2000m 之间的过程中都具有溶解碳酸盐岩的能力。与之类似，当盐度从 0%增加到 5%时，大气降水在 0～3000m 的深度范围内都可能对灰岩具有溶蚀能力。这些特点表明，大气降水在下渗过程中，如果其盐度持续增加，在相当深的深度范围内都会对碳酸盐岩具有溶蚀能力。

（3）动力学因素影响

大气降水对碳酸盐岩的溶解-沉淀特征除受热力学平衡条件所决定的溶解能力（溶解

度）制约外，还与碳酸盐岩溶解的动力学因素有关（Mores and Avidson，2002）。这些动力学因素包括大气降水的量、流动速度、溶解速度等。

通常情况下，由于大气降水的量较大，流动速度较快，同时受到碳酸盐岩溶解速度较慢等动力学因素的影响，实际上并不能很快溶解足够多的碳酸盐岩而达到饱和状态。在下渗到地下一定深度之后（如 20m），虽然从热力学角度来说应该已经达到溶解平衡，但受动力学因素的影响，大气降水仍然具有一定的溶解能力。

大气降水持续向地下更深处流动，对碳酸盐岩的溶解也在持续进行。随着深部水/岩比的减小和溶解的持续进行，大气降水会逐渐达到对碳酸盐岩的饱和状态，再往深部流动则会形成方解石的沉淀充填。

2）深部热液溶蚀–充填特点

（1）深度（温度、压力）的影响

富 CO_2 深部流体在深部地层可能具有很高的温度和压力，在自深部向浅部运移过程中，随着深度的减小，对应的温度压力也是逐渐降低的。为研究深部流体自深部向浅部运移过程中对 $CaCO_3$ 溶解度变化特征，本次研究先假设一种理想情况，即流体温度和压力与地层温度和地层中静水压力一致。

从图 1.20 来看，深部热液流体对 $CaCO_3$ 的溶解度是先随着深度（温度、压力）的降低而增加，在 700m 左右深度达到最大值，然后再减小。其地质意义就是，深部热液流体在自深部向浅部运移过程中，对碳酸盐岩具有持续溶解能力，到浅部一定深度（约 700m）时，溶解能力达到最大；再往浅部运移，逐渐会在相对浅部地层已有储集空间中产生 $CaCO_3$（方解石）的沉淀，也就是深部热液流体具有深部溶蚀、浅部充填的规律，是温度和压力共同作用的结果。

（2）盐度的影响

深部热液流体的盐度对 $CaCO_3$ 溶解度也有较大的影响。在相同温度、压力和 CO_2 含量条件下，溶解度有随着盐度升高而升高的特征（图 1.20）。高盐度的热液流体在自下而上运移过程中往往会与浅部地层中盐度较低的流体（如地层水或下渗的大气降水）发生混合，致使盐度降低；流体中 $CaCO_3$ 溶解度也随之降低。以 CO_2 含量饱和时为例，在 2000m 深的条件下，盐度为 10%、5%和 1%时，$CaCO_3$ 的溶解度分别为 36.16×10^{-3}mol/kg、31.13×10^{-3}mol/kg 和 22.83×10^{-3}mol/kg。也就是说当盐度从 10%降低至 5%或 1%时，$CaCO_3$ 溶解度将分别从 36.16×10^{-3}mol/kg 降低至 31.13×10^{-3}mol/kg，或者从 36.16×10^{-3}mol/kg 降低至 22.83×10^{-3}mol/kg，降低幅度分别为 13.9%或 36.9%。盐度降低所引起的热液流体中 $CaCO_3$ 溶解度的降低将可能在较深部位（大于 700m 的深度）产生方解石的沉淀充填。

（3）断裂/裂缝的影响

由于构造运动的影响，地层中往往会存在一些开启性的断裂和裂缝。当热液流体运移至这些断裂/裂缝中时，流体压力会骤然降低（邱楠生和金之钧，2000）。压力的降低会导致 $CaCO_3$ 溶解度降低，因此会在断裂/裂缝中发生方解石的沉淀充填。

2. 深部储集空间保存的流体环境

根据 $CaCO_3$ 溶解度变化特征，对大气降水来说，在从地表向地下一定深度运移过程中，较浅部位对碳酸盐岩具有持续溶蚀能力，向下运移至一定深度（约 20m）达到对 $CaCO_3$ 溶解能力的最大值；再向深部运移，溶解度具有降低的趋势，于是产生方解石的沉淀充填。受盐度变化以及动力学等因素的影响，溶蚀-沉淀转折点深度可能会显著增加，但浅部溶蚀-深部充填的趋势不变。

对深部热液流体来说，在从深部向浅部运移过程中，深部对碳酸盐岩具有持续的溶解能力；到达浅部一定深度（约 700m）达到对 $CaCO_3$ 溶解度的最大值，再往浅部运移便开始产生方解石的沉淀充填。受盐度变化等因素的影响，方解石沉淀充填可能会在较深部位发生。

两种流体中碳酸盐岩溶蚀-充填特征表明，碳酸盐岩中已有储集空间若要免于被方解石充填而保存下来，就不能处在大气降水的 $CaCO_3$ 沉淀充填区域，也不能处在深部热液流体的 $CaCO_3$ 沉淀充填区域。若碳酸盐岩进入埋藏作用环境之后，一直处在较深埋藏深度，就不会遭受下渗的大气降水充填作用的影响，并处在深部热液流体溶蚀作用域内，其中已有的储集空间则能免于被方解石充填而保存下来。

（三）溶蚀-充填实例分析

1. 充填及孔隙发育特征

尽管奥陶系岩溶缝洞是最主要的油气储集空间，但仍然有不少孔洞和裂缝被方解石充填而破坏。如 TP20 井揭示 5.5m 厚的岩溶洞穴被方解石充填，AD3 井揭示 13.56m 厚的岩溶洞穴被方解石完全充填，S99 井揭示裂缝被方解石充填（图 1.21）。已有研究认为孔洞和

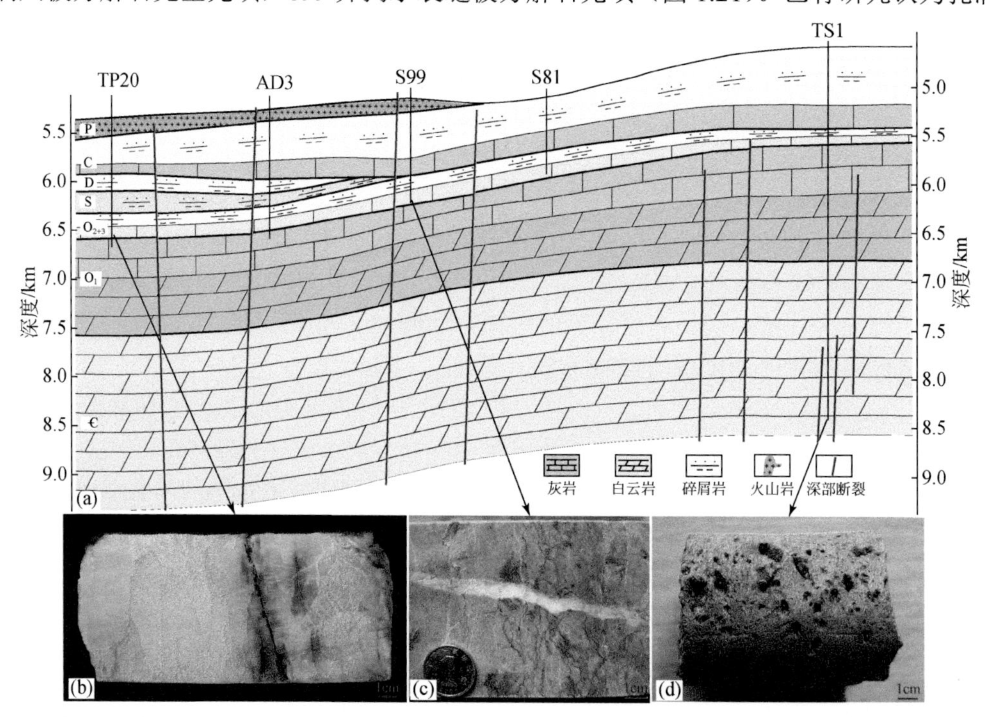

图 1.21 塔里木盆地塔北隆起古生界剖面反映深层寒武系白云岩大量溶蚀孔洞得以保存下来，上覆奥陶系碳酸盐岩部分岩溶孔洞和裂缝被方解石充填

(a) 塔北隆起 TP20-AD3-S99-S81-TS1 井古生界地层连井剖面；(b) 灰岩中 6546.44～6549.15m 的岩溶洞穴被方解石充填，AD3 井，O_{2+3}，照片位置为 6547.84m；(c) 灰岩构造裂缝被方解石充填，S99 井，O_{2+3}，6180.04m；(d) 灰色粉细晶白云岩发育有小的溶蚀孔洞，未被方解石充填，TS1 井，8406.75m，C_3

裂缝中充填的方解石与大气降水（刘存革等，2007；张涛和蔡希源，2007）或者深部热液流体活动有关（蔡春芳等，2009；Li et al.，2011）。

位于塔里木盆地塔北隆起上的塔深 1 井钻井深度 8408m，是世界油气钻探最深的工业钻井之一。类似 TP20 等井，该井在相对浅部的上覆下奥陶统 6086～6090m 和 6091～6099m 段均发现已有缝洞被方解石充填，但在更深部的寒武系白云岩中却发现了丰富的未被充填而得以保存下来的溶蚀孔洞。

通过岩心观察发现，塔深 1 等井从 6884m 开始至 8408m 的深部寒武系白云岩中保存下来的溶蚀孔洞，不但包括毫米级的微孔，还见有几厘米大小的溶蚀孔洞（图 1.21），表明了白云岩中的储集空间一直处在有利的保存环境中，从而能免于被方解石充填。

2. 大气降水作用

已有研究表明，塔深 1 井区域深层寒武系白云岩中发育的溶蚀孔洞主要是在同生/准同生期暴露至地表遭受大气降水溶蚀的结果（焦存礼等，2011；朱东亚等，2012）。随后，在奥陶纪之后进入并持续处于埋藏成岩环境。

在寒武系白云岩埋藏之后，塔里木盆地塔北地区遭受了加里东中期、海西早期和海西晚期三期大规模的抬升剥蚀作用（陈瑞银等，2009），下奥陶统顶部和中上奥陶统碳酸盐岩受到了大气降水的地表岩溶作用（闫相宾等，2005；苗继军等，2007），主要在不整合面之下几百米深度内发育溶蚀孔洞（云露等，2004；刘春燕等，2006）。根据前述计算结果，大气降水再往深部运移，便会达到对碳酸盐岩的饱和状态，从而对已有储集空间产生方解石的充填作用，已被实际钻探和研究所揭示（刘存革等，2007；张涛和蔡希源，2007）。

但下伏的寒武系白云岩由于被较厚的下奥陶统覆盖，大气降水受到阻隔而不能下渗至其中，因此已有储集空间能免于遭受大气降水的充填作用。

3. 深部热液流体作用

塔里木盆地分别在震旦纪—寒武纪、早奥陶世、二叠纪末和白垩纪经历了四次地质热事件（Chen et al.，1997），其中二叠纪末时期的最为强烈，在盆地中部、西部及北部地区出现大范围岩浆侵入及火山喷发活动（贾承造等，1995）。岩浆火山活动一方面导致富 CO_2 深部流体的活跃，另一方面通过加热作用使富 CO_2 深部流体具有较高的温度而发生自深部向浅部的运移。

已有研究也表明塔里木盆地二叠纪末期强烈的岩浆火山作用伴随了富含 CO_2 深部热液流体的活动（金之钧等，2006），深部热液流体既能对碳酸盐岩溶蚀形成溶蚀孔洞（蔡春芳等，2009；陈代钊，2008；Lü et al.，2008），又能在已有储集空间中产生方解石的充填作用（朱东亚等，2008）。在较浅部的奥陶系灰岩中已经发现有热液成因方解石的充填作用（Wu et al.，2007；Cai et al.，2008；Li et al.，2011）。

塔深 1 井附近寒武系白云岩在二叠纪发生热液活动时，处于较深的埋藏深度，根据塔深 1 井钻井成果来看，上覆奥陶系至二叠系厚度超过 1km。在这个深度范围内，深部热液流体在自下而上的运移过程中，始终具有对碳酸盐岩矿物的溶蚀能力，也就是说碳酸盐岩处于深部热液持续溶蚀的作用域内。所以，其中已有的储集空间也没有遭受深部热液的充填作用，而可能还会发生了一定程度的溶蚀作用。

除了塔深 1 井外，另外一个钻井实例是顺北 16 井。顺北 16 井钻井深度 7086m，在钻井深度 6986~7031m 之间钻揭多个泥浆漏失和放空断，累计漏失泥浆 $183.40m^3$，为油气产层，断控缝洞并没有被充填（图 1.22）。在奥陶系上部深度 6467~6473m 的钻井取心表明该处为裂缝发育段，裂缝宽度 1~3cm，但裂缝均被方解石完全充填。流体包裹体均一温度为 141~298℃，平均值为 224℃，表明受到热液活动的影响。与上述计算结果所揭示的热液流体沿着断裂作用具有深部溶蚀-浅部充填的规律较为一致。

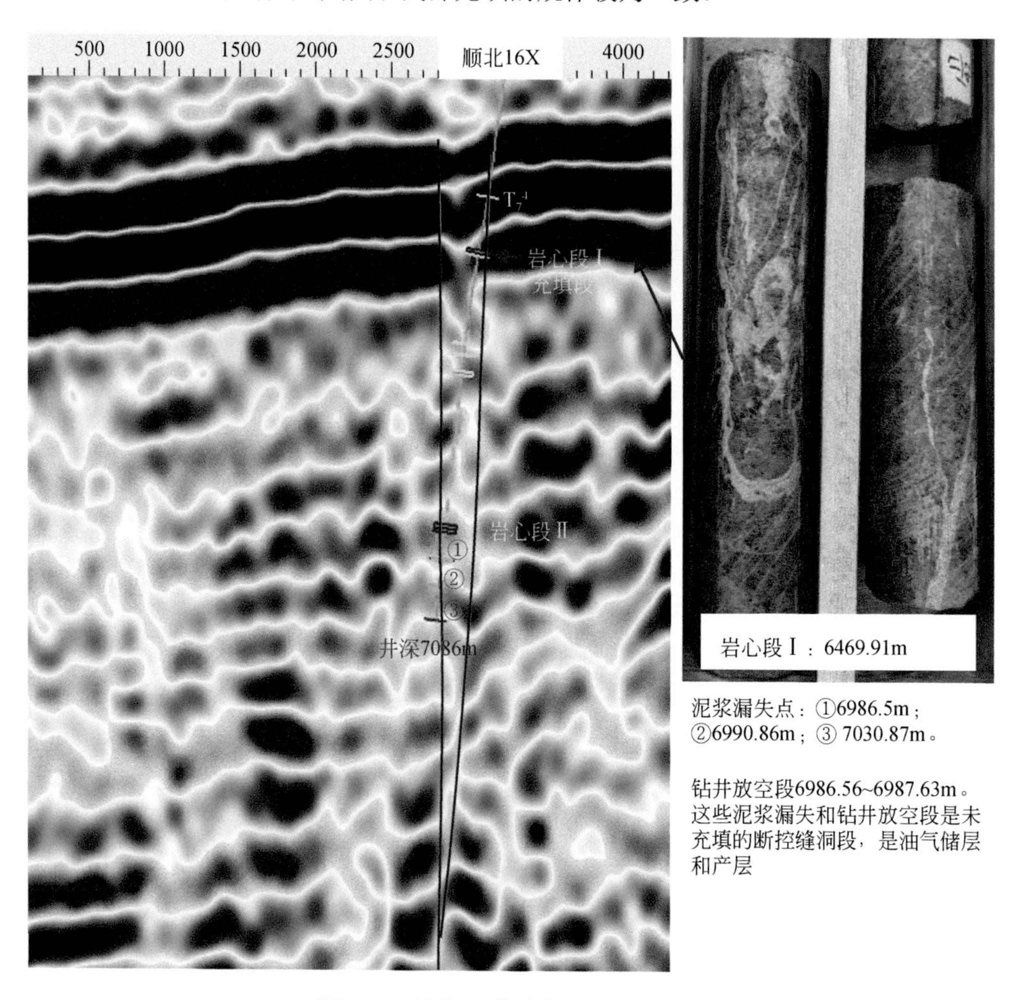

图 1.22　顺北 16 井钻井岩心充填特征

4. 现今流体环境

对天然气的测试结果表明，塔里木盆地下古生界中的天然气中都含有一定量的 CO_2。其中塔北地区，最高的 TK644 井 CO_2 含量达 63.0%。塔深 1 井下奥陶统天然气中 CO_2 含量高达 9.4%。天然气中的 CO_2 是从地层水中析出的，或者天然气中的 CO_2 会部分地溶解在地层水中，所以地层水中会或多或少含有一定量的 CO_2。

尽管现今岩浆火山作用已不再活跃，但由于深部和浅部地层温度差和压力差的存在，深部地层中的富含 CO_2 流体有自深部向浅部运移的趋势，形成现今的深部热液流体系统。Cai 等（2008）研究揭示了现今下古生界地层水具有深部热液的特征。运移的通道是沟通基底和沉积地层的深大断裂及与之相连通的裂缝体系（李开开等，2010；朱东亚等，2008）。由于目前寒武系白云岩处于较深的部位，根据前面计算结果，这部分富含 CO_2 深部热液流体向上运移过程中始终具有寒武系碳酸盐岩溶解的趋势。现今的这种流体作用环境，也决定着寒武系白云岩中的储集空间能很好地保存下来。

从上面的分析可以看出，塔里木盆地北部深层寒武系白云岩中的已有溶蚀孔洞在后期埋藏成岩演化过程中没有被碳酸盐岩矿物充填而较好地保存了下来。这些深层白云岩中的储集空间在深埋条件下得以保存下来归因于：①没有受到大气降水下渗充填作用影响；②处于深部热液深部溶蚀作用域内；③现今处在富含 CO_2 的流体环境中。

二、四川盆地热液改造白云岩储层

（一）热液白云岩类型

受沿着断裂热液流体作用的影响，四川盆地从下部的震旦系灯影组、奥陶系，至上部二叠系栖霞组和茅口组都发育有热液白云岩，具有典型的沿着断裂裂缝分布呈斑马纹状的特征（图 1.23）。

四川盆地二叠系栖霞组和茅口组热液白云岩化作用形成的热液白云岩储层构成气藏的重要的储集层类型，但盆地不同地区热液白云岩化特征有着显著的差异。根据热液白云岩与围岩的接触关系以及热液白云岩化作用对储层改造程度，将二叠系热液白云岩的发育模式划分为三种：①高能颗粒滩相灰岩热液白云岩化改造型储层，主要分布在川西和川中栖霞组中上部的颗粒白云岩中；②溶型灰岩热液白云岩化改造型储层，主要分布在川中地区的茅口组；③低能相带的致密灰岩热液白云岩化改造型储层，主要发育在川东南地区。

川西和川中地区的热液白云岩储层主要发育在栖霞组的中上部，茅口组也见有零星出露。热液白云岩的原岩通常是高能颗粒滩相灰岩［图 1.23（a）～（c）］。颗粒滩相灰岩早期具有较高的原始孔隙度，为后期白云岩化热液流体的进入和交代提供了条件。在具有残余结构的白云岩中，常可观察到砂屑、鲕粒等内碎屑颗粒以及有孔虫、苔藓虫、腹足类、藻类等生物碎屑的残留或者幻影结构。在紧邻白云岩的基质灰岩部分，其岩性也以颗粒灰岩为主［图 1.23（b）］。原始颗粒灰岩中粒间孔、粒内孔、粒间溶孔及铸模孔在白云化作用后会以晶间孔、晶间溶孔的形式在原位置继承下来。热液白云岩储集体在横向上分布不稳定，厚度变化较大，且白云岩化程度也存在着较大差异。中厚层-块状白云岩呈灰色、浅灰色，几乎完全发生热液白云岩化。晶粒较粗，基本不含灰岩残余，内部常发育有针孔状溶孔及溶洞，孔洞中常有后期的方解石、白云石及少量的石英、伊利石、重晶石等矿物充填，还常发育有典型热液相关的水力破裂缝、斑马纹等构造，孔洞缝内有大量的粗晶鞍形白云石充填［图 1.23（c）］。斑状白云岩呈灰色、深灰色，白云化不彻底，仅部分发生白云岩化。沿着裂缝，斑状白云岩由白色白云石化区域和灰色交代残余灰岩基质组成［图 1.23（a）］。

川中地区中二叠统热液白云岩主要呈角砾状白云岩分布在茅口组中上部［图 1.23（d）］。白云岩段厚度一般在几米到十几米，最厚可达 31m（广探 2 井）。角砾白云岩通常在断裂、裂缝和岩溶坍塌角砾部位形成。白云岩角砾多为棱角状-次棱角状，大小不等。局部位置，基质灰岩角砾“漂浮”产出于热液白云岩中。角砾间和裂缝中充填粗-巨晶鞍状白云石以及少量亮晶方解石和沥青。阴极光下鞍形白云石发光性通常强于基质灰岩并具有明显的环边结构。此外，还可观察到萤石等热液矿物充填于晶间孔洞中。中二叠世末期，受东吴运动抬升作用的影响，四川盆地二叠系整体暴露地表遭受剥蚀，形成豹斑状、囊状、似层状的岩溶系统。随后在晚二叠世初期，强烈的基底断裂和相关张裂活动使深部热液流体向上运移进入茅口组岩溶角砾和缝洞体系中，使岩溶角砾发生热液白云岩化，同时在基底断裂伴生的孔洞缝系统中沉淀了大量鞍形白云石胶结物。

图 1.23　四川盆地灯影组至二叠系栖霞-茅口组热液白云岩

（a）沿着裂缝部分白云岩化的颗粒灰岩，栖霞组，广元西北乡剖面；（b）部分白云岩化的颗粒灰岩，栖霞组，广元西北乡剖面；（c）沿着裂缝斑马纹状热液白云石，栖霞组，宝兴五龙剖面；（d）岩溶角砾岩部分热液白云石化，茅口组，宝兴两河口剖面；（e）（f）致密灰岩沿着裂缝发生热液白云石化，茅口组，泰来 6 井；（g）沿着断裂和裂缝的热液白云岩化，奥陶系桐梓组，麻江剖面；（h）沿着断裂和裂缝的热液白云岩化，震旦系灯影组，湄潭黄连坝剖面

在川东南垫江-涪陵-忠县地区，中二叠统茅口组中上部有层状-似层状、透镜状、不规则形状白云岩发育，其围岩主要为较致密的瘤状灰岩、泥晶灰岩等致密灰岩。由于致密灰岩的原始物性较差，且未见有明显的早期岩溶发育，热液白云岩的形成主要沿着断裂裂缝发育［图 1.23（e）（f）］，与沿着断裂的热液流体改造密切相关。根据露头剖面和岩心观察，白云岩层段厚度一般在十余米至二十余米不等。根据白云岩的产状类型、岩石结构、微观

特征等因素，可将白云岩划分为三类：粉-细晶基质白云岩、中-细晶基质白云岩、鞍形白云石胶结物。在这些类型白云岩层内常可见斑马纹结构、水力破裂缝、水力爆裂角砾、溶蚀孔溶洞等。形成序列依次为基质白云石、鞍形白云石和方解石。此外，许多溶孔溶洞中还可见晶体形态较好的柱状石英。

（二）热液白云石化流体类型

统计表明，四川盆地栖霞组和茅口组热液白云岩厚度与断裂和火山岩发育具有正相关关系。在川西距离二叠系火山岩较近的区域热液白云岩厚度较大，可达 50 多米，在川西南和川西北地区，热液白云岩主要沿着北西向基底断裂分布。晚二叠世早期峨眉地幔柱隆起引起的盆地热流值显著增高，促使深部富镁热液流体沿着基底断裂对流循环。热液不但促使断裂、裂缝附近的栖霞组和茅口组灰岩发生热液白云岩化，而且促使其溶蚀形成丰富的溶蚀孔洞。

通过对川西栖霞组各剖面、钻井基质灰岩、基质白云岩和鞍形白云石胶结物样品的地球化学分析发现：

（1）基质灰岩的$\delta^{13}C$ 主要分布在 2.2‰～4.0‰，$\delta^{18}O$ 主要分布在-8.9‰～-6.1‰。基质白云岩的碳氧同位素分布范围变化较大，川西北地区的基质白云岩$\delta^{13}C$ 主要分布在 1.8‰～4.3‰，$\delta^{18}O$ 主要分布在-8.7‰～-5.9‰，大体与基质灰岩的碳氧同位素值接近；而川西南地区的基质白云岩$\delta^{13}C$ 更偏正，主要分布在 2.8‰～4.9‰，$\delta^{18}O$ 更偏负，主要分布在-11.1‰～-8.0‰。对于鞍形白云石，其具有更明显负偏的氧同位素（-15.5‰～-10.1‰）。

（2）在锶同位素比值变化上，基质灰岩的 $^{87}Sr/^{86}Sr$ 值较低，主要分布在 0.707156～0.707567。川西北地区基质白云岩的 $^{87}Sr/^{86}Sr$ 值分布在 0.707211～0.707923，川西南地区基质白云岩的 $^{87}Sr/^{86}Sr$ 值更高，主要分布在 0.707692～0.709594，鞍形白云石胶结物的 $^{87}Sr/^{86}Sr$ 值最高，主要分布在 0.708101～0.710496。

（3）对比不同类型基质白云石、鞍形白云石的流体包裹体均一温度发现，基质白云石的包裹体均一化温度主要分布在 70～180℃区间内，其中平直自形-半自形基质白云石中的包裹体均一化温度分布在 70～150℃区间内（主要集中在 90～120℃），平均值 106℃；非平直晶面他形基质白云石包裹体均一化温度分布在 80～170℃区间内（主要集中在 130～160℃），平均值 151℃；鞍形白云石胶结物，其包裹体均一化温度较高，主要分布在 130～210℃区间内，个别样品最高可达 240℃。

综合以上分析发现，对于川西地区中二叠统白云岩，颗粒滩是白云岩发育的物质基础，在残余结构白云岩中，常可观察到有孔虫、苔藓虫、腹足类、藻类等生物碎屑的残留或者幻影结构。在紧邻白云岩的基质灰岩部分，其岩性以颗粒灰岩和泥粒灰岩为主，由于颗粒滩相灰岩早期具有较高的原始孔隙度，为后期白云化流体的进入提供了条件。原始颗粒灰岩中粒间孔、粒内孔、粒间溶孔及铸模孔在白云化作用后很可能会以晶间孔、晶间溶孔的形式在原位置继承下来，因而部分白云岩中还能观察到一些原始的残余颗粒结构。

对于白云岩化作用的流体，主要存在两种来源。在川西北地区，基质白云岩具有和基质灰岩接近的碳氧锶同位素比值和稀土元素配分模式，说明白云岩化流体很可能是浅埋藏环境下的海源流体，但同时要注意的是，基质白云石也具有异常高的包裹体均一化温度，即使是遭受后期改造较弱的平直自形-半自形基质白云石，其包裹体均一化温度也能达到90～120℃，这可能与晚二叠世早期峨眉山地幔柱隆起产生的异常热事件（距今约259Ma）有关。当地层温度克服了白云石形成的动力学屏障后，通过海源流体的供给，在浅埋藏环境下形成了大规模的白云岩。而在川西南地区，基质白云岩相对于基质灰岩δ^{18}O明显负偏、^{87}Sr/^{86}Sr值更大，同时基质白云岩内充填的鞍形白云石具有更偏负的δ^{18}O和更高的^{87}Sr/^{86}Sr，这说明川西南地区的基质白云岩化流体主要为深部热液流体，在时间上也与峨眉山地幔柱隆起有关。白云岩化流体沿断层和裂缝渗入高孔渗的颗粒滩相灰岩中，对围岩进行交代形成基质白云岩，随后在孔洞缝中发生沉淀形成鞍形白云石胶结物。

（三）断裂-热液白云岩化储层发育模式

世界上以热液白云岩为主要储层的著名油气田实例包括加拿大 Clarke Lake 中泥盆统气田（Lonnee and Machel，2006）、西加盆地中寒武统—中泥盆统气田、美国纽约上奥陶统热液白云岩气田（Smith，2006）（表1.3）。其共同特征是热液流体来自深部基底的热卤水，热对流驱动大规模热液流体沿着断裂裂缝向浅部灰岩地层对流循环，附近地形高点位置大气降水沿着断裂向基底渗流并补给基底卤水。大规模热液对流循环形成大规模热液白云岩化储层。四川盆地二叠系与这些地区有着类似的地方，因而形成了大规模的热液白云岩化储层。塔里木盆地塔北、顺北等地区奥陶系碳酸盐岩中沿着断裂裂缝也见到一些热液白云石的出现，但总体规模较小，与热液流体循环规模有限有关。

表1.3　世界不同地区热液白云岩储层特征对比

特征项目	加拿大西加盆地	美国纽约	四川盆地	塔里木顺北-顺南	鄂尔多斯盆地
地层	中寒武统—中泥盆统	上奥陶统	二叠系	中下奥陶统	中寒武统
储层	水力破裂缝、溶孔、晶间孔	水力破裂缝、角砾岩、溶孔	水力破裂缝、角砾岩、溶孔、晶间孔	晶间孔、溶蚀孔	裂缝、溶孔
充填	半充填	半-全充填	半-全充填	半-全充填	半-全充填
分布规模	分布范围广，沿断裂带展布数十公里	分布范围广，沿断裂带展布数十公里	分布范围广，在川西北、川西南、川东南、川中等广泛发育	分布范围小，出现在塔北野外露头，以及SN4、SN3、SN501、TZ12等部分钻井	分布范围小
流体来源	海水、下伏蛇纹岩来源卤水	深部基底热液流体	海水、蒸发卤水、盆地热卤水、深部热流体等	深部热液流体	海水，与怀远运动有关
岩性	多种类型	多种类型	滩、岩溶、致密灰岩	致密灰岩、粉细晶白云岩	致密颗粒滩
驱动机制	逆冲推覆，构造、热对流为主	走滑，花状，断裂-热液	峨眉山地幔柱，驱动大规模热液流体沿断裂对流循环	二叠纪岩浆活动驱动深部热液沿着断裂向上运移	局部热驱动
发育机理	颗粒灰岩早期云化+后期断裂-热液溶蚀、沉淀鞍形白云石	浅埋藏期云化+断裂-热液溶蚀	不同地区差异大；早期滩相云化重结晶、深水灰岩+中晚期断裂-热液改造	中晚期断裂-深部热液改造	同生或浅埋藏断裂
文献	Stacey et al.，2021	Smiths，2006	本书	本书	本书

四川盆地海相深层碳酸盐岩地层发育有两大走滑断裂体系，具有“北条带南环状，北强南弱，分支北少南多”的特征。北部以北西向条带状走滑断裂为主，走滑断裂断面直立，深至震旦系以下基底地层，向上消失于下三叠统膏盐层。断裂导致的地层错动明显，呈正/负花状构造或者呈直立断层发育。南部的断裂以环带状走滑断裂为主，断裂条数多，延伸距离短，小型分支断裂尤为发育。南部走滑断裂断面直立，深至基底，向上多消失于下二叠统内部；在东吴不整合面附近多发育小型逆断层。走滑断裂导致的地层错动明显，以负花状构造为主。

北部条带状走滑断是二叠系栖霞和茅口组颗粒滩相碳酸盐岩发育的区域，断裂沟通深部热液使颗粒滩发生热液白云岩化。南部环带状走滑断裂是东吴构造运动的隆起高点位置，大气降水在抬升暴露区形成岩溶改造；并且大气水沿着走滑断裂破碎带向下行渗流，往深部对碳酸盐岩产生溶蚀改造。依据对四川盆地深层走滑断裂发育和分布、峨眉山火山岩发育和分布、断裂控制上行热液流体和下行大气水溶蚀改造特征，建立四川盆地断裂-流体耦合储集体发育模式（图 1.24）。

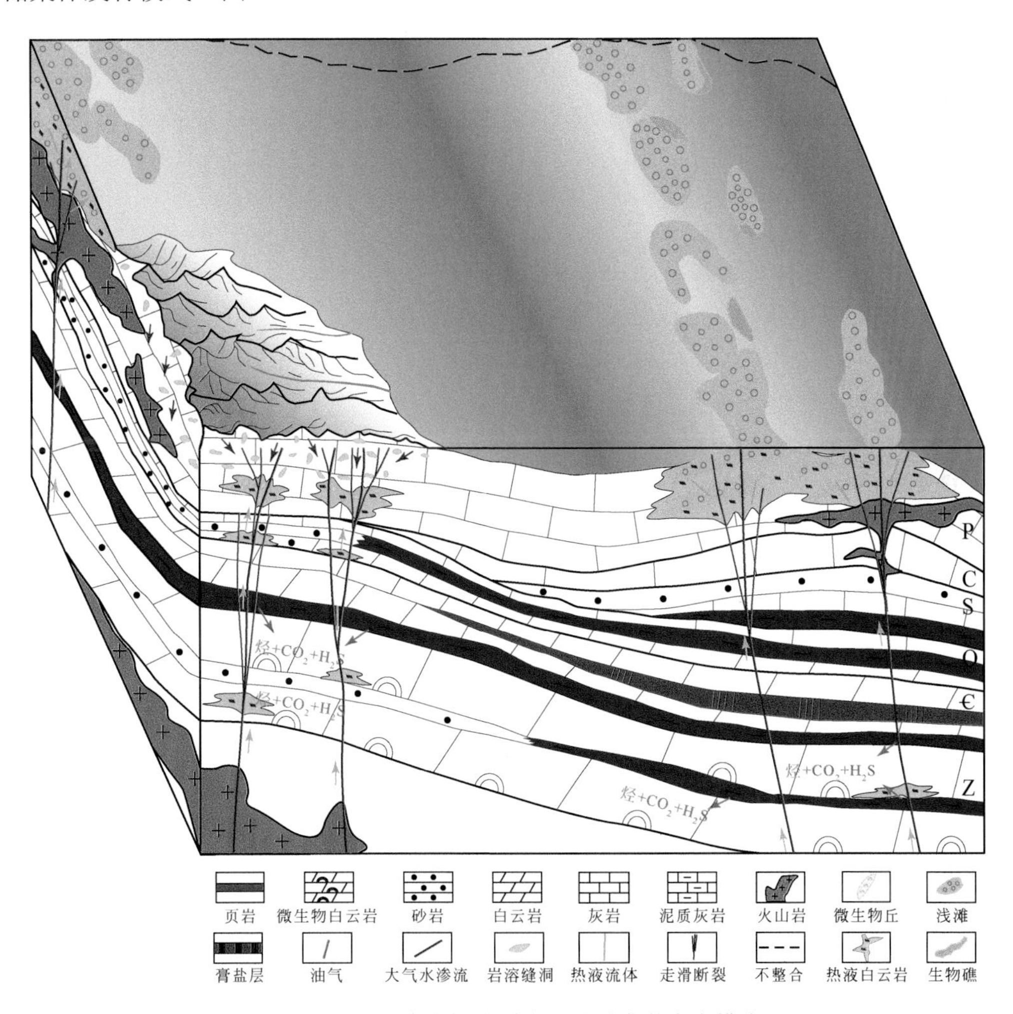

图 1.24 四川盆地断裂-流体耦合储集体发育模式

四川盆地北部条带状走滑断裂发育区域是茅口组和栖霞组颗粒滩相灰岩发育区域。受二叠纪火山岩作用影响，深部热液流体自基底向浅部运移，在茅口组颗粒灰岩中使灰岩发生白云岩化，形成断裂-热液白云岩储层。泰来 6 井、泰来 601、狗子水剖面等揭示断裂-热液颗粒滩相白云岩储层的发育。除此之外，断裂-热液作用也在川西地区、川南地区等对致密灰岩、岩溶型灰岩叠加改造形成热液白云岩储层。

在四川盆地南部环状基底走滑断裂发育区域，东吴运动使南部茅口组局部抬升遭受大气降水岩溶作用。大气水岩溶作用沿着走滑断裂向下部渗流拓展，形成断裂-岩溶型储层。正阳 1 井、先探 1 井、福宝 1 井等钻井揭示了茅口组二段[①]和三段岩溶缝洞型储集体。

与栖霞组和茅口组类似，灯影组在二叠纪末期也经历了沿基底断裂上涌热液改造作用。在裂缝和孔洞中都见有热液硅质交代、鞍形白云石等典型热液矿物。灯影组中鞍形白云石 U-Pb 同位素年龄为 263±8.6Ma；茅口组中鞍形白云石 U-Pb 同位素年龄为 255.4±7.2Ma。从形成年代上来看，灯影组与茅口组的热液白云石年龄都与峨眉山大火成岩省（ELIP）的形成时代（约 259Ma）类似，具有一定的关联性。

灯影组和茅口组热液白云岩化作用在特征、规模和地球化学组成上具有显著的差异性，与所处的成岩环境和热液流体性质的差异密切相关。灯影组埋藏深度较深，已处于下部相对封闭环境，热液流体以下部基底地层沿着断裂向上运移的热液流体为主，热液流体量较少，沿断裂改造可拓展范围也较小，以热液白云石等矿物充填为主。但此时的茅口组处于浅部的半开放环境，热液流体除了峨眉山火山活动热驱动的深部热流体之外，还有浅部地层海源流体、大气水的补充，因此热液流体的量相对较大；热液流体沿着断裂裂缝改造拓展的规模也较大，热液改造可以使灰岩发生热液白云岩化，发生水压破裂，或者发生溶蚀作用。

在地球化学组成上，灯影组热液白云岩流体包裹体温度和盐度都较高，与热液流体由下往上运移过程中不断混合低盐度的孔隙水导致的温度和盐度下降有关。灯影组热液白云岩的$\delta^{18}O$ 值较于茅口组更为偏负，$^{87}Sr/^{86}Sr$ 值更高，与灯影组处于封闭体系和茅口组处于半开放体系有关，也与热液流体在自下而上的运移过程中温度变低，且不断混合低 ^{87}Sr 的地层孔隙流体有关。

三、塔里木盆地热液改造型白云岩储层

一般认为，海相碳酸盐岩储层的发育主要受原始沉积环境和后期改造（包括成岩作用、构造作用和流体作用等）等因素控制（Michel，2003；Alsharhan and Nairn，1997；Bai，2006；Ma et al.，2007a）。在浅水碳酸盐岩台地边缘发育的生物礁和水体动荡高能相带发育的颗粒滩相碳酸盐岩往往具有丰富的原生孔隙（Alsharhan and Nairn，1997；Halbouty，2003；Ma et al.，2008a），成为重要的油气储层。不同类型碳酸盐岩在成岩过程中还会因为后期溶蚀改造作用发育大量次生溶蚀孔隙，从而成为优质储层。后期溶蚀改造作用主要包括地表大气降水影响（James and Choquette，1984；Loucks，1999；Moore，2001；Loucks et al.，2004；Zhu et al.，2009）、埋藏阶段有机质成熟生烃所产生酸性流体（有机酸、CO_2、H_2S 等）的

① 茅口组二段简称茅二段，其他组、段类同。

埋藏溶蚀作用（mesogenetic dissolution）（Mazzullo and Harris，1992；Qian et al.，2006；Jin et al.，2009）、深部热液溶蚀改造（Lavoie et al.，2010；Smith，2006；Davies，2005；Davies and Smith，2006；Jin et al.，2006）等。深部热液溶蚀改造作用形成的溶蚀和热液白云岩储层中已经发现了大量的油气产量，成为北美、中东等地区古生界油气勘探的主要目标（Al-Aasm，2003；Cantrell et al.，2004；Smith，2006；Davies and Smith，2006），美国和加拿大的世界级大油气藏就赋存在奥陶系（Hurley and Budros，1990）和泥盆系（Davies and Smith，2006）的热液白云岩储层中。

在正常埋藏压实作用下，碳酸盐岩无论原生还是次生孔隙度均具有随深度增加而减小的趋势（Schmoker and Hally，1982；Sun，1995），致使对勘探深度下限长期局限在5000～6000m。由于实际钻探深度所限，目前所发现的热液溶蚀改造型油气藏都是在盆地相对较浅部位。盆地深层（大于7000m）是否仍会发育优质储层一直缺乏地质证据。

位于中国西北部塔里木盆地塔北隆起的塔深1井钻井深度8408m，是世界油气钻探最深的工业钻井之一。通过岩心观察发现，塔深1等井从6884m开始在深部寒武系白云岩中发现含有丰富溶蚀孔洞的优质白云岩储层。储层孔隙度具有向深部增加的趋势，至8407m，孔隙度达9.1%。塔深1井深层优质白云岩储层的发现，突破了传统有效储层发育深度下限，揭开了超深层油气储层的一扇窗口。

主要以塔深1等井所钻遇的寒武系白云岩储层为研究对象，通过岩石学、矿物学及地球化学方面详细的分析测试数据，结合测井和地震资料，揭示深层寒武系白云岩储层发育特征，阐明白云岩储层溶蚀改造的流体类型和过程，揭示热液溶蚀改造作用下深层-超深层白云岩储层发育机理及其控制因素。

（一）白云岩储层基本特征

1. 岩石矿物学特征

通过野外露头和岩心观察，寒武系白云岩围岩主要包括粉细晶和中粗晶白云岩。其中粉细晶白云岩以深灰色或褐灰色为主［图1.25（a）］，中粗晶白云岩以浅灰色或浅褐灰色为主，肉眼下就可以观察到粗大的白云石晶体［图1.25（b）（c）］。

在泥-粉细晶白云岩和中粗晶白云岩围岩的溶蚀孔洞或裂缝中常见有被晶粒状白云石充填或部分充填。在塔里木盆地的星火1井、大古1井、塔深1井、中4井以及同1井等的白云岩岩心上都可以见到溶蚀孔洞［图1.25（d）（e）］或裂缝［图1.25（f）］被白云石充填的现象。这些充填的白云石颜色较浅，为浅灰色或白色。

通过显微镜下观察，粉细晶白云岩晶体颗粒细小，难以观察到晶体形态［图1.26（a）］。中粗晶白云岩晶体以他形-半自形为主，呈嵌晶状结构相互嵌合在一起［图1.26（b）（c）］，晶体颗粒大小一般在200～500μm之间，较大的可以达到1mm。局部中粗晶白云岩具有颗粒幻影结构，原始颗粒结构如内碎屑、生物骨架、藻鲕等内部结构已被破坏，只有部分外部轮廓或不溶泥质残留，大体上能呈现出颗粒的影子［图1.26（d）］，即呈颗粒幻影结构（方少仙等，1999）。

图 1.25　塔里木盆地寒武系白云岩岩心特征

（a）浅灰色细晶白云岩，塔深 1 井，€3，7264.35m，岩心照片；（b）浅灰色粗晶白云岩，塔深 1 井，€3，7108.87m，岩心照片；（c）浅灰褐色粗晶白云岩，同 1 井，€3，3176.26m，岩心照片；（d）灰色粉晶白云岩孔洞充填的白云石颗粒，塔深 1 井，€3，8405.21m，岩心照片；（e）灰色细晶白云岩孔洞充填的白云石颗粒，塔深 1 井，€3，7873.93m，岩心照片；（f）灰色细晶白云岩裂缝中充填的白云石脉，中 4 井，€3，5811.62m，岩心照片。MD. 基质白云石；FD. 充填白云石

溶蚀孔中或裂缝中充填的白云石脉为自形的粗晶晶体，是具有弯曲晶面的鞍状白云石，在正交偏光下具有波状消光的特征［图 1.26（e）～（g）］，在阴极发光下，基质白云岩发中等强度橘红色光，孔洞充填粗晶白云石发暗红色光［图 1.26（h）（i）］。

2. 储集空间类型

深层寒武系白云岩中的储集空间类型包括晶间孔、溶蚀孔和裂缝等［图 1.26（j）～（l），图 1.27］，以溶蚀孔洞为主。晶间孔是发育于白云石晶体之间的孔隙，在中-粗晶白云岩中可以见到大量的晶间孔隙，在铸体薄片中呈直边多角形的形态［图 1.26（j）］，直径可达几百微米。

塔里木盆地寒武系白云岩在成岩演化过程中，经历了强烈的加里东中期、海西早期和海西晚期构造运动（邬光辉等，2008），使白云岩中发育大量的构造裂缝［图 1.27（a）］，在很大程度上增加了白云岩储层的储集空间。

溶蚀孔洞在寒武系白云岩中广泛发育，发育溶蚀孔洞的岩性既可以是粉细晶白云岩，也可以是中-粗晶云岩，孔洞多为 1～2mm 的针状溶孔［图 1.27（a）］或 1～2cm 的小型孔洞，溶蚀孔洞密集发育处使白云岩呈蜂窝状［图 1.27（b）（c）］。

塔深 1 井是塔里木盆地最深的一口钻井，钻井深度为 8408m。该井在 6884～8408m 揭示上寒武统，以白云岩为主，包括前述的粉细晶和中粗晶白云岩，以及孔洞和裂缝中充填的鞍状白云石。

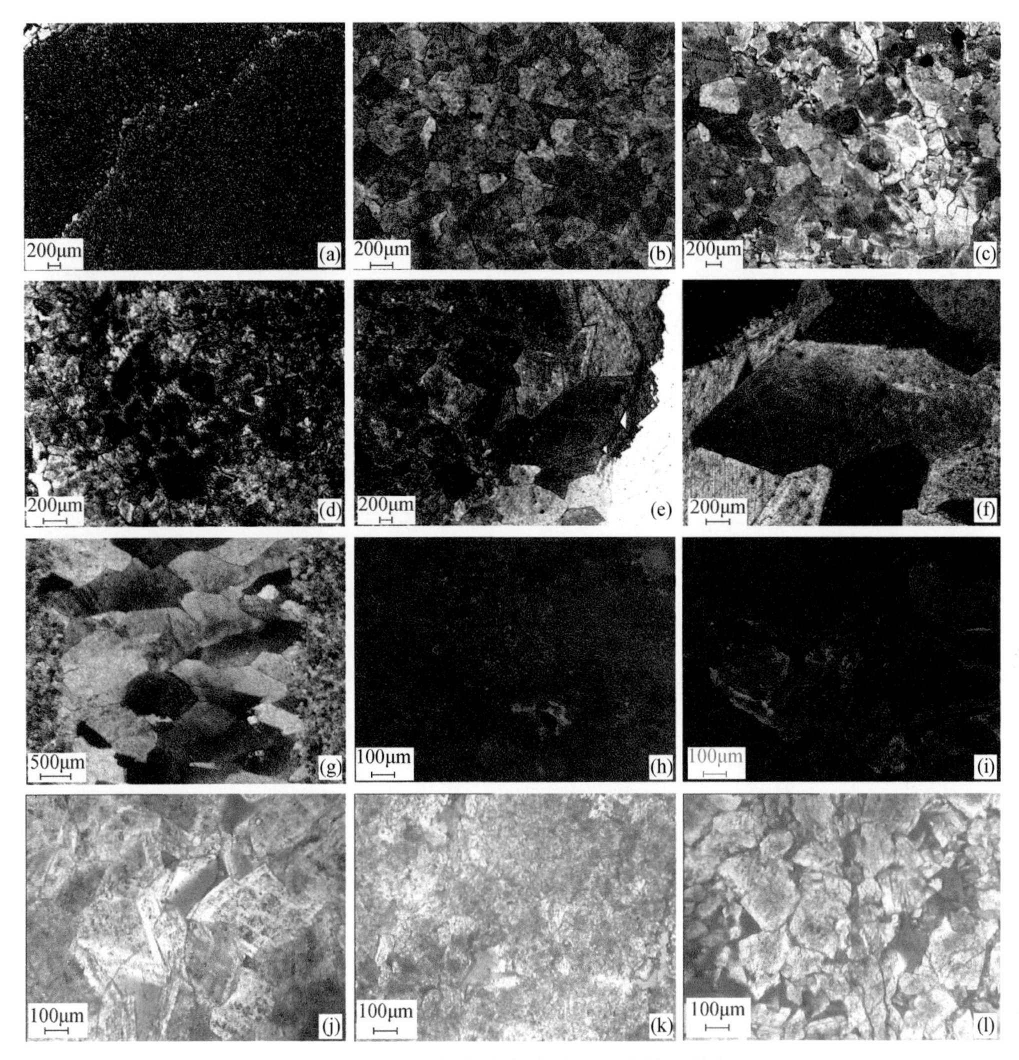

图 1.26　塔里木盆地寒武系白云岩镜下特征

（a）粉晶白云岩，塔深 1 井，Є$_3$，8407.90m，单偏光；（b）中-粗晶曲面他形白云岩，中 4 井，Є$_3$，5968.42m，单偏光；（c）中-粗晶曲面他形白云岩，同 1 井，Є$_3$，3173.05m，单偏光；（d）中粗晶白云岩中见有灰岩的球粒结构，中 4 井，Є$_3$，5968.21m，单偏光；（e）粉细晶白云岩孔洞充填的粗晶鞍状白云石，塔深 1 井，Є$_3$，7101.87m，单偏光；（f）粉细晶白云岩孔洞中充填的粗晶鞍状白云石，见有波状消光，塔深 1 井，Є$_3$，8407.70m，正交偏光；（g）粉细晶白云岩中孔洞中充填的粗晶白云石脉，见波状消光，同 1 井，Є$_3$，3176.26m，正交偏光；（h）阴极射线照射下，基质白云岩发中等强度橘红色光，孔洞充填粗晶白云石发暗红色光，塔深 1 井，7879.75m，Є$_3$，10×4 倍；（i）阴极射线照射下，孔中充填粗晶白云石发中等强度暗红色光，白云石晶间充填方解石发中等强度橘黄色光，同 1 井，Є$_3q$，3178.05m，10×4 倍；（j）中粗晶白云岩中的晶间孔，塔深 1 井，Є$_3$，7204.71m，铸体薄片单片光照片；（k）细晶白云岩中溶蚀孔，塔深 1 井，Є$_3$，7266.22m；（l）中粗晶白云岩中发育的晶间孔和溶蚀孔，同 1 井，3180.45m，Є$_3$，铸体薄片单片光照片

尽管现今埋藏深度已经达到 7～8km，在塔深 1 井所钻遇的寒武系白云岩中仍能见有大量的溶蚀孔洞和裂缝。这些溶蚀孔洞和裂缝无论在钻井岩心还是成像测井上都有非常好的表现（图 1.27）。从成像测井上可以看到大量密集发育的溶蚀孔洞，孔洞大小有着一定的差别（图 1.27）。对部分钻井岩心也做了孔隙度和渗透率的实测。从实测结果也能够发现深层白云岩仍有较好的孔隙度，并且孔隙度有随埋藏深度增加而逐渐增大的特点，从 7104.70m

的 1.0%，增加至 7268.10m 的 3.7%，直至 8407.56m 的 9.1%。渗透率实际测试的几个点的结果分别为 $0.63\times10^{-3}\mu m^2$、$3.40\times10^{-3}\mu m^2$、$0.03\times10^{-3}\mu m^2$、$34.14\times10^{-3}\mu m^2$ 和 $4.16\times10^{-3}\mu m^2$，平均值为 $8.47\times10^{-3}\mu m^2$，表明了深层白云岩仍有较好的渗透性。

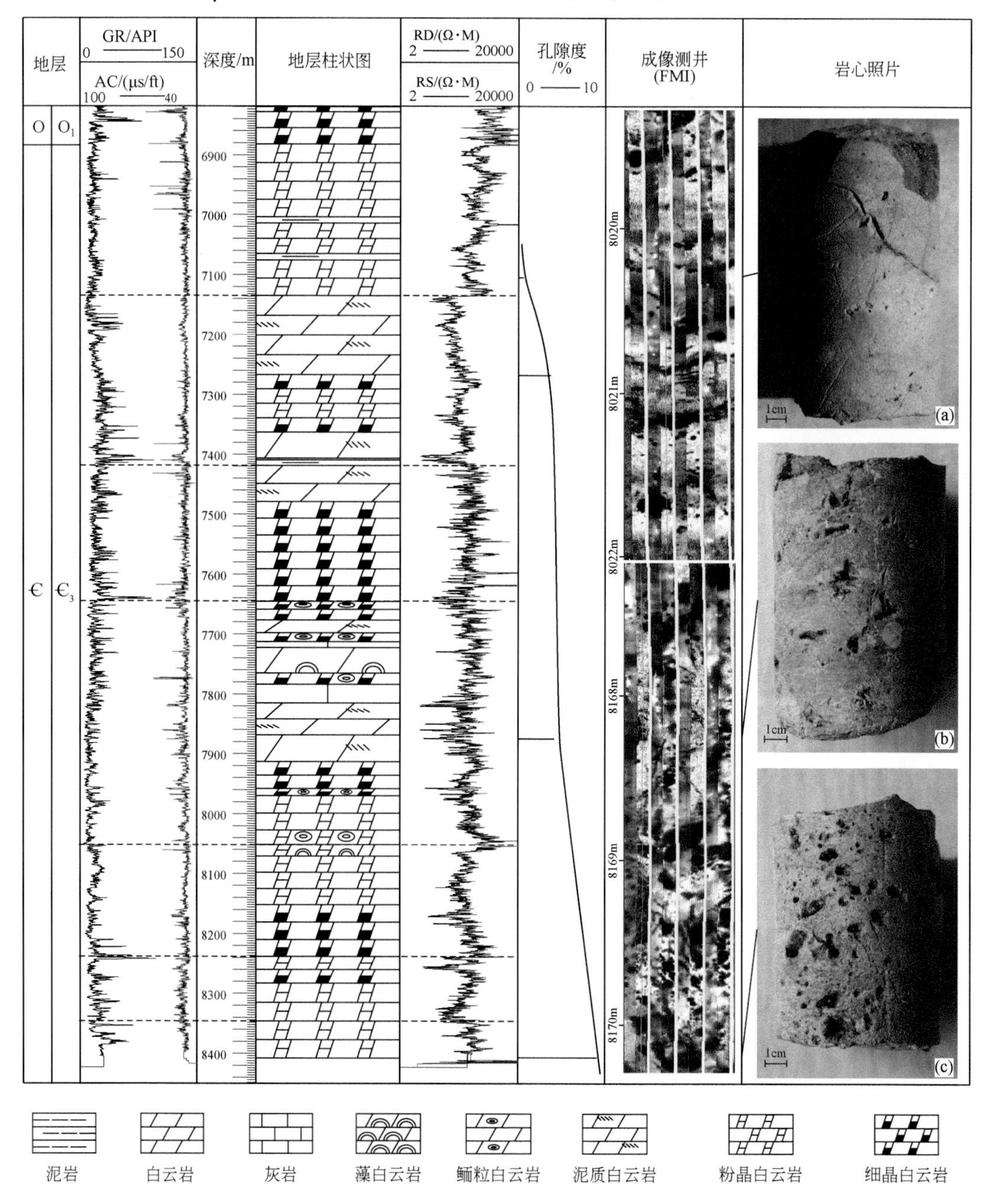

图 1.27　塔里木盆地寒武系白云岩储集空间特征

自然伽马和电阻率曲线上具有多个突变的界面（虚线位置），表明了沉积特征的变化和沉积间断面的存在，是沉积过程中相对海平面变化的结果。沉积间断期间往往发生同生期暴露，遭受大气降水岩溶作用。照片：（a）浅灰褐色中粗晶白云岩中间有小的溶孔和构造裂缝，塔深 1 井，$€_3$，7103.51m，岩心照片；（b）灰色粉细晶白云岩发育有小的溶蚀孔洞，7878.58m，$€_3$；（c）灰褐色细晶白云岩中发育有大量小型溶洞，使岩心呈蜂窝状，塔深 1 井，$€_3$，8407.70m，岩心照片

（二）储层发育主控因素分析

1. 白云岩沉积发育

塔里木盆地塔北地区上寒武统白云岩主要是台地潮坪相白云岩，在台地边缘见有礁滩相白云岩的发育（赵宗举等，2010）。塔深 1 井附近上寒武统白云岩地震反射较为杂乱（图 1.28），属于台缘的礁滩相沉积体。尽管其相对杂乱，但礁滩沉积体内部仍能发现一定的连续界面（图 1.28）。从地震反射形态上看，塔深 1 井附近礁滩体具有垂向上叠加生长和由西向东的进积叠置形式。

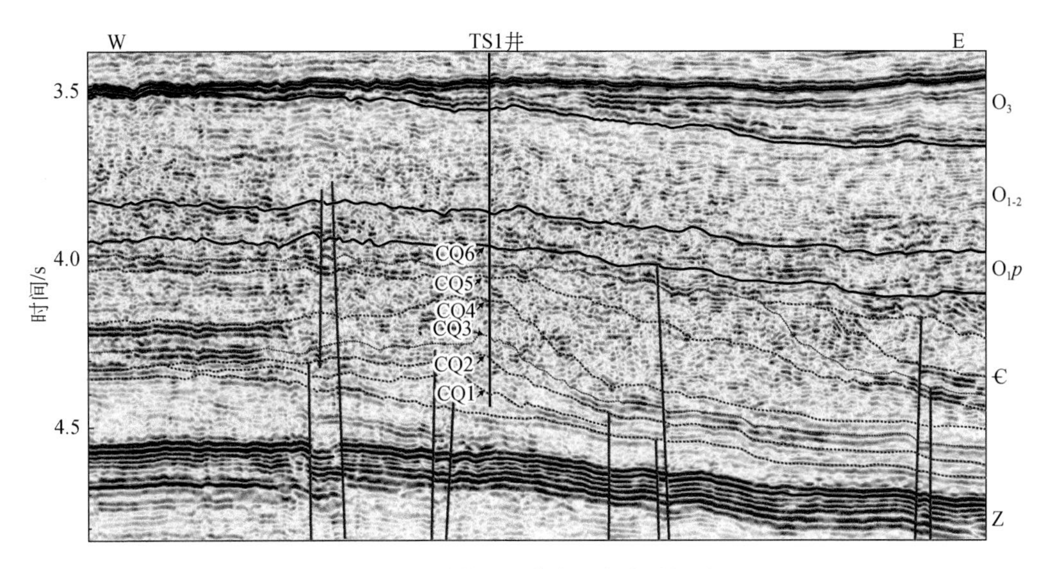

图 1.28　过塔深 1 井东西向地震剖面

塔深 1 井附近上寒武统白云岩地震反射较为杂乱，属于台缘的礁滩相沉积体，具有垂向上以及向斜坡（东侧）增生叠加的特征。CQ1～CQ6 为寒武系的六个三级层序界面（赵宗举等，2010）

从钻井岩心上看，塔深 1 井白云岩主要是粉晶、细晶和中晶白云岩（图 1.25），塔北地区其他钻井也基本上都是这些类型的白云岩。虽然在地震资料上见礁滩体的反射特征，但是在钻井岩心上都没有见到具有典型颗粒结构的白云岩。可能白云岩经过漫长的成岩演化，由于多种流体改造和重结晶作用，原始沉积结构遭受了破坏。

2. 大气降水准同生期岩溶

塔深 1 井附近发育了寒武系的多个三级层序界面（自下而上依次为 CQ1～CQ6，图 1.28）。通常情况下，由于层序界面附近发生了基准面的下降-上升转换，其下往往发育碳酸盐岩的风化壳岩溶，甚至在四级或五级高频层序界面附近也会发生地表岩溶作用（樊太亮等，2007）。

虽然有多个三级层序界面的存在，但过塔深 1 井的地震剖面上并没有表现出强烈的不整合接触且礁滩体之间在垂向上具有相互叠合的关系，表明上寒武统的沉积间断（暴露）发生在礁滩体生长过程的同生期或准同生期。

由于相对海平面下降，已沉积形成的礁滩相白云岩暴露至地表，发生地表岩溶作用，遭受大气降水的淋滤改造。之后，由于相对海平面的上升，前期遭受淋滤的礁滩体被淹没，新一期的礁滩体在此基础上开始叠加增长。

塔深 1 井上寒武统自然伽马和电阻率测井曲线上可见发生突变（图 1.27），反映了沉积间断面的存在（李浩等，2007，2011）或层序界面的存在（赵宗举等，2010）。间断面上下测井值的增大或者减小是岩性、所含矿物类型、储层物性等变化引起的。岩性、储层物性等方面的差异与沉积间断面前后相对海平面变化和沉积环境的改变有关。赵宗举等（2010）发现塔里木盆地北部肖尔布拉克剖面的 CQ3 层序界面上发现有厚达 32m 的岩溶角砾岩和厚达 3m 的古风化壳残积层。塔深 1 井钻井取心和成像测井（图 1.27）所揭示的丰富的溶蚀孔洞，也是层序界面附近发育的表生岩溶孔隙。

3. 热液溶蚀改造作用

在同生/准同生期大气降水溶蚀改造之后，中上寒武统白云岩进入漫长的埋藏成岩过程。深埋藏状态下热液溶蚀改造作用对深层白云岩储层发育起着至关重要的作用。下面从地球化学和流体包裹体方面讨论热液作用的存在。

基质白云岩具有较高的 Na、K 和 Sr 含量和较低的 Fe 含量，表明是在较高盐度的浓缩海水中形成，处在地表或近地表的氧化环境中（Morrow，1982；Warren，2000）。充填白云石具有较低的 Na、K 和 Sr 含量和较高的 Fe 含量，表明是在埋藏还原条件下形成（Brand and Veizer，1980），流体类型区别于高浓缩的海水。

由于 Ba^{2+}的离子半径较大，很难进入白云石的晶格中，所以正常沉积成因的白云岩中 Ba 的含量一般较低，变化范围不大。但在富 Ba 热液流体沉淀形成的碳酸盐岩矿物中会有较高的 Ba 含量（Cai et al.，2008），因为热液流体中较高 Ba 的含量和较高的温度能促使较多的 Ba 进入碳酸盐岩矿物。本次研究中，充填白云石中较高的 Ba 含量也说明了白云石的形成与富 Ba 热液流体作用有关。

氧同位素组成受白云石形成时环境温度的影响（余志伟，1999）。根据 Land（1983）白云石-流体氧同位素分馏关系可知，白云石氧同位素$\delta^{18}O$ 值越低，表明白云石形成时环境温度越高。充填白云石较低的$\delta^{18}O$ 值表示其在较高的温度下形成。前面通过流体包裹体均一温度测试可知充填白云石的形成温度主要在 110～130℃之间。

保存在白云岩地层中的地层水长期与白云岩相互作用，其锶同位素组成已经与白云岩围岩达到了平衡。地层水沉淀形成的白云石中的锶同位素组成也应与白云岩围岩一致。但本次研究中的充填白云石样品普遍高于白云岩围岩，因此认为其流体类型并非地层水。地表大气降水对砂泥质碎屑物质的风化淋滤可以使流体中富集 ^{87}Sr（Winter et al.，1997），从这种流体中沉淀形成的方解石或白云石可能具有较高的 $^{87}Sr/^{86}Sr$ 值。部分学者认为塔北奥陶系碳酸盐岩中具有较高 $^{87}Sr/^{86}Sr$ 值的方解石脉是从这种流体中形成的（刘存革等，2007；张涛和蔡希源，2007；刘春燕等，2006）。尽管充填白云石也具有较高的 $^{87}Sr/^{86}Sr$ 值，但较高的 Fe 和 Mn 含量和较高的流体包裹体均一温度均表明这类白云石形成于一定深度下的埋藏环境，排除了大气降水的可能性。

热液流体沿断裂向上运移过程中，也会与深部沙泥质碎屑沉积或变质地层发生水岩作用，从而获得较多的 ^{87}Sr，从其中沉淀形成的白云石也会具有较高含量的 ^{87}Sr 及较高的 $^{87}Sr/^{86}Sr$ 值。所以，从锶同位素组成上可以判断充填白云石的形成与深部热液活动有关。

富含 Fe、Mn、Ba 等元素，较轻的氧同位素组成，并富含放射性成因 ^{87}Sr，以及流体包裹体测温结果表明了寒武系白云岩溶蚀孔洞中充填的白云石的形成与深部热液活动有着密切的关系。显微镜下鉴定发现，孔洞或裂缝中充填的白云石具有鞍状白云石的形态和波状消光特征。这些特征与前人所报道的热液白云石较为一致（Davies and Smith，2006），因此推测孔洞中充填的白云石也应为热液成因的白云石。

二叠纪的时候，包括塔北在内的塔里木盆地发生了广泛强烈的火山-岩浆活动，火山活动期间及期后伴随着强烈的液流体活动，这已被前期的一些研究所证实（金之钧等，2006）。沟通深部基底和浅部白云岩地层的深大断裂构成了热液流体自下而上运移和活动重要通道，如中 4 井位于塔中 I 号断裂带上，同 1 井位于柯坪断裂和色力布亚断裂带上，塔深 1 井位于轮台断裂带附近。与深大断裂相连通的众多小的断裂和裂缝构成了热液与白云岩相互作用的重要通道体系，促进了深层白云岩储层的大规模发育。

4. 热液重结晶作用

热液作用除在裂缝和孔洞中沉淀形成热液白云石之外，还使白云岩局部发生了重结晶作用，形成了大量晶间孔和溶蚀孔，对白云岩储层发育有着积极的意义。

塔里木盆地寒武系至下奥陶统的白云岩以深灰色/褐灰色粉细晶白云岩为主，但在断裂及裂缝发育处的局部可见浅灰色/白色中粗晶的白云岩。塔里木盆地北部的沙 15 井、塔深 1 井、沙 88 井等，塔中巴楚地区中 4 井、中 3 井、同 1 井等，塔北巴楚县的三岔口剖面上都可以见到下古生界白云岩局部为浅灰色/白色的中粗晶白云岩（图 1.29）。

这些中粗晶白云岩与广泛关注的所谓的热液白云岩（Smith，2006；Davies，2005；Al-Aasm，2003；Cooper and Keller，2001；Hurley and Budros，1990；Lavoie et al.，2010）有着类似之处，但从产状上来看两者之间又有着显著的区别。热液白云岩主要是白云岩沿着断裂和裂缝交代灰岩，在灰岩围岩中发育，白云石中或围岩往往可见灰岩原岩（Wierzbicki et al.，2006；Luczaj et al.，2006；Smith，2006）。塔里木盆地局部发育的中粗晶白云岩虽然和断裂裂缝有一定的关系，但却分布在粉细晶的白云岩围岩中，和粉细晶白云岩交替产出。中粗晶白云岩应该是热液流体对原来已经存在的粉细晶白云岩进行改造，促使其发生重结晶作用形成的，而不是热液流体直接使灰岩发生白云岩化的结果。

Machel（2004）、Lonnee 和 Machel（2006）也对热液交代灰岩形成热液白云岩的观点提出了质疑，认为热液并不是白云岩形成的直接流体类型，前人所认为的热液白云岩实际上是热液对已有的在地表/近地表环境下所形成白云岩改造（重结晶）的产物。实验证实了在较高的温度下白云石能很快地发生重结晶作用。具有较高温度的热液在一定程度上满足了白云岩重结晶作用的条件。作者已有文章（朱东亚等，2009；Zhu et al.，2010）从地球化学角度论证了中粗晶白云岩是热液作用下粉细晶白云岩重结晶作用的产物，这里就不再赘述。

塔里木盆地的热液活动会对下古生界白云岩储层产生重要的影响。一方面通过溶蚀作用在白云岩中形成大量的溶蚀孔隙，另一方面通过重结晶作用在白云岩中形成大量的晶间孔隙。深部热液流体作用形成晶间孔和溶蚀孔对白云岩储集物性改善有着非常重要的意义。

热液流体因其具有较高的温度并且富含 CO_2，能对白云岩产生较强的溶蚀作用，形成大量的溶蚀孔隙。溶蚀孔隙在一些钻井岩心上广泛存在（图 1.29），可稀疏也可密集，大小一般几毫米。除溶蚀孔隙之外，在发生重结晶的白云岩中也发育了大量的晶间孔隙[图 1.29（e）（f）]。

图 1.29　塔里木盆地下古生界白云岩热液重结晶和溶蚀改造作用

（a）下半部分白云岩发生重结晶作用变成白色的中粗晶白云岩，上半部分白云岩未发生重结晶作用，仍为褐灰色的粉细晶白云岩，巴楚县三岔口剖面，下奥陶统（O_1），GPS 位置为 39°59′41.8″N，78°24′00.8″E；（b）褐灰色粉细晶白云岩沿裂缝发生重结晶作用变成浅灰色/白色中粗晶白云岩，发育大量晶间孔和溶蚀孔，中 3 井，3941.52m，O_1，岩心照片；（c）褐灰色粉细晶白云岩沿裂缝发生重结晶作用变成浅灰色/白色中粗晶白云岩，发育有溶蚀孔，沙 15 井，5384.15m，O_1，岩心照片；（d）灰色白云岩，发育有小的溶蚀孔洞（1～3mm），沙 15 井，5386.70m，O_1，岩心照片；（e）重结晶白云岩中发育的晶间孔隙，沙 15 井，5386.2m，O_1，透射光照片，10×2.5 倍；（f）重结晶白云岩中发育的晶间孔和溶蚀孔，同 1 井，3180.45m，Є，透射光照片，10×2.5 倍二叠纪的时候，包括塔北在内的塔里木盆地发生了强烈的火山-岩浆活动，火山活动伴随着强烈的岩热液流体活动，这已被前人研究所证实（金之钧等，2006）。沟通深部基底和浅部白云岩地层的深大断裂和与之相连通的小的断裂及裂缝构成了热液流体自下而上运移和活动的重要通道。如与沙 15 等井热液流体活动直接有关的断裂为轮台断裂，中 4 井位于塔中 I 号断裂带上，同 1 井位于柯坪断裂和色力布亚断裂带上，塔深 1 井等周边有多条沟通基底热液流体的深大断裂发育。所以热液对白云岩的溶蚀改造作用受到断裂与裂缝发育和空间分布的控制。溶蚀改造作用包括热液白云岩化作用、热液重结晶作用和热液溶蚀作用；热液溶蚀改造作用在断裂裂缝带附近一定范围内发育，并能沿着不整合面和高孔渗性碳酸盐岩地层横向拓展，最终在下古生界形成优质规模性热液改造型白云岩储集体（图 1.30）。

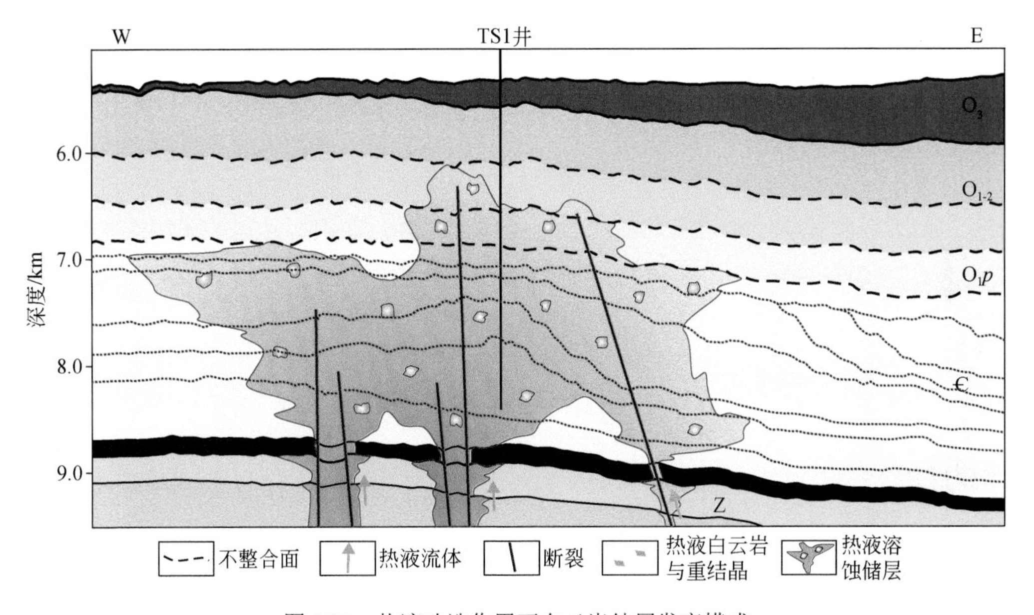

图 1.30　热液改造作用下白云岩储层发育模式

灰岩中发育的他源溶蚀作用是挟带酸性物质的含油气流体大量运移而至的结果，其溶蚀发育模式见图 1.18（b）。他源溶蚀作用既需要大量富含酸性物质的油气流体，又需要从烃源岩到灰岩有效的运移通道沟通，也需要流体在碳酸盐岩地层内部的流动，因此，他源溶蚀作用受到烃源岩与灰岩的空间耦合关系、断裂和不整合面发育以及灰岩自身缝合线、微裂隙和原有孔隙发育状况等多种因素所制约。含油气流体一旦运移到灰岩地层中，就会沿着缝合线和微裂隙向灰岩内部渗透并使灰岩溶蚀。溶蚀方式既可以是产生新的溶蚀孔隙，也可以是对缝合线、微裂隙以及原有孔隙的溶蚀扩大。自源溶蚀作用形成的微小孔隙可作为他源溶蚀发生的基础，他源溶蚀流体在这些微小自源溶蚀孔隙的基础上进一步溶蚀扩大，从而溶蚀产生大的次生溶蚀孔隙。

第六节　页岩层内流体特征

随着近几年勘探和开发技术的逐渐进步，继美国在 Fort Worth 盆地 Barnett 页岩（Jarvie

et al.，2007）中发现商业性页岩气之后，四川盆地也在奥陶系五峰组—志留系龙马溪组和下寒武统筇竹寺组获得页岩气的重大突破（聂海宽等，2024）。2012 年在涪陵焦石坝构造部署钻探焦页 1 井，发现了中国首个大型页岩气田——焦石坝龙马溪组页岩气田，目前已经展开 50 亿 m^3 的产能建设（王志刚，2015）。在涪陵页岩气勘探开发示范基地建成投产之后，其他许多地区也相继在五峰组—龙马溪组以及下寒武统筇竹寺组展开如火如荼的页岩气勘探（董大忠等，2014；Huang et al.，2012；何骁等，2024）。

前期研究揭示富有机质高产优质页岩主要是在深水陆棚中发育形成（董大忠等，2010；Dai et al.，2014；聂海宽等，2012）。黑色页岩中有机质含量高的层段往往是页岩气高产段，笔石的繁育对有机质有着重要的贡献（聂海宽等，2017）。页岩中黏土、长石、石英等矿物的存在和含量对页岩中的页岩气含量和产量有着重要影响（王志刚，2015；蒋裕强等，2010；Chen et al.，2011）。野外剖面和钻井岩心观测发现，页岩气的主产层段的黑色页岩中都普遍含有大量的黄铁矿，呈顺层分布的纹层状或结核状产出，为典型静海环境的产物（Gill et al.，2010）。但这些黑色页岩中黄铁矿硫同位素组成特征、成因机理及其对页岩气赋存特征的指示意义尚没有得到关注。

H_2S 是天然气藏储层中常见的流体组分类型，尤其是在四川盆地的海相碳酸盐岩天然气藏中（Liu et al.，2016；Zhu et al.，2011），如二叠系长兴组和三叠系飞仙关组的天然气中，H_2S 含量可高达 17.2%（Ma et al.，2008a）。H_2S 不但会腐蚀管道，而且还会造成人员伤亡事故。因此，对储层流体中 H_2S 成因与分布的研究得到普遍重视。针对海相碳酸盐岩层系流体中高含 H_2S 的成因，目前已经得到共识，是 TSR 作用形成的（Liu et al.，2016；Zhu et al.，2011；Ma et al.，2008a；Cai et al.，2013）。

与海相碳酸盐岩具有显著差别的是页岩气层系流体中普遍不含 H_2S（Dai et al.，2014）。虽然页岩气中不含 H_2S 能避免勘探开发和运输中的很多麻烦，但这个现象比较令人困惑，为什么来自下志留统龙马溪组烃源岩的海相碳酸盐岩气藏中的天然气都含有 H_2S（刘全有等，2015；Zhu et al.，2015b），但龙马溪组页岩流体组分中却不含 H_2S？页岩地层流体中不含 H_2S 的主控因素和地质条件是什么？这些都是值得研究探索的问题。

在针对四川盆地上奥陶统五峰组—下志留统龙马溪组黑色页岩层系中的黄铁矿和地层天然气开展地球化学测试的基础上，探讨黄铁矿的成因机理，揭示黄铁矿硫同位素对页岩发育环境和页岩气富集的指示意义，分析页岩地层流体中缺少 H_2S 的主要控制因素。

一、页岩中黄铁矿产状特征

中国南方上扬子地区发育的海相黑色页岩层系在纵向上主要分布于下古生界的下寒武统和上奥陶统—下志留统。目前已经有大量钻井在这些层段获得页岩气储量和产量的发现（Dai et al.，2014；Huang et al.，2012），并且已在上奥陶统五峰组—下志留统龙马溪组获得商业性页岩气（Guo，2015）。与 Fort Worth 盆地 Barnett 页岩（Jarvie et al.，2007）相比，五峰组至龙马溪组黑色页岩层系具有时代老、在盆地内部埋深大、热演化程度高的特点。

四川盆地及周边地区上奥陶统五峰组—下志留统龙马溪组为连续的泥页岩沉积。五峰组以黑色页岩为主，夹少量薄层状灰质泥岩或泥质灰岩，厚度一般 10～20m。龙马溪组下部主要是黑色页岩，向中上部粉砂质含量逐渐增多，变为粉砂质页岩和泥质粉砂岩。五峰组—龙马溪组沉积发育在半深水-深水陆棚环境中（董大忠等，2014）。在川北、川东和川东南地区分布广泛，厚度普遍在 100m 之上，川东局部地区超过 600m（Dai et al.，2014）。

五峰组—龙马溪组页岩有机质热演化程度普遍到了过成熟阶段，R^o 位于 1.8%～4.2%之间，大多数大于 2.5%，最高可达 4.2%（Dai et al.，2014；董大忠等，2010）。

川东涪陵焦石坝地区五峰组—龙马溪组页岩发育于深水陆棚沉积相带，主要产气段为五峰组—龙马组的下段，岩性为黑色富有机质页岩，局部夹含粉砂质页岩。焦页 1 井在五峰组—龙马溪组底部揭示 38m 优质黑色页岩段，总有机碳（TOC）含量大于 2%。测试页岩含气量高达 5.19m^3/t，于 2012 年 11 月，经分段压裂，获最高日产气 20.3 万 m^3（王志刚，2015）。

为研究页岩中黄铁矿特征、同位素特征和页岩气组分特征及其成因机理，对四川盆地东部涪陵焦石坝地区页岩气田（图 1.31）部分钻井的五峰组—龙马溪组黑色页岩层系的钻井岩心和页岩气进行了取样，并开展了相应的分析测试。

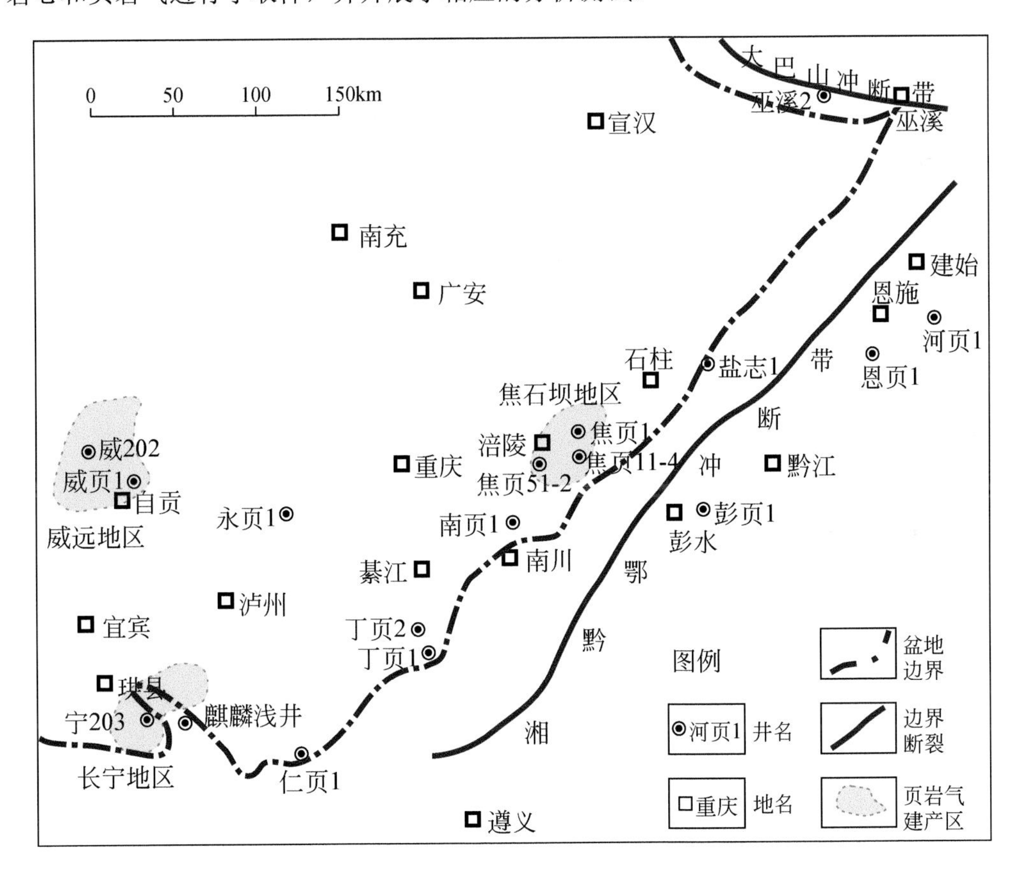

图 1.31　四川盆地东南部地区主要页岩气钻井分布图

对五峰组—龙马溪组黑色页岩中的多种类型黄铁矿进行了取样。在对黄铁矿取样时，先把含有黄铁矿的页岩敲碎，然后通过分样筛分选出 30～50 目的颗粒，再在双目镜下挑选出纯净的黄铁矿颗粒，共选出 3 口井中的 22 件黄铁矿样品。对这些黄铁矿样品开展硫同位素组成分析。

页岩气样品是在井口的采气孔进行采集，通过集气钢瓶进行收集，共采集 13 口井 13 个页岩气样品。对这些页岩气样品主要分析天然气各组分的含量，并对其中的 CO_2 开展了碳同位素组成分析。

无论是在下寒武统牛蹄塘组还是在五峰组—龙马溪组黑色页岩中都可以见到大量的黄铁矿。黄铁矿主要可以分为四种类型，即顺层分布的薄纹层状黄铁矿、顺层分布的结核状黄铁矿、呈分散状分布的粒状黄铁矿和沿裂缝分布的粒状黄铁矿（图 1.32）。

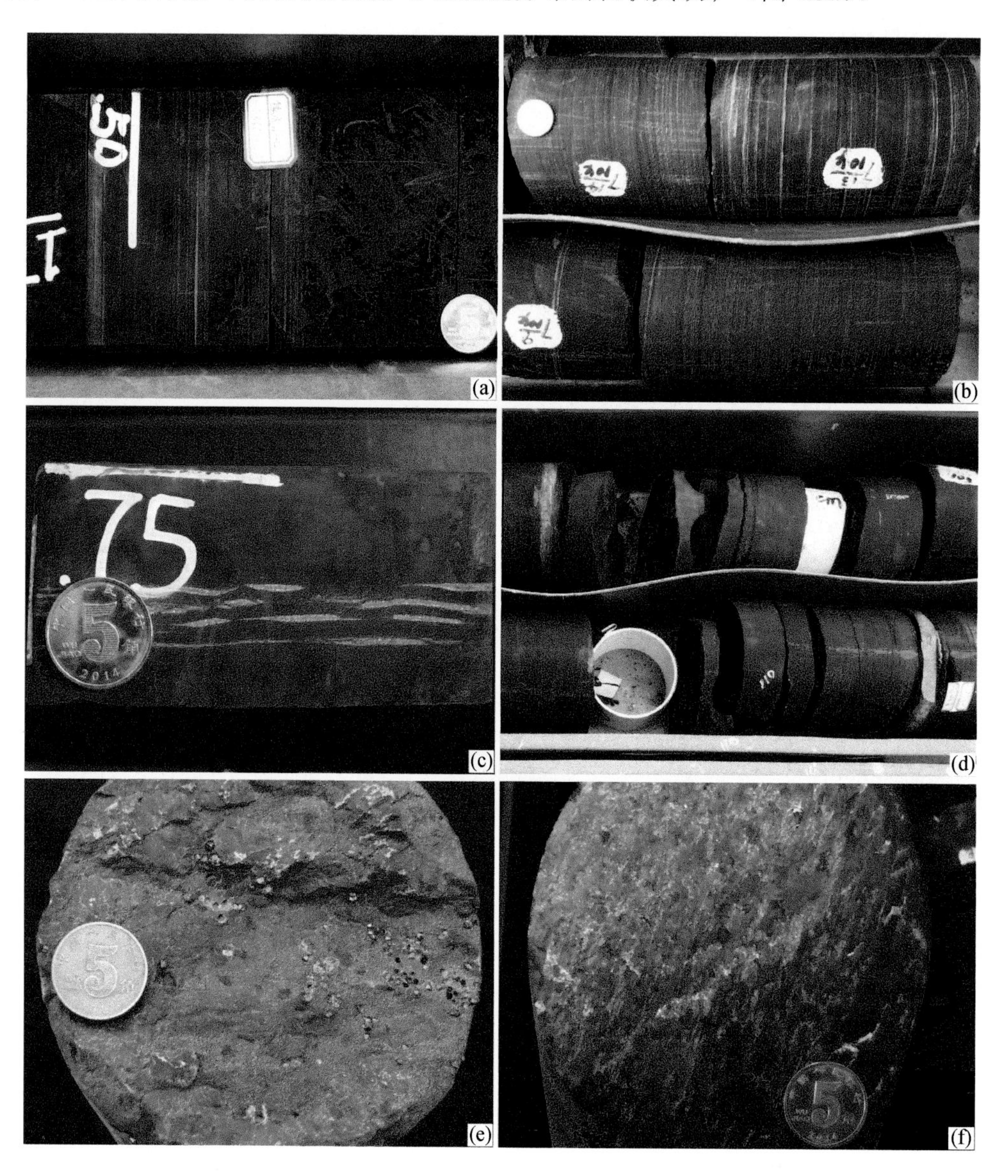

图 1.32　黑色页岩层系中黄铁矿发育分布特征

（a）黑色页岩中顺层分布的纹层状黄铁矿，焦页 11-4 井，S_1l，2332.45m；（b）黑色页岩中顺层分布的纹层状黄铁矿，焦页 51-2 井，S_1l，3093.20m；（c）黑色页岩中顺层分布的黄铁矿结核，盐志 1 井，4468.75m；（d）黑色页岩中顺层分布的黄铁矿结核，焦页 51-2 井，S_1l，3128.93m；（e）灰色泥质灰岩中的粒状黄铁矿，焦页 51-2 井，O_3j，3147.49m；（f）黑色页岩微裂缝面上的黄铁矿，焦页 51-2 井，S_1l，3064.40m

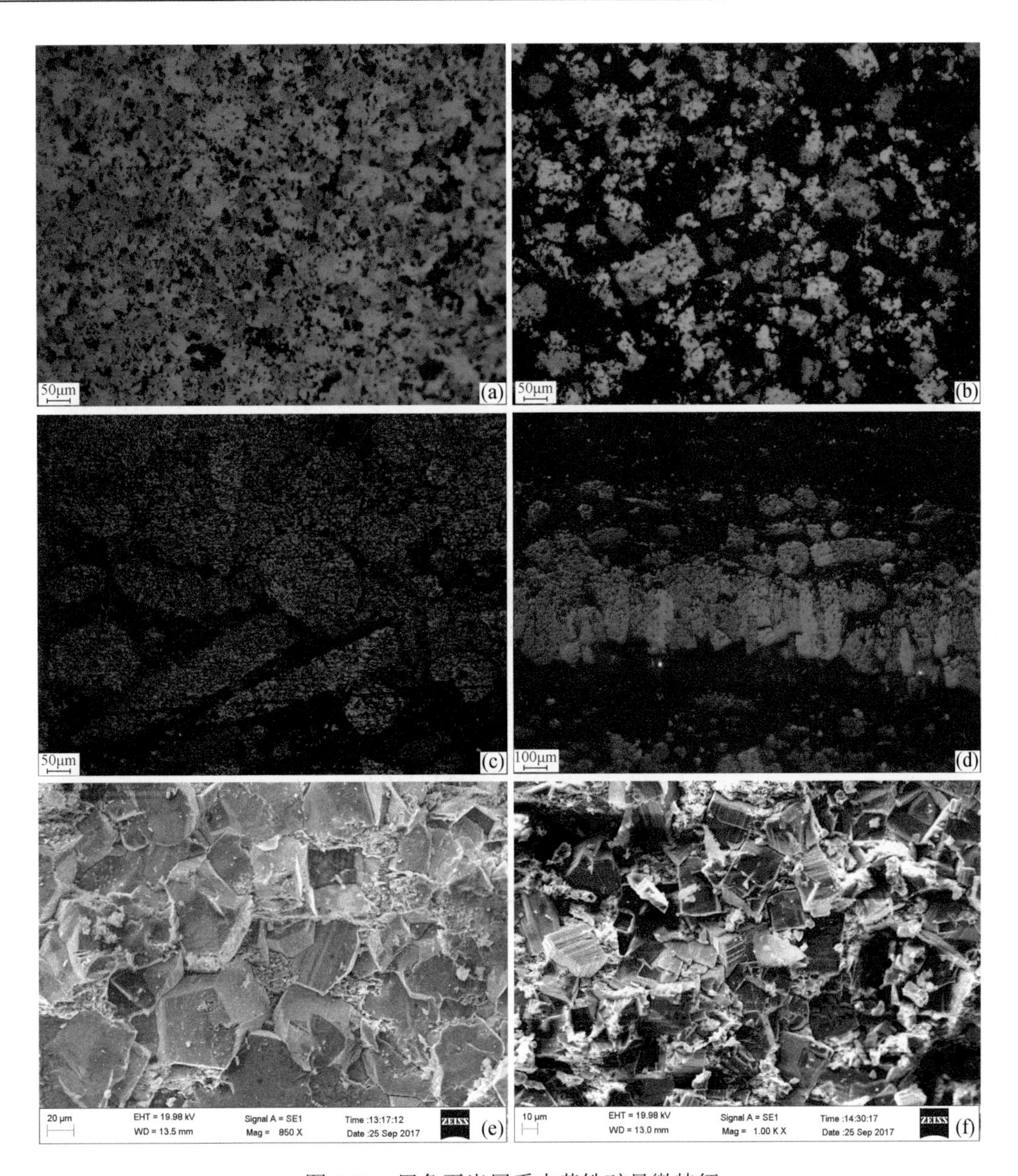

图 1.33　黑色页岩层系中黄铁矿显微特征

（a）黑色页岩中顺层分布的纹层状黄铁矿，显微镜反射光下为密集的细粒状产出，粒间为黑色泥质组分，焦页 51-2 井，S_1l，3107.55m；（b）黑色页岩中顺层分布的黄铁矿，显微镜反射光下为分散的细粒状产出，粒间为黑色泥质组分，恩页 1 井，S_1l，531.85m；（c）黑色页岩中顺层分布的纹层状黄铁矿，显微镜反射光下表现出类似笔石的形状，焦页 11-4 井，S_1l，2332.65m；（d）黑色页岩中顺层分布的纹层状黄铁矿，显微镜反射光下表现出类似笔石的形状，焦页 11-4 井，S_1l，2332.38m；（e）黑色页岩中的团块状黄铁矿，扫描电镜下为紧密的立方体形态，粒间有黏土物质，焦页 11-4 井，S_1l，2310.58m；（f）黑色页岩中的团块状黄铁矿，扫描电镜下为紧密的立方体形态，粒间有黏土物质，焦页 51-2 井，S_1l，3107.66m

黑色页岩中顺层分布的黄铁矿纹层一般厚几毫米，少量可以达到 1～2cm；黄铁矿多呈现细粒状集合体［图 1.32（a）（b）］。顺层发育的纹层状黄铁矿在黑色页岩中发育非常广泛，有的层段每间隔几厘米至十几厘米便有一层黄铁矿层。结核状黄铁矿一般多呈扁平状的结核体，大小几厘米，也多顺层状分布［图 1.32（c）（d）］。颗粒状黄铁矿一般呈分散状分布，颗粒较大，一般 2～3mm［图 1.32（e）］；这类黄铁矿在黑色页岩中较少见，主要出现在深灰色或灰色的泥质灰岩或灰质泥岩夹层中，如奥陶系临湘组的泥质灰岩［图 1.32（e）］。泥岩中发育一些小的微裂缝，沿着裂缝面上可见细粒状黄铁矿，常与方解石脉共生［图 1.32（f）］。

显微镜下观察可见黑色泥岩顺层分布的纹层状或结核状黄铁矿呈现密集分布的粒状集合体，颗粒之间为黑色的泥质组分［图 1.33（a）（b）］。扫描电镜下黄铁矿也表现出立方状的集合体［图 1.33（e）（f）］。部分黄铁矿纹层中的黄铁矿在显微镜下表现出长柱状的形态，横截面为圆形［图 1.33（c）（d）］。这些形态与龙马溪组页岩中的笔石形态非常一致，其形成可能与笔石的活动有密切关系。

二、黄铁矿硫同位素与成因

所采集的黄铁矿样品所在的井位、层位、深度、产状特征和硫同位素组成$\delta^{34}S$的值见表 1.4。从测试结果可以看出，五峰组至龙马溪组黑色页岩中黄铁矿的$\delta^{34}S$值一般都是较高的正值，如焦页 11-4 井龙马溪组中的团块状或纹层状黄铁矿的$\delta^{34}S$值在 8.6‰～33.4‰之间；焦页 51-2HF 井龙马溪组中的黄铁矿在 1.8‰～38.6‰之间。在这些黄铁矿样品中，呈结核状产出的黄铁矿的$\delta^{34}S$值要高于层状产出的黄铁矿，如焦页 11-4 井团块状黄铁矿的$\delta^{34}S$高达 33.4‰，焦页 51-2 井团块状黄铁矿的$\delta^{34}S$高达 38.6‰。与五峰组—龙马溪组黑色页岩中的黄铁矿相比，奥陶系涧草沟组泥质灰岩或灰质泥岩中的黄铁矿的$\delta^{34}S$值一般较低，如焦页 11-4 井涧草沟组泥质灰岩中的黄铁矿的$\delta^{34}S$值为−14.2‰和−27.7‰，焦页 51-2 井涧草沟组灰质泥岩中黄铁矿的$\delta^{34}S$值分别为 1.5‰和−8‰。

表 1.4 涪陵焦石坝等地区黑色页岩层系中黄铁矿产状及硫同位素值

井位	样号	层位	深度/m	产状特征	$\delta^{34}S$ /‰
焦页 11-4	JY11-4-10	S_1l	2264.25	黑色页岩中的纹层状黄铁矿	8.6
	JY11-4-09	S_1l	2266.03	黑色页岩中的纹层状黄铁矿	10.5
	JY11-4-06	S_1l	2310.07	黑色页岩中的纹层状黄铁矿	21.2
	JY11-4-04	S_1l	2331.35	黑色页岩中团块状黄铁矿	33.4
	JY11-4-01	S_1l	2333.65	黑色页岩中的纹层状黄铁矿	27.9
	JY11-4-08	S_1l	2348.79	黑色页岩中的纹层状黄铁矿	23.1
	JY11-4-01	S_1l	2350.1	黑色页岩中的纹层状黄铁矿	24.3
	JY11-4-08	O_3w	2359.70	黑色页岩中的纹层状黄铁矿	35.2
	JY11-4-03	O_3j	2363.81	灰色泥质灰岩中的粒状黄铁矿	－14.2
	JY11-4-02	O_3j	2365.23	灰色泥质灰岩中的粒状黄铁矿	－27.7
焦页 51-2HF	JY51-2-08	S_1l	3064.4	黑色页岩滑脱面上的细粒状黄铁矿	9.2
	JY51-2-03	S_1l	3090	黑色页岩中的纹层状黄铁矿	1.8
	JY51-2-09	S_1l	3095.3	黑色页岩中的纹层状黄铁矿	15.3
	JY51-2-06	S_1l	3107.57	黑色页岩中的团块状黄铁矿	38.6
	JY51-2-07	S_1l	3116.8	黑色页岩中的团块状黄铁矿	24.5

续表

井位	样号	层位	深度/m	产状特征	$\delta^{34}S$/‰
焦页 51-2HF	JY51-2-10	S_1l	3132.5	黑色页岩中的团块状黄铁矿	30.2
	JY51-2-11	O_3w	3138.1	黑色页岩中的团块状黄铁矿	32.1
	JY51-2-04	O_3w	3141.6	黑色页岩中的纹层状黄铁矿	21.5
	JY51-2-04	O_3w	3142.18	黑色页岩中的纹层状黄铁矿	-1.5
	JY51-2-01	O_3j	3146.53	浅灰色灰质泥岩中的粒状黄铁矿	-8.0
	JY51-2-02	O_3j	3146.9	浅灰色灰质泥岩中的粒状黄铁矿	1.5
焦页 41-5	JY41-5-01	S_1l	2583.23	黑色页岩裂缝面上的细粒状黄铁矿	8.2

对涪陵焦石坝地区五峰组—龙马溪组页岩气成分组成和碳同位素组成分析结果见表1.5。页岩气中的主要的组分为 CH_4，含量都在 97%之上，平均为 97.91%。此外还含有少量的 C_2H_6、C_3H_8 等烷烃气体。这些页岩气中都含有一定量的 CO_2，位于 0.26%～0.52%，平均为0.34%。但这些页岩气样品中普遍都不含 H_2S。CO_2 的碳同位素的 $\delta^{13}C_{CO_2}$ 值位于4.7‰～11.5‰，平均为 7.8‰。

表 1.5　涪陵焦石坝地区五峰组—龙马溪组页岩气成分组成和碳同位素组成分析结果

井位	层位	化学组分/%					$\delta^{13}C_{CO_2}$/%
		CH_4	C_2H_6	C_3H_8	N_2	CO_2	
焦页 1-3	S_1l	97.93	0.74	0.02	0.98	0.26	11.0
焦页 1	S_1l	97.95	0.71	0.02	0.97	0.29	11.4
焦页 4	S_1l	97.90	0.64	0.02	0.86	0.52	7.0
焦页 11-1	O_3w	97.91	0.70	0.02	1.00	0.32	11.5
焦页 11-2	S_1l	97.86	0.73	0.02	1.01	0.32	7.6
焦页 12-1	S_1l	97.92	0.73	0.02	0.99	0.28	7.6
焦页 4-2	S_1l	97.86	0.66	0.02	0.94	0.46	4.7
焦页 2	S_1l	97.92	0.69	0.02	0.93	0.40	8.1
焦页 42-2	S_1l	97.85	0.74	0.02	1.00	0.33	4.7
焦页 3	S_1l	97.93	0.69	0.02	0.99	0.33	5.0
焦页 6-3	S_1l	97.95	0.65	0.02	1.02	0.31	6.2
焦页 5-2	S_1l	97.90	0.68	0.02	1.03	0.31	8.5
焦页 12-4	S_1l	97.92	0.71	0.02	1.03	0.28	7.8
平均		97.91	0.70	0.02	0.98	0.34	7.8

（一）BSR 作用与较重的硫同位素组成

海水中通常都含有一定量的硫酸根。蒸发海水中的碳酸盐岩沉积物中通常含有一定量的石膏。在硫酸盐还原菌或高温热作用下，海水或石膏中的SO_4^{2-}离子会发生还原作用，转化成为还原状态的 S（如 H_2S）。这两种还原作用分别为细菌硫酸盐还原（BSR）作用和热化学硫酸盐还原（TSR）作用，是海相沉积地层中形成黄铁矿的两种主要的作用机制。

在 BSR 过程中，细菌首先倾向于还原硫酸根中较轻的硫同位素（如 ^{32}S）（Pierre et al.，2000），引起SO_4^{2-}与 S^{2-}之间强烈的硫同位素分馏效应（Machel et al.，1995），产生 ^{34}S 强烈亏损的硫化物。现代海水中溶解的硫酸根的$\delta^{34}S$ 值非常稳定，约为+20‰。在深海、静海环境中，BSR 作用形成的 H_2S 和硫化物的$\delta^{34}S$ 值为−40‰～−19‰；在浅海环境中，BSR 作用形成的 H_2S 和硫化物的$\delta^{34}S$ 值约为−5‰（郑永飞和陈江峰，2000）。美国东南海域 Blake Ridge 区域 BSR 作用形成的黄铁矿的值在−42.7‰～−26.2‰之间（Pierre et al.，2000）。

细菌还原过程中的硫同位素动力学分馏效应是BSR作用形成的黄铁矿具有显著偏轻的主要因素。但 BSR 作用形成的 S^{2-}的硫同位素组成还与SO_4^{2-}还原程度有密切的关系。当仅有少量的SO_4^{2-}被还原成 S^{2-}时，S^{2-}会表现出强烈偏轻的特征；但当SO_4^{2-}反应比较充分，即大多数SO_4^{2-}被还原的时候，所产生的 S^{2-}不再显著偏轻，而是逐渐向SO_4^{2-}本身的硫同位素组成靠拢，逐渐变得越来越重。近年来，越来越多的研究揭示了 BSR 成因的黄铁矿表现出较重的硫同位素组成的特点（Ries et al.，2009；Fike et al.，2006；McFadden et al.，2008）。扬子地区震旦系陡山沱组硅质结核中的黄铁矿的$\delta^{34}S$ 值显著偏重，为 15.2‰～39.8‰，是海水中有限SO_4^{2-}被充分还原的结果（Xiao et al.，2010）。

通过上述分析可以看出，在海水或地层中的SO_4^{2-}被充分还原的条件下，BSR 作用还原形成的 S^{2-}的硫同位素组成会逐渐接近SO_4^{2-}的同位素组成。

焦石坝地区五峰组—龙马溪组黑色页岩中黄铁矿主要呈顺层的薄纹层状或结核状产出，表明为沉积过程中形成的黄铁矿。这些纹层状或结核状黄铁矿的$\delta^{34}S$ 值一般都是较高的正值。如纹层状黄铁矿的$\delta^{34}S$ 值在 21.2‰～33.4‰之间，结核状黄铁矿的硫同位素组成更重，$\delta^{34}S$ 高达 38.6‰。黄铁矿硫同位素特征表明黑色页岩在强烈的还原环境中沉积形成。此时的水体中有机质非常丰富，细菌还原作用也非常活跃，使得水体中的SO_4^{2-}得到了还原。在安静滞留水体和缓慢沉积的条件下，SO_4^{2-}还原会更加充分，所形成的黄铁矿具有高的硫同位素值。

笔石在五峰组—龙马溪组页岩沉积过程大量繁育，对页岩中的有机质富集有着重要的贡献（聂海宽等，2017）。显微镜下观察发现，顺层分布的黄铁矿具有笔石的形态［图 1.33（c）（d）］，并且这些黄铁矿具有强烈偏重的硫同位素组成，表明强还原条件下笔石为 BSR 作用提供了必要的有机组分。

（二）静海条件下页岩与黄铁矿发育模式

静海环境（euxinia）是一种安静分层的海水环境，表层为富氧、高有机质生产力的薄层海水，底层为缺氧和硫化的水体环境。在古代海洋中常出现静海环境（Meyer and Kump，2008；Lyons et al.，2009）。在底部缺氧的静水环境中，厌氧细菌把硫酸根还原成为硫化物，形成硫化环境，使得深水黑色页岩层系中经常出现大量的黄铁矿（Meyer and Kump，2008）。表层富氧水体中形成的有机质沉淀至底层硫化水体，部分被厌氧细菌氧化分解，部分则在海水底层沉积物中保留下来。

结合龙马溪组沉积时期优质页岩气段属于深水陆棚的沉积背景（聂海宽等，2012），提出静海环境下黑色页岩和重硫同位素层状黄铁矿发育模式（图 1.34）。在静海条件下，海水水体分成表层氧化层和底层厌氧硫化层。在近岸氧化层中，生物大量繁育，大量来自笔石等生物体的有机质沉淀进入化变层之下的厌氧硫化水体层中。在底层安静滞留的水体中，厌氧细菌通过 BSR 作用把底层水体中的SO_4^{2-}充分还原形成 S^{2-}。S^{2-}与底部沉淀下来的富有机质泥质沉积物中的 Fe 质结合，形成薄层状黄铁矿或黄铁矿结核。可以认为，在有机质越丰富、厌氧还原条件越好和细菌微生物越活跃的环境中，BSR 作用主导的SO_4^{2-}还原越充分，形成的 S^{2-}的硫同位素组成越重。反过来说，沉积过程中形成的黄铁矿越多，其$\delta^{34}S$ 值越高（越接近SO_4^{2-}的值），底层滞留还原条件就越好，沉积物中有机质保存条件就越优越。

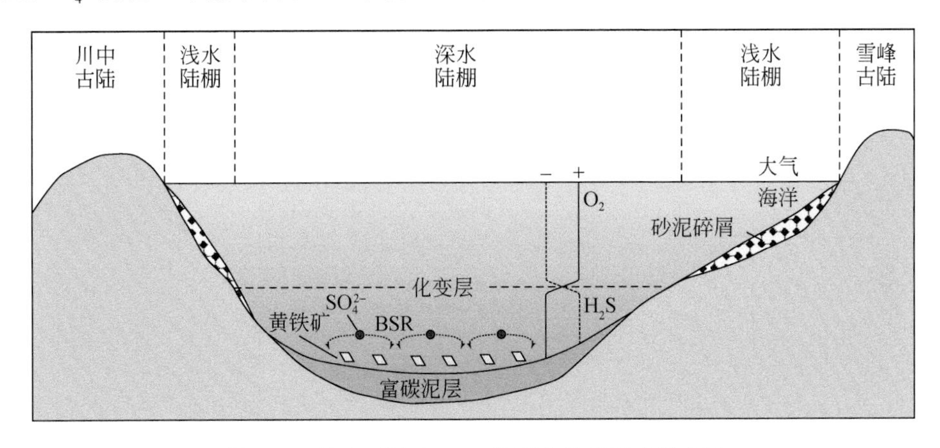

图 1.34　静海环境中 BSR 作用黄铁矿形成模式图

在五峰组沉积之前的涧草沟组灰色泥质灰岩里面也见有丰富的粒状黄铁矿，但这些黄铁矿的硫同位素组成较轻，其$\delta^{34}S$ 值分别为-27.7‰、-14.2‰、-8‰和 1.5‰。在这些泥质灰岩沉积过程中，处于浅水台地或浅水陆棚环境，由于水体开阔且受风浪扰动较强，导致 BSR 作用不能充分还原SO_4^{2-}。此时 BSR 作用相关的 S^{2-}的硫同位素组成主要受动力学分馏作用控制，形成的黄铁矿具有显著偏轻的硫同位素组成。

三、黄铁矿硫同位素对 TOC 和含气量的指示意义

焦石坝地区五峰组—龙马溪组下段的黑色页岩不但具有相对较高的 TOC 值，而且还具有非常好的页岩气显示和较高的产量（图 1.35）。根据焦页 1 井钻探结果，五峰组—龙马溪组下段为黑色页岩段，热解实测表明页岩 TOC 大多在 3%～6%之间（图 1.35）。这些黑色页岩段中的黄铁矿也具有相对较高的$\delta^{34}S$ 值。

以焦页 11-4 井为例，该钻井五峰组—龙马溪组下段（2325.0～2362.8m）页岩中的 TOC 含量相对较高，为 1.0%～4.0%。该段薄层状和团块状黄铁矿的$\delta^{34}S$ 值也相对较高，位于 21.2‰～35.2‰之间。这一段是页岩气的主产气段，其中的 2358.0～2362.8m 段为 I 类高产页岩气段（图 1.35）。在该段之上的龙马溪组上段 2266.03m 和 2263.25m 处黄铁矿的$\delta^{34}S$ 值相对较低，分别为 10.5‰和 8.6‰，并且此段的 TOC 含量都低于 1.0‰，也不是产气段。

焦页 51-2HF 井也具有类似的特点。五峰组—龙马溪组下段（3105.0～3140.0m）页岩

中 TOC 含量相对较高，位于 0.9%～4.3%之间。这段泥岩中的黄铁矿的$\delta^{34}S$值也相对较高，位于 24.5‰～38.6‰之间（图 1.35）。从测井解释和试气结果来看，这一段也正好是高含烷烃气的层段，其中的 3139.80～3144.80m 段和 3136.20～3138.80m 段为 I 类高产页岩气层段（图 1.35）。与该段相比，龙马溪组上段泥岩中黄铁矿的$\delta^{34}S$值也都较低，分别为 9.2‰、1.8‰和 15.3‰，并且这段 TOC 含量低，也不是产气段。

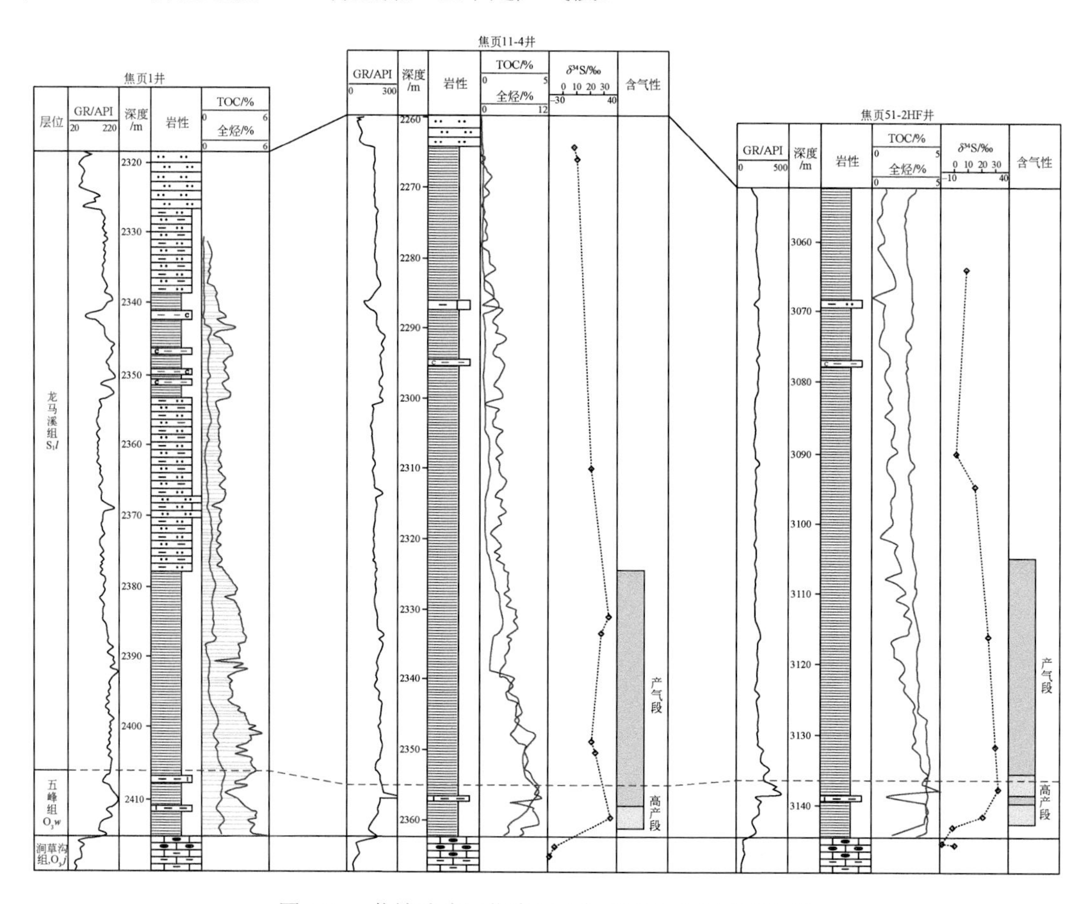

图 1.35　黄铁矿硫同位素组成与页岩气含气性对比图

焦页 1 井 TOC 为实测值，全烃含量为测井解释结果，根据 Guo（2015）修编。焦页 11-4 井和焦页 51-2HF 井的 TOC 和全烃含量为测井解释结果

根据图 1.35 中钻井对比结果，与黑色页岩同时沉积的黄铁矿的硫同位素值对页岩气含气量和产气量具有很好的指示意义。黄铁矿$\delta^{34}S$值越高则指示页岩中有机质含量越高，也具有较高的页岩气含气量和产气量。

四、页岩地层流体中不含 H_2S 主控因素分析

（一）CO_2 成因分析

CO_2 是天然气中常见的气体类型之一，具有多种成因机制，如可能来自地幔脱气、有

机质的热演化、TSR 作用、碳酸盐岩矿物热分解等。根据 Dai 等（1996）研究成果，来自地幔脱气或岩浆活动的 CO_2 的碳同位素值一般为-6‰±2‰。根据中国 16 个油气田的多于 1000 个天然气样品数据和国外的一些天然气样品数据，统计发现有机质热演化相关的 CO_2 一般都低于-10‰，多数位于-30‰～-10‰之间（Dai et al.，2014）。TSR 作用也会导致天然气中含有一定量的 CO_2，其碳同位素组成一般也较轻，实验表明 $\delta^{13}C_{CO_2}$ 值＜-30‰（Pan et al.，2006）。Worden 等（1995）发现随着 TSR 程度增加，CO_2 的 $\delta^{13}C_{CO_2}$ 值从-9‰降低至-15‰。碳酸盐岩矿物热分解形成的 CO_2 一般与碳酸盐岩的碳同位素组成一致，比来自地幔、有机质演化或 TSR 过程的 CO_2 会具有更重的碳同位素组成。志留纪时期碳酸盐岩的 $\delta^{13}C$ 值可高达 8‰（Veizer et al.，1999）。

焦石坝地区五峰组—龙马溪组页岩气 CO_2 的含量在 0.26%～0.52%之间。CO_2 的碳同位素组成显著偏重，其 $\delta^{13}C_{CO_2}$ 值位于 4.7‰～11.5‰，平均为 7.8‰。在碳同位素组成上，五峰组—龙马溪组 CO_2 与幔源来源、有机成因以及 TSR 成因的 CO_2 具有显著的差别，但与志留纪海相碳酸盐岩的 $\delta^{13}C$ 范围较为接近。因此推测 CO_2 可能来源于地层中的碳酸盐岩矿物，被地层中的酸性流体溶解或遇热分解等。

与焦石坝地区相似，四川盆地威远和泸州地区五峰组—龙马溪组页岩气中的 CO_2 也具有较重碳同位素组成，$\delta^{13}C_{CO_2}$ 值位于-2.2‰～5.4‰之间，也与碳酸盐岩热分解有关（Dai et al.，2014）。

（二）海相碳酸盐岩地层 TSR 作用条件

一般认为，TSR 作用是在较高温度下，地层中的硫酸盐类矿物（如硬石膏）或地层水中的 SO_4^{2-} 在有机质（气态烃或液态烃）参与下发生还原，从 SO_4^{2-} 状态还原成 S^{2-} 状态（Worden et al.，1995；Cai et al.，2001）。实验研究表明，TSR 反应一般需要 175℃以上的温度条件（Toland，1960；Goldhaber and Orr，1995）。实际上，多数成功的 TSR 实验是在高于 220℃的条件下进行的（Cross et al.，2004；Goldhaber and Orr，1995）。受催化剂等因素的影响，如 Cu、Fe 等金属、蒙脱石、Cu-卟啉、H_2S、元素硫和水，实际地质过程中 TSR 可能在较低的温度下就能进行（Worden et al.，1995；Seewald，2003）。

通过上述分析可知，沉积地层中 TSR 作用大规模发生需要有三个关键因素，即：①地层经历了较高的演化温度；②有大量的有机质；③富含硬石膏或地层水中含一定量的 SO_4^{2-}。

四川盆地古生界深层海相碳酸盐岩地层中都经历了很高的埋藏温度，有大量的石油/天然气聚集，也普遍富含硬石膏，满足了 TSR 作用发生的必要条件。因此，震旦系灯影组、寒武系龙王庙组（Liu et al.，2016）、二叠系—三叠系等（Zhu et al.，2011）层位的碳酸盐岩地层中都发育了广泛而强烈的 TSR 作用，导致天然气中含有大量的 H_2S 和 CO_2，如普光地区分别高达 17.2%和 10.5%（Ma et al.，2008a）。

（三）页岩地中缺少 TSR 和 H_2S 主控因素

四川盆地五峰组—龙马溪组页岩中流体组分以烷烃气体组分为主，其中 CH_4 含量普遍大于 97%。烷烃气体组分的碳同位素组成非常重，其中 CH_4 的 $\delta^{13}C_1$ 值位于-37.7‰～-26.7‰

之间，是世界上最重的烷烃气体，是高过成熟阶段的天然气（Dai et al.，2014）。页岩中有机质的 R^o 位于 2.42%～3.13%之间，表明经历了较高的埋藏热演化过程并已处于高过成熟的生气晚期阶段（Guo，2015）。并且，页岩层位于二叠系之下，具有更高的埋藏温度。因此，四川盆地五峰组—龙马溪组页岩层系具备了 TSR 作用发生的富有机质和经历较高温度条件。

但实际上，页岩地层中 TSR 作用并没有发生。首先，页岩气中普遍检测不到 H_2S；其次，页岩气中 CO_2 不但含量低而且碳同位素组成也非常重；最后，黑色页岩中大量顺层产出的黄铁矿是沉积过程中 BSR 作用的产物。

限制 TSR 作用发生的关键因素就是这些页岩地层中缺少 SO_4^{2-}/硬石膏。首先，与海相碳酸盐岩发育的浅水局限蒸发台地环境具有显著差异，黑色页岩形成于开阔的深水陆棚环境中，海水本身 SO_4^{2-} 含量就不高；其次，在泥页岩沉积过程中，强烈的还原环境、丰富的有机质和细菌作用，使得海水中 SO_4^{2-} 基本被还原转化成为层状黄铁矿。因此，这些页岩层系中很少或者不会有 SO_4^{2-} 的存在，也限制了 TSR 作用的进行。由于没有 TSR 作用过程，页岩气中也相应地没有 H_2S 产生。

综合以上分析，四川盆地上奥陶统五峰组—下志留统龙马溪组黑色页岩中含有大量顺层分布的薄纹层状或结核状黄铁矿，为沉积过程中形成的。顺层分布的黄铁矿具有较重的硫同位素组成，其 $\delta^{34}S$ 值高达 38.6‰，分析认为与页岩沉积形成过程中强还原条件下强烈 BSR 作用有关。五峰组—龙马溪组下段黄铁矿硫同位素组成较重的黑色页岩层段也是高 TOC 含量的有机质富集段，是在静海环境底层厌氧水体中形成；黄铁矿高的硫同位素值指示着页岩气的高产段。五峰组—龙马溪组页岩中流体组分以烷烃气体为主，此外含有少量的 CO_2，但不含 H_2S。CO_2 的碳同位素组成较重，$\delta^{13}C_{CO_2}$ 平均值为 7.8‰，与 TSR 作用产生的 CO_2 有着显著的差别。页岩沉积过程中，海水中有限的 SO_4^{2-} 被完全还原成为顺层分布的黄铁矿，致使现今页岩地层中不含或者很少有硬石膏，TSR 作用不能发生，是现今页岩气中不含 H_2S 的主要原因。

第二章　现代岩溶发育特征与类比应用

岩溶是指水对可溶性岩石（碳酸盐岩、硫酸盐岩、卤化物岩等）的化学溶蚀、机械侵蚀和物质迁移与再沉积的综合地质作用以及由此所产生现象的统称。在油气勘探领域，碳酸盐岩储层与岩溶密切相关。碳酸盐岩地层早就成为勘探开发的重要靶区（赵文智等，2013）。国际上，在伊朗、委内瑞拉、巴西、美国、阿尔及利亚、摩洛哥、安哥拉、埃及、匈牙利、罗马尼亚、俄罗斯等许多国家都发现了古潜山岩溶型油气藏，其储集空间类型均是古岩溶缝洞。其中较大的是阿尔及利亚的哈西梅萨乌德潜山油田，含油面积达 $1300km^2$，石油地质储量 3.57×10^9t。国外对岩溶型储层研究始于 20 世纪 70 年代末，主要是伴随成岩、成矿作用及石油地质的研究而兴起，特别与石油、天然气及金属、非金属矿产地质研究的关系密切，至 80 年代末进入鼎盛时期。依据多个近地表碳酸盐岩岩溶洞穴和地形地貌的观测，Loucks（1999）提出了经典的岩溶洞穴发育模式，包括深流带、潜流带以及埋藏挤压垮塌机制和过程。

在中国，众多与古岩溶密切相关的潜山型大中型油气藏相继在渤海湾盆地、鄂尔多斯盆地、塔里木盆地及四川盆地等地被发现（闫相宾，2002；罗平等，2008；赵文智等，2013）。根据 20 世纪 80 年代以来在我国任丘、四川、鄂尔多斯、塔里木等地区实际揭露的古岩溶现象，结合我国盆地复杂演化特点，对相关学科研究理论和方法进行了深入探索，在古岩溶发育特征、形成机理、控制因素等方面开展了大量研究工作，取得了丰富的成果。相关碳酸盐岩古岩溶缝洞系统的研究归纳为：①缝洞类型、特征与成因研究；②缝洞发育分布规律研究；③缝洞型储层物性关系研究；④碳酸盐岩储层建模。针对抬升隆起区岩溶缝洞型碳酸盐岩储集体系，在塔里木盆地塔河主体区奥陶系、鄂尔多斯盆地奥陶系马家沟组、渤海湾盆地古生界碳酸盐岩研究中，都已系统总结了岩溶缝洞储层的识别标志，建立了众多岩溶储层分布模式和演化模式，并成功应用于指导缝洞体系的描述和预测，发挥了很重要的作用。

针对古隆起区岩溶模型的研究，岩溶型储层被认为在平面上受古地貌的控制，可以分为岩溶高地、岩溶斜坡和岩溶洼地三个地貌单元，岩溶型储层的分布特征各具特点。

（1）岩溶高地：岩溶高地是地势最高的一个地貌单元，往往由于断裂作用而形成。以深切窄峡谷发育为特征，地形起伏较大。它的最大特点是不发育常年性的地表径流。它的岩溶型储层以裂缝性储层为主，仅发育规模较小的溶蚀孔洞。岩溶型储层发育主要受大气降水的淋滤、风化剥蚀等作用控制，因此其表层岩溶带较发育，但发育的厚度较小；渗流岩溶带以裂缝、小型溶蚀孔洞为主，潜流岩溶带基本上不发育或厚度较小。

（2）岩溶斜坡：岩溶斜坡是较岩溶高地稍低的一个地貌单元，又可以分为缓丘阶地、岩溶缓坡两个次一级的地貌单元。缓丘阶地坡度较大，地势较陡峭，岩溶峰丛发育，来自岩溶高地的水流，往往能够形成地表径流，因此主要遭受地表径流的溶蚀、侵蚀、大气降水的淋滤、风化剥蚀等作用，岩溶孔洞较岩溶高地发育。局部的高陡构造裂缝密集发育区和大气降水、地表径流相互作用，能够形成较大的落水孔洞，风化剥蚀作用也较强，从而造成表层岩溶带、渗流岩溶带的发育，但潜流岩溶带的岩溶型储层具有一定的分割性，连通性不强。

岩溶缓坡是较岩溶阶地坡度稍缓的地貌单元，以常年性的地表径流非常发育为特征，从而形成了岩溶峡谷、侵蚀沟谷等次一级的地貌单元，主要遭受大气降水的风化、剥蚀、淋滤，地表径流的长期溶蚀、侵蚀、冲刷等作用，因此表层岩溶带的岩溶型储层非常发育，厚度也较大；渗流岩溶带由于水流的长期淋滤、溶蚀作用，往往能够形成较大的溶蚀洞穴，其横向连通性也较好。而潜流岩溶带，由于水流的长期横向流动、侵蚀、溶蚀，易于形成横向连通性好、延伸较长的大型溶蚀洞穴，大量构造裂缝的沟通，也易于形成统一的岩溶储集体。但是该带从地表带来大量沙泥，容易在孔洞内造成沉积，从而造成溶蚀孔洞、洞穴的半充填和全充填，降低储集空间的有效性。

（3）岩溶洼地：岩溶洼地是水流汇集的场所。主要遭受水流的溶蚀作用以及泥沙的沉积作用。由于地表、地下水流动性不强，缺少离子交换，其溶蚀、侵蚀作用也相对较弱，岩溶型储集层的发育欠佳，也容易被砂泥质全充填或半充填。

总体上，岩溶高地岩溶型储层欠发育，岩溶斜坡是岩溶型储层最发育的部位，岩溶洼地岩溶型储层欠发育，易被砂泥质所充填。

岩溶型储层在纵向上可以划分为表层岩溶带、渗流岩溶带和潜流岩溶带，三个岩溶带呈准层状分布，并对各岩溶带的水动力特征及岩溶发育特征进行了总结和分析（Vacher and Mylroie，2002；张宝民和刘静江，2009；邹胜章等，2016）。

（1）表层岩溶带：一般发育在古风化壳附近及向下渗流带上部，厚度较小。岩溶作用主要是地表附近的大气降水作用下的风化剥蚀作用，包括地表塌积、生物剥蚀和一定的沉积作用；岩溶方式以大气降水的地表径流为主，岩溶产物主要为大气降水产生的地表径流（CO_2含量高，溶蚀能力强）在冲刷、溶蚀过程中形成的一些溶沟、溶洞、溶缝、溶蚀洼地、溶蚀漏斗及落水洞等，其充填物主要为地表残积物和洞壁塌积物；地表沉积物多为棕色-红色等氧化沉积，包括铝土质和垮塌角砾等，在钻井过程中往往出现井涌、放空、井漏等，或发育小型落水洞，并且充满油气，是极好的产层。表层岩溶带发育在潜山的顶面，厚度一般小于 50m。这个带裂缝、溶蚀孔洞极其发育，充填作用较小，具有大量的有效储集空间，且由于裂缝的发育，其连通性也较好，是目前勘探的最有利层段。

（2）渗流岩溶带：渗流岩溶带位于表层岩溶带与最高潜水面之间，以地表水系向下渗滤或沿早期裂缝向下渗流发生淋滤溶蚀作用，以垂直方向岩溶作用为主，因此，多形成近垂直或高角度的溶蚀缝、串珠状溶蚀孔洞、侵蚀沟和孤立的落水洞，洞底通常向岩溶洼地方向延伸，直至洞与洞相连，形成巨大的缝-洞储集空间。根据其岩溶作用机制，渗流岩溶带的发育程度与早期构造裂缝的发育密切相关，其发育深度与岩溶作用强度、所处构造部位、潜水面高低等有关。渗流岩溶带上部储层常是地表岩溶作用沿深大裂缝向下的延续，平面分布往往受裂缝发育展布特征的控制。在该岩溶带，由于岩溶作用与其至潜水面的距离直接相关，因此受构造位置高低差异的影响，该岩溶带储层的发育厚度变化较大。渗流岩溶带发育厚度变化不等，一般在 120m 以内。由于最高潜水面的变化、岩溶发育时间的长短，表层岩溶带不断地被剥蚀，渗流岩溶带在纵向上可多期叠加发育。影响渗流岩溶带发育的主要因素是构造裂缝的发育程度以及地表水流的补给情况。构造裂缝越发育、垂向越深，地表水流持续补给，渗流岩溶带的岩溶型储层越发育，厚度也越大。由于形成的孔洞、溶蚀裂缝多呈垂向分布，这个岩溶带的充填程度相对也较小，仅见溶蚀裂缝的局部方解石充填和较少部分溶蚀孔洞的砂泥岩充填。若形成的溶蚀洞穴经受不住上部及其围岩的压力，可形成潜山顶面的塌陷溶洞。该岩溶带也是目前勘探的最有利层段。

（3）潜流岩溶带：潜流岩溶带位于地下潜水面附近，发育在最高潜水面之下到排泄基准面之上，厚度约 50～80m。一般来说，具有一定开启度的构造裂缝切割的深度，就是潜流岩溶带发育的底部。该带地下水十分活跃、水平流动，在潜水面附近通常地下水 $CaCO_3$ 不饱和，造成岩溶地下水快速交替而发生强烈的溶蚀作用，形成众多具一定规模的近水平溶缝、溶洞；甚至发育成地下暗河，地下暗河随着溶蚀的扩大和埋藏的加深，可以出现洞顶坍塌角砾充填洞穴或河流沉积物充填洞穴，同时在洞穴坍塌顶底会发育高角度裂缝，活跃的地下水活动会沿裂缝形成强烈的溶蚀。因此，在潜流岩溶带，水平溶蚀机制形成了层状结构、横向网状连通（三维地下河流）、平面并不连片的洞穴储层发育特征。由于构造裂缝的发育，岩溶水多沿构造裂缝的走向流动，使得这个岩溶带的溶蚀孔洞多相互连通，形成一个巨大的储集体。由于水流呈横向流动，由地表带进来的泥沙容易在洞穴低凹部位或水流较缓的地段形成砂泥沉积物，甚至能够表现出较好的韵律和层理，在洞穴局部或部分洞穴会形成砂泥质的全充填和半充填。由于地下水流的不断冲刷、溶蚀，溶蚀洞穴也会不断扩大，在洞穴底部常会形成洞穴垮塌岩。这个岩溶带也是目前勘探的有利层段。

受强烈构造抬升作用影响，碳酸盐岩地层隆升暴露至地表，从而遭受大气降水岩溶作用的影响，形成上述典型的隆起岩溶作用。但大气降水对碳酸盐岩的岩溶作用并不都发生在隆起高部位的暴露区域，在斜坡低洼区域，或者在同生期短期相对海平面下降暴露区域都会发生岩溶作用，表现为不同的级次性、不同的强度特征和不同的分布规律。本章将对这些不同类型不同级次的岩溶作用进行阐述。

第一节　贵州现代岩溶发育控制因素

岩溶型储层是我国塔里木盆地、四川盆地、鄂尔多斯盆地深层古生界碳酸盐岩中重要储集类型，但不同地区不同层系岩溶及岩溶型储层发育特征和规模差异较大（赵文智等，2013）。长期勘探实践已表明塔河等隆起区属于大幅构造隆升形成的不整合缝洞型岩溶。对于抬升隆起区岩溶缝洞型碳酸盐岩储集体系，在塔河主体区已系统总结了岩溶缝洞储层的识别标志，建立了塔河油田奥陶系岩溶储层分布模式和演化模式，并成功应用于指导缝洞体系的描述，发挥了很重要的作用（翟晓先，2006）。

随着勘探拓展至塔河南部至顺托地区的斜坡低洼区和断裂裂缝发育区，仍有不少钻井揭示岩溶型碳酸盐岩储层，但与隆起区有着显著的差别，不再单纯受地貌控制，而与地下水文、岩性岩层、断裂裂缝有着密切的关系。基于隆起地貌的岩溶发育模式不再适用，往哪里进一步勘探来寻找良好的岩溶型储集体，尚没有具体的模式指导。因此，需要针对现代典型低洼区和断裂裂缝发育区进行解剖建模，以开展类比应用研究。

贵州荔波位于云贵高原的黔南斜坡区，属于现代峰丛洼地的岩溶区域（袁道先等，

2016）。其北部为黔中高原山原面，属于典型隆起暴露区的岩溶区域。处于斜坡低洼区域的荔波周边多个谷地属于单独的一个流域系统，大气降水具有从北部高原经过荔波斜坡区域向南部环江盆地流动的特征。在荔波流域范围内，地表径流部分地区具有地上明河，部分地区通过落水洞进入地下暗河。大气降水顺着地层斜坡沿着断裂裂缝体系对碳酸盐岩地层产生广泛的岩溶作用（Zeng et al.，2016）。但此处的岩溶作用不同于典型隆起区的暴露岩溶，很少发育高低起伏的岩溶地貌和大型的易于垮塌的岩溶洞穴。塔里木盆地在加里东中晚期时候，其北部的塔河地区处于隆起暴露区域，发育典型的岩溶洞穴；塔河南部至顺北地区则位于南部斜坡低洼区域，大气降水顺地层斜坡和断裂裂缝系统向南部低洼处流动并发生岩溶作用。因此，塔河南部至顺北地区与荔波地区具有类似的地质条件，在岩溶发育控制因素和特征上具有可对比性（Zeng et al.，2020）。

因此，通过对南方地区斜坡低洼部位岩溶发育特征进行研究（图 2.1），将会对塔里木盆地塔河南至顺北地区斜坡低洼区类似地质条件区域古岩溶储层勘探开发具有重要指导意义。研究区域包括贵州六盘水躲兵洞、荔波板寨、环江地区环地 1 井等，开展多个野外剖面点的详细岩溶缝洞发育观测取样和测试，躲兵洞激光点云精细测量 150m，荔波板寨流域更干谷地 5 条高密度电法地下溶洞探测，以及环地 1 井及周边岩溶发育解剖对比等工作。通过研究明确了区域构造应力、断裂和流域水文地质条件控制岩溶宏观地貌发育，其中区域走滑拉张应力导致菱形岩溶谷地发育，断裂和水文地质条件控制谷地内落水洞、暗河等发育。通过高密度电法、溶洞激光扫描测量和岩石孔隙计算机断层扫描（CT）分析，揭示次级断裂和地层产状控制溶洞走向和展布，沿着局部裂缝进一步拓展溶蚀孔隙储集空间。建立现代岩溶动态发育三维多尺度地质模型，明确岩溶缝洞发育具有顺断裂和地层斜坡拓

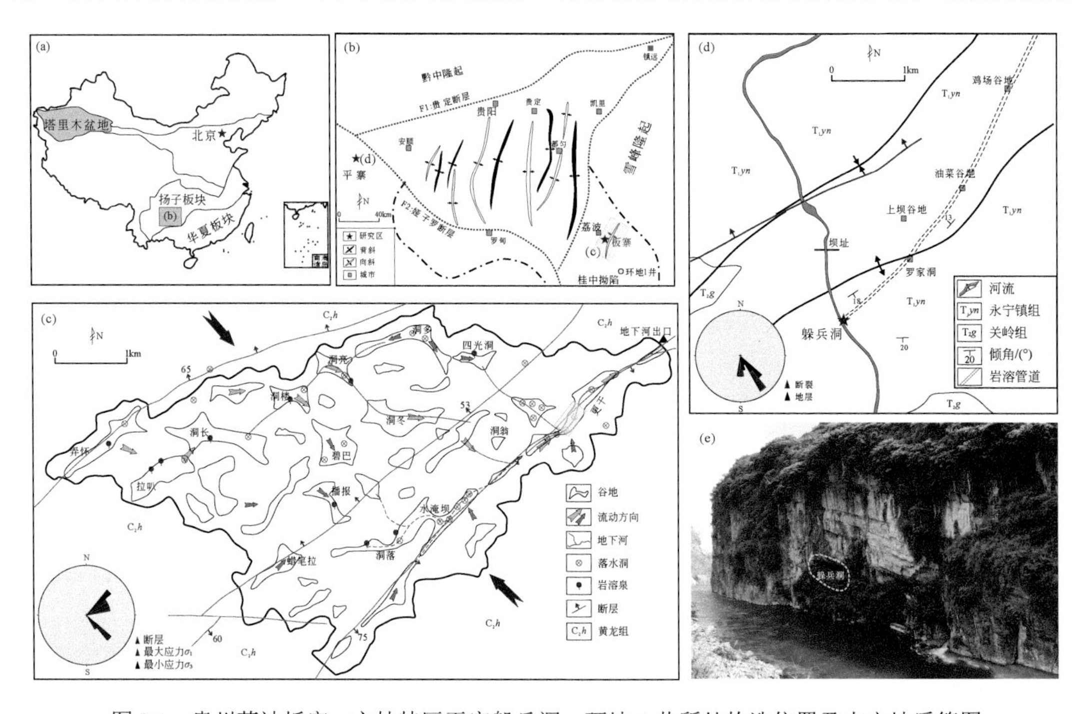

图 2.1　贵州荔波板寨、六枝特区平寨躲兵洞、环地 1 井所处构造位置及水文地质简图

展的趋势。针对塔河南至顺北斜坡区开展类比应用，认为岩溶作用可从塔河隆起区沿走滑断裂和地层斜坡向顺托地区拓展，新发现大型溶洞顶部沿裂缝拓展的溶缝溶孔储集空间不容忽视，位于顶部不易被砂泥或方解石充填。

一、自然地理与水文地质概况

（一）自然地理概况

板寨岩溶地下河系统位于贵州省黔南州荔波县境内（图 2.1），属珠江流域的柳江水系，处于贵州茂兰国家级自然保护区核心区内，范围为 107°55′E～108°05′E，25°12′N～25°15′N，系统的汇水面积约 19km^2（Zeng et al.，2016）。行政区划上隶属于荔波县翁昂与洞塘两个乡镇，其东、南两面与广西壮族自治区环江县毗邻，除了与保护区东、西、北三面相邻的洞塘、立化、永康、翁昂 4 个乡政府所在地有公路通达以外，系统内基本不通公路，交通较为不便。

本区年平均气温 18.3℃，地形复杂，气候垂直变化和地形小气候明显，常年最热月为 7 月，最冷月为 1 月。7 月平均气温为 27.0℃左右，极端最高气温不超过 40.0℃；1 月平均气温为 5.5℃，极端最低气温-10.0℃。霜期少，无霜期大于 270 天。平均初霜期和平均终霜期分别在 12 月中旬和 2 月上旬。

多年平均降水量为 1320.5mm，属中亚热带季风湿润气候。降水主要集中在夏季，6～8 月各月降水量均在 200mm 以上，占全年总降水量的 50%左右；冬季（12～2 月）仅占全年总降水量的 5%左右；秋季（9～11 月）占 15%左右；春季（3～5 月）海洋季风逐渐增强，降水占全年总降水量的 30%左右，但 3 月降水量只有 50mm 左右，4 月降水量增至 100mm 以上。于 4 月下旬进入雨季，4～10 月水量占全年总降水量的 81%。10 月以后，海洋季风减弱，逐渐被南下的大陆季风取代，降水量显著减少。

该研究区内覆盖有茂密的原生林，森林覆盖率很高，树种组成上，除了山脊和顶部（通常海拔 750m 以上）分布有少量的针、阔叶混交林，绝大部分地区为阔叶林。研究区内的土壤极少，不宜农业生产，因此农耕地非常少，主要零星分布在覆盖型岩溶区的洼地底部。这也使得在该研究区内开展岩溶水文地质调查存在一定的困难，野外工况较差。

研究区的地貌类型主要为碳酸盐岩溶蚀地貌，以峰丛洼（谷）地为主（图 2.2）。基岩裸露，主要由石炭系碳酸盐岩组成，地层产状较平缓，倾角较小。地面标高一般在 500～1100m 之间，山顶多呈锥状、塔状，基座大都相连，群峰之间点缀大大小小的溶蚀洼地。洼地有似圆形、多边形、条形或不规则形状，面积一般不超过 0.3km^2，其内土层厚度较小，一般不超过 3m。谷底平坦，溶沟、落水洞、溶蚀裂隙、溢水溶潭、地下河天窗、地下管道等普遍发育，是岩溶水的补给、渗漏、径流区。在东部板寨压扭性断裂带，长条形洼地连接成串，互相贯通，形成峰丛谷地。由于本区是岩溶发育地区，地下管道四通八达，在研究区范围内无大的河流。地表水不甚发育，水流呈现明流、暗流相间，以暗流为主的形式。

流域总体地势为西高东低，南北两侧高，中南部低，并以 NE 向展布的洞落—水淹坝—更干洼地串为低洼汇水带，该岩溶水系统的最终排泄点为板寨地下河出口（河头），标高为 534m（Zeng et al.，2016）。

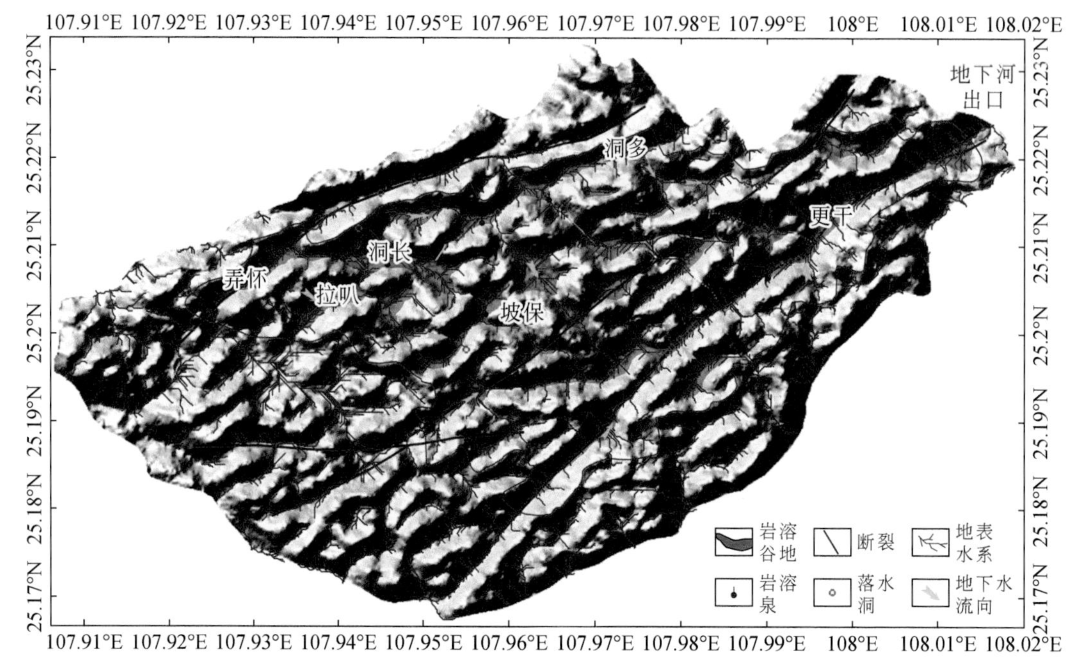

图 2.2 荔波板寨地区数字高程、断裂与地表径流关系图

（二）地层岩性特征

研究区出露地层主要有下石炭统大塘阶上段、中石炭统和第四系。

1）下石炭统大塘阶上段（C_1d^3）

在研究区内该层只分布在板寨地下河出口附近约 0.01km^2 的范围内。

根据位于研究区西侧约 15km 的荔波县捞村—南丹县仁广村地质剖面［据《1/20 万区域地质测量报告书（南丹幅·上册）》］和位于研究区北东约 26km 的后社地质剖面［据《1/20 万区域地质测量报告书（罗城幅·上册）》］，C_1d^3 总厚度约 175m，主要为中-厚层状白云岩、石灰岩。其下伏的 C_1d^{1-2} 则主要为泥灰岩、页岩、硅质岩等。

2）中石炭统（C_2）

区内该地层只出露于板寨地下河系统除第四系覆盖区以及板寨地下河出口附近少量区域外的广大地区。

根据《1/20 万区域地质测量报告书（南丹幅·上册）》和《1/20 万区域地质测量报告书（罗城幅·上册）》，该区 C_2 白云岩、灰岩互变较为剧烈，未进行分段。根据捞村—仁广村地质剖面，C_2 总厚度 586m，与上覆 C_3 和下伏 C_1 均整合接触。自上而下该层特征如下：

灰色、浅灰色厚层状微-细粒灰岩，含燧石结核或条带，局部夹白云岩团块，厚 121m。

灰色、浅灰色厚层状微粒-中粒灰岩夹白云岩及生物碎屑灰岩，厚 197m。

浅灰色厚层鲕状生物碎屑灰岩夹白云岩，厚 52m。

灰色、浅灰色厚层-块状灰岩，生物碎屑灰岩夹白云岩，厚 96m。

以上 4 小层大致相当于《1/20 万区域地质测量报告（罗城幅）》东区的 C_2h 黄龙灰岩段。

灰白-白色，中-厚层状，中-粗粒白云岩夹团块状灰岩，厚 120m。该层大致相当于《1/20

万区域地质测量报告（罗城幅）》东区的 C_2d 大埔白云岩段。

3）第四系

分布在洼地、谷地底部以及峰丛山顶部位，厚度薄，一般 0.5～2m，主要为残坡积和冲洪积成因的黏土和粉质黏土。

本区地质构造为北北东向宽缓复式向斜，岩层整体上倾角平缓，局部可达 15°以上。板寨断裂晚近活动性十分明显，形成平直的断裂谷地及沟谷，附近断层崖及断层三角面发育，在航空照片上具有明显的线性特征。

研究区内有三条大的 NE 向压扭性断层穿过，在构造体系上属于新华夏构造。由于受燕山运动和印支运动的影响强烈，研究区内主要构造在这段时期发生、发展和定型。主要为压扭性断裂，自东向西分别为板寨压扭性断裂、洞翁压扭性断裂、洞长压扭性断裂。

（1）板寨压扭性断裂：走向约 35°，倾向 110°～140°，倾角大于 60°。长度超过 10km。破碎带糜棱岩、断层角砾岩充填其中，见方解石脉和泥质充填。角砾岩宽度不一，角砾成分为白云质灰岩。

（2）洞翁压扭性断裂：走向 30°～50°，倾向 310°～330°，倾角 60°～70°。长度约 15km。破碎带为方解石脉和断层角砾岩充填，偶见断层泥。

（3）洞长压扭性断裂：走向 10°～30°，倾向 330°～350°，倾角大于 65°，长约 40km，破碎带为方解石脉和断层角砾岩充填，角砾岩磨圆度较差，棱角明显。

（三）水文地质特征

1. 岩溶水的补-径-排特征

通过对板寨岩溶地下河系统的水文地质调查，初步查明该岩溶流域为一闭合系统，其汇水面积为 19.3km^2。

板寨岩溶地下河系统内下石炭统大塘阶上段、中石炭统的中-厚层状石灰岩、白云岩为主要含水层，其下伏的下石炭统大塘阶中、下段泥灰岩、页岩、硅质岩等构成该区的隔水基底，限制了岩溶的向深性发展。分布在洼地、谷地底部与峰丛山顶部位的第四系残坡积和冲洪积成因的黏土和粉质黏土，主要含土壤毛细水。其中中石炭统的中-厚层状石灰岩、白云岩岩溶发育强烈，地下河、溶洞、岩溶泉、洼地、落水洞、伏流等发育众多，从而形成了以溶蚀管道和溶蚀裂隙为主的岩溶含水介质。

该系统地下水类型主要为岩溶潜水。一般在洼地中地下水埋藏较浅，多为 1～20m。其中拉叭、洞长、洞多、洞亮、洞冬、洞翁等洼地水位埋深只有 1～3m，更干洼地水位埋深也较浅。在峰丛地带埋藏较深，多在 100～300m 之间。

板寨地下河系统主要由大气降水进行补给。其总体地势为西高东低，南北两侧高，中南部低，并以 NE 向展布的洞落—水淹坝—更干洼地串为低洼汇水带，其最终排泄点为板寨地下河出口（河头），标高为 534m。

流域最高点位于西北角的郎当山山峰，标高为 1036.5m。区内峰丛顶部高程一般在 830～1000m 之间。洼地底部高程在 555～800m 之间。不管是峰丛顶部高程还是洼地高程，均表现出由西至东，由南北两侧向中南部的洞落—水淹坝—更干—板寨一线降低，充分反映系统岩溶水的汇流趋势［图 2.1（c），图 2.2］。洞落—水淹坝—更干—板寨一线是该岩溶地下水系统的主汇集径流带，之所以形成此径流带，主要是因为受该区构造线方向的控制。区内自西向东共有 3 条 NE-SW 向展布的断层穿过，前人将其分别定名为洞长压扭性断层、洞翁压扭性断层和板寨压扭性断层（图 2.1）。3 条断层从构造力学性质上总体表现为压扭性，故其导水性质表现为导水、阻水相间分布的特点，其中：①洞长压扭性断层位于郎当山和更阳阻之间 NE 向展布的弄怀洼地一线，该洼地展布方向与洞长压扭性断层的走向一致，区域展布方向为 NE50°左右，并表现出在区内沿断层走向，断层西南中等导水，东北阻水的特征。②洞翁压扭性断层则主要表现为沿断层走向阻水，并在区内多处被由 NW-SE 向地下水流穿透的迹象。③沿板寨压扭性断层形成如水淹坝、更干等大小 6 个条形洼地，洼地的长轴方向与断层极为一致，反映出该断层在区内为导水断层，由于该断层沿线地势最为低洼，落水洞、地下河天窗、充水溶井等极为发育，可判别其为该系统的地下水主汇集径流带。根据地面标高和水位标高可判别地下水明显向 NE 方向径流，并最终排泄于板寨地下河出口。

地下水总体流向为由西向东、由南北两侧向板寨压扭性断层一带径流汇集的规律。岩溶水主要赋存并运移在以溶洞和溶蚀裂隙为主的岩溶含水层中，并形成多个岩溶管道径流网。各管道系统汇集附近的地下水，并在水淹坝—更干洼地一线集中径流，最终排泄于板寨地下河出口。

除拉叭洼地南部边界处存在一个较小规模的人工泄洪沟渠外（汛期可对该洼地短期泄洪且泄洪量很小），无水流以地表水形式排出区外。板寨地下河系统的地下水除蒸发、蒸腾和土壤持水、人畜引用等外，几乎全部以地下河出流和河口下部少量潜流排出。

2. 板寨地下河系统主径流带及其分支系统的划分

1）主径流带

经弄怀洼地向 SE 向径流至拉叭村 2 个泉水，然后以地表明流的形式向 NE 向流至拉叭洼地东北角的伏流入口后转为 NE 向的地下伏流，在洞长洼地西南侧的伏流出口流出地表，再次转变为约由东西向以地表水流为主的明流，在洞长洼地东北侧转入 NE 向的地下伏流，该伏流在洞楼洼地南侧竹林边缘流出地表，以地表明流形式径流约 200m 后再次转入 NE 向的地下径流，该径流管道流经洞亮洼地转为 SE 向径流，至洞冬洼地的北侧转近东西向及 NWW-SEE 向，洞冬洼地中沿地下河主管道形成 4～5 个地下河天窗，可见水流。水位埋深 2～3m。在洞翁洼地中形成一个较大的溢水溶潭。然后沿地表水沟向 SSW 向径流。在洼地东南侧伏流入口潜入地下，以管道流形式向 SE 向径流，在板寨压扭性断层附近转向 NE 向径流，穿过更干洼地后，在板寨地下河出口流出地表。根据古人“唯远唯大”原则，将其定性为本岩溶水系统的主管道系统。

2）分支管道径流子系统

（1）洞多—洞亮管道子系统

该系统长约 1.2km，沿洞多洼地 SW 向径流，在洞亮洼地中南部交汇于主径流管道。该系统地下水埋深浅，沿线有几处溶潭和落水洞，近分水岭地带，补给范围小。

（2）四北洞管道径流系统

该系统由洞多洼地的东南角开始，经四北洞洼地向 SE 向径流，推测最后在更干洼地西南部与主管道交汇。该系统长约 3km，水力坡度约 0.064。

（3）碧巴管道径流子系统

发源于碧巴洼地西南侧峰丛山区，开始径流方向 NE，在碧巴洼地一带向 SE 向径流。推测经洞落洼地转向 NE 的水淹坝洼地，沿板寨压扭性断层在本区的主要汇流带向 NE 向径流，并与本区最大的主流管道交汇，长约 1.5km，水力坡度约 0.085。

（4）坡报—上洞落管道径流系统

由坡报洼地向 SE 向径流，推测经上洞落洼地再转入洞落洼地西北侧与碧巴管道系统交汇。

（5）拉笔腊—洞海管道径流系统

推测其由拉笔腊经洞海洼地在洞落洼地与碧巴、坡报—洞海系统交汇。

（6）南部板寨压扭性断层上管道径流子系统

该系统沿板寨压扭性断层发育，径流方向为 NE。由于该处地下水汇水范围较小，加之断层导水性相对较差（推测），在水淹坝洼地以西南地区径流强度不是很大。

3. 板寨地下河系统的边界

该岩溶地下河系统的四周均为地下水和地表水相一致的分水岭边界。系统的西部外围的岩溶水主要向 SW 向径流，并以泉水的形式排泄出地表汇集于 NNE-SSW 展布的打狗河支流—翁昂河中。系统的北部外围为里根地下河，它主要汇集来自翁昂、肯西山、东亮山等地的岩溶水，并沿 NE 展布的更忙—更久—卡记—里根一带形成沿洞翁压扭性断层（该断层在这一带沿断层导水）走向展布的主径流管道向 NE 向径流，并以地下河出口形式排泄于东北部。系统的南部外围的岩溶水主要向 SE 向径流，分析该岩溶水系统的排泄点应在广西的长洞一带。

二、荔波地区现代岩溶发育特征

全球岩溶地区面积广大，据统计约占陆地面积的 12%，分布面积达 2000 万 km^2（Ford and Williams，2007）。岩溶区不但分布有丰富的地下水资源，而且拥有储量巨大的石油与天然气资源。相关资料显示，世界上油气总储量的一半赋存于碳酸盐岩储集层中，并且油气总产量中的 60%来源于这种类型的储层（柳广弟和张厚福，2009）。

我国是一个岩溶大国，碳酸盐岩分布总面积达 346.3 万 km^2，约占陆域国土面积的 36%（蒋忠诚等，2012）。幅员辽阔的国土使得岩溶发育所处的地质、气候、水动力和生物等条件多样，这也导致了我国的岩溶类型较为齐全。中国岩溶大类可分为南方、北方、青藏高原和埋藏四大岩溶区。其中的南方岩溶区面积达 56.48 万 km^2，以贵州省为中心的西南裸露型岩溶连片分布区面积为 43.43 万 km^2，这也是世界三大碳酸盐岩集中分布区之一。西南碳酸盐岩连片分布区内的岩溶亚类型十分丰富，这些现代岩溶是认识古岩溶的“一把钥匙”，为埋藏型岩溶区的碳酸盐岩油气藏开发提供了重要的岩溶发育地质模型。

贵州省位于西南岩溶连片分布区的中心，岩溶极为发育，碳酸盐岩出露面积约占全省总面积的 73%。贵州省的地势自西向东逐渐降低，南北两边急剧降入广西和四川盆地，呈现显著的纬向三级阶梯、经向两大斜坡的地貌景观。相应的碳酸盐岩分布区，也因此分为高原型、高原峡谷型、槽谷型、断陷盆地型和峰丛洼地型 5 种岩溶类型亚区（王世杰等，2015）。其中的峰丛洼地型岩溶亚区位于黔南斜坡区，属于舒缓型褶皱的碳酸盐岩分布区。该区的地表地下岩溶发育特征主要受到区域性共轭大型节理的控制，主要表现为线状溶沟、岩溶谷地，或者是大体上呈等轴状或椭圆状的岩溶洼地以串珠状的形式排列，地下岩溶管道沿大型节理发育，显示出裂隙系统对岩溶发育的巨大控制作用。

板寨岩溶流域是一个典型的岩溶地下河系统（裴建国等，2008），裂隙系统明显控制着它的岩溶发育，是研究断控岩溶发生规律的一个理想区域，本书拟对其进行重点解剖。

（一）地下暗河

荔波县板寨乡更干谷地为石炭系碳酸盐岩岩溶形成的岩溶谷地。谷地总体形貌为长条菱形，多个菱形谷地沿着主干断裂延伸，之间以低矮岩溶高地隔离开。谷地内既包括低平的岩溶洼地也包括高低参差不齐的岩溶沟谷。岩溶沟谷一般沿着两个方向小型断裂或者节理交汇处发育形成，向下延伸（图 2.3）。更干谷地中两组节理方向分别为 155°和 110°。沿着两组裂缝交汇处也往往由于地下水下渗形成地下河（图 2.4）。

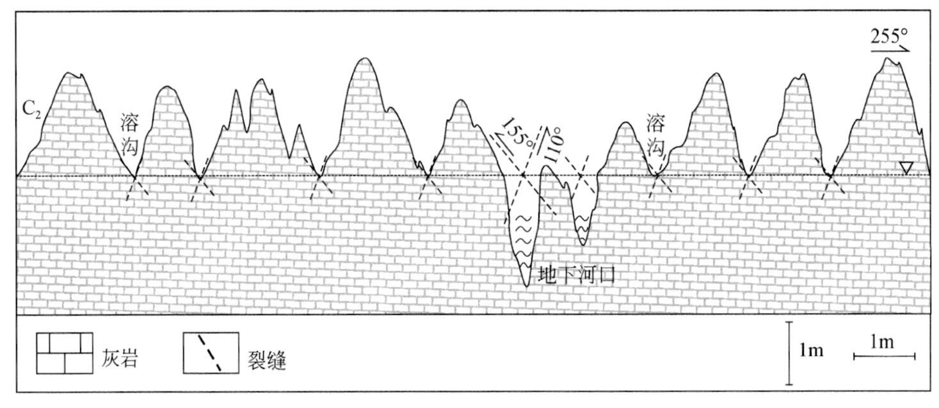

图 2.3　更干谷地岩溶及地下河发育特征

更干谷地　更干谷地地下河

更干谷地地下河口　更干谷地地下河口

图 2.4　更干谷地地下河发育特征照片

（二）落　水　洞

更干谷地中，从地下河出露区域往上不远处可见多个落水洞的发育。落水洞也是在两组裂缝（方向分别为155°和110°）交汇处发育（图2.5）。落水洞从地表洞口至地下水平面约3.5m，洞口大小直径一般3～10m不等（图2.6）。多个落水洞沿着谷地中的主干断裂分布，间隔距离10～30m。

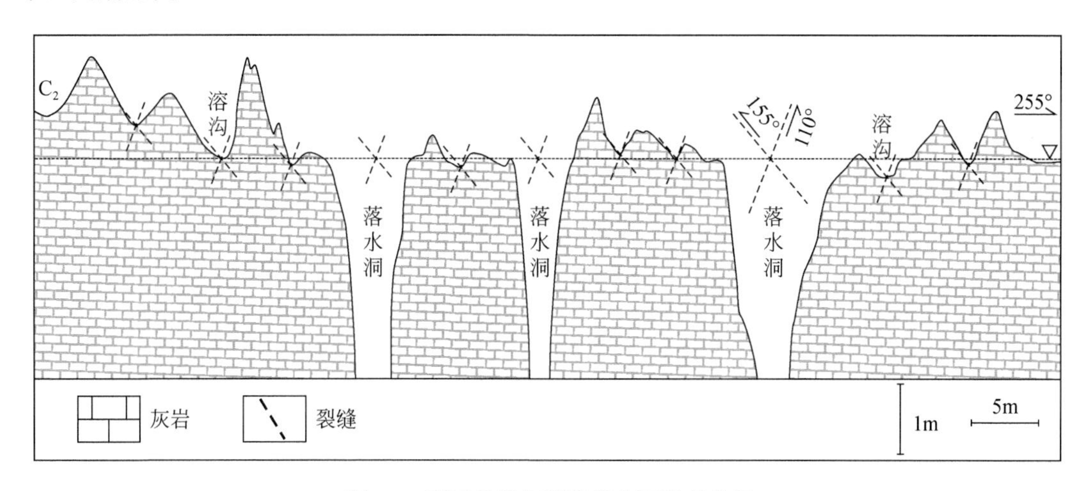

图2.5　更干谷地岩溶及落水洞发育特征

更干谷地落水洞

更干谷地落水洞

图2.6　更干谷地落水洞发育特征照片

（三）顺层以及沿着裂缝溶蚀

碳酸盐岩中的层理和层面一般是大气降水易于向内渗入侵蚀的部位。在更干谷地的岩溶残丘上面可以看到典型的沿着层面溶蚀发育形成溶蚀孔洞的现象（图2.7）。顺层溶蚀孔洞一般呈长条形/长椭圆形，孔洞长十几厘米至几十厘米，宽度一般几厘米至十几厘米。多个溶蚀孔洞具有沿着层面彼此相连的特征（图2.8）。纵向上，岩溶作用可见多个顺着厚层碳酸盐岩发育的岩溶洞穴层，洞穴层之间被局部含泥质的弱透水层隔离开。

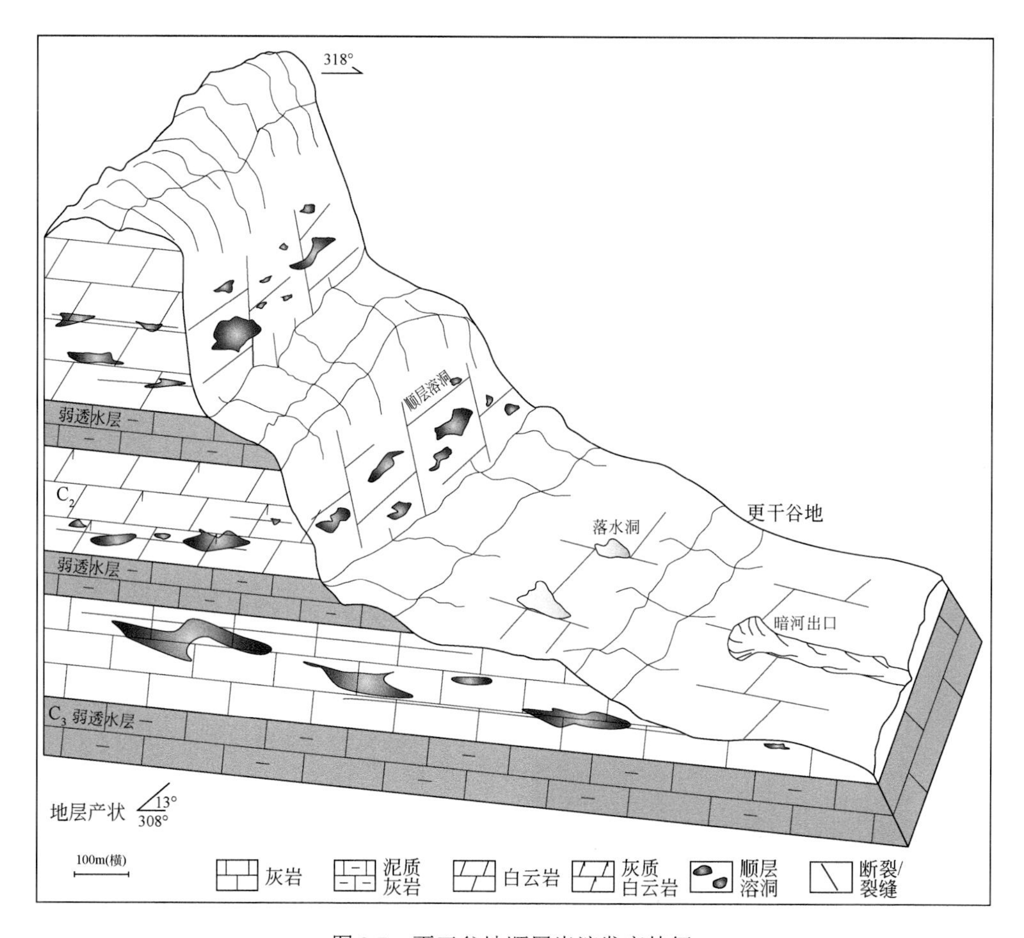

图 2.7　更干谷地顺层岩溶发育特征

（四）地下水沿裂缝和顺层渗流溶蚀作用

碳酸盐岩中的层理、层面以及节理是大气降水易于向内渗入侵蚀的部位。在更干谷地坡保村至坡保泉区域可见到很好的大气降水沿着节理溶蚀，之后沿层面和节理向下渗流溶蚀，并在低部位溶蚀形成泉水涌出，即坡保泉（图 2.9）。在坡保村附近，碳酸盐岩中发育两个方向的节理，分别为 130°和 150°。沿着两个方向的节理交汇处，大气降水岩溶形成沟槽，沟槽周围形成低矮的岩溶残丘。受裂缝切割，岩溶沟槽和残丘构成棋盘格子的形状（图 2.10）。从坡保村至坡保泉中间为碳酸盐岩残山。大气降水顺着地层和 150°裂缝方向向坡保泉方向渗流溶蚀。在坡保泉区域，大气降水沿着节理交汇处涌出地表形成坡保泉，并沿着节理岩溶扩大形成大小约 40～60cm 的泉眼（图 2.10）。

对坡保谷地具有两组断裂的岩溶地貌开展激光点云扫描（图 2.11）。扫描结果也揭示了分别沿着 130°和 150°两个方向断裂，大气降水优先溶蚀碳酸盐岩地层，形成两个方向的岩溶谷槽，谷槽之间是残留的岩溶残丘。

图 2.8　更干谷地岩溶顺层发育特征照片（沿着层面岩溶特征）

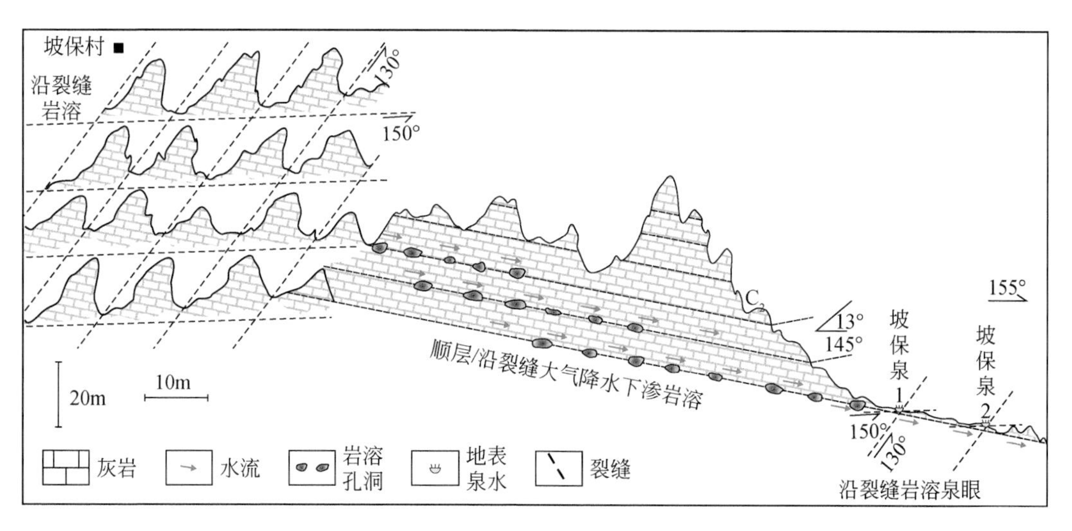

图 2.9　坡保村至坡保泉沿节理和顺层地下水岩溶发育特征

沿着两组裂缝（节理）棋盘格状岩溶沟槽和残丘　沿着两组裂缝（节理）棋盘格状岩溶沟槽和残丘

沿着两组节理岩溶　沿着两组节理岩溶

沿着两组节理岩溶及涌泉　沿着两组节理岩溶及涌泉

图 2.10　坡保村至坡保泉沿节理和顺层地下水岩溶发育特征照片

在弄怀谷地至拉叭泉区域也可见到类似的大气降水沿着节理溶蚀，之后沿层面和节理向下渗流溶蚀，并在低部溶蚀形成泉水涌出，即拉叭泉（图 2.12）。在弄怀谷地，碳酸盐岩中发育两个方向的节理，分别为 128°和 146°。沿着两个方向的节理交汇处，大气降水向下渗透岩溶形成多个落水洞，落水洞洞口直径约 1.5～3m（图 2.13）。从弄怀谷地至拉叭泉中间为石炭系碳酸盐岩残山。大气降水顺着地层和 146°方向节理向拉叭泉渗流溶蚀。在断裂发育处的石炭系灰岩中可见丰富的溶蚀孔洞，孔洞大小一般为几毫米至几厘米（图 2.13）。在拉叭泉区域，大气降水沿着节理交汇处涌出地表形成拉叭泉，并沿着节理岩溶扩大形成大小约 5～8m 的泉眼（图 2.13）。

（五）走滑断裂控制下的菱形岩溶谷地

在荔波板寨洞长、洞应区域，岩溶作用形成一系列菱形谷地。这些菱形谷地的形成与走滑断裂以及与走滑断裂相关的断裂有着密切的关系。以洞长地区几个连续发育的菱形谷地为例，进行了详细的野外考察和测量。岩溶菱形谷地沿着约 67°方向延伸，表明主干走滑断裂方向约为 67°。洞长村菱形谷地一角山体石炭系碳酸盐岩中见多个小断裂和丰富的镜面擦痕现象，表明走滑作用的存在。擦痕线理角度与走滑断裂方向基本一致，测量为 65°，是受走滑断裂影响拖曳形成的。

图 2.11 坡保村坡保谷地地表岩溶地貌形态三维激光点云扫描

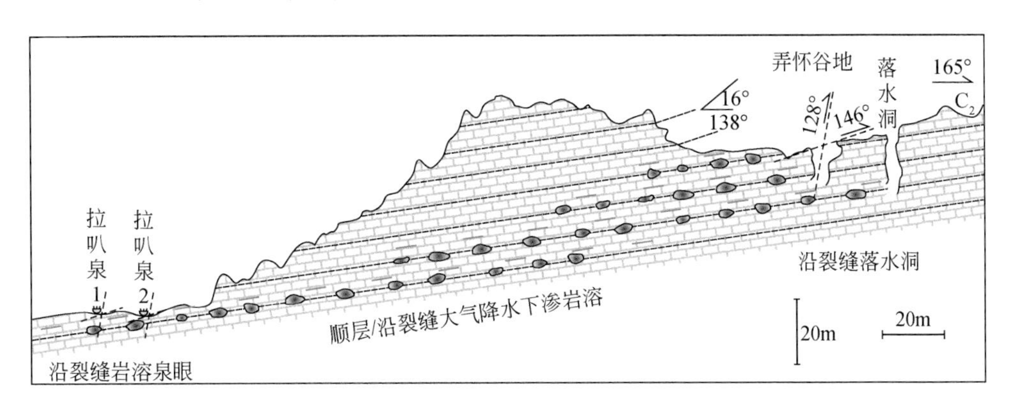

图 2.12 弄怀谷地至拉叭泉沿节理和顺层地下水岩溶发育特征

图 2.13　弄怀谷地至拉叭泉沿节理和顺层地下水岩溶发育特征照片

受走滑作用的影响，形成一系列沿着走滑断裂分布的菱形拉分现象。走滑断裂和拉分断裂形成岩溶发育的重要部位，大气降水侵蚀形成菱形谷地（图 2.14）。

根据地下水数据、地表地形地貌观测分析、落水洞、地下暗河出口产出特征绘制板寨地区地下河岩溶发育图（图 2.15）。可以看出，荔波板寨地区从弄怀、拉叭、坡保至水淹坝地区，地形高度由 900m 左右逐渐降低至 600m 左右。在弄怀、拉叭、坡保和水淹坝谷地中都见有地下河露头或落水洞产出。结合地势走向、断裂分布和水文观测数据，认为地下岩溶发育从弄怀逐渐向拉叭、坡保至水淹坝方向逐渐延伸，受地势走向和地层产状控制。

三、环江地区现代岩溶发育特征

环地 1 井位于环江县西侧的环江凹陷中。环江凹陷是桂中拗陷西北部的次级构造单元。桂中拗陷位于广西壮族自治区中北部，是滇黔桂盆地东北部的一个次级构造单元，拗陷面积约为 4.6 万 km^2。大地构造位置处于扬子陆块西南缘与华南加里东褶皱带的结合部位，夹

菱形洞长谷地　　谷地一角山体断裂

谷地一角山体擦痕线理　　谷地一角山体擦痕线理(整体)

图 2.14　荔波洞长地区岩溶菱形谷地、断裂和擦痕线理

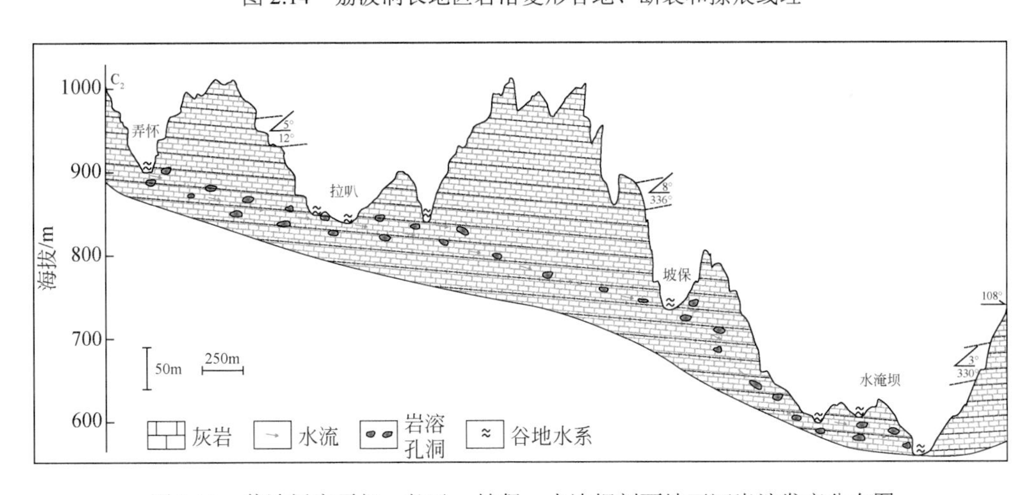

图 2.15　荔波板寨弄怀—拉叭—坡保—水淹坝剖面地下河岩溶发育分布图

持于太平洋构造域与特提斯构造域之间。桂中坳陷北部与江南古陆（雪峰山隆起）毗邻，西北部与黔南坳陷相接，东部以龙胜-永福断裂及大瑶山断裂为界，与桂林坳陷及大瑶山隆起相邻，西部以南丹-都安断裂为界而与南盘江坳陷及罗甸断坳相接。桂中坳陷大体表现为“三凹两凸一斜坡”的构造格局，即：柳城斜坡、宜山凹陷、马山凸起、红渡凹陷、柳江凸起、象州凹陷。

环地 1 井开口层位为石炭系，主要钻遇下石炭统和上石炭统各组。

鹿寨组（C_1l）：分布于南盘江坳陷紫云—罗甸—南丹及旧州—百色—田东一带，为盆地相沉积，主要岩性为深灰、灰黑色薄层泥岩、硅质泥岩、硅质岩、页岩、碳质页岩，内夹灰岩、生物屑灰岩，以及砂岩、粉砂岩，含大量菊石类、牙形石、介形虫、腕足类等化石。与下伏五指山组整合接触，鹿寨组底部泥岩与五指山组顶部条带状灰岩二者特征明显，界线清楚。该组厚度一般20～148m。在南盘江拗陷与鹿寨组同期异相沉积，分为岩关组、大塘组和德坞组。

岩关组（C_1y）：分布于南盘江拗陷罗平、丘北、西林、乐业、凌云等地，为开阔海台地沉积。主要为深灰色厚层块状生屑灰岩、鲕状灰岩夹白云质灰岩、白云岩，灰岩中常含泥质和燧石，厚几十米至千余米。

大塘组（C_1d）：分布同岩关组，为开阔海台地沉积区，主要为碳酸盐岩，由浅灰、灰白色厚层、块状灰岩、白云质灰岩组成，下部灰岩常含燧石，化石丰富，长身贝类最为发育，伴有珊瑚、床板珊瑚、腹足类、头足类、双壳类、苔藓虫、三叶虫及海百合茎等化石。与下伏地层岩关组整合接触，二者岩性难以区分，以古生物化石相区分，厚9～463m。

德坞组（C_1dw）：分布同岩关组，为开阔海台地沉积区，主要为灰白色厚层块状白云质灰岩和灰色灰岩、生屑灰岩，与下伏大塘组整合接触，二者岩性难以区分，以古生物化石相区分，厚2～310m。

全区均以浅灰色碳酸盐岩沉积为主。靠近康滇古陆见有少量泥页岩或泥质岩。在郎岱、罗甸地区及南盘江拗陷，以灰、深灰色石灰岩为主，普遍见燧石团块或透镜体。与下伏下石炭统呈整合接触。

南丹组（C_2n）：分布同鹿寨组，相对范围较小，为盆地相沉积，为一套深灰、灰黑色色薄层含燧石条带泥晶灰岩、泥质灰岩夹中厚层生屑灰岩、砾屑灰岩、白云岩及少量硅质岩，含大量燧石，产蜓、腕足类、珊瑚、苔藓虫及牙形石等化石。与下伏鹿寨组整合接触，南丹组底部灰黑色硅质岩、白云岩团块生屑灰岩或深灰色薄-中层状灰岩与下伏地层鹿寨组顶部碳质泥岩夹灰岩二者特征明显，界线清楚，厚175～519m。

在南盘江拗陷广大的台地沉积区，与南丹组同期异相沉积，主要分为黄龙组和马平组。罗苏期在该区一般缺失大埔组，局部沉积也较薄，与黄龙组难以区分，统一归入黄龙组。

黄龙组（C_2h）：遍布全区，为开阔海台地相沉积。岩性较稳定，主要由灰岩组成，其中夹白云质灰岩、白云岩。浅灰至灰白色，厚层，结晶，化石丰富，分布甚广，以蜓类和海百合茎化石为主，珊瑚、腕足类、有孔虫化石次之，偶见菊石化石。与下伏地层德坞组整合接触，与德坞组岩性难以区分，一般以蜓类化石相区分，厚36～800m。

马平组（C_2m）：分布同黄龙组，为开阔海台地相沉积。以灰岩为主，其次为白云质灰岩、白云岩及燧石，分布很广，色白、层厚、质纯，偶含燧石结核，具假鲕状、肾状结构，有时呈细晶至粗晶，蜓类化石异常丰富，常形成风景秀丽的岩溶地形。以假希瓦格蜓科（Pseudoschwagerina）的分子的消失作为本组顶界。与下伏地层黄龙组整合接触，二者岩性难以区分，以蜓类化石相区分，厚18～800m。与上覆二叠系假整合接触。

荔波-南丹-环江地处云贵高原向桂西北丘陵过渡的斜坡地带，整个地势由东北向西南方向倾斜，境内高山连绵起伏，峰峦重叠，地形复杂，山脉、河谷交错，海拔在600～900m之间。

区内碳酸盐岩类分布广泛，岩溶地貌发育强烈，主要组合形态有：峰丛坡状高台原、溶丘垄脊槽地、峰丛槽谷、岩溶峡谷、岩溶洼地、溶洞和溶峰丛。

工区雨量充沛，属亚热带季风气候区，兼有高原气候特征，以及冬暖夏凉，干湿季节分明的特点。雨量充沛，年平均降雨量在 1100mm 左右，流域面积广阔，水资源、矿产资源、植物资源十分丰富。

环地 1 井于 2015 年 8 月 18 日开钻，由于井位附近地区喀斯特地貌发育，地层环境复杂，在钻探施工过程中多次钻遇大型溶洞无法正常施工，整个施工过程中进行了 3 次井位调整。截至2016年9月20日完钻，完成有效钻探进尺（环地1-4井）1972.50m，取心1586.40m。

但由于该地区地层复杂、岩溶发育频繁，在钻探施工中多次钻遇大型裂隙、溶洞，并且该地区溶洞存在发育多（钻遇溶洞 23 处）、高差大（部分高差达到 20～30m）、埋藏深（部分埋藏深度达到 1000m 以下）的特点（图 2.16）。

根据统计，环地 1 井共钻遇溶洞数量多达 15 个（表 2.1），多为 1～3m 小型溶洞，对正常钻进施工造成了极大的影响。

荔波县至环江县区域位于黔中隆起（贵州高原面）向桂中拗陷过渡的斜坡低洼区域。现今地表主要出露石炭系碳酸盐岩地层。从地势上看，荔波县至环江县海拔依次从 800m、500m、400m 降低至 200m（图 2.17）。顺着这样一个海拔逐渐降低的地形地势，大气降水无论沿着地表径流体系，还是顺着地下断裂裂缝体系，都具有从荔波县向环江县流动的趋势和特征，因此在地表和地下都能对石炭系碳酸盐岩产生显著的岩溶作用。在地表附近，大气降水沿着断裂、裂缝/节理对碳酸盐岩产生溶蚀；同时，在地下大气降水顺着断裂/裂缝体系对碳酸盐岩产生溶蚀，形成溶蚀孔洞。位于环江县西侧的环地 1 井揭示了典型的大气降水对地下碳酸盐岩溶蚀形成的岩溶孔洞（图 2.17）。

根据对环江县下岭、环地 1 井、长桥、东江至大环江一带野外考察岩溶发育特征和环地 1 井钻井岩溶发育特征绘制了剖面岩溶发育图（图 2.18）。环地 1 井附近地层主要出露石炭系大埔组（C_2d）灰岩、二叠系栖霞组（P_1q）和茅口组（P_1m）泥质灰岩等。从下岭往经过环地 1 井至东江一线的地形具有逐渐降低的特点，下岭、环地 1 井、长桥和东江的海拔分别为 800m、500m、400m 和 200m。大埔组灰岩从下岭至东江呈斜坡展布，地层倾角为 18°，倾向为 302°。环地 1 井在大埔组灰岩中揭示了多层岩溶洞穴层（图 2.17），下岭、东江等剖面也在大埔组灰岩中发现岩溶洞穴。在区域水文地质上表现出地下水和地表水从下岭向东江流动的特征。这些特征表明了大气降水从下岭高部位逐渐向环地 1 井、东江方向沿着大埔组灰岩渗流的特征。在顺大埔组灰岩斜坡向下倾方向流动过程中对灰岩产生显著的溶蚀作用，形成丰富的岩溶孔洞（图 2.18）。

四、岩溶碳酸盐岩储层物性分析

取断裂裂缝附近岩溶孔隙较为发育的碳酸盐岩岩石样品开展了孔隙度、渗透率以及纳米 CT 孔隙表征分析测试。孔隙度分析采用体积密度法测定，渗透率采用覆压气体渗透率分析仪测定。孔隙度和渗透率结果见表 2.2。两个样品的孔隙度值分别为 6.16%和 11.29%，渗透率分别为 0.031mD[①]和 1.420mD。

① $1D=0.986923\times10^{-12}m^2$。

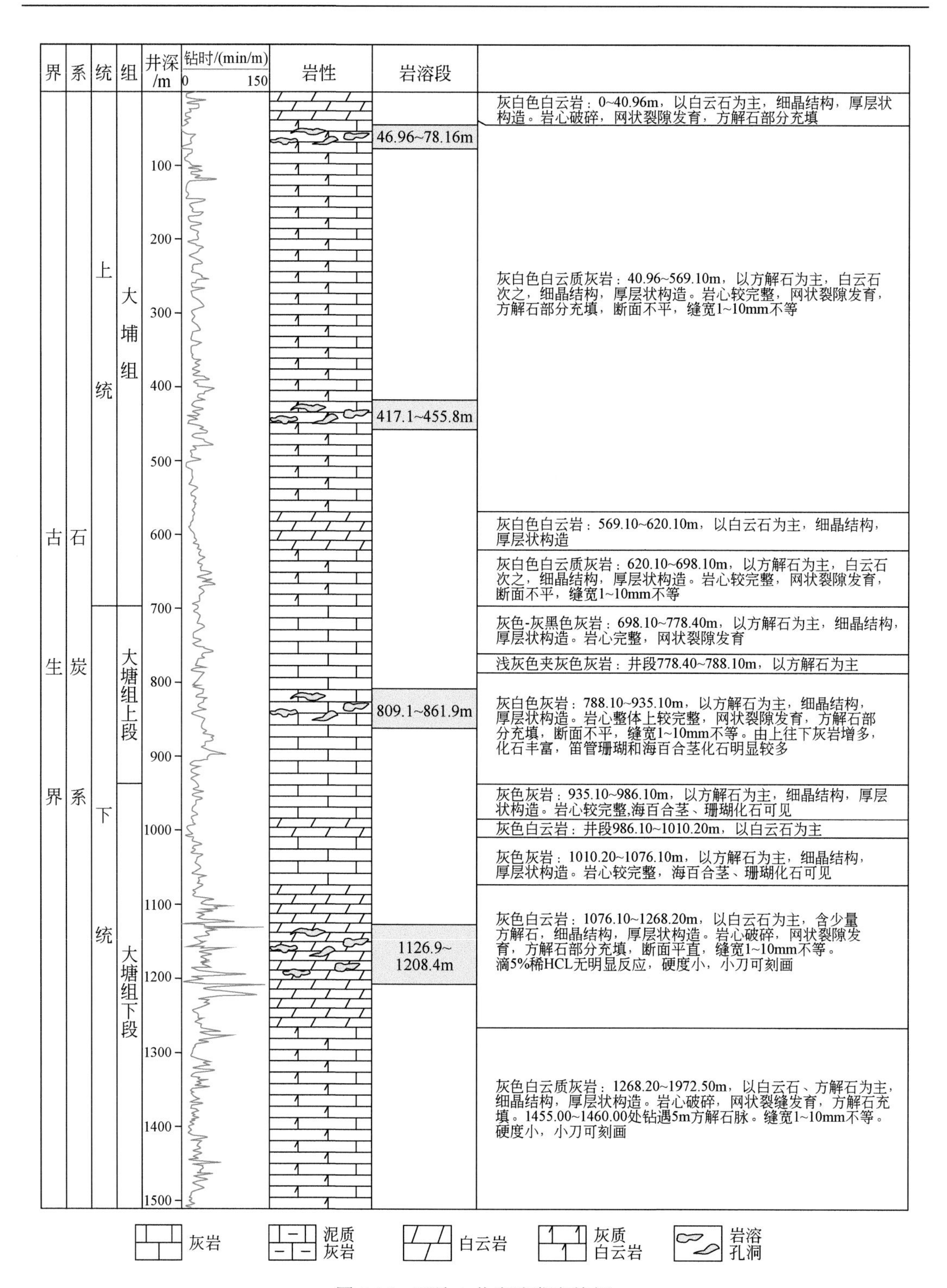

图 2.16　环地 1 井岩溶发育特征

表 2.1　环地 1 井钻遇溶洞情况记录表

序号	深度/m	序号	深度/m
1	46.96～49.56	9	432.70～435.11
2	49.96～54.16	10	448.37～451.01
3	73.26～76.26	11	451.45～453.05
4	76.96～78.16	12	454.70～455.80
5	417.10～418.90	12	1126.90～1129.30
6	421.75～425.29	14	1158.00～1160.30
7	426.29～429.00	15	1206.00～1208.40
8	429.63～432.10		

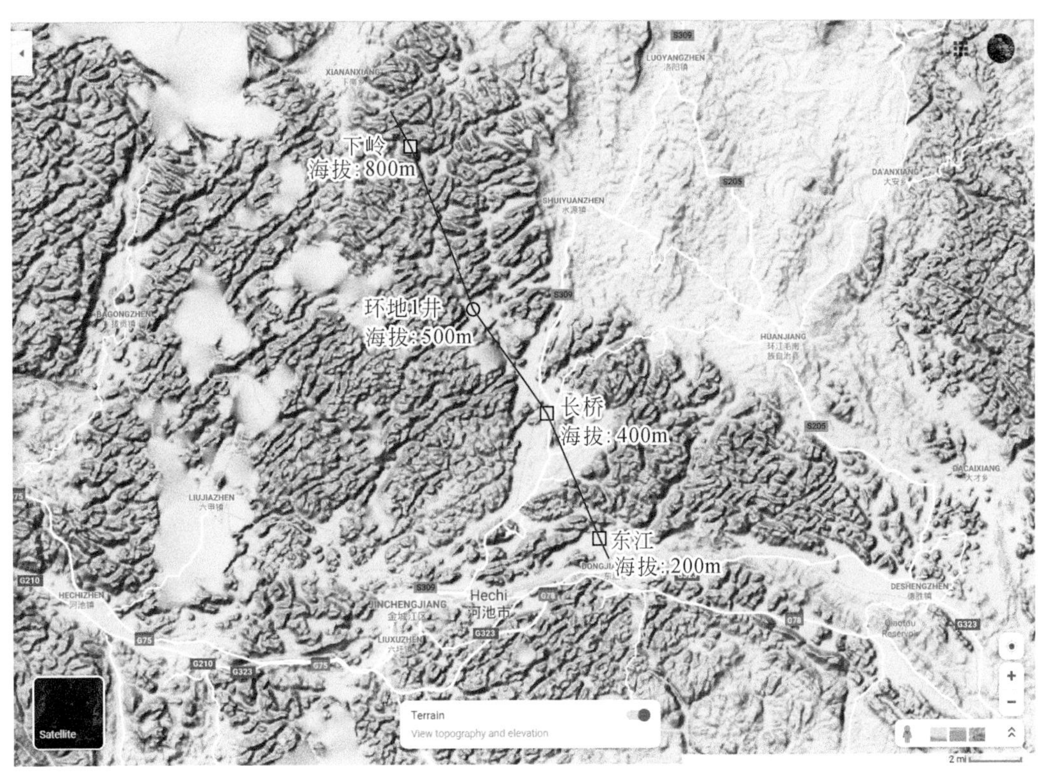

图 2.17　下岭—环地 1 井—长桥—东江剖面地形图

样品 GZ-1 孔隙 CT 分析结果见图 2.19。从图 2.19 中可以看出，该碳酸盐岩样品中含有较多的较大溶蚀孔洞，孔洞大小一般约 1～3mm，彼此孤立。对其中的 6mm×6mm×6mm（1000×1000×1000 即 1000^3 体素）子区域孔隙网络进行抽提，可视化结果见图 2.20。从中可以看出较大孔洞中有众多微小孔隙，彼此具有较好的连通性。统计得到总孔隙的像素比为 10.26%。

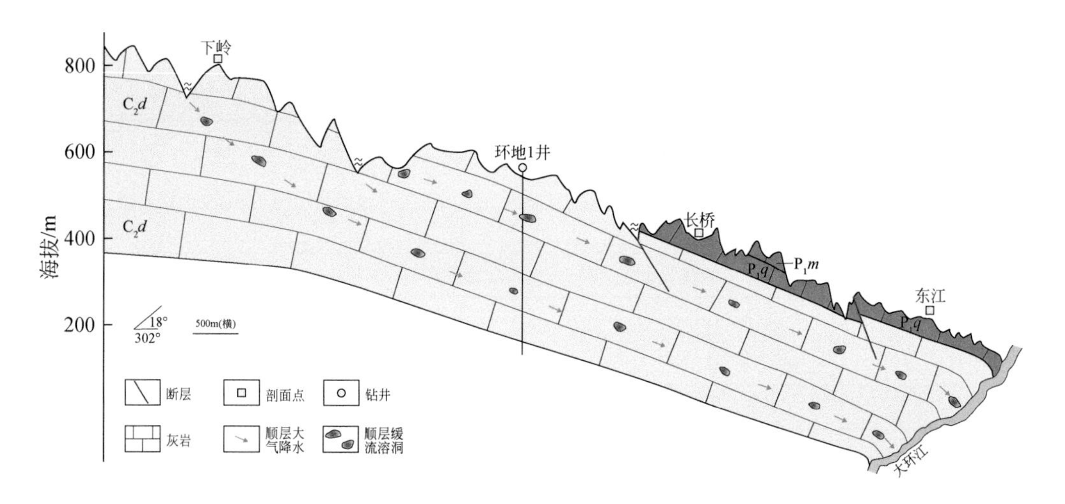

图 2.18 下岭—环地 1 井—长桥—东江剖面岩溶发育图

表 2.2 孔隙度和渗透率测试值

样品编号	视密度/(g/cm³)	颗粒体积/cm³	孔隙体积/cm³	样品体积/cm³	孔隙度/%	围压/MPa	轴压/MPa	气体压力/MPa	渗透率/mD
GZ-1	2.55	13.01	0.85	13.86	6.16	1.97	1.93	0.19	0.031
GZ-2	2.38	12.69	1.61	14.30	11.29	2.04	2.04	0.18	1.420

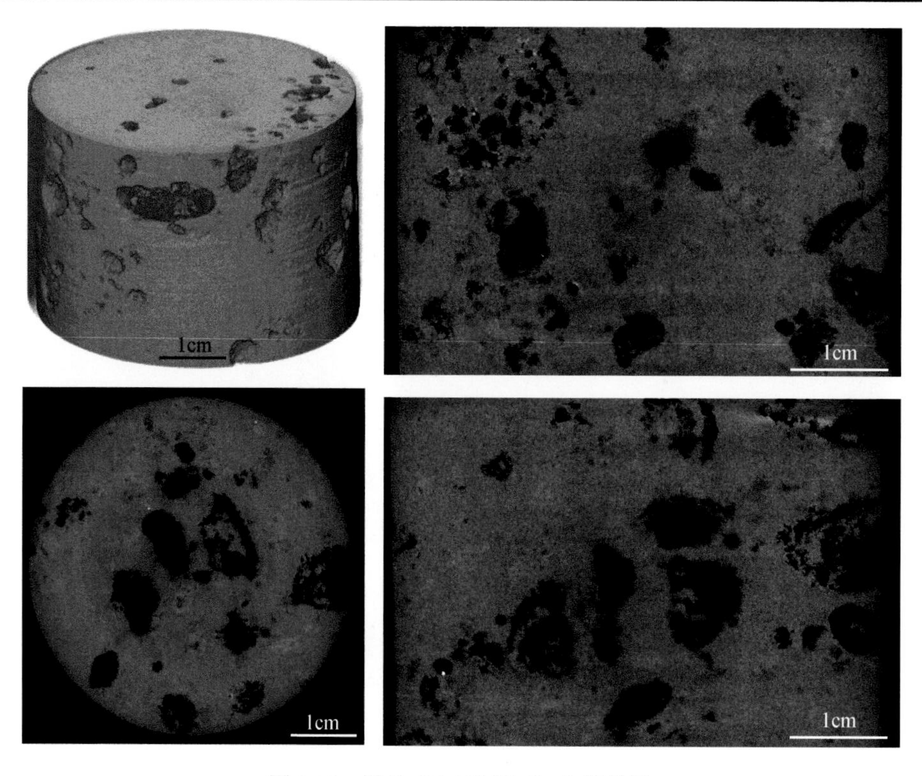

图 2.19 样品 GZ-1 孔隙 CT 分析结果

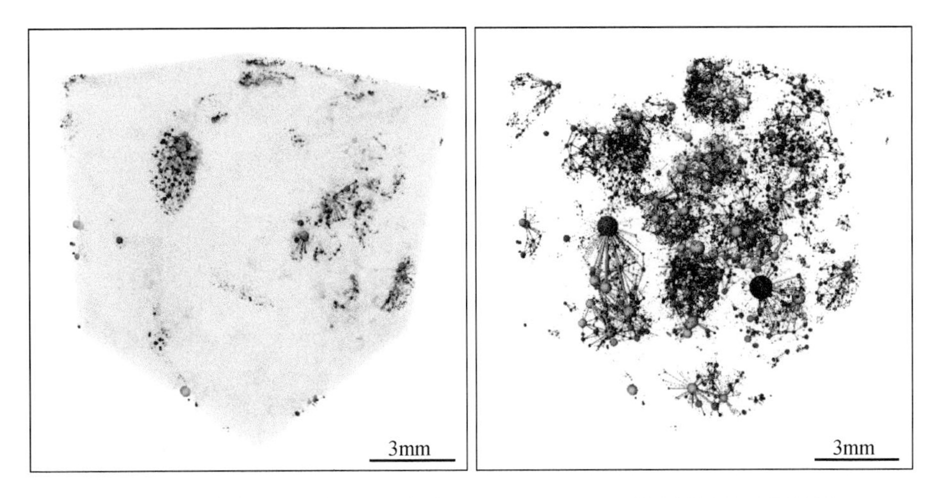

图 2.20　样品 GZ-1 孔隙 CT 分析 6mm×6mm×6mm 子区域网络抽提结果

统计得到总孔隙数为 14386 个，其中孤立孔隙数 2770 个，表明大多数为连通孔隙。总喉道数为 16563 个。最小孔隙直径为 9.3μm，最大孔隙直径为 718.6μm，平均孔隙直径为 34.1μm。最小喉道直径为 9.3μm，最大喉道直径为 368.8μm，平均喉道直径为 25.0μm。孔隙和喉道形状以三角形为主。

样品 GZ-2 孔隙 CT 分析结果见图 2.21。从图 2.21 中可以看出，该碳酸盐岩样品中含有众多的较小的溶蚀孔洞，孔洞大小一般约 0.1～1mm，彼此具有一定的连通性。对其中的

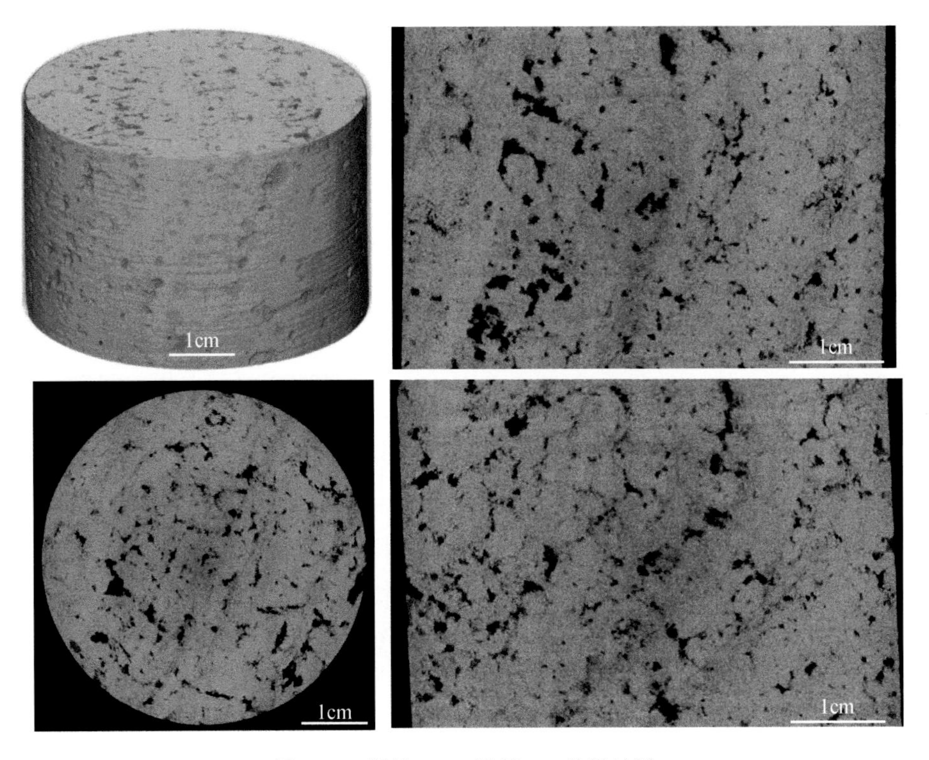

图 2.21　样品 GZ-2 孔隙 CT 分析结果

6mm×6mm×6mm（1000^3 体素）子区域孔隙网络进行抽提，可视化结果见图 2.22。从中可以看出众多微小孔隙彼此具有较好的连通性，构成碳酸盐岩中的孔隙孔喉网络。统计得到总孔隙的像素比为 4.41%。

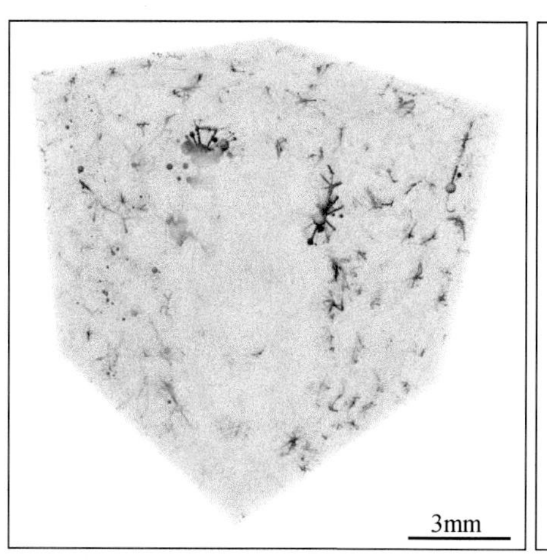

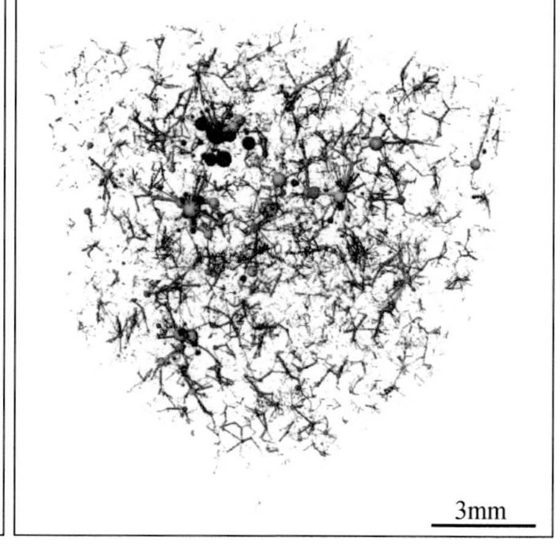

图 2.22 样品 GZ-2 孔隙 CT 分析 6mm×6mm×6mm 子区域网络抽提结果

统计得到总孔隙数为 26672 个，其中孤立孔隙数 8921 个，表明大多数为连通孔隙。总喉道数为 1330 个。最小孔隙直径为 9.3μm，最大孔隙直径为 498.5μm，平均孔隙直径为 30.1μm。最小喉道直径为 9.3μm，最大喉道直径为 347.9μm，平均喉道直径为 20.8μm。孔隙和喉道形状以三角形为主。

第二节　岩溶洞穴三维结构表征

一、平寨躲兵洞概况

本书所测量的典型岩溶洞穴为躲兵洞。躲兵洞位于平寨水库区域。平寨水库位于六枝特区及织金县交界处，平寨大坝位于新场乡上寨村和鸡场苗族彝族乡方家寨交界处。平寨大坝以上总汇水面积 3501km²，三岔河干流阳长镇以上的汇水流域面积 2696km²，库区面积 805km²。库盆主要是三岔河抵母河段、纳雍河段及库区内水公河、张维河、白水河与扈家河等回水区深切峡谷。水库右岸属六枝地界，左岸属织金地界，平寨大坝以上流域是平寨水库的汇水流域，其中视纳雍县阳长镇为其以上流域的汇水干流，库区范围是针对平寨水库伴生地下水库库容研究而划定的，经野外考察发现库区范围大地构造较多，岩溶形态丰富，水系发达，富水性良好。区间流域具体可划分为纳雍河流域、水公河流域、扈家河流域等几个小流域单元。各小流域集水末端汇集于平寨坝首峡谷，岩溶峡谷呈树状分布。在岩溶筑坝以后，水量汇集于深切的岩溶峡谷及峡谷两侧的岩溶地下空间内形成平寨水库的总库容量（图 2.23）。

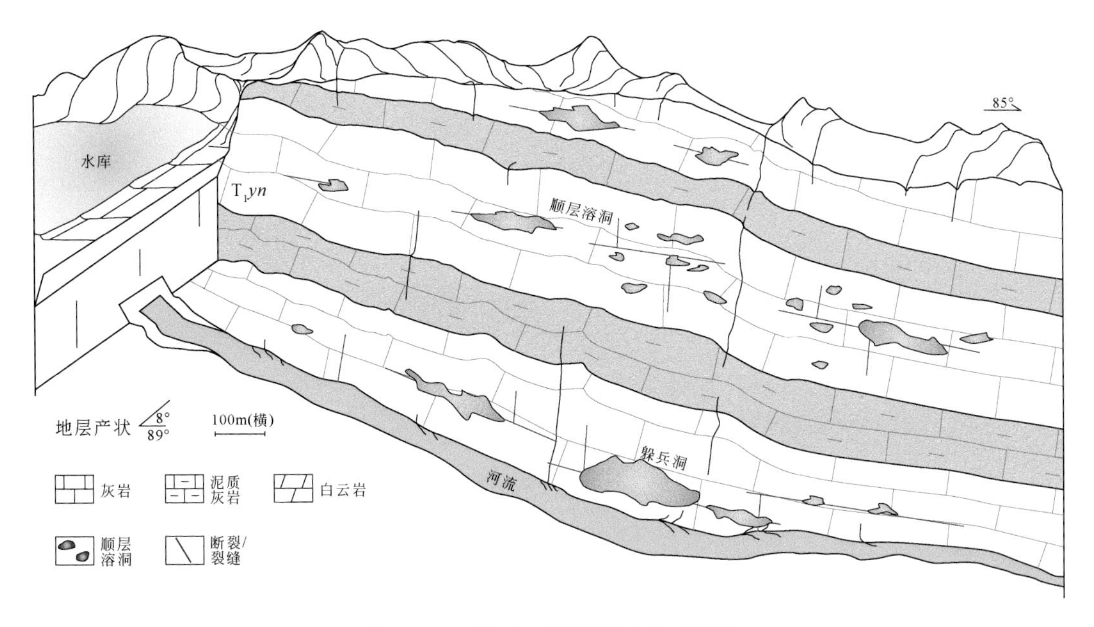

图 2.23　平寨水库区域洞穴发育情况

从平寨水库大坝到乌江源的三岔河流域范围，属于亚热带湿润季风区，降雨充沛、气候温和。平寨水库库区范围内，具有典型的水库气候。径流时空变化与降雨时空变化基本保持一致，具有年内分配不均，丰枯季流量变化极为明显的特点。

库区内水系较多，有季节性地表河、常年性河流及地下水系，水系走向基本为西北往东南方向。平寨水库主要由三岔河干流和区间河流及地下河为入库水源，区间入库河流主要有汪家河、水公河、张维河（后寨河）、白水河及扈家河等。三岔河干流自西北向东南由右岸进入库中，水公河由北向南汇入库中，白水河自北东向西南汇入平寨水库，扈家河自东北向西南由左岸汇入平寨水库中。

经野外考察发现，库区为中山深切岩溶峡谷地形，海拔 1185～2100m，地势起伏较大，中山沟谷、深切峡谷、洼地、落水洞、漏斗等负地形分布广泛。发育有深切峡谷、中山峰丛、中山峡谷、破碎地面、平缓宽谷、峰丛谷丘、峰丛沟谷、瀑布、落水洞、岩溶天窗、洼地等多种不同的地貌类型。在理论上，地下岩溶空间发育离不开地下水动力条件，因此中高位洼地、落水洞、竖井等负地形是降雨和地表径流转化为地下水，在岩溶系统中形成具有水力联系的地下水系统的关键。

本书研究的平寨水库库区范围、地貌类型及地貌形态组合较为丰富，主要地貌类型为中山峡谷地貌，地形地势差异大，优越的水动力条件使得库区径流转化较快，正地形径流迅速以地表径流汇入峡谷区中或者岩溶洼地等负地形中，进入负地形中的径流转为具有水动力的地下水，加快地下岩溶的发育。野外调查中发现，在水库大坝坝首至织金县三塘镇一带的水库左岸中高位，发育有连续呈带状的洼地、落水洞、岩溶沟谷等地貌。平寨坝首至阳长镇一带的右岸也有零星的溶丘洼地、落水洞等地貌。中高位负地形与地下水分水岭、峡谷岩溶侵蚀基面的耦合关系是地貌意义上地下岩溶系统空间的判断依据。通过分析野外调查中发现的中高位岩溶负地形，结合峡谷两岸多期岩溶洞穴展布层位与峡谷侵蚀基面初步判断，库区有一定的岩溶地下空间，且主要分布于坝首至扈家河回水区的水库左岸一带（钱海涛等，2008）。

研究区内地层以碳酸盐岩占优，其次是碳酸盐岩夹碎屑岩、上部碎屑岩、下部喷出岩和碎屑岩等类型。作为重点研究区的库区范围基本以永宁镇组（T_1yn）和部分关岭组（T_2g）作为岩溶含水介质发育于库区，库区左右两岸发育龙潭组（P_2l）页岩、泥岩夹砂岩、灰岩及煤层和峨眉山玄武岩（$P_2\beta$），成为天然的隔水边界（图 2.23）。平寨库区地形、地貌及岩溶发育受构造影响显著。平寨大坝一带属构造溶蚀-侵蚀低中山峡谷地貌，地层相较平缓，岩溶溶蚀主要受层面控制，岩溶顺层发育，具有明显的层状结构（孙浩淼，2014）。库 区岩溶发育强烈，处于岩溶发育的差异性溶蚀-塌陷阶段，岩溶介质空间发育及连通复杂，平寨大坝左岸存在帷幕渗漏问题。库区由新到老的主要地层见表 2.3。

表 2.3　平寨库区地层简表

系	统	组	厚度/m	主要岩性	含水特征
第四系			0～40	棕黄色亚黏土、黏土、沙砾层、角砾岩夹砂页岩等坡积物和堆积物	富水性弱
三叠系	中统	关岭组（T_2g）	约 326	上部：灰色中至厚层白云质灰岩、白云岩夹泥岩 中部：灰色薄层至中层灰岩间有白云质灰岩、岩溶角砾岩 下部：绿色玻璃屑泥灰岩	富水性弱
	下统	永宁镇组（T_1yn）	约 200	灰色灰岩、白云岩夹泥岩岩层	富水性中等
		夜郎组（T_1y）	465～567	灰黄色灰岩、泥灰岩和泥质粉砂岩	富水性中等
		大冶组（T_1d）	483～544	灰色厚层灰岩、泥灰岩、页岩	富水性中等
二叠系	上统	大隆组（P_2d）	8～43	砂岩、泥岩、页岩	富水性弱
		长兴组（P_2c）	10～48	砂岩、泥岩、页岩夹泥灰岩	富水性中等
		龙潭组（P_2l）	300～500	砂岩、泥岩、页岩夹泥灰岩	富水性弱
		峨眉山玄武岩（$P\beta$）	0～342	玄武岩	富水性弱
	下统	茅口组（P_1m）	224～687	灰岩	富水性强
		西霞组（P_1q）	119～179	灰岩	富水性强
		梁山组（P_1l）	568～869	不等粉砂岩、石英岩夹泥灰岩、页岩	富水性弱
石炭系	上统	马平组（C_3mp）	262～843	灰岩、生物灰岩夹白云岩、碳质泥灰岩	富水性强

平寨库区出露不同的富水性地层，上石炭统马平组（C_3mp）灰岩及下二叠统的西霞组（P_1q）灰岩和茅口组（P_1m）灰岩富水性强，但出露面积较小，主要见于水库左岸的三塘一带和右岸的纳雍河至阳长镇一带；富水性中等的为下三叠统中厚层永宁镇组（T_1yn）灰岩、大冶组灰岩（T_1d）和长兴组灰岩（P_2c），其中永宁镇组（T_1yn）是库区分布面积最广的含水地层，也是平寨库盆的主要地层，野外考察中所见的多期岩溶洞穴发育于永宁镇组灰岩中；二叠系峨眉山玄武岩（$P\beta$）、龙潭组（P_2l）、大隆组（P_2d），以及三叠系的夜郎组（T_1y）、关岭组（T_2g）的砂岩、泥岩和页岩等富水性弱，地层较薄。与厚层灰岩呈互层状出露，一

般作为水文地质上的相对隔水地层。库区地层的特征是顺层平缓，地层坡度较小，厚层灰岩与薄层碎屑岩交互发育。

平寨水库一侧山体崖壁由夜郎组灰岩构成，厚层灰岩之间夹有薄层的泥质灰岩。厚层灰岩段见有多个小断裂和裂缝发育，断裂裂缝发育处顺地层有多个岩溶洞穴层（图2.23）。薄层泥质灰岩作为上下厚层灰岩之间的局部水深流的格挡层。躲兵洞位于底部河流之上的厚层灰岩中。

二、躲兵洞精细结构激光扫描

（一）溶洞现场扫描方法

躲兵洞洞口邻近河流，处于陡崖下方靠近河流水面上。洞口宽约28m，最高处约6m，洞内尺寸逐渐缩小，高度1～5m，宽度10～16m。洞内部分区域有积水，山洞内部整体地势由洞口向洞内逐渐降低。

为了对躲兵洞内部溶蚀发育形态特征进行更为精确的测量，在全站仪测量的基础上进一步对洞口附近重点部位开展了激光扫描仪的扫描测量。利用架站式扫描仪进行高精度扫描测量。通过对扫描后三维点云的成果进行处理和分析，进一步解析出溶洞的大小尺寸和容积等情况，通过不同时间点对同一溶洞进行无差别观测，可对比分析出随时间推移导致溶洞被溶蚀的溶蚀率和溶蚀体积。

由于现场作业区域树木和石林较多，相互遮挡严重，需要根据具体现场情况制定出架站点分布点位的角度，进而实现三维激光扫描仪对目标区域进行扫描，以获取目标区域整体三维点云数据。三维激光扫描仪通过发射激光波束，打到被测物体上，利用漫反射原理反射回对应的激光波束，在扫描过程应尽量避免人的走动遮挡导致数据采集不全。由于要对目标进行全方位多角度数据获取，需要根据作业现场的环境来制定扫描测站之间最为合适的距离。

（二）数据处理方法

野外激光扫描完成之后，需要开展内业数据处理。本次测试主要方法采用人机协调交互的方式进行作业。首先，天宝系统自带点云处理软件具有一键式自动处理的功能，利用其自身的数据相似度匹配算法可将相邻站数据进行配准融合，可以大大节省人力手动处理数据的时间和精力，进而提高作业效率。其次，对于一些因环境过于复杂以及认为设站过远导致的电脑无法自动配准的测站点云，可通过人工手动选取对应公共点、公共线、公共面进行配准。最后，人机交互式配准的方式可以兼顾效率、精度、准确度和完整度等多方因素，避免出现数据配准融合不了的弊端，以及可以根据当时具体客观环境和主观要求对数据有效配准融合，实现多站数据无误差融合拼接。

自动配准方法主要通过各相邻测站顺序，依次利用相邻站扫描重叠区内的同名标志点建立坐标转换模型，求取各站在项目坐标系下的坐标平移和旋转参数，再根据闭合条件，对求取的各站平移和旋转参数进行加权误差分配。

（三）躲兵洞点云特征

利用 RealWorks 软件对处理好的三维点云进行不同色彩显示、高程显示、灰度显示、测站显示等；同时也可以利用 RealWorks 自带的视频制作功能生成点云漫游视频。图 2.24 为扫描处理之后形成的躲兵洞点云图，展现了从洞口开始向洞内扫描段约150m 的溶洞发育形态。

图 2.24　躲兵洞整体点云表明洞的形态结构

（a）躲兵洞外部轮廓；（b）躲兵洞洞口形态

通过对点云数据开展三角网格化可以定量计算溶洞长度以及不同部位的宽度、高度和体积等参数特征。计算得到躲兵洞洞口附近宽度最大为 26.186m，此处的高度为 3.5565m。洞内最窄部位的宽度为 9.9083m，高度为 4.4933m（图 2.24）。

计算得到溶洞正的平面面积为 2359.2464m²，负的平面面积为 123.5088m²，全部的平面面积为 2482.7552m²。正的体积（挖方）为 8236.8443m³，负的体积（填方）为 69.3207m³，挖方加上填方之和为 8306.1650m³。

（四）躲兵洞形态结构

躲兵洞测量段总体形态为从洞口向里宽度逐渐减小，洞口附近融合了一个分支小洞（图 2.25），测量得到洞口附近小洞的宽度、长度和高度分别为 8.9357m、26.6177m 和 6.6854m。

图 2.25　躲兵洞洞口一侧小溶洞总体特征图

激光点云扫描结果的一个显著的特征是溶洞顶部和侧面都发育有大量沿裂缝溶蚀扩大形成的岩溶缝（图 2.26、图 2.27）。岩溶缝一般与岩溶洞顶面垂直，从洞顶向上伸展，岩溶缝彼此之间近乎平行，是沿一系列平行裂缝溶蚀的结果。岩溶缝的宽度一般 1～2m，可向上延伸 10～50m，但激光扫描受到遮挡作用，一般扫描测得深度 5～8m。根据实测产状测量，躲兵洞内主要裂缝/岩溶缝发育方向为 130°或 145°。

图 2.26　躲兵洞内部向上凸起的大型溶缝

（a）溶洞内向上凸起溶缝激光点云形态；（b）溶洞内向上凸起溶缝照片

图 2.27　躲兵洞洞穴顶部沿裂缝发育溶蚀缝特征

（a）溶洞与顶部裂缝外部轮廓图；（b）洞顶裂缝切面图

第三节　地下溶洞发育探测

为查明岩溶谷地内地下暗河型溶洞发育展布特征，开展了地下高密度电法测量。高密度电法勘查工作的主要目的任务是，通过开展高密度电法工作，大致查明板寨地下河岩溶管道及伴生断裂带的走向及深部赋存状态。设计高密度电法剖面线 5 条，总长 0.95km，每条测线点距均为 5m，勘探深度 0～100m。

一、工作技术方法

勘查区下伏基岩为中石炭统（C_2）白云岩及灰岩，白云岩、灰岩互变较剧，地层总厚度 586m，与上覆 C_3 和下伏 C_1 均呈整合接触。地表出露的灰岩溶蚀极发育。

区内地层受断裂的影响，基岩裂隙较为发育，裂隙带范围内岩溶发育，区内洼地中常见有落水洞、溶洞等微地貌发育。本次物探勘察工作的主要目的是大致查清区内岩溶管道的发育及赋存情况，即溶洞溶隙的空间展布及其管道连通情况等。

本次物探工作使用的方法是高密度电阻率法，该方法集电剖面和电测深为一体，采用高密度布点，是进行二维地电断面测量的一种电阻率法勘查技术，它通过一定的装置自动采集数据，经计算机处理后绘制出地电断面图，为推断地质剖面提供依据。

本次高密度电阻率法共在谷地内布置 5 条剖面，最终完成工作量情况如下：剖面 1 长度为 200m，剖面 2 长度为 300m，剖面 3～5 长度均为 150m，测点点距均为 5m。

高密度电法是基于常规电法勘探理论基础之上，利用计算机技术发展起来的一种新型电法。高密度电法仪器采用程控方式进行数据的采集和电极的控制，其主要特点是点距及观测极距较密、观测精度高、采集数据信息量大，结合现代电子技术，能够自动连续测量，大大提高了工作效率。目前广泛应用于水文地质、工程地质勘查领域，如研究第四纪沉积结构、圈定古河道、划分咸淡水界面、地下岩溶探测等。

本次高密度工作是在野外调查及已知资料分析的基础上，利用高密度电法较准确地查明区内岩溶发育情况，及其空间展布特征。其工作原理及解释方法与常规电法相同。野外工作严格按照《直流电法工作规范》执行。

1. 仪器设备

本次测量采用的高密度仪器为重庆奔腾数控技术研究所有限公司研制的 WGMD-9 分布式二维高密度电阻率成像系统。该系统具有存储量大、测量准确快速、操作方便等特点，并且可方便地与国内常用高密度电法处理软件配合使用，使解释工作更加方便直观。该系统可广泛应用于能源勘探与城市物探、铁道与桥梁勘探、金属与非金属矿产资源勘探等方面，亦用于寻找地下水、确定水库坝基和防洪大堤隐患位置等水文、工程地质勘探，还能用于地热勘探。

本次高密度电法施工中采用的装置形式及采用的技术参数为：工作装置为温纳装置；测量点间隔为 5m；供电电压为 360V。

野外施工技术流程：

（1）在每个排列施工之前，操作员均对各电极开关和极间接地电阻进行了检测，确认各电极开关工作正常及相邻两电极的极间接地电阻良好后，才进行数据采集。

（2）进行数据采集时，操作员实时监控仪器屏幕上显示的“I”“V”“R”值的变化情况，确保所采集数据的质量。

（3）数据采集完成后，及时存盘并做好记录，以备室内资料整理使用，数据处理主要为畸变点剔除、地形改正及深度换算等。

2. 资料处理

高密度电法的资料处理一般分为以下几个步骤。

（1）格式转换：目前能开展高密度电法的仪器设备众多，各厂家的仪器设备所保存的数据文件格式不尽相同，而对于不同的反演软件对数据文件格式则有不同的要求，所以在反演前则必须将数据文件格式转换为选定反演软件所需要的数据文件格式。

（2）坏点编辑：在野外数据观测过程中，由于多种因素的干扰，难免产生一些质量较差的观测数据，为了不致个别数据影响反演数据的质量，对一些极大和极小的数据点进行删除，避免产生假异常。

（3）地形改正：反演软件一般都是建立在水平层状介质条件下的，而实际工作中的地形条件是千变万化的，为了使实际情况与理论条件尽量吻合，所以非常有必要进行地形改正工作。

（4）反演（可选）：在进行了上述工作后，就可以进行反演。选用 RES2DINV 软件中的最小二乘法（least-squares inversion）进行反演。RES2DINV 是一种能自动确定电子成像测量资料的地下二维电阻率模型的最小二乘法计算机反演计算程序，适用于二维电阻率和激发极化资料快速反演，可用于约 25～650 个电极采集的大型数据（约 100～5000 个数据点）资料反演。反演完成后，可输出反演剖面电阻率等值线图和反演数据。

（5）绘制剖面成果图：将输出的反演数据，在 Surfer 软件中绘制电阻率等值线图，经修整完成最后的成果图，供分析、解释。

二、地下溶洞展布

稳定完整的岩体电阻率值较高，但地表水容易在岩溶形成的空隙及裂隙下渗，导致电阻率降低。如果存在断裂带，由于水的下渗而使得断裂带与上下盘围岩通常存在电性差异，同时断裂带内由于富水而导致电阻率降低，电阻率因岩性的不同相差较大，如本区地表黏土覆盖层电阻率较低，一般为几十欧姆米至一百欧姆米。而较完整基岩层电阻率可达上千欧姆米甚至上万欧姆米，岩溶由于含水以致其电阻率较低，一般为几十欧姆米，因此，岩溶与较完整的地层在电阻率上存在明显的电性差异，这为本次高密度电法勘探提供了较好的物探前提，对溶洞探测起到了较好的效果（图 2.28～图 2.32）。

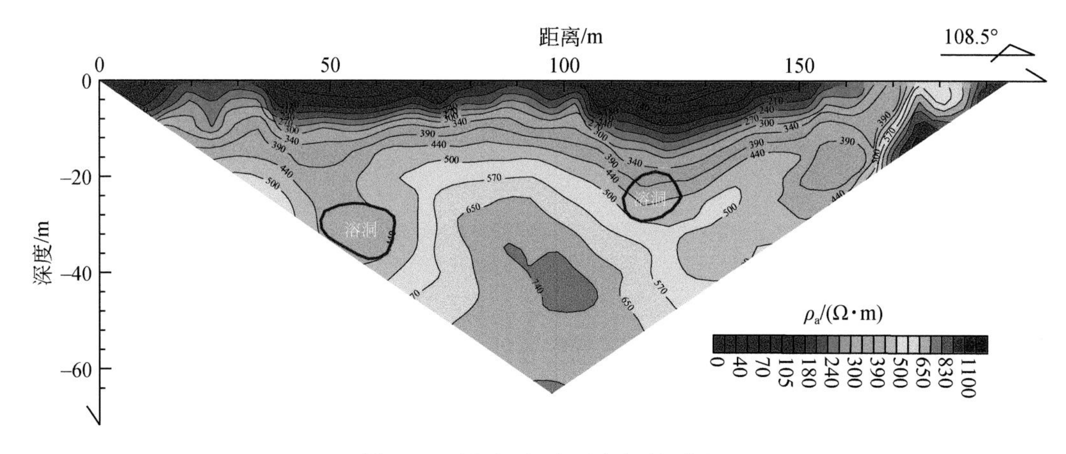

图 2.28　剖面 1 视电阻率拟断面图

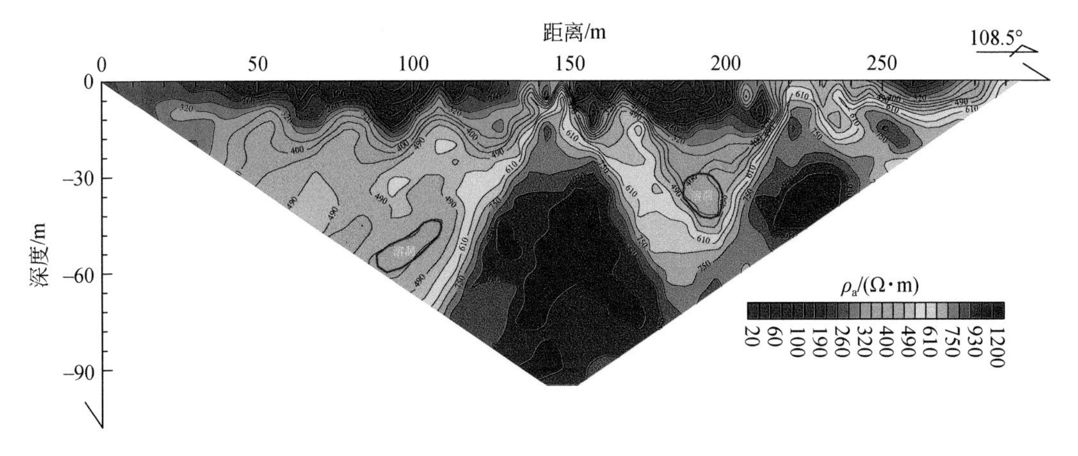

图 2.29　剖面 2 视电阻率拟断面图

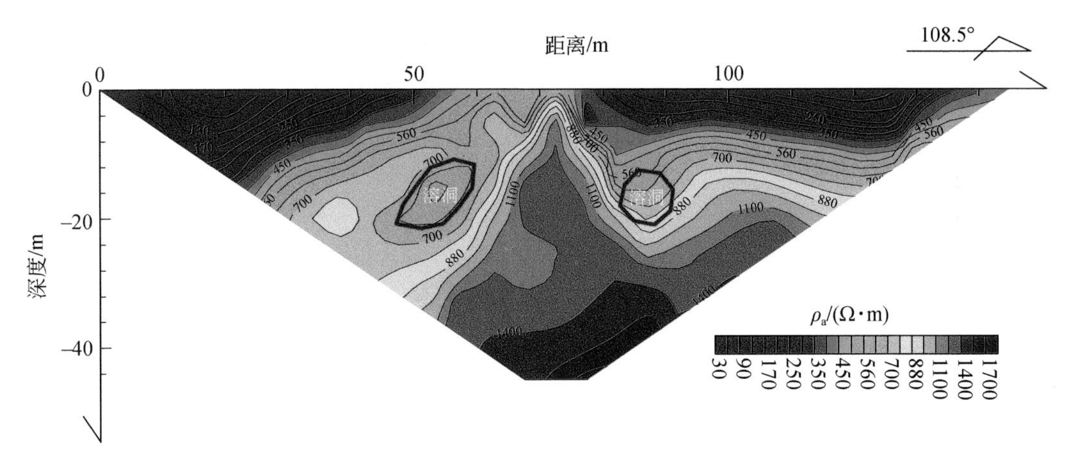

图 2.30　剖面 3 视电阻率拟断面图

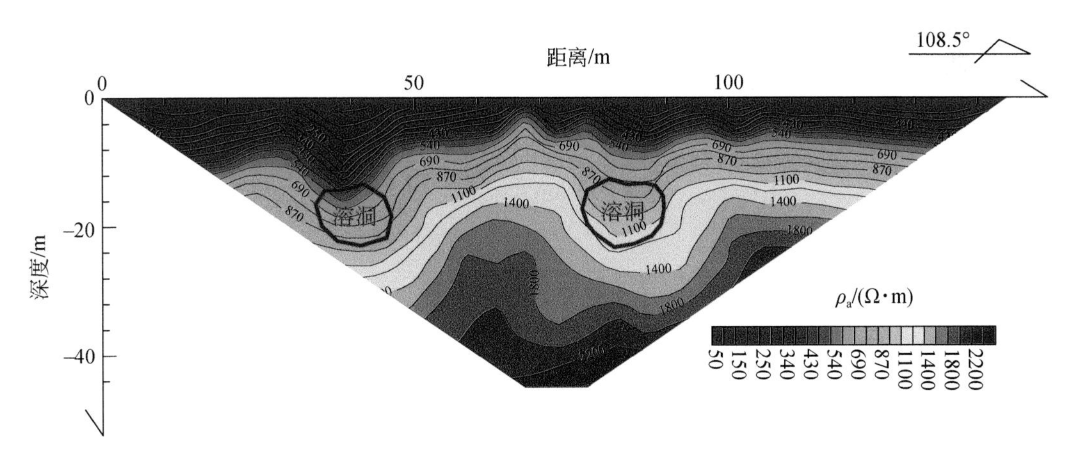

图 2.31　剖面 4 视电阻率拟断面图

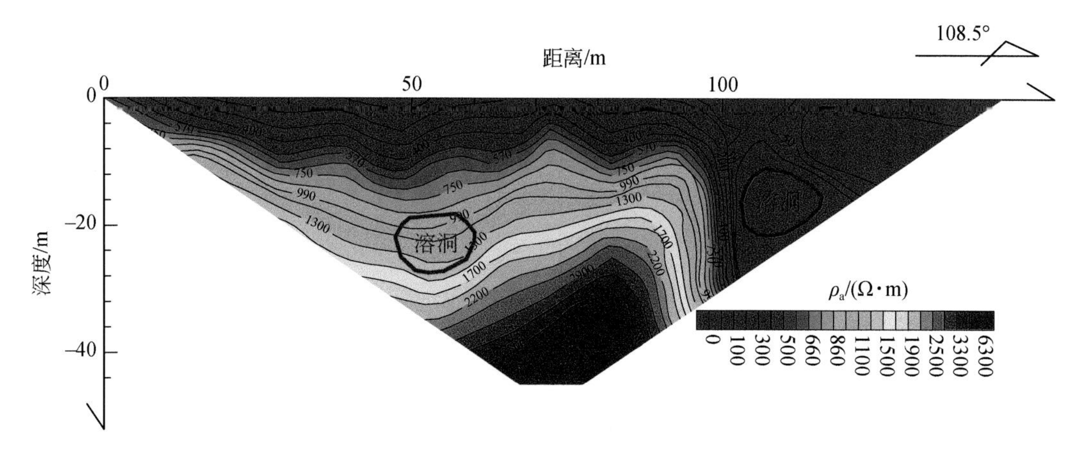

图 2.32　剖面 5 视电阻率拟断面图

本次高密度电阻率法共施做 5 条剖面，剖面均布设于谷地平坦处，北西-南东向穿过谷地，剖面 1 长度 200m，剖面 2 长度 300m，剖面 3～5 长度 150m。谷地内地表地形起伏不大。从断面图上分析：各剖面电性层位清晰，覆盖层厚度在 0～8m 之间，表现为低阻反应，视电阻率值大多在 200Ω·m 以下；深部基岩视电阻率较高，大多在 500Ω·m 以上。推断深部高阻中的相对低阻为岩溶异常，是岩溶中充填水或泥沙等低阻填充物所致。通过对各剖面视电阻率拟断面图（图 2.28～图 2.32）综合分析，结合该区内岩石物性特征及以往经验，推断谷地内发育有两组溶洞（岩溶管道），如表 2.4 所示。

表 2.4　高密度电法探测推断溶洞一览表

编号	溶洞 1	溶洞 2
平面位置	谷地内西侧	谷地内东侧
走向	北东向	北东向
深度范围/m	20～30	15～25

本次板寨地下河流域岩溶管道研究工作利用高密度电法对溶洞的深度和走向进行了勘探，取得了较好的数据和成果资料，综合分析后，对研究区内的电性断面特征及溶洞发育及赋存状态有了大致的了解，并得出以下结论：

（1）研究区谷地内发育两组溶洞，溶洞走向与谷地走向一致，发育深度为 15～30m。

（2）推测该两组溶洞赋存于断裂带内核部两侧的破碎带中，两组溶洞应为相互连通的岩溶管道，共同构成了板寨的地下河系统。

由于谷地内发育的断裂带规模较大，其物探异常应为较复杂的物探组合异常（高低阻伴生），且本次物探工作受限于方法单一及场地条件较苛刻（场地小），因此仅将成果图中的相对低阻异常推断为溶洞，未对断裂带的赋存状态进行推断，特此说明。

第四节　现代岩溶模式与类比应用

一、现代岩溶发育地质模式

根据野外岩溶发育观测、洞穴激光扫描测量、地下暗河高密度电法测量、铸体薄片、CT 等测试，建立了现代岩溶发育的多尺度地质模式。野外典型剖面观测尺度范围为千米级尺度；高密度电法地下暗河溶洞测量为十米至米级尺度；激光扫描仪和全站仪洞穴测量为米至厘米级尺度；铸体薄片和 CT 测量为毫米至微米级尺度。综合分析认为现代地表岩溶发育主要受地层产状、断裂、裂缝、水地球化学等多种因素控制。

第一，断裂是现代岩溶发育的基础。受区域应力影响，碳酸盐岩发生一定程度的走滑和拉分作用，在走滑和拉分段发育一系列菱形的拉分区域。在后期大气降水岩溶改造作用下，拉分区域进一步发育成为菱形岩溶谷地。典型区域为贵州荔波板寨更干谷地、坡保、洞多、洞长一带区域。拉分段形成的岩溶谷地一般长和宽为几百米或 2～3km。拉分段发育成为岩溶谷地的同时，周围则残留形成数百米至上千米的高山。岩溶谷地在发育过程中受地表水地球化学特征显著控制。在坡保等流域上游，地表水径流量少，CO_2 分压低，$CaCO_3$ 饱和度指数高，岩溶发育速率较慢；而在该流域下游的水淹坝和更干谷地区域，地表水径流量大，对应的 CO_2 分压较高，$CaCO_3$ 饱和度指数较低，因此具有很强的溶蚀能力。

第二，次级断裂控制岩溶洞穴的发展。在区域主干断裂影响下形成的岩溶谷地内，沿着多个次级断裂会形成地下暗河型溶洞。在更干谷地开展了 4 条测线的高密度电法测量，揭示了谷地内有两条地下暗河发育。暗河宽度在几米至十几米之间。

第三，岩溶发育受地层产状控制。岩溶洞穴在沿着主干断裂发育过程中会沿地层产状的下倾方向拓展几十米至上百米的尺度。该特征在躲兵洞区域表现较为典型。躲兵洞区域地层主要为 T_1yn 中薄层状的灰岩和云质灰岩。地层倾向为 121°，倾角为 15°。从实测的岩溶洞穴三维结构图上可以看出，测量区域至少有三段洞穴向地层下倾防线延伸几十米至上百米。

第四，沿着裂缝（节理）岩溶孔缝进一步拓展，形成丰富的岩溶孔隙。在躲兵洞、更干谷地、洞长、坡保等区域见有多个方向的裂缝（节理）发育，沿着节理岩溶向碳酸盐岩地层内部拓展。躲兵洞内洞顶和两侧都能见到宽几十厘米至一米左右的沿裂缝溶蚀拓展的溶缝，向上或向两侧拓展深度达几十米甚至上百米。溶缝发育有一定的规律性，洞顶和两侧每隔 3～5m 就有一条溶缝，相互之间近乎平行。在更干谷地和坡保谷地中见有两个方向节理溶蚀形成的棋盘格状的岩溶残余碳酸盐岩地貌。在洞长谷地等多个地方可见灰岩中沿着裂缝发育的丰富的溶蚀孔洞，孔洞大小一般为厘米尺度。进一步通过铸体薄片和 CT 发现溶蚀灰岩中含有大量的毫米和微米尺度的溶蚀孔隙。

由此建立岩溶发育动态模式，分为三个阶段，即 I -初始岩溶阶段、II -岩溶谷地阶段、III-地下岩溶阶段（图 2.33），分别对应岩溶发育的初期、中期和后期。在初始岩溶阶段，受区域应力影响下，碳酸盐岩发生一定程度的走滑和拉分作用，在走滑和拉分断裂段发育一系列菱形的拉分区域。在大气降水岩溶改造作用下，首先，拉分区域进一步发育成为初始菱形岩溶谷地。其次，随断裂和岩溶作用持续进行，岩溶发育进入岩溶谷地阶段，形成典型的近乎菱形的狭长岩溶谷地，如荔波板寨更干谷地等。拉分段形成的岩溶谷地一般长和宽大小为几百米或 2～3km。拉分段发育成为岩溶谷地的同时，周围则残留形成数百米至上千米的高山。然后，随着岩溶谷地内岩溶残丘和碎屑堆积物的增多，大气降水顺断裂向下拓展溶蚀，进入地下岩溶阶段，形成一系列落水洞、地下暗河等岩溶空间。受区域泥质岩等弱渗透层影响，岩溶向下持续发育受到一定限制。进一步结合荔波地区板寨地表数字高程、断裂裂缝发育、地表明河和暗河、落水洞发育等，绘制现代岩溶综合发育模式图（图 2.34）。岩溶发育具有沿断裂裂缝发育，顺地层斜坡和地下水流向拓展，并受局部低渗透隔水层的限制。

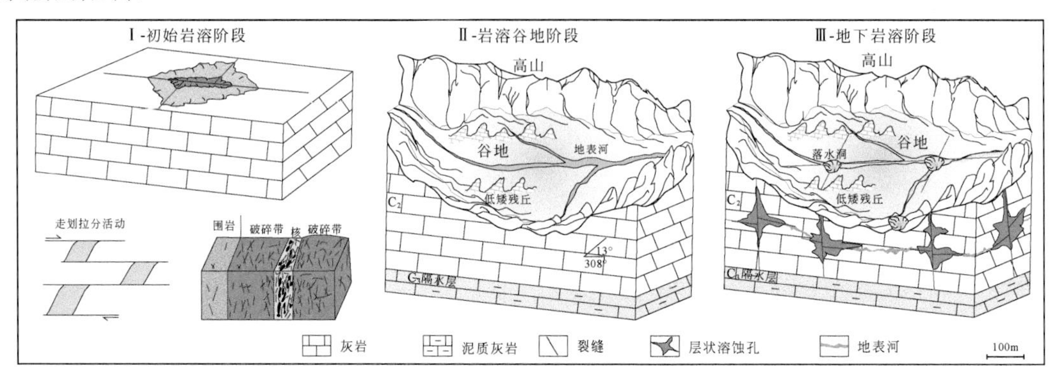

图 2.33　荔波板寨更干谷地现代岩溶发育动态模式图

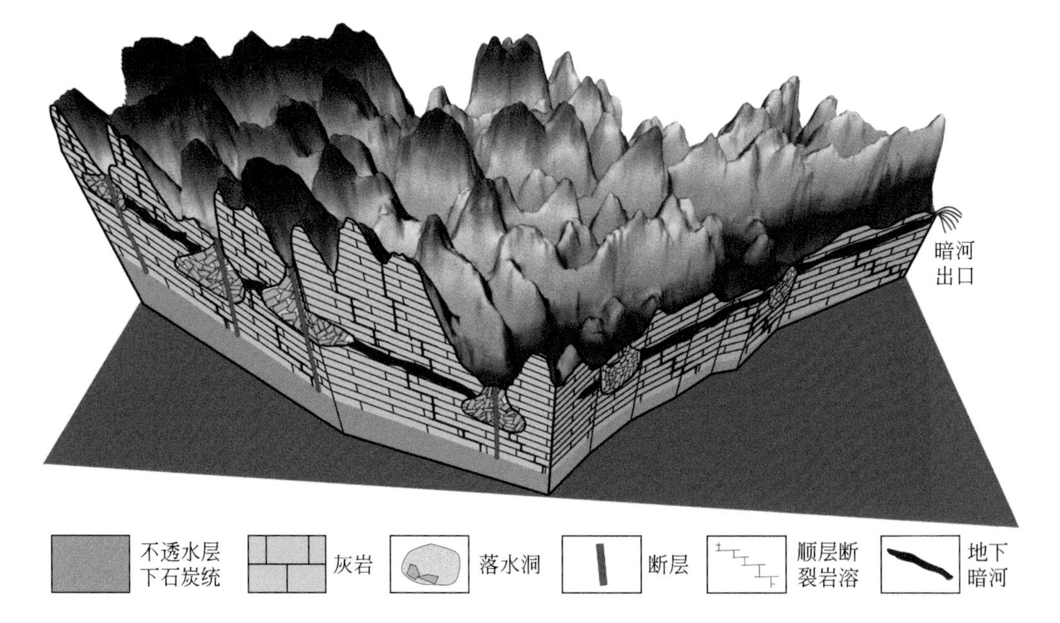

图 2.34　荔波板寨更干谷地现代岩溶综合发育模式图

二、顺北地区类比应用

综合分析认为，贵州地区现代岩溶发育主要受走滑断裂带及伴生断裂-裂缝系统、地层产状、水文地球化学等因素控制，最终形成了多尺度的现代岩溶产物。贵州现代岩溶特征所建立的岩溶发育地质模式可以很好地类比应用于顺北斜坡低洼区超深层断溶体储层油气勘探（Wang et al.，2024），因为顺北地区具有与现代岩溶系统发育的必要条件，如热带-亚热带气候、碳酸盐岩地层、裂缝系统、充足的暴露时间（2.5Ma）（张涛和蔡希源，2007；Zeng et al.，2020；秦启万和何才华，2004；裴建国等，2008）。顺北地区与其北部地区的多条走滑断裂相互沟通，大气降水或岩溶水系能够从塔河隆起区持续向顺北低洼区渗流拓展。事实上，钻井、测井及岩心等资料也指示出顺北 1、5、7 号断裂带内放空漏失现象更可能是与加里东中期表生期有关的古岩溶洞穴型储层（图 2.35）。

结合现代岩溶观察成果，认为顺北地区岩溶水系优先在裂缝或节理交叉处向下渗流零至数十米，在渗流环境下形成扩溶缝、溶蚀孔洞及洞穴（如 SHB1-3 井）。当裂缝垂直方向上的强渗透性使得水体向下渗透至 100m 左右，形成稳定的地下侵蚀的基准面，汇聚的水体沿地层斜坡流动发生溶蚀作用形成典型古岩溶潜流管道。这很好地解释了 1 号断裂带古洞穴储层稳定地分布在 T_7^4 界面以下 82.66～105.32m，且具有一定连通性，其高程差 23.0m，与躲兵洞洞穴高程差类似。若裂缝沟通鹰山组，水体可持续向下渗透至几百米，形成类似 1-10H、SHB7C 和 SHB5C 井中断控型连通性较差的古岩溶洞穴储层（图 2.35）。

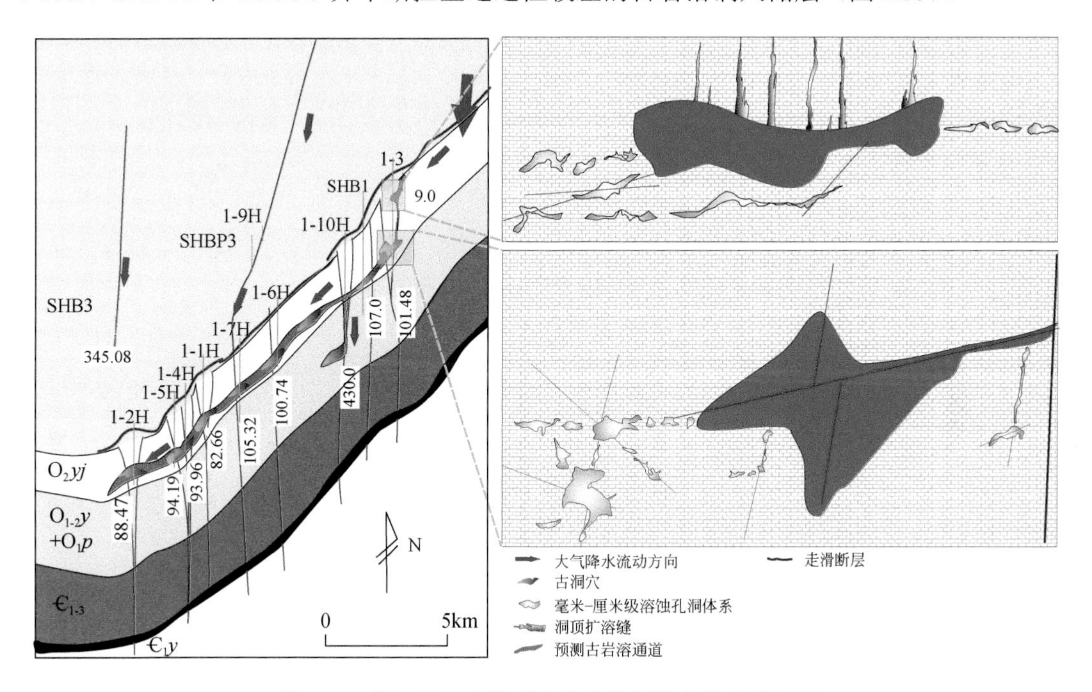

图 2.35　顺北油田奥陶系古岩溶储层发育模式及特征

左侧图中数据为钻井钻遇的放空/泥浆漏失段距离奥陶系一间房组（O_2yj）顶界的距离（单位：m）

根据现代岩溶模式，推测在洞穴顶部可能存在一些近乎垂直的米级宽度的扩溶缝及伴生溶蚀孔洞系统，前者不易被碎屑物质充填而能更多保留下来，是大型岩溶洞穴之外的重要储集空间，这部分储集空间为本次研究新发现的储集空间类型。

第三章　深层-超深层多成因多级次岩溶

通常情况下，由于区域性强烈构造抬升作用，碳酸盐岩暴露至地表，大气降水对碳酸盐岩产生强烈的岩溶剥蚀并沿断裂裂缝体系从地表向下渗流，经历溶蚀、坍塌等阶段，形成网状分布的缝洞体系（Loucks，1999；Loucks et al.，2004）。抬升岩溶之后的碳酸盐岩地层与上覆地层之间形成区域性不整合面（一级、二级或三级不整合面）。区域性不整合面之下岩溶发育在垂向上可分为地表残积带、垂直渗流、水平潜流带等（陈学时等，2004；许效松和杜佰伟，2005），一般在不整合面之下一定深度范围内发育（闫相宾，2002；云露，2004；刘春燕等，2006）；典型的岩溶缝洞型储层为塔里木盆地塔河奥陶系碳酸盐岩油气田（刘春燕等，2006）。

但实际上对四川盆地下组合的震旦系、寒武系至奥陶系碳酸盐岩层系详细的野外考察、岩心观察和钻井地层进行比较发现，许多区域碳酸盐岩层段的岩溶发育特征与上述典型的构造抬升不整合岩溶之间有着显著的不同之处。除在区域性构造抬升不整合面之下一定深度范围发育岩溶型储层外，厚层碳酸盐岩之间或者内部也有多个岩溶型孔洞段的发育，并且岩溶发育段具有呈层状展布特点，各岩溶发育层之间由致密无溶蚀的碳酸盐岩相隔开；多个岩溶发育层在垂向上相叠加形成厚度较大的岩溶型储层。这种具有层状特征的岩溶发育实际上与短期局部构造抬升或相对海平面下降导致的短期暴露淋滤有密切关系。短期局部构造抬升或相对海平面下降形成的不整合面一般是四级甚至是五级层序界面，所形成的短期暴露淋滤一般形成小型的岩溶孔洞，很少见到区域性不整合面之下的大型岩溶洞穴。

基于典型野外剖面、钻井岩心和钻井储层对比，通过构造演化和层序地层学分析方法，对四川盆地下组合碳酸盐岩岩溶发育特征进行了系统研究，提出了多级次岩溶发育过程机制，认为除了碳酸盐岩顶部区域性不整合岩溶缝洞层之外，碳酸盐岩层内还有多个短期构造旋回和海平面升降变化控制的层状岩溶发育段；多个短期岩溶段在垂向上叠合，构成现今具有较大厚度的优质岩溶型储层。

第一节　四川盆地下组合多级次岩溶储层

四川盆地下组合是指震旦系至石炭系的前中生代地层。震旦系灯影组二段和四段以白云岩为主，一段和三段发育碎屑岩及泥质烃源岩。下寒武统上部的龙王庙组发育颗粒滩相白云岩储层，中上寒武统洗象池群以碳酸盐岩为主；下寒武统发育有优质的泥质烃源岩层。下奥陶统的桐梓组、红花园组，中奥陶统的宝塔组等发育白云岩、生屑灰岩等。下奥陶统的湄潭组发育有泥质烃源岩层。志留系的一些层位发育有灰岩层段。

在下组合沉积发育过程中，经历了多期的构造抬升运动，如桐湾运动、郁南运动、都匀运动、广西运动等（梅冥相等，2005），形成了多期的区域型不整合面，导致发育了不整合面岩溶型碳酸盐岩储层。然而，志留系由于受岩溶作用影响较弱，一直都没发现有好的储层。目前已在威远构造、高石梯构造震旦系灯影组以及磨溪构造寒武系龙王庙组发现了丰富的天然气储量和产量（戴金星，2003）。通过野外剖面、钻井资料和地震剖面等多种手段揭示了下组合发育多种类型的岩溶型碳酸盐岩储层（图3.1）。

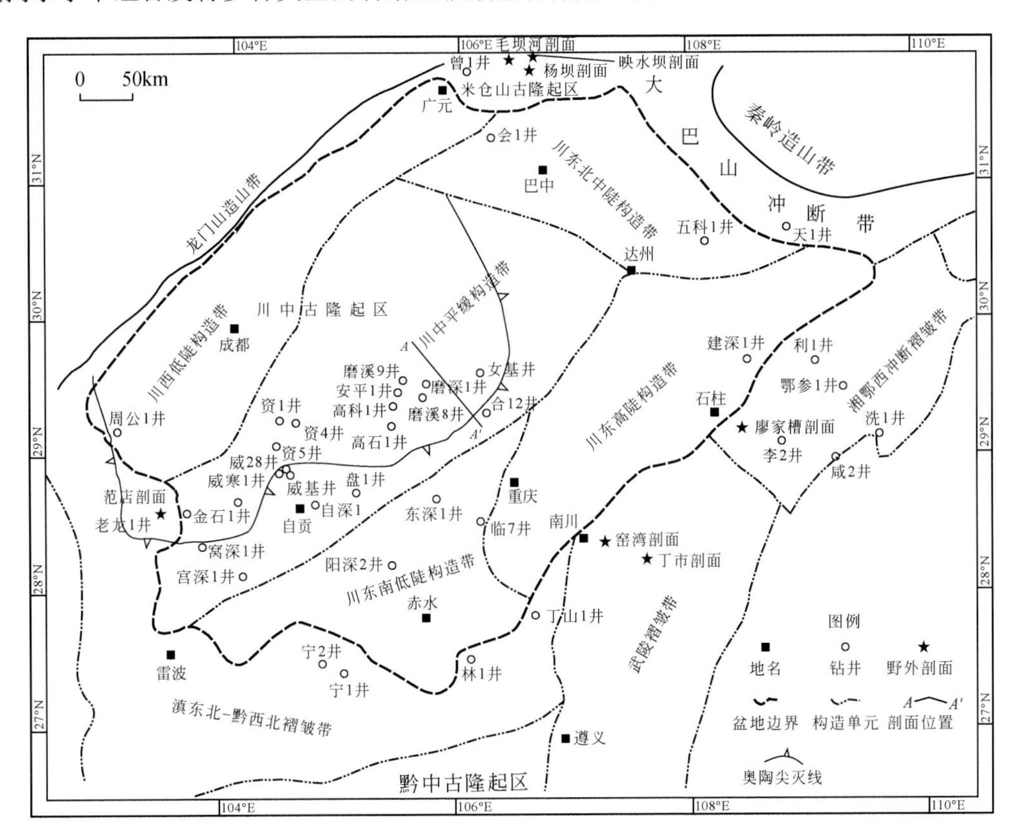

图3.1　四川盆地及周缘构造区划、主要钻井和野外剖面分布图

川中古隆起区以奥陶系尖灭线范围大致圈定，尖灭线以东和以南的临近区域为川中古隆起的斜坡区域

一、多级次岩溶储层类型及特征

狭义上来讲，岩溶作用就是指地表大气降水对碳酸盐岩的溶蚀作用。虽然都是由于地表暴露遭受大气降水影响发生的溶蚀作用，但根据野外观测及钻井岩心资料发现，四川盆地不同区域和不同层位的碳酸盐岩发生地表暴露的原因、时间及溶蚀型储层特征有着显著的差异。根据下组合震旦系至奥陶系碳酸盐岩岩溶的成因机制和特征把岩溶作用分为三种级次类型，即长期区域性构造不整合面岩溶、准同生期沉积间断岩溶和同沉积期岩溶。

（一）长期区域性构造不整合面岩溶

构造不整合面岩溶是碳酸盐岩在沉积埋藏之后由于构造抬升而暴露至地表遭受大气降

水岩溶作用所形成的。这类岩溶作用较为常见，且研究得也较为深入，已成为塔里木、鄂尔多斯等盆地的奥陶系碳酸盐岩的主要油气产层（闫相宾，2002）。

这类岩溶储层发育的一个显著特征是碳酸盐岩地层与上覆地层之间具显著的不整合接触，可以是角度不整合，也可以是平行不整合。在不整合面之下的一段深度内见丰富的溶蚀孔洞，形成构造不整合面型岩溶储层。对四川盆地下组合碳酸盐岩有重要影响的主要构造抬升作用包括桐湾运动、郁南运动、都匀运动和广西运动（图 3.2、图 3.3）。

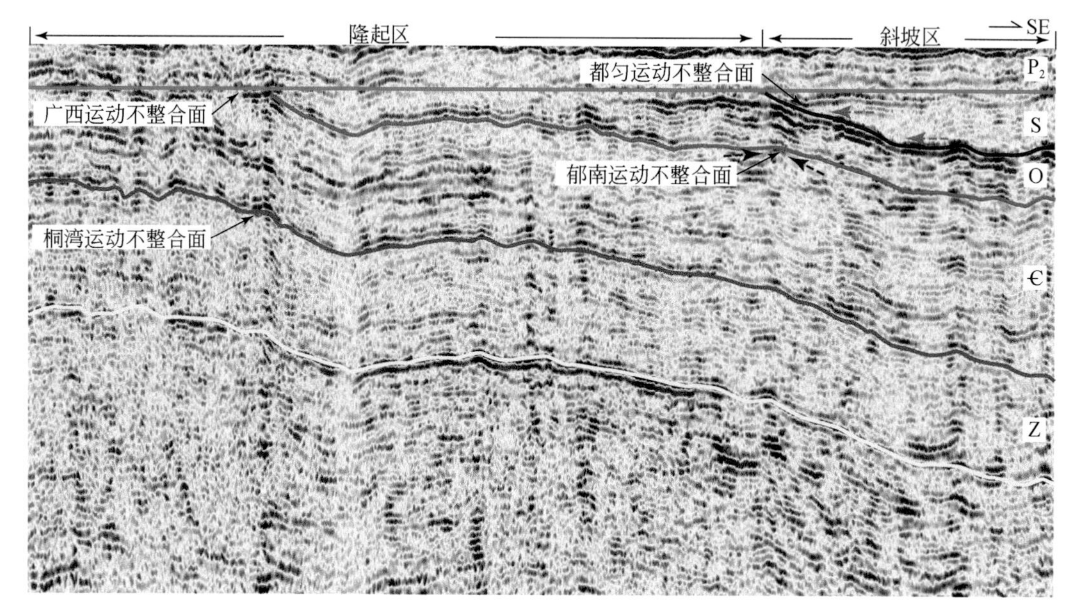

图 3.2 四川盆地下组合主要构造不整合面发育特征

北西-南东向地震剖面（二叠系底拉平）揭示了下组合关键构造运动不整合面特征，其中桐湾运动不整合面以平行不整合为主；寒武系顶部局部地区表现出同相轴缺失的剥蚀削截关系（深蓝色虚线箭头），表明郁南运动不整合面的存在；中晚奥陶世时期的都匀运动不整合面表现为早志留统对中晚奥陶统的超覆特征（绿色虚线箭头）；广西运动不整合面为二叠系与下伏志留系、奥陶系、寒武系之间的角度不整合面。在这些不整合面之下的碳酸盐岩中发育不同规模的岩溶作用并形成岩溶型碳酸盐岩储层

1. 桐湾运动

桐湾运动发生在震旦系灯影组沉积期，对灯影组白云岩储层发育有重要的影响。桐湾运动可分为一幕和二幕抬升运动，分别在灯影组二段和四段沉积期末发生，形成灯影组三段与灯影组二段（Z_2dy^3/Z_2dy^2）以及下寒武统与灯影组四段之间（$€_1/Z_2dy^4$）的不整合面［图 3.4（a）（b）］。在川中隆起的高部位（如资 1 井、金石 1 井区域），桐湾二幕抬升剥蚀作用尤为强烈，形成下寒武统与灯影组三段之间（$€_1/Z_2dy^3$）甚至二段之间（$€_1/Z_2dy^2$）的不整合面。在两幕构造不整合面之下，灯影组二段、四段（或三段）白云岩暴露至地表遭受长期的大气降水岩溶作用，发育丰富的溶蚀孔洞。

灯影组构造不整合面岩溶作用在整个四川盆地几乎都有发育，影响范围广，具有区域上的可对比性。形成的岩溶孔洞型储层是南方不同区域震旦系白云岩的主要储集层和勘探目的层位。川中隆起上的威远气田和近年在高石梯构造上的天然气就与该期灯影组白云岩岩溶型储层有关。

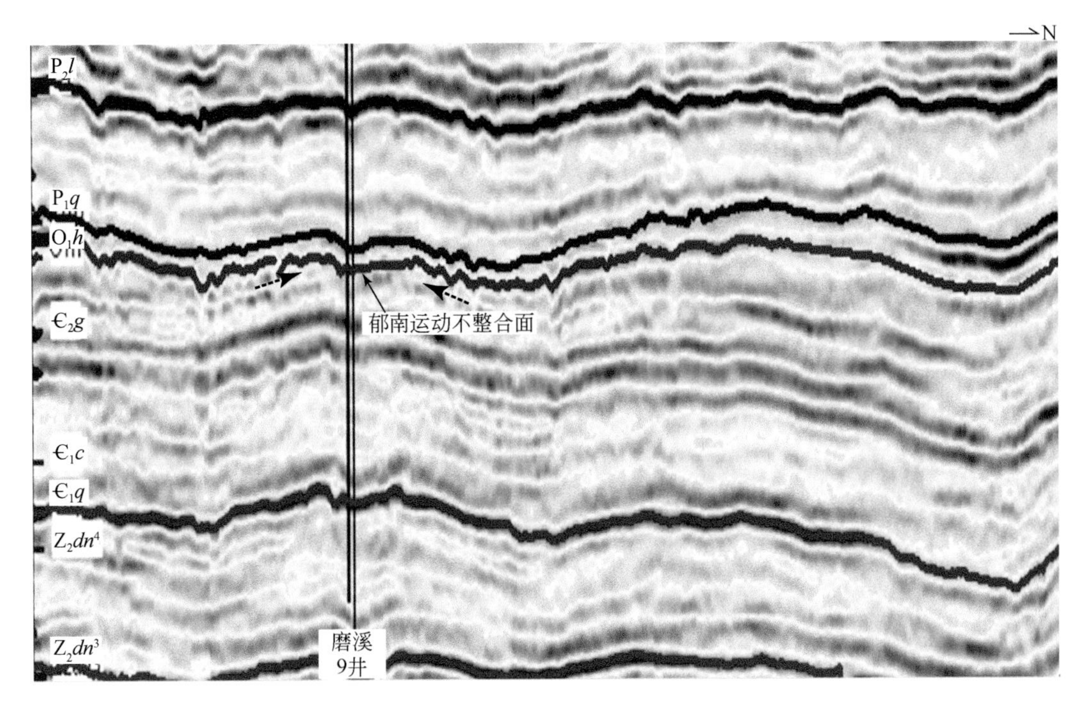

图 3.3　川中地区局部郁南运动发育特征

磨溪 9 井附近南北向地震剖面，寒武系顶部局部出现地震同相轴被削截的现象（虚线箭头处），表明了寒武纪末期郁南运动抬升剥蚀的特征

2. 郁南运动

郁南运动发生在寒武纪末期，在川北米仓山地区较为强烈，造成中上寒武统大多缺失，剥蚀至中寒武统底部的陡坡寺组碎屑岩地层，对碳酸盐岩岩溶储层发育意义较小。在川中地区，郁南运动使上寒武统抬升至地表遭受大气降水岩溶改造作用，形成 $O_1/\epsilon_{2\text{-}3}$ 之间的不整合。与上覆下奥陶统之间多以平行不整合接触关系为主，只在局部地区见有角度不整合接触关系，表现为局部地震同相轴被削截而缺失（图 3.2、图 3.3）。岩溶作用在角度不整合和平行不整合之下发育，形成的溶蚀孔洞以小的弥散状溶孔为主，少见大的洞穴型孔洞。

川中隆起区安平 1 井、磨溪 9 井附近地震剖面（图 3.3）较好地表现了郁南运动隆起剥蚀现象（图 3.3）。在磨溪 9 井附近可见中上寒武统顶部有地震同相轴缺失现象，表明遭受了剥蚀岩溶作用。

3. 都匀运动

都匀运动发生在中晚奥陶纪时期，在四川盆地北部、西部及黔中隆起地区见志留系与中下奥陶统不同层位之间的不整合接触关系（S_1l/O_2b）。在川北和川西部分野外剖面均见到奥陶系宝塔组与志留系之间的不整合面［图 3.4（c）］。受不整合面岩溶作用的影响，宝塔组生屑灰岩中见小型溶蚀孔洞，孔洞中见方解石、石英等矿物和沥青的充填［图 3.4（d）］。在不整合面之下 O_1t 和 O_1h 等层位的白云岩中见丰富的溶蚀孔洞，并被沥青充填。在川中古隆起地区，都匀运动时期一直处于暴露阶段，古隆起东部、东南部等斜坡区见下志留统龙马溪组（S_1l）泥页岩由斜坡区逐渐向隆起区超覆的特征，呈超覆不整合关系（图 3.2）。

4. 广西运动

广西运动是加里东末期重要的一期构造抬升作用，对四川盆地产生了深远的影响，形成自川西至川中至川东南二叠系与震旦系、寒武系、奥陶系、志留系等不同层位之间的角度不整合面接触（图 3.2）。使川西、川西南、川中等地区的震旦系、寒武系及奥陶系碳酸盐岩暴露至地表遭受大气降水岩溶影响，在不整合面之下的碳酸盐岩中发育岩溶型储层。在川中古隆起区域，广西运动不整合面下的碳酸盐岩岩溶型储层已被不少钻井揭示。例如，安平 1 井在不整合面之下的下奥陶统南津关组的 4154m 岩心段中发现丰富岩溶孔洞，大小一般在 6～50mm 之间，孔洞累计厚度可占取心段的 34.21%（黄文明等，2011）；在女基井南津关组也见风化岩溶孔洞发育，测试产气 3.09 万 m^3/d；磨深 1 井在南津关组 4375～4395m 层段见有气侵，产气 4220m^3/d；古隆核部的高科 1 井南津关组古风化壳储层中见有丰富的沥青。威寒 1 井在不整合面之下的寒武系洗象池群发现岩溶孔洞型储层，日产气 12.30 万 m^3，日产水 192m^3。

（二）准同生期沉积间断岩溶

在两期大型构造运动之间，盆地内部以相对稳定的沉降沉积为主，形成厚度较大的、较为连续的沉积地层，如桐湾运动一幕和二幕之间的灯影组四段白云岩、郁南运动之前的中上寒武统、郁南运动与都匀运动之间的奥陶系沉积等。

通过对四川盆地周缘多处的野外露头的详细观测发现，在一些相对连续的厚层碳酸盐岩地层中，仍然可发现有一个或多个短期沉积间断面。沉积间断过程中，碳酸盐岩局部短期暴露至地表遭受一定程度的大气降水淋滤溶蚀作用，形成沉积间断型岩溶层。

在川北南江县光雾山镇映水坝剖面的震旦系灯影组四段白云岩中见到 8 个沉积间断面。沉积间断面上常见有小型风化氧化面、岩溶角砾岩、侵蚀面等，表明曾短期暴露地表遭受风化氧化及大气降水岩溶改造。沉积间断面之下则可见到几十厘米或几米厚的溶蚀孔洞发育层，这是短期沉积间断暴露岩溶的结果。岩溶风化层富含溶蚀孔隙，大小多为几毫米或 1～2cm。在四川盆地东南部的林 1 井灯影组白云岩岩心中发现有 4 段岩溶发育段，反映了短期暴露和大气降水淋滤溶蚀改造的角砾岩、侵蚀面等特征［图 3.4（e)］。

在四川盆地东部的重庆石柱县廖家槽剖面见到下寒武统龙王庙组顶部的短期沉积间断型岩溶发育层。沉积间断面上见褐黄色的薄层风化黏土层，下面为一层厚 30～50cm 的溶蚀孔洞发育层，孔洞大小一般为几毫米或 1～2cm［图 3.4（f）(g)］。该沉积间断面标志着龙王庙组的结束，其上沉积覆盖地层为中寒武统高台组。此外，在乐山范店剖面见到下寒武统麦地坪组和中寒武统高台组之间的平行不整合面，该不整合面之下的白云岩发育有小的溶蚀孔洞。

在四川盆地东部重庆市酉阳县丁市剖面，见到上寒武统娄山关组（$\epsilon_3 l$）顶部的短期沉积间断面及岩溶孔洞发育层。沉积间断面上见到深褐色的铁质结壳层，具有凹凸不平的特征；在沉积间断面向下延伸的小裂缝中也见到深褐色或黄褐色的风化黏土充填［图 3.4(h)］。这些特征表明娄山关组顶部发生了短期的沉积间断、暴露及地表径流的冲刷剥蚀的特征。在沉积间断面之下约 1m 厚度范围内的白云岩中见到了丰富的 1～2cm 大小的溶蚀孔洞，孔洞中见有方解石及石英的部分充填［图 3.4（i)］。

图 3.4　下组合岩溶作用发育野外露头及岩心照片

(a) 四川盆地北部南江县杨坝剖面，桐湾运动抬升作用形成的震旦系灯影组顶部与下寒武统之间（$Є_1/Z_2dy^4$）的平行不整合面；(b) 图（a）中不整合面的局部放大，见棕褐色的铁质结壳，表明地表暴露风化氧化作用；(c) 四川盆地北部旺苍县毛坝河剖面，都匀运动抬升作用形成的奥陶系宝塔组灰岩与上覆下志留统龙马溪组页岩之间（S_1l/O_2b）的平行不整合面；(d) 图（c）中不整合面之下奥陶系宝塔组灰岩中岩溶作用形成的溶蚀孔洞，见黑色沥青充填；(e) 川东南林 1 井震旦系灯影组白云岩中见到的与沉积间断暴露相关的小型侵蚀面，侵蚀面上见白云岩角砾；(f) 川东地区重庆市石柱县廖家槽剖面，寒武系龙王庙组（$Є_1l$）顶部见沉积间断暴露岩溶作用面，见薄的铁质/风化黏土薄层；(g) 图（f）中沉积间断面下见一层约 30cm 厚岩溶孔洞发育层，孔洞大小为几毫米或 1～2cm；(h) 川东重庆市酉阳县丁市剖面，上寒武统娄山关组（$Є_3l$）顶部见短期沉积间断相关的小型侵蚀面，侵蚀面上见深褐色的铁质结壳层，具有凹凸不平的特征，一些从沉积间断面向下延伸的小的裂缝中也见到深褐色或黄褐色的风化黏土的充填；(i) 图（h）中沉积间断面下的白云岩发育丰富的岩溶孔洞；(j) 川东重庆市南川区窑湾剖面，奥陶系红花园组（O_1h）灰岩中见沉积间断暴露相关的侵蚀面，下面颗粒滩相灰岩中发育 1cm 大小的岩溶孔洞；(k) 川东重庆市南川区窑湾剖面，奥陶系红花园组（O_1h）灰岩中见与沉积间断暴露相关的侵蚀面，侵蚀面上见一层 3～5cm 厚的风化黏土层；(l) 川中地区金石 1 井寒武系龙王庙组（$Є_1l$）砂质白云岩，发育丰富的同生期岩溶孔洞

在重庆市南川区三泉镇的窑湾剖面的下奥陶统桐梓组（O_1t）和红花园组（O_1h）中见到多个沉积间断面和间断面下岩溶孔洞较为发育的滩相灰岩储层［图 3.4（j）（k）］。

（三）同沉积期岩溶

同沉积期岩溶是碳酸盐岩在沉积过程中发生的岩溶作用。对相对较浅水环境中发育形成的生物礁相及高能生屑/颗粒滩相碳酸盐岩，沉积过程中往往由于相对海平面下降而发生短期的凸显在海平面之上、类似于海中的生物礁之类的岛屿。此时会遭受大气降水的淋滤岩溶改造作用而发育丰富的溶蚀孔洞。但这个过程持续时间往往很短，随着相对海平面上升，这些生物礁滩相碳酸盐岩重新淹没于海平面之下，继续其礁滩相的发育。如果浅水环境没有发生改变，在礁滩体沉积生长过程中，暴露和淹没作用会反复持续进行，形成垂向上累计厚度较大、富含岩溶孔洞的礁滩相碳酸盐岩储层。

川东北地区二叠系至三叠系礁滩相白云岩中发现了丰富的天然气储量和产量，已有研究认为礁滩相储层发育与同生期相对海平面下降暴露有关（何治亮等，2011；Ma et al.，2008a）。深层下组合中，较为典型的发育同生期岩溶的礁滩相碳酸盐岩储层是川中地区的下寒武统龙王庙组（$€_1l$）滩相白云岩储层。

龙王庙组主要发育于潮上—潮间—潮下交互的水体环境中，发育颗粒/生屑滩相白云岩—潮坪相粉细晶白云岩—潟湖相膏盐岩的复合沉积体系（图 3.5）。这种复合沉积体系的一个典型特征是滩与膏的叠置关系，即横向上滩相颗粒白云岩常发育在膏盐潟湖的边缘，垂向上颗粒白云岩与膏岩层具有相互叠置的特征。从图 3.5 可以看出，横向上从威寒 1 井至丁山 1 井，具有滩—膏—滩变化的特征；窝深 1 井、林 1 井和丁山 1 井在垂向上具有滩—膏—滩叠置的特征。

金石 1 井实钻揭示龙王庙组颗粒滩储层发育，岩性为灰色溶孔微晶-细晶白云岩、溶孔残余砂屑鲕粒白云岩、亮晶鲕粒白云岩。通过岩心观察发现，砂质白云岩中含有丰富的溶蚀孔洞，孔洞大小多为 1～5mm，大的可达 2～3cm［图 3.4（1）］，孔中见有沥青。

近年的钻探已在川中地区下寒武统龙王庙组（$€_1l$）中发现丰富的天然气，如磨溪 8 井在龙王庙组滩相储层中获得日产 198.68 万 m^3 的高产气流。其他许多钻井也都揭示了溶蚀孔隙型的滩相白云岩储层。丁山 1 井和林 1 井龙王庙组有效储层厚 2.5～15.8m，测井孔隙度 3.7%～7.7%，丁山 1 井测试微气产水 $23m^3/d$，压力系数 0.87。威寒 1 井溶孔型砂屑鲕粒云岩岩屑孔隙度 2.64%～8.07%，平均 6.02%，日产气 11 万 m^3。威 28 井 2415～2455m 为产气层。女基井 4980～4498m 为产气层。

二、多级次岩溶储层发育机制

（一）岩溶发育控制因素

碳酸盐岩发生岩溶作用的一个必要条件是暴露至地表遭受大气降水淋滤溶蚀作用。使碳酸盐岩发生暴露的原因主要包括构造抬升作用和相对海平面下降，其中构造抬升作用又包括长期区域性构造抬升作用和短期局部的构造抬升作用（表 3.1）。

在碳酸盐岩或碎屑岩沉积层序发育过程中，构造抬升作用以及海平面的升降转换往往会伴随沉积-剥蚀的转变，形成层序界面。由于影响范围和持续时间长短不同，会形成不同级别的层序界面。暴露和大气降水淋滤使得层序界面之下的碳酸盐岩往往发育岩溶型储层

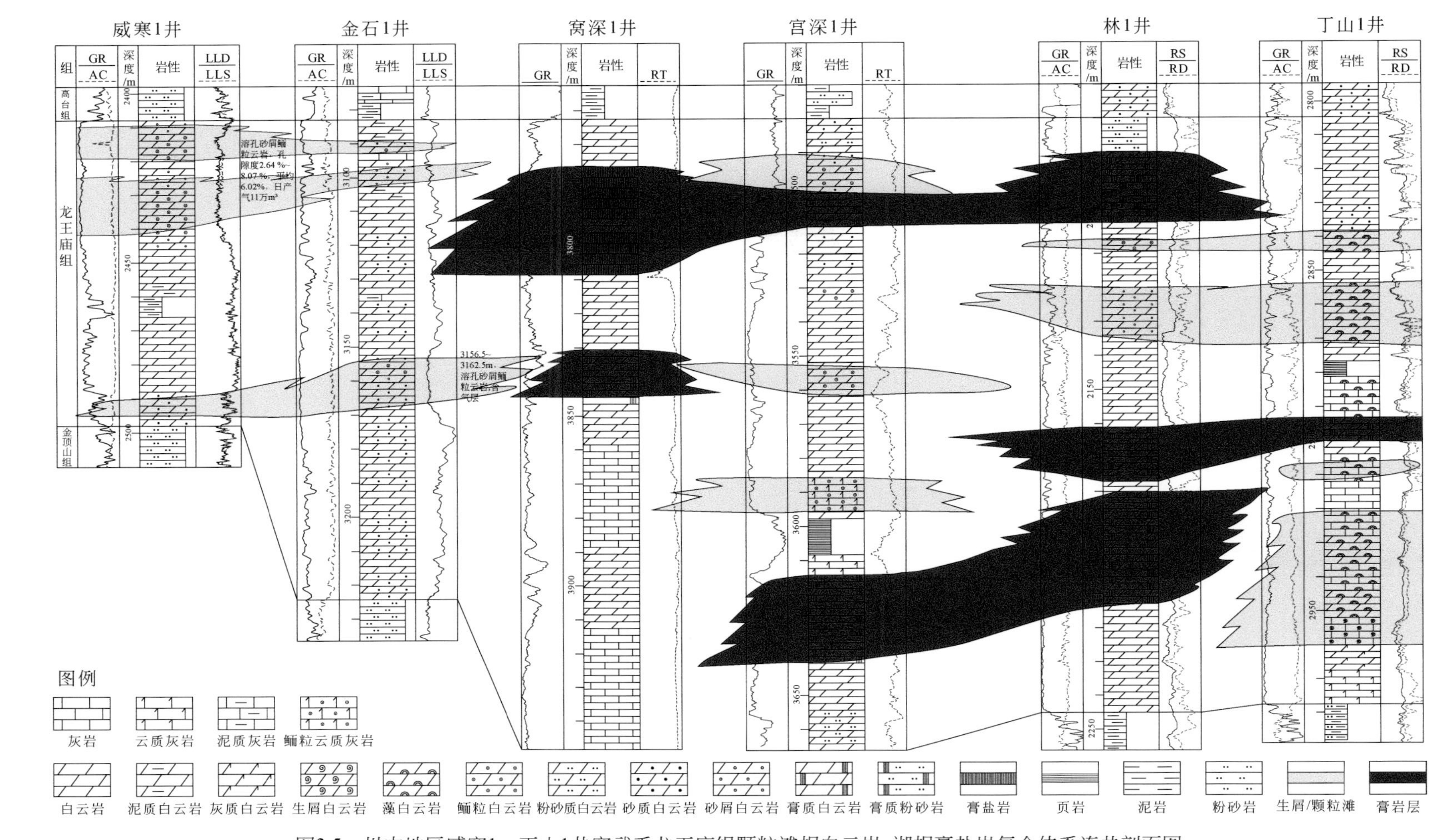

图3.5　川中地区威寒1—丁山1井寒武系龙王庙组颗粒滩相白云岩-湖相膏盐岩复合体系连井剖面图

垂向和横向上颗粒滩和膏盐岩交互产出，表明处于浅水环境；随相对海平面下降，易于发生同生期暴露并遭受大气降水岩溶作用

（James and Choquette，1988）。不同级别的层序界面的广度决定了该级别层序界面之下发育的岩溶型储层的广度和强度（表 3.1）。

表 3.1 不同类型岩溶发育控制因素和特征

岩溶类型	主要影响因素	作用范围	层序界面	发育时间
构造不整合面岩溶	长期区域性构造抬升	区域性	一级、二级或三级	埋藏之后的构造抬升阶段
沉积间断岩溶	短期局部构造抬升	局部性	三级或四级	准同生至浅埋藏阶段
同沉积岩溶	短期局部相对海平面下降	局部性	五级	同生阶段

1. 构造不整合面岩溶

长期强烈的构造抬升作用（如前文所述的桐湾运动、郁南运动、都匀运动和广西运动）使碳酸盐岩发生区域性的暴露并遭受大气降水的淋滤溶蚀作用，通常发生在碳酸盐岩沉积埋藏之后，形成区域性的不整合面及不整合面下的岩溶型碳酸盐岩储层。这类构造作用形成的不整合面岩溶型碳酸盐岩储层具有区域性发育、影响范围广、垂向厚度大的特征。这些不整合面具有区域的可对比性，从地震剖面和钻井地层对比上很容易识别出来（图 3.2、图 3.3）。

从层序地层学的角度来看，区域性长期强烈的构造抬升作用形成区域性的剥蚀和不整合面；这些剥蚀不整合面形成一级、二级或者三级层序界面（王毅等，1999）。根据已有的四川盆地层序地层研究成果，广西运动形成的二叠系与下伏震旦系、寒武系、奥陶系及志留系等地层之间的不整合面是盆地的一级层序界面。桐湾运动二幕形成的$Є_1/Z_2dy$之间的不整合面、郁南运动形成的$O_1/Є_{2\text{-}3}$之间的不整合面以及都匀运动形成的$S_1/O_{1\text{-}2}$之间的不整合面构成盆地内的二级层序界面。桐湾运动一幕形成的Z_2dy^3/Z_2dy^2之间的不整合面构成了盆地内的三级层序界面。

2. 沉积间断岩溶

短期局部的构造抬升作用使局部的碳酸盐岩暴露至地表遭受大气降水的岩溶作用，通常发生在沉积之后不久的准同生浅埋藏阶段。由于抬升至海平面之上，发生短期沉积间断，形成沉积间断面，其下的岩溶作用就是沉积间断型岩溶（图 3.6）。沉积间断面构成三级或四级层序界面（Cooper and Keller，2001；Yilmaz et al.，2006）。

沉积间断面上见到的小型波状侵蚀面、几毫米厚的薄层黏土/铁质结壳、薄层的溶孔发育段［图 3.4（e）（k）］以及与上覆地层的平行接触关系表明，短期构造抬升作用并没有使碳酸盐岩地层大规模地抬升至海平面之上，大气降水溶蚀改造作用的强度较小，时间也较为短暂。

经过对重庆市南川区三泉镇的窑湾剖面红花园组详细观测，发现 4 个沉积间断面（图 3.6）。沉积间断面之下为十余米厚的生屑灰岩，在间断暴露期间遭受大气降水淋滤改造，发育有丰富的岩溶孔洞，孔洞大小一般 1～3cm。沉积间断面之后是水体的突然加深，发育夹泥质条带的灰色泥晶灰岩（图 3.6）。

四川盆地奥陶系总共可分为 15 个三级层序，其中下奥陶统红花园组（O_1h）是一个完整的三级层序（陈洪德等，2002）。根据南川窑湾野外剖面观测，红花园组中 4 个短期暴露剥蚀面把红花园组分为 4 个四级层序（图 3.6）。每个四级层序以相对海平面逐渐升高的水进体系域开始，发育泥页岩、泥质灰岩或泥晶灰岩为主的低能沉积，逐渐过渡为高水位体系域环境，常常发育浅水高能滩相灰岩沉积；由于短期构造抬升作用，相对海平面下降，滩相灰岩发生短期的沉积间断并暴露至地表，在潮湿多雨气候条件下受到富含 CO_2 的大气降水淋滤而发生岩溶作用（于炳松等，2005）。在暴露侵蚀面下发育丰富的岩溶孔洞，孔洞大小一般为几毫米至 1～2cm［图 3.4（j）］。此后，发生局部的构造沉降，相对海平面再次升高，开始下一个四级层序的沉积序列。这样就在红花园组中形成了多层短期暴露岩溶在垂向的相互叠加（图 3.6）。

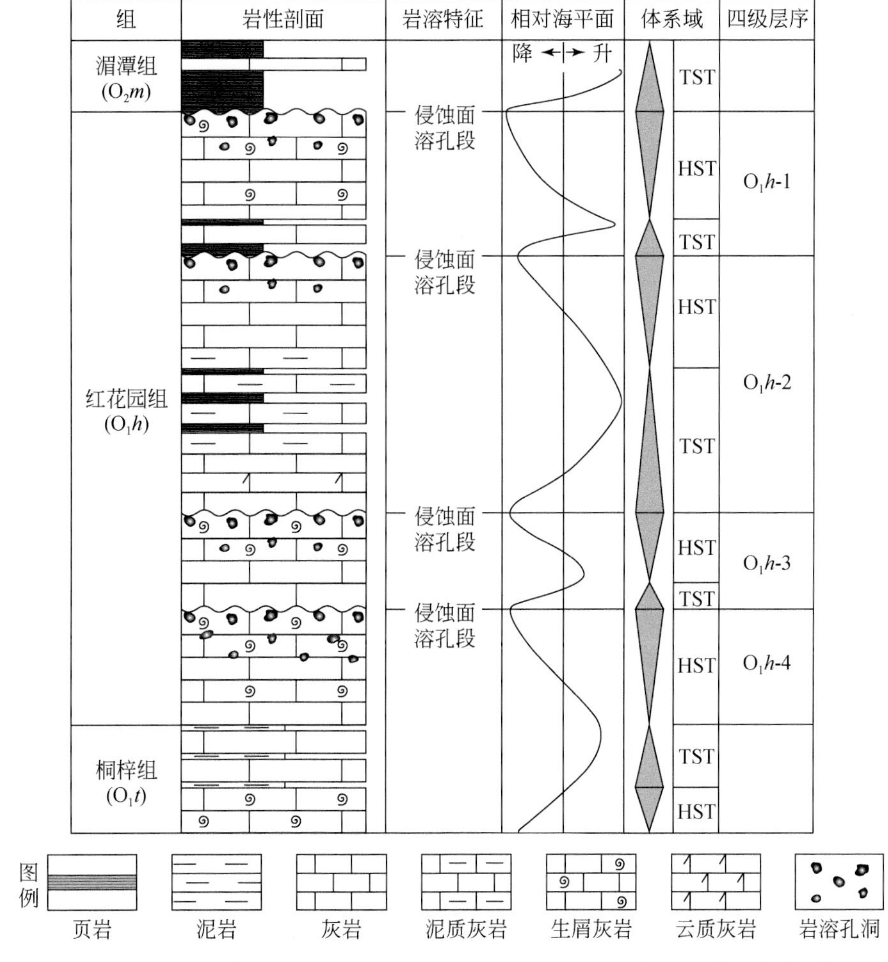

图 3.6　南川窑湾剖面奥陶系红花园组（O_1h）短期沉积间断暴露岩溶发育特征

奥陶系红花园组内部见 4 个准同生阶段短期抬升相关的沉积间断侵蚀面，其下的生屑/颗粒灰岩遭受大气降水岩溶改造。侵蚀面构成了奥陶系内部的四级层序界面。HST. 高位体系域；TST. 进积体系域

3. 同沉积岩溶

在没有显著构造抬升作用影响的情况下，浅水环境中发育的礁滩相碳酸盐岩会受短期相对海平面下降影响而暴露出水面，接受大气降水的岩溶改造作用，而发育同生期的岩溶

作用。相对海平面的变化会受气候等因素的影响而发生快速的升降变化。在相对海平面上升阶段，礁滩相碳酸盐岩垂向上加积生长；在相对海平面下降阶段，碳酸盐岩发生同生期岩溶作用；这个过程反复发生，使礁滩相碳酸盐岩在沉积发育过程中遭受多次的同生期岩溶改造作用，形成垂向上依次叠加的多个岩溶型礁滩发育段。

以川中地区为例，该区滩-膏-坪复合沉积特征表明龙王庙沉积过程中多处于浅水-潟湖环境。浅水条件发育潮汐相白云岩，局部形成高能滩相白云岩，随后的潟湖环境则形成膏盐岩的沉积。由于沉积过程中的短期构造抬升等作用影响，短期相对海平面下降，浅水条件下发育的颗粒滩相白云岩会短期暴露至地表遭受大气降水溶蚀作用，对原生孔隙进行进一步的次生改造（图 3.7 Ⅰ）；此时由于露出海平面的滩或者白云岩潮坪的阻隔，局部会出现潟湖环境，从而形成膏盐岩层的沉积（图 3.7 Ⅰ）。随后，相对海平面快速上升，发育较深水体的细粒泥晶碳酸盐岩沉积（图 3.7Ⅱ）；受再次相对海平面下降影响，再次发育滩和膏的沉积，并遭受同沉积期岩溶作用影响（图 3.7Ⅲ）。垂向上多个同生期改造的滩相白云岩的叠置使龙王庙组滩相颗粒白云岩储层具有较大的累计厚度，如丁山 1 井累计约 70m 厚。

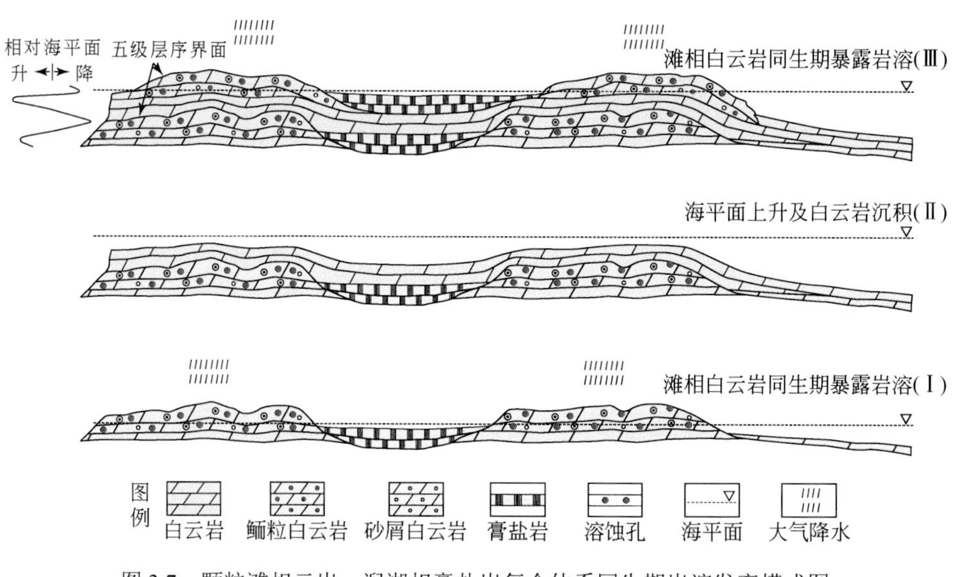

图 3.7　颗粒滩相云岩—潟湖相膏盐岩复合体系同生期岩溶发育模式图

滩相白云岩同生期暴露岩溶（Ⅰ）：浅水环境发育的颗粒滩相碳酸盐岩，在沉积过程中相对海平面的短期下降而暴露出水面，遭受同生期的大气降水岩溶改造；露出海平面的滩或者白云岩潮坪的阻隔，局部会出现潟湖环境，从而形成膏盐岩层的沉积（图 3.7 Ⅰ）。海平面上升及白云岩沉积（Ⅱ）：第Ⅰ阶段同沉积岩溶之后，相对海平面上升，细粒泥晶碳酸盐岩沉积物覆盖在滩相碳酸盐岩和膏盐岩之上。滩相白云岩同生期暴露岩溶（Ⅲ）：第Ⅱ阶段之后，相对海平面下降，再次发育浅水滩相和潟湖相沉积，并遭受同生期岩溶改造作用。第Ⅰ和第Ⅲ阶段同生期大气降水改造面构成五级层序界面。

由于短期相对海平面下降影响而发育的同生期暴露岩溶作用，构成局部的五级层序界面（表 3.1），如川中地区下寒武统龙王庙组内部的五级层序界面（图 3.7）。这些层序界面也是碳酸盐岩岩溶发育的主要部位。五级或更低级别层序对应于碳酸盐岩中发育的米级旋回，在水体向上变浅的米级旋回的顶部往往暴露遭受短时间大气降水影响而发生岩溶作用。

（二）岩溶储层叠合发育

受多次构造抬升运动及相关的多种类型岩溶作用影响，四川盆地下组合的震旦系至奥陶系碳酸盐岩中见有多个不同类型、厚度和规模的岩溶碳酸盐岩储层发育段，是从同生沉积至后期构造抬升过程中多次发育叠合的结果。根据野外剖面观测、钻井测井资料和地震资料，对下组合岩溶储层发育叠合过程总结如下：

在桐湾运动一幕和二幕构造抬升运动影响下，南方地区震旦系灯影组二段和三段普遍发育不整合面岩溶作用影响。在川中古隆起构造高点位置，受桐湾二幕抬升作用影响，灯影组三段和四段地层都被剥蚀殆尽，受一幕岩溶影响的灯影组二段白云岩再次遭受桐湾二幕不整合面岩溶作用影响。

早寒武世龙王庙期沉积过程中，四川盆地川中地区发育颗粒滩相白云岩–潮坪相泥晶白云岩–潟湖相膏盐岩的复合沉积体。受多次相对海平面升降影响，发育垂向上具有一定累计厚度的多层同生期岩溶型颗粒白云岩储层。早寒武世晚期，受短期局部构造运动影响，下寒武统龙王庙组/石龙洞组顶部局部发育沉积间断型岩溶白云岩储层，这是由于早期的同生期岩溶型颗粒白云岩储层进一步叠加改造，或者未发生同生期岩溶的白云岩受到溶蚀改造作用所致。

晚寒武世至奥陶纪时期，依次发生了晚寒武世娄山关沉积末期沉积间断型岩溶，晚寒武世末期的郁南运动不整合面岩溶，早奥陶世桐梓组、红花园组沉积期间的沉积间断型岩溶以及中晚奥陶世的都匀运动不整合面岩溶。

加里东晚期发生的广西运动使川中古隆起区域大规模抬升，形成区域性的 P_1 与下伏地层之间的不整合面。自川中隆起的西南缘开始向西北方向，经周公 1 井、资 1 井、资 4 井、高科 1 井、安平 1 井和合 12 井做剖面图，可以看出 P_1 依次与 Z_2dy、€、O 及 S 之间角度不整合（图 3.8）。在不整合面之下的碳酸盐岩地层中发育不整合面型岩溶储层，并自西南向东北依次与桐湾运动不整合面岩溶、下寒武统龙王庙组同生期岩溶、早寒武世晚期及晚寒武世沉积间断型岩溶、郁南运动不整合面岩溶、早奥陶世沉积间断型岩溶、中晚奥陶世都匀运动不整合面岩溶等形成叠合岩溶作用（图 3.8）。

四川盆地下组合自震旦系灯影组至奥陶系发育的多期多类型岩溶型碳酸盐岩储层及其叠合型岩溶储层，构成了纵横向多层立体岩溶型储层发育格局，是四川盆地天然气勘探的主要潜力层段（图 3.8）。目前已经在许多岩溶段中发现了丰富的天然气资源，如威远气田和高石梯构造的灯影组岩溶型白云岩储层，磨溪构造的寒武系龙王庙组同生期岩溶型颗粒白云岩储层，川中隆起周缘下奥陶统岩溶型白云岩中也发现了优质储层和一定规模的沥青及油气显示。随着勘探的深入，这些岩溶型储层仍然是未来油气突破发现的主力储集层位。

综上所述，四川盆地下组合碳酸盐岩中发育三种不同级次类型和特征的岩溶作用，分别为长期构造不整合面岩溶、沉积间断岩溶和同沉积期岩溶。构造不整合面岩溶包括桐湾、郁南、都匀和广西运动等区域性不整合面之下的岩溶作用。在震旦系灯影组白云岩、上寒武统娄山关组（$€_3l$）白云岩及奥陶系红花园组（O_1h）灰岩等层位中都发育有多层的沉积间断岩溶型储层。下寒武统龙王庙组（$€_1l$）颗粒滩相白云岩中发育同沉积期岩溶作用。下组合碳酸盐岩中的多期多类型岩溶作用具有垂向上叠合和叠加改造的特点，形成了下组合岩溶型碳酸盐岩储层广泛发育的格局。

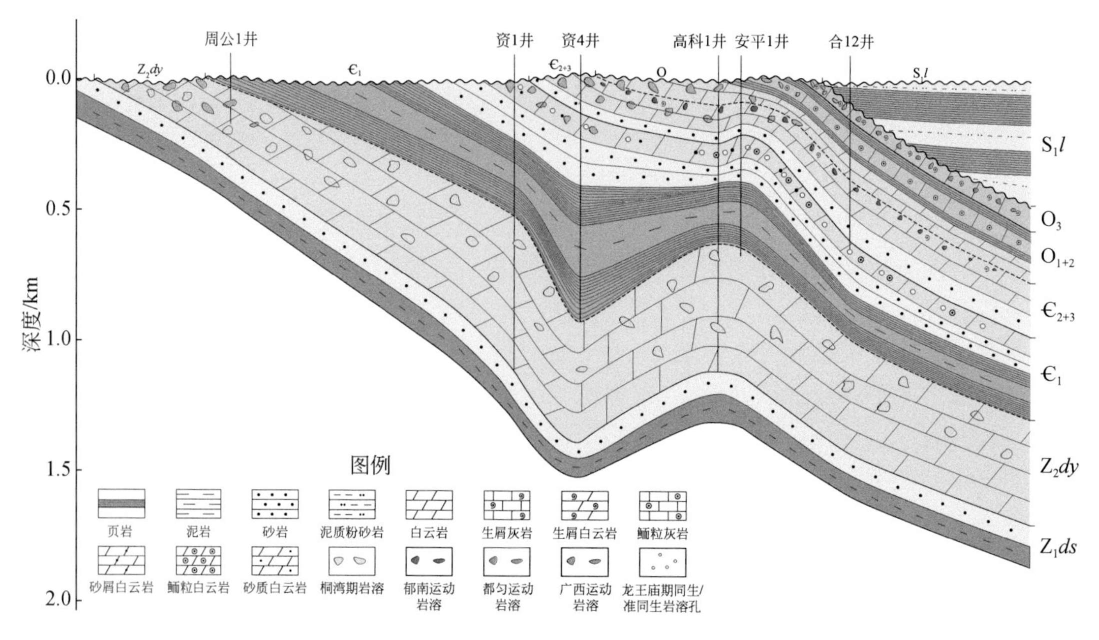

图 3.8　四川盆地下组合多期岩溶叠合发育特征

第二节　四川盆地奥陶系桐梓组四级层序界面岩溶储层

白云岩约占所有碳酸盐岩的 50%（Zenger et al.，1980），其中赋存大量的石油和天然气，是世界上不少油气田的重要储集岩性（Warren，2000；Jiang et al.，2013）。在许多地质环境中都可以形成白云岩，如海相局限台地、陆地盐湖（Baker and Kastner，1981；Land，1980）、埋藏（Wierzbicki et al.，2006）、热液等环境中（Davies and Smith，2006），但大规模白云岩化一般都是在海相环境中形成的（Land，1980；Warren，2000；Machel，2004）。受局限的海相蒸发环境是大规模白云岩发育的重要环境之一。在此环境中，海水蒸发浓缩形成的高盐度、高 Mg/Ca 卤水是地表或近地表大规模白云岩化发育的重要前提条件（Land，1985；Gregg et al.，2015），往往会形成与潟湖相膏岩盐沉积伴生的大规模含膏白云岩和白云岩的沉积（Adams and Rhodes，1960；Saller and Nuel，1998），已经提出多个白云岩化模式（Land，1985；Warren，2000）。

中国南方四川盆地寒武纪至下奥陶世沉积时期持续处于海相蒸发局限台地和膏盐岩潟湖环境（冯增昭等，2001；胡书毅等，2001；李皎等，2015），发育有大规模白云岩和膏盐岩沉积，并广泛发育高能颗粒滩相白云岩（图 3.9）（门玉澎等，2010；Li et al.，2012；邹才能等，2014）。研究揭示与膏盐岩潟湖伴生的白云岩，特别是颗粒滩相白云岩，是优质的储集层（赵文智等，2014；郭彤楼，2014；沈安江等，2015；Zhou et al.，2015）；目前已在下寒武统龙王庙组和下奥陶统桐梓组颗粒滩相白云岩中发现丰富的天然气（Zou et al.，

2014；魏国齐等，2015）（图3.9）。

地层				厚度/m	岩性剖面	生储盖组合		
界	系	统	组			生	储	盖
古生界	志留系	下统	石牛栏组	621~1241				
			龙马溪组					
	奥陶系	上统	五峰组	468~548				
		中统	宝塔组					
			湄潭组					
			红花园组					
			桐梓组					
	寒武系	上统	娄山关群	634~805				
		中统	石冷水组	113~305				
		下统	龙王庙组	565~988				
			金顶山组					
			明心寺组					
			牛蹄塘组					

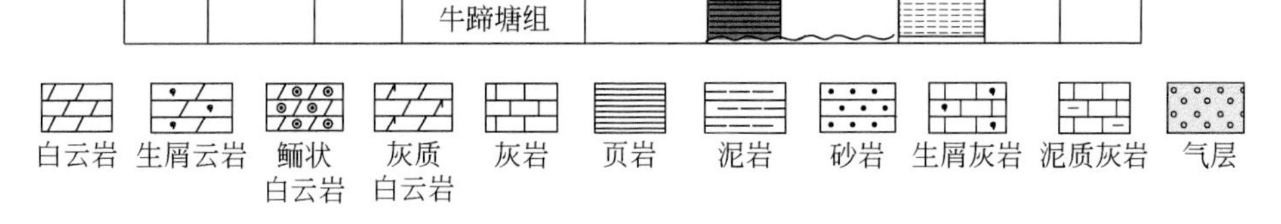

图3.9 四川盆地下古生界地层柱状图

碳酸盐岩沉积形成之后，会因后期构造抬升作用而暴露至地表，并遭受大气降水岩溶作用形成岩溶型储层（Loucks，1999；Loucks et al.，2004）。岩溶型碳酸盐岩储层是现今油气重要储层类型之一，已在其中发现大规模油气聚集（Zhao et al.，2014）。后期构造抬升作用形成的不整合面多是一级、二级、三级层序界面，相关的岩溶储层发育已经有了非常详细的研究（Mazzullo and Chilingarian，1996；Loucks，1999；Konert et al.，2001）。

大量钻井和野外剖面观测与对比发现，四川盆地下奥陶统桐梓组白云岩优质储层发育也与大气降水溶蚀作用有密切的关系。但岩溶作用并不是在后期构造抬升有关的一级、二级或三级不整合面下发生，而是在同生期短期暴露期间，主要在高频（四级）层序界面下发生。目前针对海相蒸发潟湖环境中高频（四级）层序界面岩溶作用影响下的白云岩储层特征、成因机理和模式等尚需要进一步研究。

本节以四川盆地下奥陶统桐梓组为例，揭示海相浅水蒸发环境中桐梓组潮坪-潟湖-高能滩相体系白云岩沉积相展布特征和模式，探讨同生期高频（四级）层序界面岩溶作用的地质和地球化学证据、白云岩储层发育特征和机理，揭示沉积和后期多级岩溶改造叠合作用下桐梓组白云岩储层在四川盆地中的分布规律。

四川盆地下古生界自下而上依次为寒武系、奥陶系和志留系（图 3.9）。下寒武统牛蹄塘组为黑色泥岩和页岩。下寒武统的龙王庙组、中寒武统石冷水组和上寒武统娄山关群为含膏盐岩的白云岩地层。

奥陶系自下而上依次主要包括下奥陶统桐梓组（O_1t）、红花园组（O_1h）和湄潭组（O_1m），中奥陶统宝塔组（O_2b），上奥陶统五峰组（O_3w）等（不同地区命名有所差异）。从岩性上来看，湄潭组以细粒的泥页岩沉积为主，夹少量砂岩或生屑灰岩，一般占奥陶系厚度的 1/3 左右。以湄潭组为界，上下地层均以碳酸盐岩沉积为主。湄潭组上覆的五峰组为黑色含硅质泥页岩层，宝塔组是以生屑灰岩和泥质灰岩为主；下伏下奥陶系红花园组以厚层生屑灰岩为主，桐梓组以生屑和鲕粒白云岩为主，夹膏盐岩和薄层的泥页岩。

下寒武统牛蹄塘组的黑色泥岩在四川盆地广泛发育，是震旦系、寒武系、奥陶系等层位的重要烃源岩层（赵宗举等，2003；李双建等，2011）。奥陶系桐梓组、湄潭组和五峰组也发育泥页岩烃源岩层，能对奥陶系产生一定的烃源供给。

下寒武统的龙王庙组、中寒武统的石冷水组、上寒武统的娄山关群和下奥陶统的桐梓组继承性发育厚层白云岩和膏盐岩，其中的白云岩为四川盆地的主要油气储集层（图 3.9）。位于川中隆起的女基井和磨深 1 井分别在桐梓组白云岩中产天然气 3.09 万 m^3/d 和 0.422 万 m^3/d。安平 1 井、高科 1 井、威基井、西门 1 井、五科 1 井、合 12 井等都揭示桐梓组白云岩为天然气层。

四川盆地在奥陶纪后期及之后经历了多期的构造抬升运动，如奥陶纪末期的都匀运动、志留纪末期开始的广西运动等（梅冥相等，2005）。前者形成下志留统与奥陶系之间的不整合，后者形成二叠系与志留系、奥陶系、寒武系之间的不整合。不整合面之下奥陶系碳酸盐岩发育岩溶型储层，其中广西运动不整合对川中隆起区域奥陶系桐梓组岩溶发育影响显著（梅冥相等，2005）。

一、岩溶白云岩储层地球化学特征

对四川盆地内的威寒 1 井、西门 1 井、座 3 井、五科 1 井、池 7 井典型钻井，以及双河、板桥、红花园等野外剖面的桐梓组白云岩开展了系统取样。对各种类型白云岩，如泥粉晶、细中晶、粗晶、颗粒、鲕粒白云岩等都磨制了薄片并开展了显微薄片鉴定。为了探讨白云岩成因，对结构均匀的 13 个泥粉晶白云岩样品开展了碳、氧和锶同位素分析，为了进行比较也对下奥陶统 14 个灰岩进行了相应的取样分析。为了探讨白云岩溶蚀改造作用，对四级层序界面之下溶蚀孔隙较为发育的 11 个中粗晶白云岩和鲕粒白云岩样品进行了碳、氧和锶同位素分析。

对遵义板桥剖面的两个典型四级层序中的白云岩，自层序底部至上部，开展了系统的孔隙度和渗透率分析。取样间隔约为 1～1.5m。两个四级层序中分别钻取 15 个和 16 个圆柱样品，直径 2.5cm，长度 8～12cm。孔隙度通过气体扩散法测定（Dullien，1992）；对盆地内部 48 口钻井和 15 个野外剖面的桐梓组主要岩性类型（砂岩、泥岩、页岩、膏岩盐、白云岩等）、厚度进行了系统统计，并开展岩相古地理和白云岩厚度分布的编图。

（一）岩石矿物与沉积相特征

1. 白云岩类型

根据钻井和野外观察以及镜下薄片鉴定，奥陶系桐梓组白云岩主要包括晶粒白云岩和颗粒白云岩，在一些溶蚀孔洞中可见到粗晶白云石。

1）晶粒白云岩

根据白云石晶粒大小，桐梓组晶粒白云岩主要包括薄层至中层状粉晶和细中晶白云岩［图 3.10（a）（b），图 3.11（a）～（c）］，以及中厚层砂糖状中粗晶白云岩［图 3.10（c）］。对野外剖面观察发现，粉晶白云岩多为灰色或浅灰色中薄层状白云岩，夹薄层页岩，如贵州桐梓县观音桥剖面出露厚度可达 15m，见水平层理［图 3.10（a）］。粉细晶白云岩薄片在镜下观察晶体颗粒细小，形态不易辨认［图 3.11（a）］。细中晶白云岩多为浅灰色或褐灰色中厚层状白云岩，薄片镜下观察为自形-半自形状白云石，部分为嵌晶状结构［图 3.11（c）］。

2）颗粒白云岩

颗粒白云岩主要包括砾屑、砂屑、鲕粒、藻屑、藻纹层等白云岩［图 3.10（d）（e），图 3.11（d）～（f）］。鲕粒白云岩较为常见，见放射鲕，鲕粒大小一般 0.5～1mm；鲕粒含量较高，鲕粒之间常见点接触和线接触，为鲕粒支撑结构，鲕粒之间的孔隙常被粉细晶白云石充填［图 3.11（d）］。部分白云岩中可含有少量陆源碎屑石英［图 3.11（b）］。

3）充填白云石

中厚层的中粗晶白云岩中常发育有丰富的溶蚀孔洞［图 3.11（f）～（h）］。溶蚀孔洞大小一般几毫米，较大的可达 1cm 左右，孔洞中充填中粗晶或巨晶自形的菱形白云石［图 3.11（c）（g）］。阴极射线照射下，基质粉晶或细中晶白云岩一般发红色的光，充填白云石则发暗红色的光［图 3.11（h）］。

2. 潮坪-潟湖-高能滩相白云岩沉积体系

桐梓组沉积时期盆地内部形成多个膏岩盐潟湖相沉积（图 3.12），常见有膏岩盐和含膏白云岩的出现。四川盆地川东地区的池 7 井、合 12 井、盘 1 井、东深 1 井，川东南地区的阳深 2 井、宁 2 井等揭示了潟湖相膏盐岩的沉积，还发育一定厚度的膏质白云岩。其中阳深 2 井在 4257～4290m 之间揭示厚约 25m 的膏盐岩和膏质白云岩的沉积，宁 2 井在 99.5～113.5m 之间揭示厚约 14m 的膏盐岩和膏质白云岩的沉积。

根据钻井和野外剖面岩性统计结果，对桐梓组沉积发育特征进行了详细的岩相古地理编图（图 3.12）。在盆地西侧，受摩天岭古陆、康滇古陆以及抬升剥蚀区的影响，有丰富碎屑物质的供给，桐梓组是以滨岸相砂岩、泥岩为主的沉积。向东往盆地内部，陆源碎屑物质影响逐渐减弱，至巴中—威远—犍为一线附近，开始发育潮坪相白云岩为主的沉积，夹一定量砂、泥岩沉积。如乐山范店剖面桐梓组为一套含砂质粉细晶白云岩夹浅灰色石英砂岩以及紫色、灰绿色、灰黄色的泥页岩，见潮汐水道前积层理和水平层理；安平 1 井区为一套潮坪环境的泥质白云岩、粉细晶白云岩、粉砂质白云岩，夹白云质页岩和页岩；磨深

1 井桐梓组为一套潮坪环境的泥粉晶白云岩、泥质白云岩夹页岩沉积。至宁 2 井、阳深 2 井、池 7 井区域，出现膏盐岩潟湖沉积。至川东和川东南区域，发育局限台地相和台地边缘相的白云岩，以及台内和台缘高能颗粒滩相白云岩。

图 3.10　四川盆地奥陶系桐梓组白云岩野外和岩心照片

（a）薄层状泥粉晶白云岩夹薄层页岩，桐梓观音桥剖面；（b）中层状粉细晶白云岩，桐梓观音桥剖面；（c）中厚层砂糖状中粗晶白云岩，贵州遵义板桥剖面；（d）藻纹层状细中晶白云岩，贵州遵义板桥剖面；（e）灰色鲕粒白云岩，溶蚀孔隙发育，威寒 1 井；（f）中粗晶白云岩中富含晶间孔隙，贵州遵义板桥剖面；（g）厚层中粗晶白云岩中发育溶蚀孔洞，贵州遵义板桥剖面；（h）浅灰色中晶白云岩，发育小的溶蚀孔洞，四川长宁双河剖面

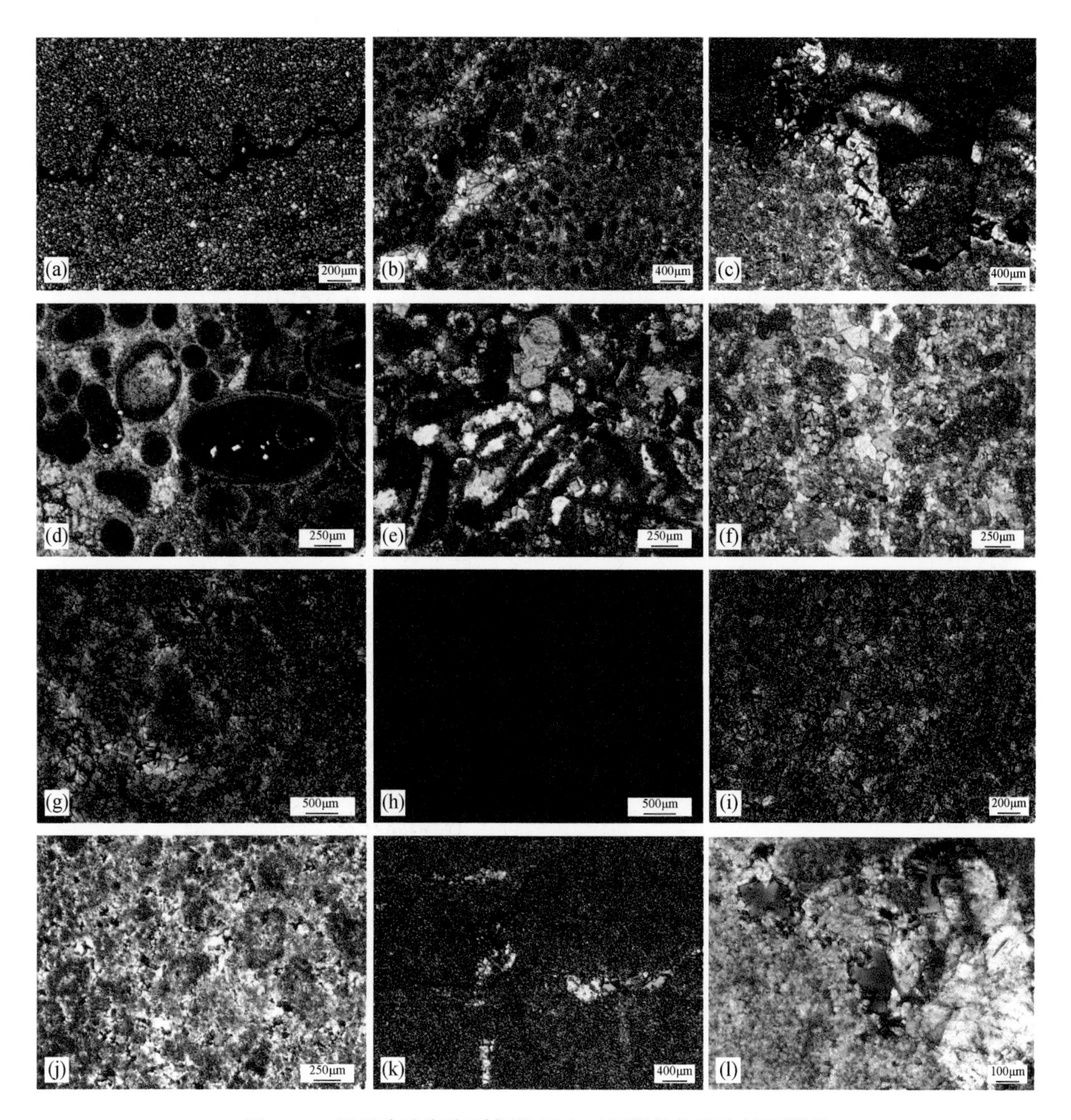

图 3.11 四川盆地奥陶系桐梓组白云岩野外和岩心镜下照片

(a)粉细晶白云岩，沿缝合线有沥青充填，50 倍，单偏光，贵州桐梓观音桥剖面；(b)含砂质细中晶粒屑白云岩(peloidal grainstone)，孔洞中见粗晶白云石充填，25 倍，单偏光，四川长宁双河剖面；(c) 细中晶白云岩，晶间孔中充填沥青，25 倍，单偏光，四川长宁双河剖面；(d) 生屑鲕粒白云岩，25 倍，池 7 井；(e) 生屑鲕粒白云岩，25 倍，威寒 1 井；(f) 砂屑细中晶白云岩，25 倍，座 3 井；(g) 细中晶白云岩，溶蚀孔中充填白云石，5 倍，单偏光，长宁双河剖面；(h) 细中粗晶白云岩，溶蚀孔中充填白云石，5 倍，阴极射线下基质白云岩发红色的光，孔中充填白云石发弱的暗红色光，长宁双河剖面；(i) 中晶白云岩，晶间孔发育，50 倍，单偏光，五科 1 井；(j) 粒屑白云岩，晶间孔和溶蚀孔发育，25 倍，单偏光，座 3 井；(k) 粉细晶白云岩，溶蚀孔发育，25 倍，单偏光，四川长宁双河剖面；(l) 细中晶白云岩，晶间孔和溶蚀孔发育，50 倍，单偏光，四川长宁双河剖面

（二）白云岩地球化学特征

四川盆地下奥陶统碳酸盐岩样品碳氧和锶同位素分析测试结果见表 3.2。下奥陶统灰岩的 $\delta^{13}C_{PDB}$ 值位于-2.1‰～-0.7‰之间，平均为-1.4‰；$\delta^{18}O_{PDB}$ 值位于-10.8‰～-8.1‰之间，

平均为-9.3‰；$^{87}Sr/^{86}Sr$ 值位于 0.709179～0.709739 之间，平均为 0.709429；与早奥陶世正常海水沉积灰岩一致（Veizer et al.，1999）。桐梓组白云岩全岩的 $\delta^{13}C_{PDB}$ 值位于-0.9‰～0.5‰之间，平均为-0.1‰；$\delta^{18}O_{PDB}$ 值位于-8.9‰～-5.9‰之间，平均为-7.5‰；$^{87}Sr/^{86}Sr$ 值位于 0.709360～0.709602 之间，平均为 0.709472；碳氧同位素组成上都高于下奥陶统灰岩的值，锶同位素组成上与下奥陶统灰岩值较为一致。溶蚀孔发育中粗晶和颗粒白云岩的 $\delta^{13}C_{PDB}$ 值位于-1.4‰～-0.5‰之间，平均为-0.9‰；$\delta^{18}O_{PDB}$ 值位于-11.8‰～-9.2‰之间，平均为-10.2‰；$^{87}Sr/^{86}Sr$ 值位于 0.709961～0.711897 之间，平均为 0.710547；碳氧同位素组成上都比桐梓组白云岩全岩低，锶同位素组成上比桐梓组白云岩全岩高。

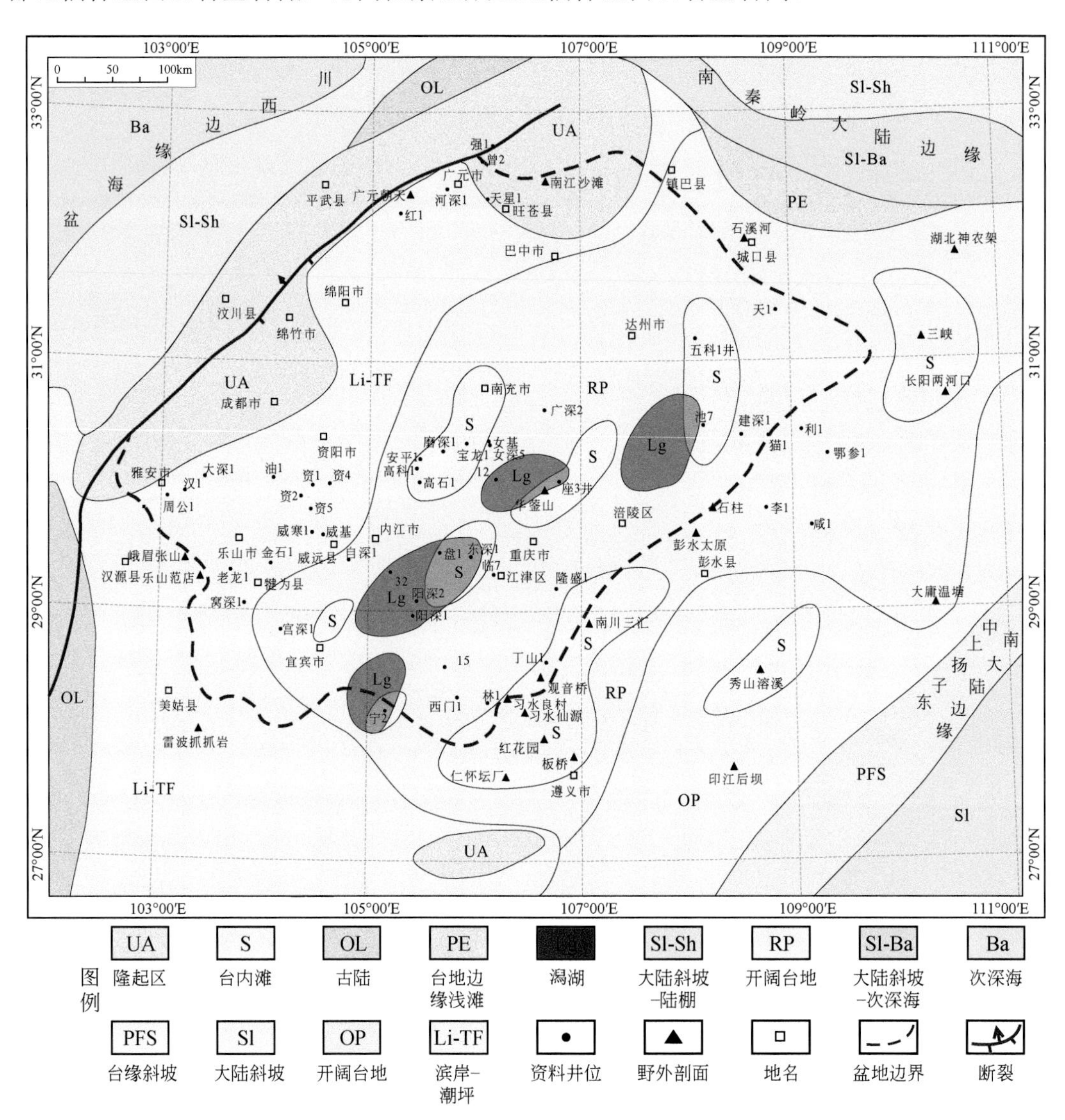

图 3.12　四川盆地早奥陶世桐梓组沉积期岩相古地理图

表 3.2　四川盆地奥陶系桐梓组白云岩全岩、溶蚀孔发育中粗晶和颗粒白云岩与下奥陶统灰岩碳氧锶同位素组成

序号	样号	剖面位置	层位	样品特征	$\delta^{13}C_{PDB}$/‰	$\delta^{18}O_{PDB}$/‰	$^{87}Sr/^{86}Sr$
桐梓组白云岩全岩							
1	SH-06	长宁县双河	O_1t	褐灰色细晶白云岩	−0.9	−7.4	0.709602
2	SH-03	长宁县双河	O_1t	灰色泥粉晶白云岩	0.1	−7.1	0.709528
3	GYQ-36	桐梓县观音桥	O_1t	灰色泥粉晶云岩	0.2	−8.6	/
4	GYQ-37	桐梓县观音桥	O_1t	灰色泥粉晶云岩	0.1	−8.5	0.709411
5	GYQ-38	桐梓县观音桥	O_1t	灰色泥粉晶云岩	0.1	−8.9	/
6	GYQ-39	桐梓县观音桥	O_1t	灰色泥粉晶云岩	0.5	−7.5	0.709459
7	GYQ-40	桐梓县观音桥	O_1t	灰色泥粉晶云岩	0.2	−6.7	0.709360
8	PJ-O1t-5	都匀坝固镇坡脚	O_1t	灰色泥粉晶云岩	−0.5	−8.9	/
9	MJ-O1t-3	麻江剖面	O_1t	褐灰色粉细晶云岩	−0.9	−7.1	/
10	BQ-57	遵义板桥	O_1t	灰色泥粉晶云岩	0.3	−6.2	0.709422
11	BQ-58	遵义板桥	O_1t	灰色泥晶云岩	−0.2	−5.9	0.709521
12	BQ-60	遵义板桥	O_1t	灰色泥粉晶云岩	0.1	−7.1	0.709533
13	BQ-72	遵义板桥	O_1t	灰色泥晶云岩	−0.4	−8.2	0.709411
平均					−0.1	−7.5	0.709472
溶蚀孔发育中粗晶和颗粒白云岩							
1	SH-04-5	长宁县双河	O_1t	中晶白云岩	−0.7	−9.3	/
2	SH-04-6	长宁县双河	O_1t	中粗晶白云岩	−0.9	−9.2	0.710375
3	SH-03-1	长宁县双河	O_1t	颗粒白云岩	−0.8	−10.3	0.710051
4	SH-03-2	长宁县双河	O_1t	中晶白云岩	−1.1	−9.7	/
5	SH-06-2	长宁县双河	O_1t	颗粒白云岩	−0.9	−10.6	0.709987
6	SH-06-3	长宁县双河	O_1t	中粗晶白云岩	−0.8	−9.4	/
7	SH-06-4	长宁县双河	O_1t	颗粒白云岩	−0.5	−10.0	0.710014
8	BQ-50	遵义板桥	O_1t	鲕粒白云岩	−1.4	−10.9	0.710852
9	BQ-71	遵义板桥	O_1t	粗晶白云岩	−0.6	−11.2	0.709961
10	BQ-74	遵义板桥	O_1t	中晶白云岩	−1.2	−9.4	0.711235
11	BQ-75	遵义板桥	O_1t	颗粒白云岩	−0.9	−11.8	0.711897
平均					−0.9	−10.2	0.710547
下奥陶统灰岩							
1	QL-51	石柱县漆辽	O_1h	灰色生屑灰岩	−1.2	−9.6	/
2	QL-40	石柱县漆辽	O_1h	深灰色泥晶灰岩	−1.3	−8.2	/
3	QL-40	石柱县漆辽	O_1h	灰色生屑灰岩	−2.1	−10.7	/
4	QL-05	石柱县漆辽	O_1t	深灰色泥晶灰岩	−1.5	−9.2	0.709739

续表

序号	样号	剖面位置	层位	样品特征	$\delta^{13}C_{PDB}$/‰	$\delta^{18}O_{PDB}$/‰	$^{87}Sr/^{86}Sr$
5	QL-45	石柱县漆辽	O_1h	灰色生屑灰岩	-1.5	-10.8	/
6	QL-35	石柱县漆辽	O_1h	灰色泥晶灰岩	-1.4	-9.6	0.709664
7	GYQ-27-02	桐梓县观音桥	O_1t	深灰色生屑灰岩	-1.1	-9.4	0.709278
8	GYQ-25-01	桐梓县观音桥	O_1t	深灰色泥晶灰岩	-1.3	-9.2	/
9	SH-15	长宁县双河	O_1t	灰色泥晶灰岩	-1.9	-9.8	0.709623
10	YW-4	南川窑湾	O_1h	深灰色泥晶灰岩	-1.3	-8.6	0.709179
11	YW-10	南川窑湾	O_1h	深灰色生屑灰岩	-0.7	-9.6	/
12	YW-11	南川窑湾	O_1h	灰色泥晶灰岩	-1.5	-8.1	0.709203
13	BQ-47	遵义板桥	O_1h	灰色泥晶灰岩	-1.8	-9.2	0.70932
14	BQ-49	遵义板桥	O_1h	灰色泥晶灰岩	-1.6	-8.5	0.709422
平均					-1.4	-9.3	0.709429

（三）白云岩孔隙度和渗透率

针对遵义板桥剖面两个四级层序白云岩孔隙度和渗透率测试结果见表 3.3。无论是四级层序 O_1t-ii 还是 O_1t-vi，自层序底部向上部，岩性逐渐由泥粉晶白云岩向细中晶、中粗晶和鲕粒白云岩转变，至顶部层序界面附近白云岩富含溶蚀空隙；孔隙度和渗透率都具有逐渐增大的特征。层序 O_1t-ii 的孔隙度由底部的 2.1%逐渐增大至顶部的 11.9%，渗透率由底部的 0.15mD 逐渐增大至顶部的 21.3mD。层序 O_1t-vi 的孔隙度由底部的 1.5%逐渐增大至顶部的 13.1%，渗透率由底部的 0.09mD 逐渐增大至顶部的 48.7mD。

（四）白云岩化机制与模式

白云岩的形成机理长期以来备受国内外学者的重点关注，已有机制主要包括渗透回流模式、混合水模式、撒布哈模式、埋藏、生物、热液等，但大规模的白云岩化一般是在海水环境中形成的（Warren，2000；Machel，2004；刘树根等，2008a）。海水环境中沉淀形成白云石，一般需要海水有较高的盐度和 Mg/Ca 等条件，才能克服白云石形成的动力学障碍。在局限台地的潮坪、潟湖等环境中，海水逐渐蒸发浓缩，满足了白云石化所需的高盐度和高 Mg/Ca 条件，会导致大规模白云岩化作用进行。

在蒸发浓缩过程中，海水碳氧同位素组成会逐渐变重，$^{87}Sr/^{86}Sr$ 值会保持稳定；此环境中所形成的白云岩也通常具有比同时期灰岩较重的碳氧同位素组成，并且具有与同时期灰岩较为一致的 $^{87}Sr/^{86}Sr$ 值（Qing et al.，2001）。本次测试发现桐梓组白云岩全岩与下奥陶统灰岩相比，具有较重的碳氧同位素组成和较为一致的 $^{87}Sr/^{86}Sr$ 值（图 3.13、图 3.14），表明是在蒸发浓缩海水中形成的白云岩（Warren，2000；Machel，2004）。

表 3.3　桐梓组白云岩孔隙度和渗透率测试结果

序号	孔隙度/%	渗透率/mD	距层序顶部距离/m	岩性
四级层序 O_1t-vi				
1	13.1	48.7	0.2	鲕粒白云岩，溶孔发育
2	12.9	24.21	1.9	鲕粒白云岩，溶孔发育
3	11.5	29.3	3.1	鲕粒白云岩，溶孔发育
4	13.2	50.1	4.9	中粗晶白云岩
5	8.8	12.34	6.1	含鲕粒中晶白云岩
6	9.6	10.21	7.8	含鲕粒中晶白云岩
7	10.2	11.37	9.1	含鲕粒中晶白云岩
8	8.3	1.98	10.9	中晶白云岩
9	5.9	2.04	12	细中晶白云岩
10	4	1.22	13.8	细中晶白云岩
11	3	1.07	15.1	含鲕粒细晶白云岩
12	4.8	1.64	16.6	泥质细晶白云岩
13	3.5	0.89	18	粉细晶白云岩
14	2	0.27	19.5	粉细晶白云岩
15	2.3	0.43	21	泥质粉晶白云岩
16	1.5	0.09	22.5	泥质粉晶白云岩
四级层序 O_1t-ii				
1	11.9	21.3	0.1	鲕粒白云岩，溶孔发育
2	12.6	13.7	1.7	鲕粒白云岩，溶孔发育
3	11.3	16.15	3	鲕粒白云岩
4	9.8	6.37	4.3	中晶白云岩
5	7.6	9.52	5.7	鲕粒白云岩
6	8.4	11.25	7	细中晶白云岩
7	4.5	1.89	8.4	鲕粒白云岩
8	5.8	2.43	9.8	细晶白云岩
9	5.2	2.5	11	细晶白云岩
10	3.6	1.05	12.4	细晶白云岩
11	4.3	1.25	13.8	细晶白云岩
12	3	0.67	15.1	泥质细晶白云岩
13	3.2	0.58	16.4	灰质粉晶白云岩
14	2	0.22	17.9	灰质泥晶白云岩
15	2.1	0.15	19.1	含生屑灰质泥晶白云岩

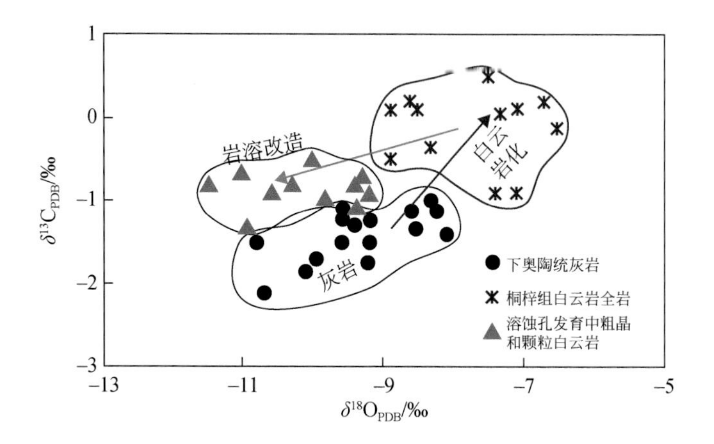

图 3.13　四川盆地奥陶系桐梓组白云岩全岩、溶蚀孔发育中粗晶和颗粒白云岩以及下奥陶统灰岩碳氧同位素交会图

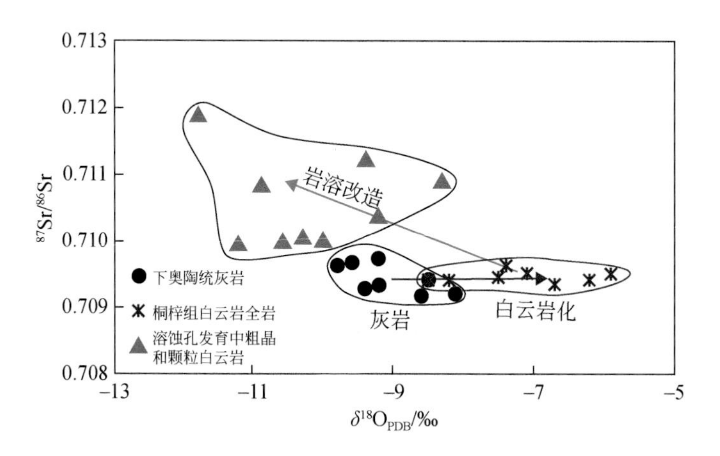

图 3.14　四川盆地奥陶系桐梓组白云岩全岩、溶蚀孔发育中粗晶和颗粒白云岩以及下奥陶统灰岩锶氧同位素交会图

从震旦纪开始，川中古隆起雏形开始形成，寒武纪和奥陶纪逐渐形成了西高东低、南高北低的沉积格局，自西向东发育了滨岸、潮坪、台地及广海陆棚等沉积（李皎等，2015）。奥陶纪总体处于海侵环境，具有多期水体进退旋回，其中奥陶纪末期五峰组沉积时达到海侵高点。

奥陶系桐梓组沉积期，盆地西侧摩天岭古陆和康滇古陆以及抬升剥蚀区的存在制约了桐梓组的沉积展布格局。在盆地西侧，由于丰富陆源碎屑物质的供给，形成滨岸相以砂泥质碎屑岩为主的沉积。向东逐渐进入碳酸盐岩台地沉积环境，依次发育了潮坪白云岩、潟湖膏盐岩和含膏白云岩以及高能颗粒滩相白云岩，表现出潮坪-潟湖-高能滩相白云岩的沉积格局（图 3.12、图 3.15）。

膏盐岩潟湖的出现表明桐梓组沉积过程中处于局限的浅海蒸发台地环境。浅海蒸发环境不但会围绕潟湖边缘发育局限台地高能滩相沉积，而且还有利于白云岩化的进行。

在浅海蒸发环境中，受波浪等因素影响，台内和台缘常处于高能环境，有利于高能颗粒和鲕粒滩相白云岩的发育。因此，在膏岩盐潟湖东侧台缘相带中，桐梓组发育了多个高能滩，主要由颗粒、鲕粒等白云岩构成（图 3.11）。

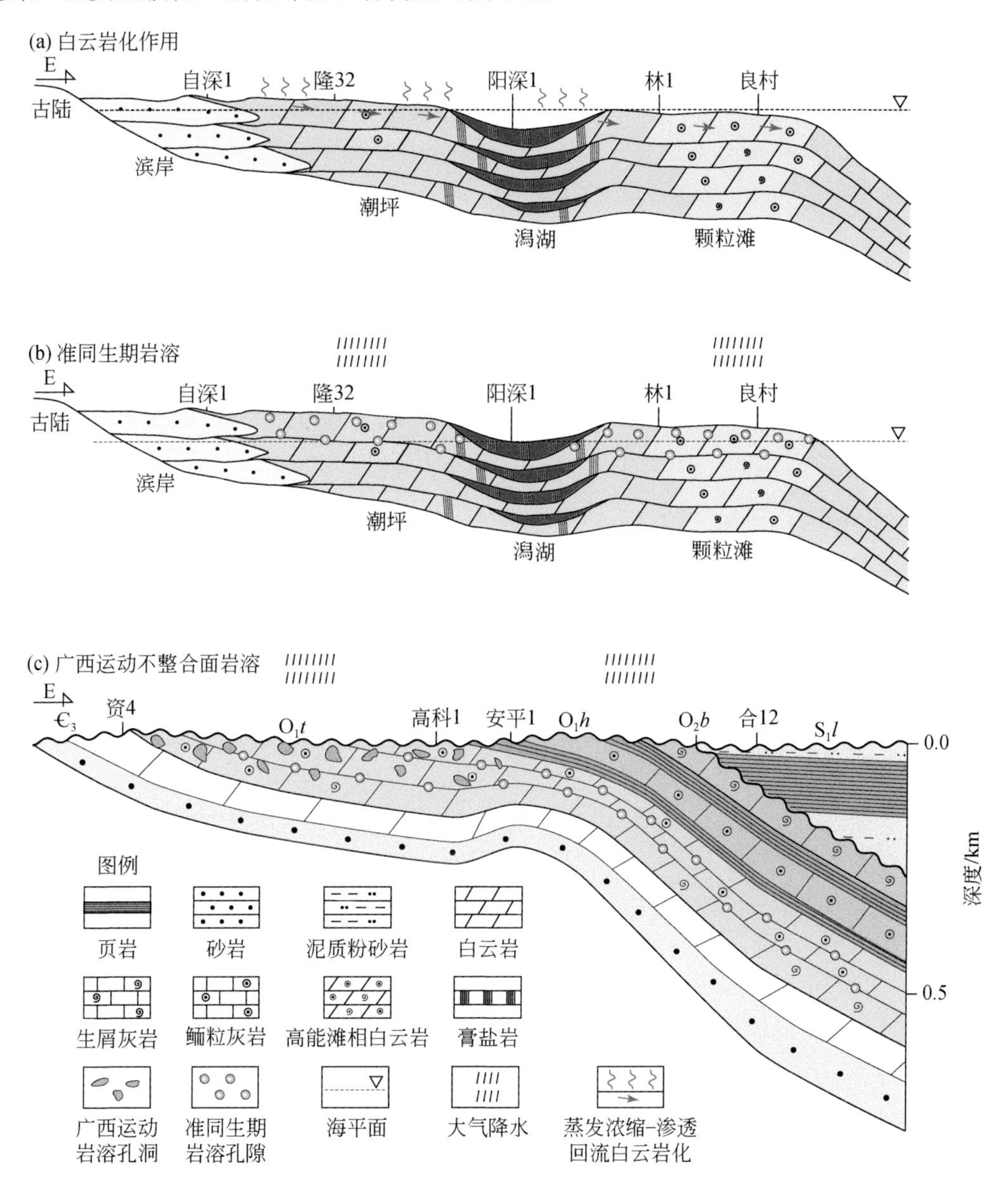

图 3.15　四川盆地奥陶系桐梓组潮坪-潟湖-高能滩相白云岩化及储集空间发育图

（a）渗透回流白云岩化模式，在膏盐潟湖西侧的潮坪相带中，蒸发浓缩海水被潮汐或风暴推送到潮坪区域，以渗透回流方式通过潮坪沉积物，使之发生白云岩化；在膏盐潟湖东侧的高能滩相区域，蒸发浓缩海水以渗透回流方式通过滩相沉积物，使之发生白云岩化作用。（b）由于短期相对海平面下降，白云岩发生暴露，遭受准同生期大气降水岩溶淋滤作用，发育丰富的溶蚀孔隙，形成四级程序界面。（c）志留纪末期至二叠纪沉积前，由于广西运动抬升作用，桐梓组白云岩遭受大气降水岩溶作用，形成大量的岩溶孔洞

在局限浅海蒸发台地环境中，由于浅滩等形成屏障，台地上的海水循环受到严重限制，导致蒸发作用和中高盐度卤水的形成，有利于白云岩化进行（Machel，2004）。受限的海水

高度蒸发之后超过石膏饱和度，导致潟湖中的石膏沉淀。石膏沉淀优先去除海水中的 Ca^{2+}，提高了 Mg/Ca 值。正常海水中的 Mg-Ca 比例约为 5∶1。当这个比例上升到大约 10∶1 时，白云石化就可能发生了（Boggs，2009）。粉细晶白云岩 $\delta^{13}C$ 和 $\delta^{18}O$ 升高以及稳定的 $^{87}Sr/^{86}Sr$ 值（表 3.2，图 3.13、图 3.14）表明在高盐度卤水中形成了同生期白云岩。

桐梓组蒸发潟湖环境中的白云化符合渗透回流的白云岩化模式（图 3.15）。在膏岩盐潟湖东侧，蒸发的高盐海水由于其密度增加，可以向海的方向流出，流经台地和高能浅滩沉积位置，使其发生白云化。在膏岩盐潟湖西侧，高盐海水可以通过强烈的波浪和风暴周期性地把潟湖高盐度海水推进到潮汐带和残余潮汐通道上，导致潮汐带沉积物的白云化。在潟湖平台环境中，碳酸盐沉积物几乎完全在地表附近白云化（Saller and Nuel，1998；Jones et al.，2003）。

二、四级层序界面同生期岩溶作用

（一）四级层序界面划分

奥陶系桐梓组沉积时期，四川盆地总体处于局限台地沉积环境，发育以白云岩为主的沉积，夹少量页岩。随后，至红花园组沉积时期，四川盆地转变为开阔台地沉积环境，发育以灰岩为主的沉积。因此，下奥陶统桐梓组为一个完整的三级层序沉积序列（李皎等，2015），每个三级层序通常由多个四级层序组成（Mitchum and van Wagoner，1991；Handford and Loucks，1993）。

四川盆地东南部遵义板桥剖面桐梓组三级层序厚度约 112m，其中白云岩厚度约 82m。从下至上，在纵向上发育有 4 个由细变粗的沉积序列（图 3.16、图 3.17），每个序列从下而上依次为纹层状页岩、薄层状粉晶白云岩和泥质粉晶白云岩夹纹层状泥岩或页岩、中薄层状细中晶白云岩、中厚层状中粗晶白云岩及砂屑或鲕粒白云岩。每个沉积序列的厚度一般约 30m（图 3.16）。

每个由细变粗的沉积序列一般代表一个相对海平面升高至逐渐下降的水体变浅的沉积旋回，对应一个四级或五级层序（Elrick，1995）。遵义板桥剖面的 4 个沉积序列分别对应 4 个四级层序，即 O_1t-ⅰ 至 O_1t-ⅳ（图 3.16）。每个四级层序以相对海平面快速上升开始，发育以页岩为主的沉积；随后相对海平面逐渐下降，逐渐发育薄层状粉细晶白云岩夹页岩沉积［图 3.17（a）（b）］；在这些四级层序沉积旋回晚期，相对海平面较低，发育中厚层中粗晶白云岩或高能滩相的砂屑、鲕粒白云岩［图 3.16、图 3.17（c）］。

（二）同生期岩溶

四级高频层序的发育和垂向上的叠置可能与米兰科维奇旋回气候引起的海平面波动有关（Strasser，1994）。在米级旋回末期，短期相对海平面下降，会导致碳酸盐岩沉积遭受地表暴露和大气降水淋滤。相对海平面重复性地高频波动导致碳酸盐岩沉积物多次反复暴露淋滤（Hardie et al.，1986；Saller et al.，1994；沈安江等，2015）。

桐梓组白云岩发育时正处于海相蒸发浅水环境［图 3.15（a）］。在每个四级层序发育末期，易受相对海平面下降影响，四级层序上部的砂屑、鲕粒或粗晶白云岩暴露出海平面，遭受大气降水的淋滤改造作用（Saller et al.，1994；樊太亮等，2007；朱东亚等，2015），因而能发育丰富的溶蚀孔隙［图 3.10（e）（f）、图 3.11（j）～（l）、图 3.15（b）］。遭受大气降水淋滤的剥蚀面成为四级层序界面（图 3.16）。随后，相对海平面上升，开始发育新的沉积序列。

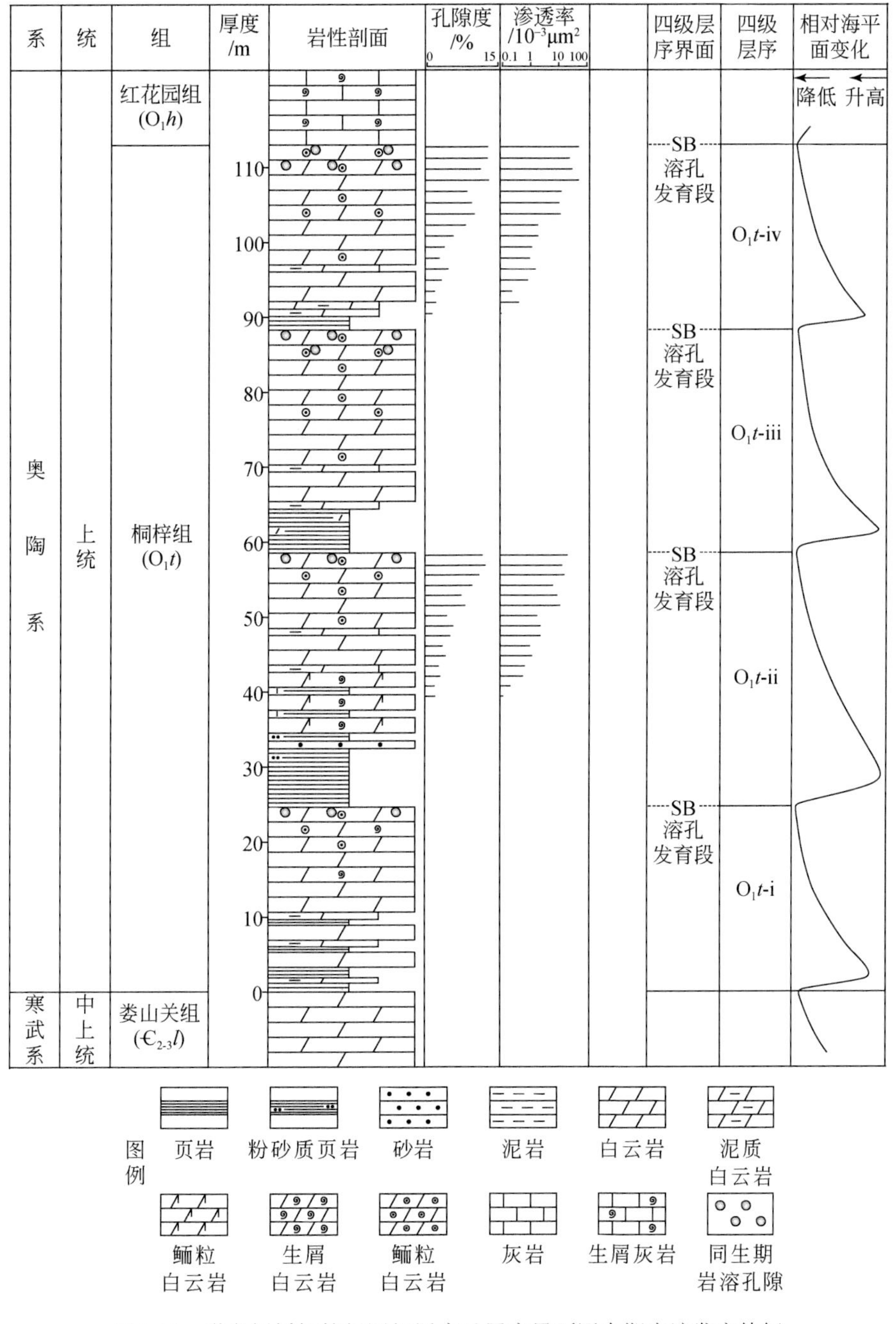

图 3.16　遵义板桥桐梓组四级层序及层序界面同生期岩溶发育特征

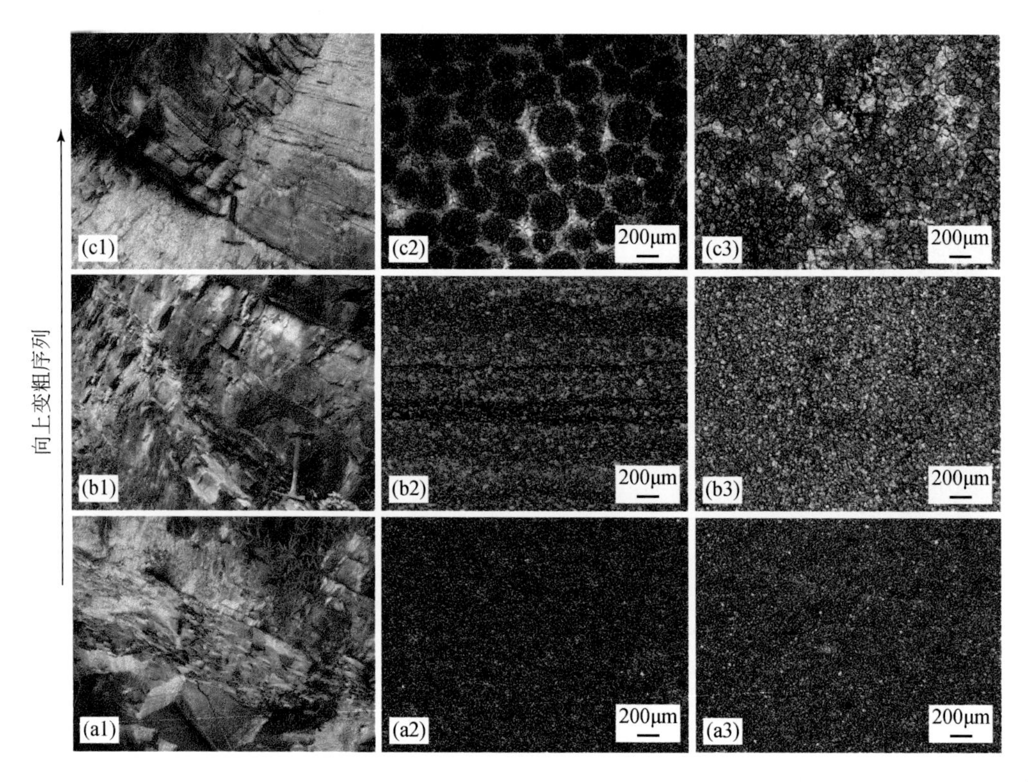

图 3.17　遵义板桥剖面桐梓组白云岩沉积变化序列照片

照片（a）（b）（c）分别来自板桥剖面 O_1t- ii 四级层序中的中下部、中部和上部。
（a1）～（a3）薄层状泥粉晶白云岩和页岩互层；（a2）和（a3）为图（a1）中页岩层之上的薄层状粉晶白云岩显微照片，粉晶白云岩，含菱铁矿，×50 倍，单偏光。（b1）～（b3）薄层状细晶白云岩夹纹层状页岩；（b2）和（b3）为图（b1）中的白云岩的显微照片，为细晶白云岩，其中（b2）夹泥质条纹，×50 倍，单偏光。（c1）～（c3）中厚层状中粗晶白云岩和鲕粒白云岩；（c2）和（c3）为图（c1）中的白云岩的显微照片；（c2）为鲕粒白云岩，×20 倍，单偏光；（c3）为中晶白云岩，晶间孔中见沥青，×50 倍，单偏光

每个四级层序上部的中厚层状中粗晶白云岩或鲕粒白云岩中都可见到凹凸不平的冲刷面［图 3.18（a）（b）］、小型溶蚀冲沟［图 3.18（b）］、溶蚀角砾等［图 3.18（c）］，层面上有褐黄色的富含铁质泥质的风化薄层［图 3.18（b）（d）］，表明曾经遭受同生期暴露淋滤和风化氧化作用（Hardie et al.，1986；朱东亚等，2015）。

溶蚀孔洞发育的白云岩中会见有少量白色白云石的沉淀，阴极发光为暗红色光或不发光［图 3.11（h）］，表明为表生岩溶环境中胶结充填的结果（Solomon and Walkden，1985）。

与未遭受溶蚀改造的碳酸盐岩相比，如果溶蚀发育的碳酸盐岩碳氧同位素相对偏轻，通常认为是大气降水溶蚀改造的结果（Goldstein et al.，1991；Hajikazemi et al.，2010）。桐梓组四级层序顶部溶蚀发育白云岩碳氧同位素组成上都低于粉细晶白云岩全岩的值（表 3.2，图 3.13）。碳氧同位素偏负的特征表明了顶部白云岩遭受了大气降水溶蚀改造作用。

桐梓组溶蚀发育白云岩的 $^{87}Sr/^{86}Sr$ 值显著高于桐梓组白云岩的 $^{87}Sr/^{86}Sr$ 值（表 3.2，图 3.14）。通常大气降水在地表流动过程中会从砂泥质碎屑物质中获得较多的 ^{87}Sr，从而会具

有较高的 $^{87}Sr/^{86}Sr$ 值。大气降水与碳酸盐岩相互作用，发生溶蚀改造的碳酸盐岩及沉淀形成的碳酸盐岩矿物通常会具有高的 $^{87}Sr/^{86}Sr$ 值（Zhu et al.，2015a）。所以，桐梓组溶蚀发育白云岩显著高的 $^{87}Sr/^{86}Sr$ 值也表明了大气降水溶蚀改造作用存在。

图 3.18　桐梓组白云岩高频（四级）层序界面

（a）水平层理的浅色细中晶白云岩，见侵蚀冲刷面，指示高频（四级）层序界面，贵州遵义板桥剖面；（b）灰色含鲕粒中粗晶白云岩，见侵蚀冲刷面，冲刷面上有黄褐色铁质/泥质薄层，指示高频（四级）层序界面，金沙岩孔剖面；（c）高频（四级）层序界面上的溶蚀角砾白云岩，遵义板桥剖面；（d）中晶白云岩中见黄褐色铁质/泥质条纹，指示高频（四级）层序界面，长宁双河剖面

（三）同生期岩溶型白云岩储层

桐梓组白云岩储层孔隙度和渗透率的大小及变化与四级层序发育过程中相对海平面变化有密切的关系（图 3.16）。在四级层序开始时期相对海平面较高环境中发育的薄层状粉细晶白云岩一般孔隙度和渗透率都较低；随着现海平面逐渐下降，细中晶白云岩的孔隙度和渗透率逐渐升高；因此，在四级层序末期浅水高能环境中发育的中粗晶或鲕粒白云岩不但富含溶蚀孔隙，而且还具有很高的孔隙度和渗透率。板桥剖面的 O_1t-ii 四级层序白云岩序列中，从下至上孔隙度逐渐由 2.0%增加至 12.6%，渗透率逐渐由 0.15mD 增加至 21.3mD（表 3.3，图 3.16）。O_1t-iv 四级层序白云岩序列中，从下至上孔隙度逐渐由 1.5%增加至 13.1%，渗透率逐渐由 0.09mD 增加至 48.7mD（表 3.3，图 3.16）。

川东南和川东地区多个野外剖面和钻井都揭示了桐梓组的 4 个四级层序，区域性具有良好的可对比性（图 3.19）。白云岩储层均发育在四个四级层序的中上部，并且在每个四级层序界面之下，一般都发育高能鲕粒或砂屑白云岩，亦受同生期岩溶作用影响，一般都是储层物性最好的部位（图 3.16、图 3.19）。

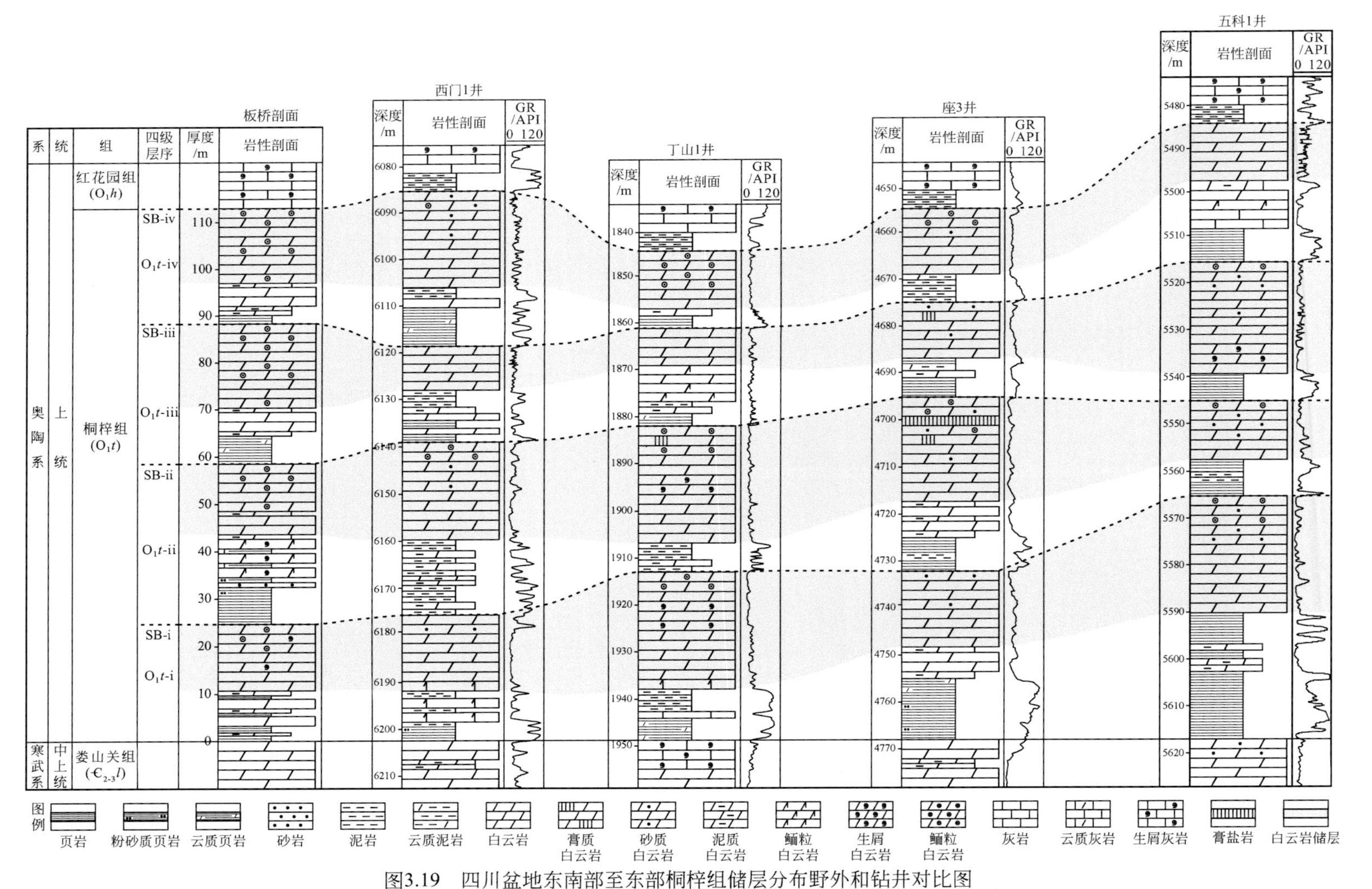

图3.19 四川盆地东南部至东部桐梓组储层分布野外和钻井对比图

桐梓组四个四级层序具有很好的可对比性，白云岩储层在每个四级层序的中上部发育，特别是在四级层序界面之下，受同生期大气降水淋滤影响，是优质白云岩储层形成的最有利部位

三、构造抬升不整合面岩溶作用

加里东末期（志留纪末期至二叠纪沉积前），四川盆地遭受一期重要的构造抬升作用，即广西运动，对四川盆地产生了深远的影响，自川西至川中隆起区域，形成了二叠系与震旦系、寒武系、奥陶系、志留系等不同层位之间的角度不整合面接触，为川中地区一级层序界面（图 3.20）。

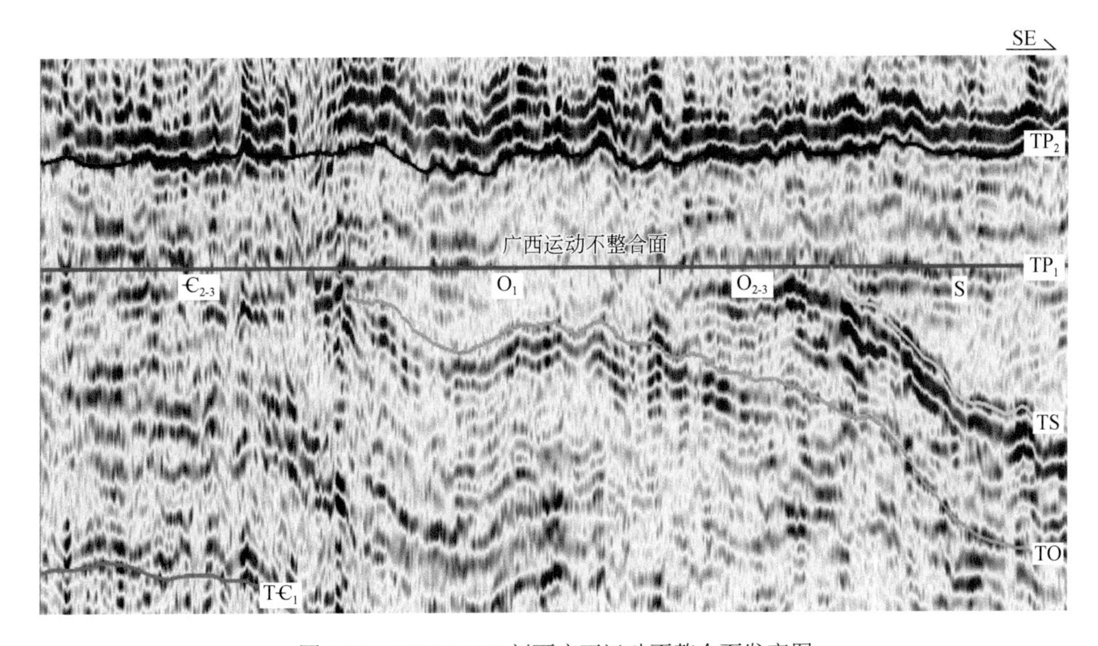

图 3.20　ANSHUI88 剖面广西运动不整合面发育图

剖面位置见图 3.1 中的 *AA′*，该剖面为沿不整合面 TP_1 界面的层拉平剖面。TO 表示奥陶系底部地震反射界面，其他类同

受广西运动影响，盆地西部和川中隆起区域的震旦系、寒武系和奥陶系碳酸盐岩抬升暴露至地表，遭受大气降水岩溶作用。川西和川中隆起区大部分地区桐梓组都剥蚀殆尽，仅在川中隆起周围有桐梓组残留。受大气降水岩溶作用影响，川中隆起周缘桐梓组白云岩会在同生期大气降水淋滤的基础上，进一步发育大量的溶蚀孔洞［图 3.15（c）］。

广西运动造成的不整合面之下的桐梓组白云岩岩溶型储层已被川中隆起周缘不少钻井揭示（图 3.21）。如女基井在 4518～4557m 揭示残存桐梓组白云岩厚约 39m，白云岩发育大量晶间孔和溶蚀孔洞。岩心见半充填裂缝，连通晶洞 10 余个，缝孔洞中常见黑色干沥青、石英和白云石充填。白云岩面孔率约 3%～5%，钻井过程中有气浸显示；测试产气 3.09 万 m^3/d。安平 1 井在不整合面之下的桐梓组 4154m 岩心段中发现丰富岩溶孔洞，大小一般在 6～50mm 之间，孔洞累计厚度可占取心段的 34.21%。高科 1 井在 4376.0～4396.5m 钻遇桐梓白云岩，厚度为 20.5m。白云岩主要是灰色、褐灰色细-粉晶白云岩，局部见残余砂屑白云岩。在 4382.00～4387.03m 进行了取心，发育多个毫米级大小的小型溶蚀孔洞；测试含气饱和度 46.2%～71.6%。在女深 5 井不整合面之下的 4539.47～4550.24m 井段所取岩心中见溶洞，部分被岩溶角砾充填，大小不等，最大 5.9cm×9.1cm，小者 1mm，排列混乱，与

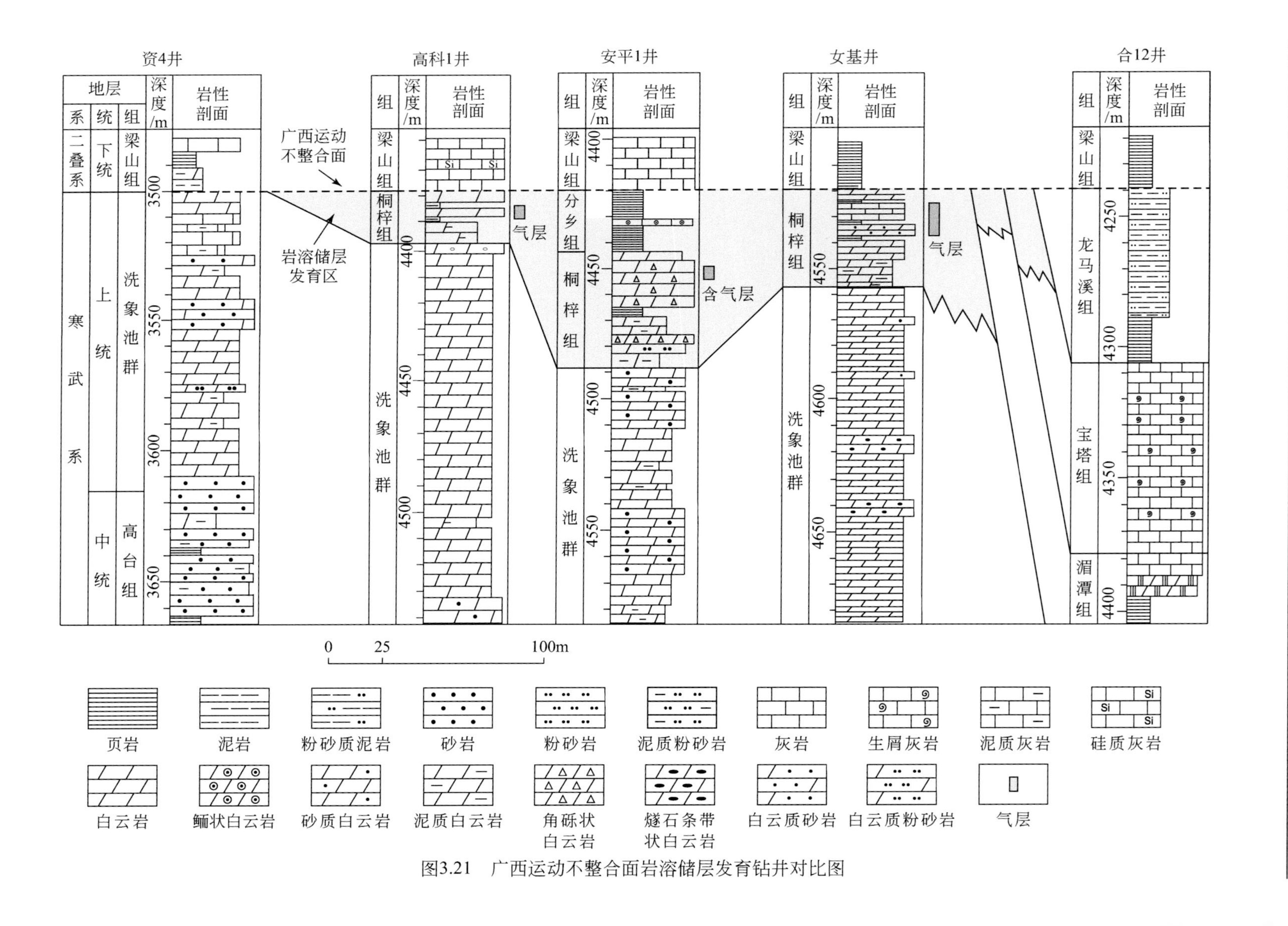

图3.21　广西运动不整合面岩溶储层发育钻井对比图

围岩有清晰的接触关系，呈囊状体产出。孔洞中还见有沥青、石英、白云石、黏土物质的充填。在4532～4564m射孔试气，产气719m^3/d。此外，磨深1井在南津关组4375～4395m层段见有气侵，产气4220m^3/d。

四、桐梓组白云岩储层分布

海相浅水蒸发环境中发育的潮坪–潟湖–高能滩相沉积体系是奥陶系桐梓组白云岩储层大规模发育的基础。潮坪和高能滩相白云岩沉积形成过程中发育丰富的原生晶间孔、粒间孔、粒内孔等［图3.11（i）（j）］；同生期大气降水淋滤作用使白云岩储集性能得到进一步改善。此外，受广西运动构造抬升导致的不整合面岩溶作用会在局部地区白云岩中形成大量的溶蚀孔洞（赵文智等，2014）。高能滩相白云岩原生孔隙、同生期大气降水淋滤和后期构造抬升大气降水岩溶作用使桐梓组白云岩发育成为优质白云岩储层，成为现今天然气的主要聚集层位。

根据钻井资料对四川盆地奥陶系桐梓组白云岩厚度分布进行了统计和编图（图3.22）。从图3.22可以看出，除川西和川中古隆起剥蚀区之外，桐梓组白云岩在四川盆地内部都有

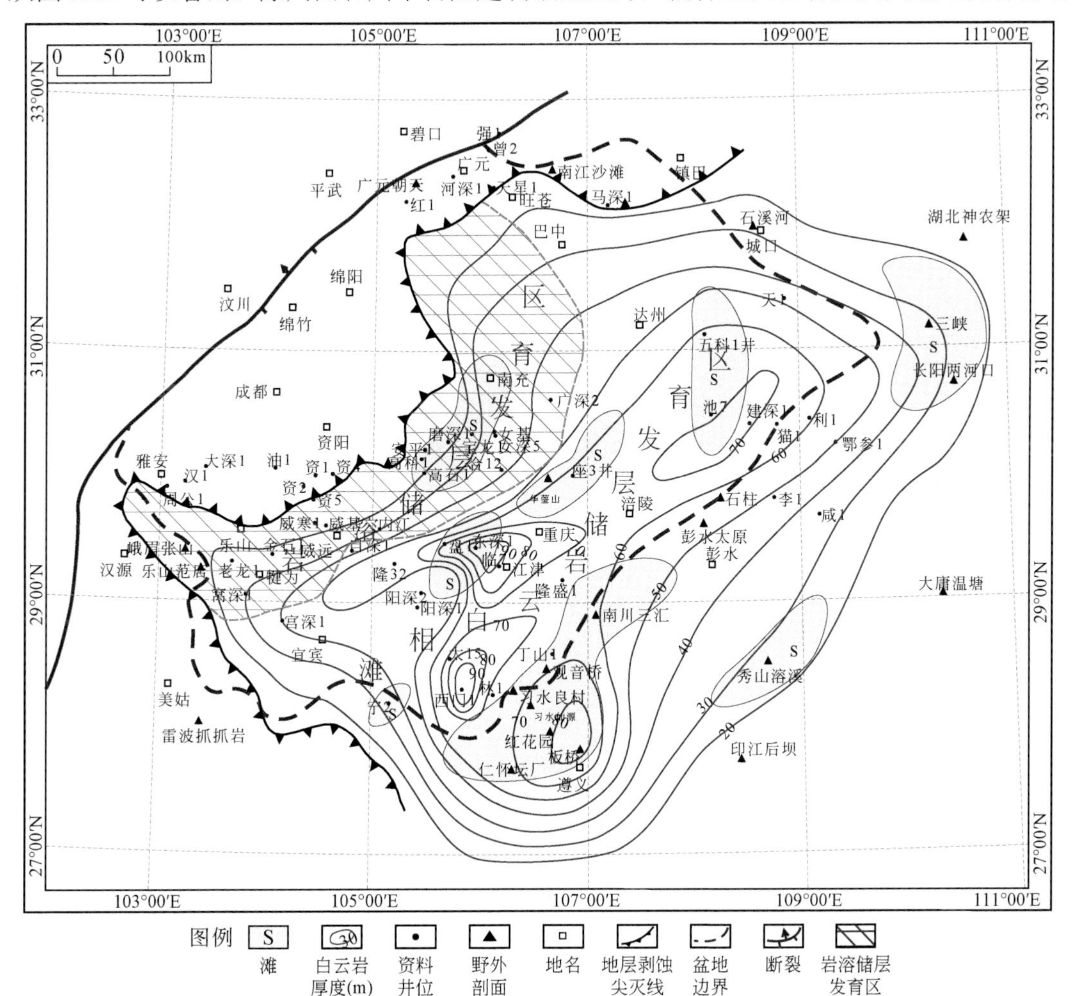

图3.22 四川盆地奥陶系桐梓组白云岩储层发育分布图

分布，在川东和川东南地区厚度较大。如川东南建深 1 井处厚度为 73m，川东西门 1 井处厚度为 97m，东深 1 井处厚度达 110m。

在川东和川东南地区，高能相带和同生期淋滤控制优质白云岩储层发育和分布。根据沉积相研究结果，伴随蒸发环境膏岩盐潟湖，在川东和川东南地区广泛发育多个高能颗粒滩相白云岩储层（图 3.22）。进一步受同生期大气降水淋滤影响，优质白云岩储层主要在四个四级层序中上部，特别是在四级层序界面之下发育形成（图 3.16、图 3.19）。每个四级层序中优质白云岩储层发育厚度一般 10～20m（图 3.16、图 3.19）。

在川中隆起区域，桐梓组白云岩储层主要受广西运动不整合面岩溶作用影响，围绕川中古隆起周围分布（图 3.22）。不整合面之下桐梓组白云岩厚度一般 20～50m，具有丰富的沥青和天然气显示。

寒武系龙王庙组是在潟湖和高能滩相环境中发育形成的优质白云岩储层，并得益于下寒武统优质烃源岩供给，目前已经在其中发现大型安岳气田（邹才能等，2014）。奥陶系桐梓组白云岩有着与龙王庙组类似的白云岩储层发育环境和烃源供给条件，并且在川东和川东南地区围绕膏盐岩潟湖的白云岩化颗粒滩相储层和川中古隆起周围的岩溶型白云岩储层中都已发现了丰富的各类孔隙和较好的天然气显示。因此，随着勘探认识和重视程度的提高以及测试手段的进步，桐梓组白云岩将是四川盆地深层继震旦系灯影组、寒武系龙王庙组之后的又一潜在勘探突破层系。

综上所述，奥陶系桐梓组沉积时期，四川盆地处于海相浅水蒸发台地环境，除西缘发育滨岸相碎屑岩沉积外，向东、向东南依次发育潮坪—潟湖—高能滩相白云岩为主的沉积。海相浅水蒸发台地环境中往往会在膏盐岩潟湖周围形成高能颗粒滩相碳酸盐岩沉积，并且有利于蒸发回流模式白云岩化的进行。在浅水蒸发台地环境中，还易受短期相对海平面下降造成的同生期大气降水淋滤作用影响，在四级层序界面下白云岩中发育丰富的溶蚀孔隙。受加里东末期广西运动构造抬升影响，川中隆起周缘桐梓组白云岩暴露地表进一步遭受大气降水岩溶作用。因此，桐梓组白云岩优质储层发育受原始沉积相带、白云岩化、同生期大气降水淋滤和后期构造抬升大气降水岩溶作用共同控制。川东和川东南地区为同生期淋滤的高能滩相白云岩储层有利发育区；川中隆起周围为不整合面岩溶型潮坪相白云岩储层有利发育区。

第四章　古老微生物岩储层发育流体环境

第一节　古老微生物岩沉积发育环境

一、前寒武纪白云石海环境

白云岩是世界上多种金属矿藏及油气资源的重要储集空间，其成因机制长期以来备受关注。前人研究认为，显生宙交替演化的文石海和方解石海控制着碳酸盐沉积物沉淀，为发生白云岩化作用提供重要物质基础。在长地质时间尺度上，显生宙白云岩相对丰度增加与全球尺度古构造、海平面升降、古气候、海洋底栖生物多样性的下降、古海洋地球化学条件等的长期变化有直接联系（Petrash et al.，2017）。前寒武纪新元古代时期白云岩相对丰度达到顶峰，其中微生物白云岩有着潜在的重要贡献，但大规模微生物白云岩成因至今仍未得到圆满解释。

Vasconcelos 等学者基于微生物模拟实验成功沉淀出低温“有序”原生白云石，建立了经典微生物诱导沉淀白云石模式（Vasconcelos and McKenzie，1997），并得到更多微生物实验和现代原生白云石实例证实。该模式强调了微生物的调制作用是微生物白云岩沉淀的重要因素。此外，已有部分学者意识到前寒武纪海洋环境可能显著不同于显生宙海水，能够促进白云石直接沉淀（Tucker，1982），但对其海洋物理化学性质及白云石沉淀控制因素等方面认识仍甚少。近年来，Hood 等（2011）提出早-中新元古代（780～635Ma）期间特殊的“文石-白云石海”海洋环境促进了新元古代微生物白云岩的广泛发育，可直接沉淀保存精美组构的白云石胶结物（Hood et al.，2011），强调了前寒武纪特殊海洋条件是微生物白云岩沉淀的关键。目前众多地质实例与微生物实验揭示出了微生物作用既能介导方解石沉淀，又能介导白云石沉淀，指示了微生物群落与水体物理化学条件是影响沉淀产物类型的关键。在前寒武纪古老地层中发育有大量的微生物白云岩，与特定的海水环境，即“白云石海”的环境密切相关。然而，从已发表文献来看，新元古代不同时期“文石-白云石海”海水条件（如氧化还原性、Mg/Ca、碱度、SO_4^{2-} 浓度等）不尽相同，但都沉淀相似的白云石胶结物，因此，新元古代特殊白云石海环境中原生白云石沉淀机制究竟是什么尚未得到很好的约束。

针对这一关键科学问题，本部分以我国四川盆地震旦系灯影组二段广泛发育的葡萄状微生物白云岩为例，开展详细的野外观测、岩石学、地球化学、晶体光学等工作，明确了前寒武纪古老地层中发育的大量微生物白云岩与特定的海水环境即白云石海的海洋环境密切相关（Wang et al.，2020a；Zhu et al.，2020）。详细野外与岩石学观察表明，葡萄状白云岩主要在灯影组二段微生物岩中发育，葡萄状外形直径一般呈微米至厘米级别，具有明显浅色与暗色圈层结构，横截面呈同心环状，单个圈层厚度 0.1～3.0mm。葡萄状白云岩中可识别出两种纤状胶结物，即纤维状束状丛生（FSD）和柱状（RSD）白云石胶结物（图 4.1）。它们具有正延性的光学特征，不同于以往所认识的具负延性特征的交代白云石。通过岩石学、地球化学及晶体光学等多方面证据，认为它们可能为当时海水中直接沉淀的海相纤状白云石胶结物。主要证据如下：①灯影组葡萄状白云石多沿着微生物岩层理面生长且呈单向向上生长，并与内部沉积物交替产出，或者在微生物形成的格架孔中向孔隙中心生长，反映其在未压实之前的同沉积阶段形成（图 4.1）。岩石学特征表明它们具有保存完好的、近等厚的、明暗交替的纤状结壳层，不同于鲕粒、核形石、叠层石等特征，反映静水超饱和环境。②岩石学及晶体光学特征表明纤状白云石胶结物具保存完好的原生结构——完整的生长环带和阴极发光带，沿长轴方向波状或均一消光，具有正延性光学特征（图 4.1），反映原生直接沉淀白云石特征。若为交代白云石或重结晶白云石，那么这些特征均不能保存下来（Hood et al.，2011）。③灯影组纤状白云石胶结物的碳、氧、锶同位素组成与微生物岩基岩以及同时期晚埃迪卡拉时期灰岩的同位素组成基本一致（图 4.2），揭示同时期海水特征。因此可推测纤状白云石胶结物可能形成于基岩白云石化作用同时或者之后。

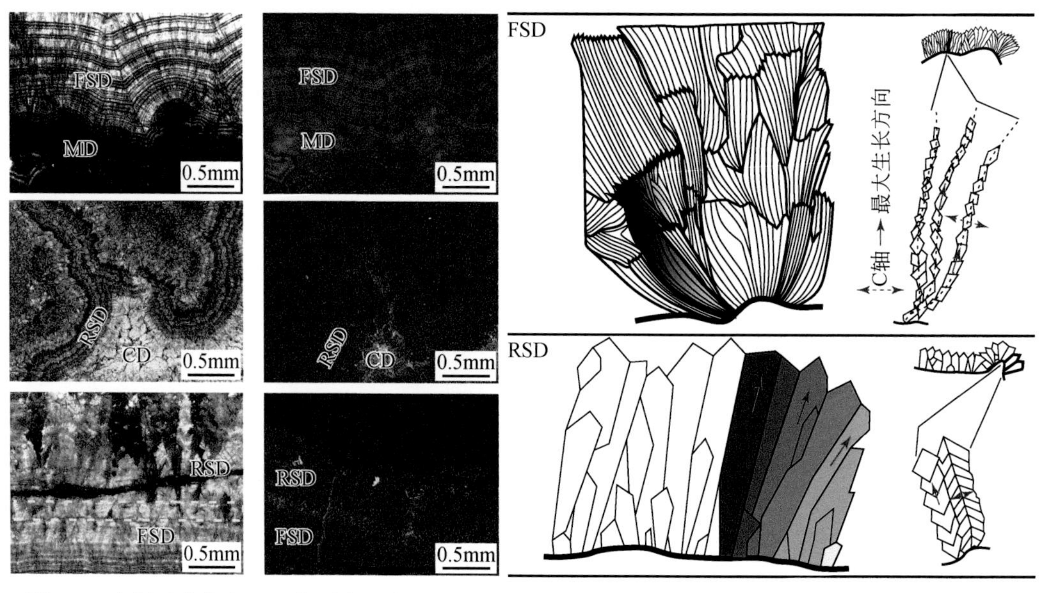

图 4.1　晚新元古代白云石海原生沉淀白云石岩石学和晶体光学证据（修改自 Wang et al.，2020a）

MD. 泥晶白云石；FSD. 纤维状正延性白云石；RSD. 柱状状正延性白云石；CD. 孔洞充填白云石

灯影组葡萄状白云岩中直径沉淀的纤状白云石胶结物见证了晚埃迪卡拉纪特殊的白云石海环境。灯影组葡萄状白云岩与全球范围内其他早-中新元古代时期的微生物白云岩具有很好相似性，如纳米比亚（Namibia）的 Devede 组（760Ma）、美国 Tonian Beck Spring 白云岩（735Ma）、澳大利亚 Cryogenian Oodnaminta 生物礁（650Ma）以及西伯利亚 Yudoma 群（545Ma）（Wang et al.，2020a）（图 4.3）。这些白云石海的环境在中新元古代多个“雪球事件”之间的间冰期断续出现，在白云石海水体环境中，微生物作用促使了灯影组时期海水条件下原生白云石沉淀及大规模微生物白云岩的形成。通过对比不同时期白云石海条件发现，它们具有相似的沉积环境及成岩历史，均为浅水台地相下（准）同生沉积阶段形成的

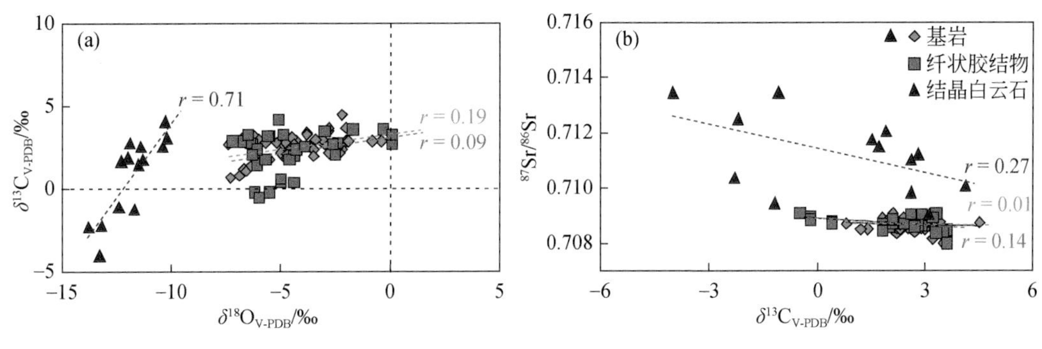

图 4.2　灯影组 $\delta^{13}C_{V\text{-}PDB}$-$\delta^{18}O_{V\text{-}PDB}$-$^{87}Sr/^{86}Sr$ 交会图

该图指示纤状胶结物沉淀形成于同时期海水环境

原生白云石胶结物。灯影组葡萄状白云岩样品的微量元素（如 Ni、Zn、Cu、Pb 等）与稀土元素指标（如 Ce/Ce*、Eu/Eu*、MREE 富集）等指示其沉积时表现为缺氧还原环境（甚至静水硫化环境）。在扫描电镜下可观察到丰富的微生物活动遗迹，如雪花状、球形、哑铃形、胞外聚合物（EPS）等结构，证实了微生物在白云岩形成过程中起到潜在的介导作用。结合前人文献认为，这种特殊的“文石-白云石海”海洋环境与整个新元古代时期海水高 Mg/Ca（3～10）、低硫酸盐含量、微生物活动、还原（或硫化）等海洋条件密切相关，构成了有利于白云石沉淀的微环境（Hood et al.，2011；Wang et al.，2020a）。这种海洋条件变化是周期性、间歇性的，因而这类特殊“文石-白云石海”环境可能在新元古代时期是普遍存在但并非连续的（图4.3）。从深时系统角度考虑，本书将其从拉伸纪（780Ma）—成冰纪（650Ma）向后推至晚埃迪卡拉纪（即晚震旦纪：551～545Ma），为解释前寒武系广泛分布的白云石提供重要参考。

二、高盐度蒸发潟湖环境

微生物岩是指由底栖微生物活动捕获、黏结碎屑沉积物，或经与微生物活动相关的无机-有机诱导矿化作用而原地形成的沉积物（Riding，2000），尤以微生物碳酸盐岩最为常见。常见的微生物岩主要包括叠层石、凝块岩、泡沫棉、树枝石、均一石等（Riding，2011）。

最早的生命的化石记录为 4.0Ga（Bell et al.，2015）（图 4.4）。此后蓝细菌等微生物群落的大量繁盛在前寒武纪地层中形成叠层石，是地球早期生命最早的宏观表现形式，可追溯到 3.7Ga 前（Nutman et al.，2016）。研究表明，在长地质时间尺度上，微生物碳酸盐岩发育的丰度、形态种类、分布范围与大气（如 CO_2 分压 P_{CO_2}）、海洋物理化学性质（如氧化还原性）等的长期波动演化有关（Petrash et al.，2017）。在适宜的海水环境中，如前寒武纪时期间歇出现的白云石海环境（图 4.4），微生物介导作用可促使原生白云石的沉淀，因此，在中新元古界中会有大量的微生物白云岩形成。

叠层石作为最常见的微生物碳酸盐岩类型在元古宙 1250Ma 时期达到高峰，随后在新元古代时期衰减，至寒武纪期间出现一次短暂复苏，其后显生宙其余时期呈大规模波动衰减。大体上，叠层石的衰减趋势与异养后生动物繁盛、多样性有一定对应关系（Riding，2006）。

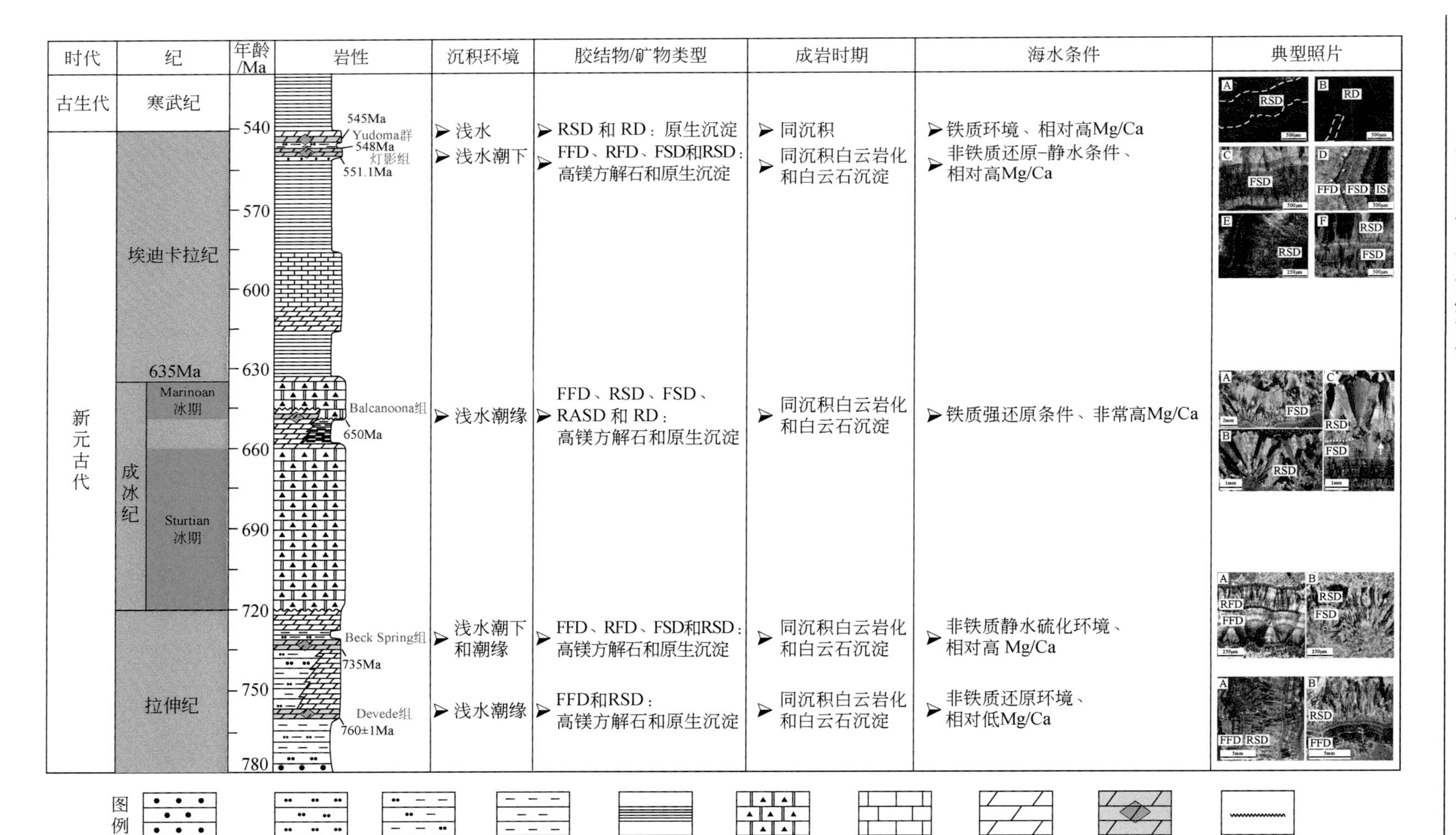

图4.3　深时系统上新元古代时期普遍存在间歇性出现的白云石海环境特征（据Wang et al., 2020a修改）
RD. 菱形白云石；FFD. 纤维状负延性白云石；RFD. 柱状负延性白云山；RASD. 轴向正延性白云石

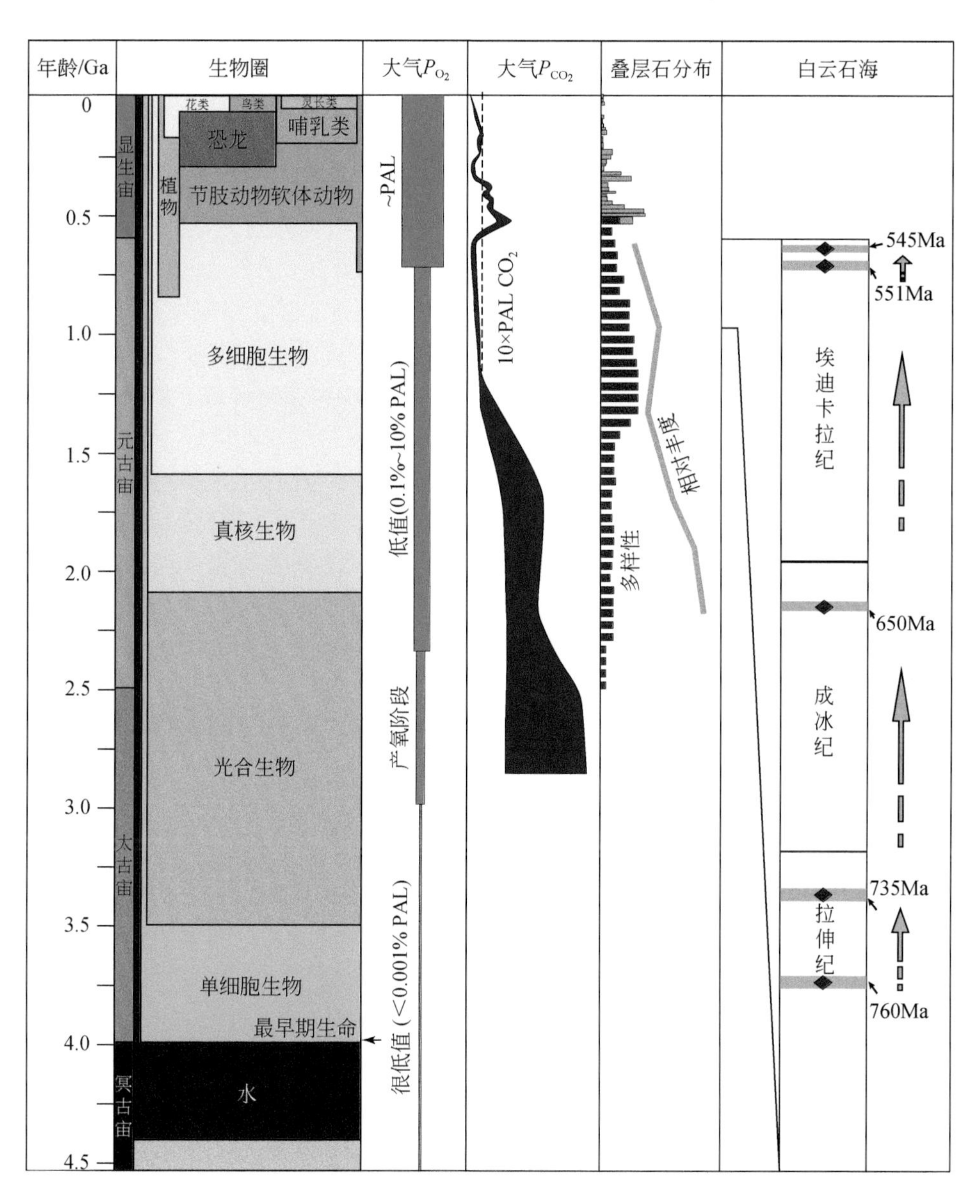

图 4.4　前寒武纪时期微生物活动、叠层石以及白云石海环境演化（据 Hood and Wallace，2012；Hood et al.，2015；Shuster et al.，2018；Wang et al.，2020a 等修改）

PAL. 现代大气水平

异养动物的牧食啃嚼干扰作用对微生物如蓝细菌等的生存空间产生重大影响，必然导致叠层石发育繁盛受限（Garrett，1970）。因此，只有在后生动物繁殖受抑制的环境中，具有光合作用的底栖微生物群落才能介导形成叠层石（Pomar and Hallock，2008）。例如，前寒武纪时期，异养后生生物尚未广泛出现，以蓝细菌为代表的微生物得以大量繁殖，可以形成广泛分布的叠层石（Monty，1973）。但自新元古代晚期（也即埃迪卡拉纪）之后，著名的埃迪卡拉型复杂巨型的后生动物群落逐渐繁荣发展（Xiao and Laflamme，2009），通过放牧、钻孔、啃食等干扰作用对微生物细菌等的生存空间产生强烈破坏作用（Pomar and Hallock，2008），从而抑制叠层石发育与繁盛。此后的叠层石大多被限制在某些特殊环境，如澳大利亚鲨鱼湾等极端的高盐度潟湖环境（Papineau et al.，2005；Riding，2006），其规模、多样性要比古元古代时期小得多。

由于富含孔隙，叠层石可能作为古老地层中的潜在油气储集层，具有较大的经济价值，近年在沉积盆地油气勘探领域得到广泛的关注（Bhat et al.，2012；Hu et al.，2020；Jin et al.，2015；李朋威等，2015）。以塔里木盆地为例，在塔里木盆地西北缘柯坪-阿克苏地区局部上震旦统白云岩地层中见有一定数量的叠层石出现，叠层石发育的沉积相背景、储集性特征等得到广泛的关注（Qian et al.，2014；Wang et al.，2010；Yan et al.，2019；李朋威等，2015）。晚震旦纪时期，由多种类型的后生动物（metazoa）组成的埃迪卡拉动物群已经开始出现（Seilacher et al.，2003；Xiao and Laflamme，2009）。在塔里木盆地台地区域已经有丰富埃迪卡拉动物群发现，可能会破坏叠层石的生长形成。因此，晚震旦世时期叠层石在什么样的环境中仍能够出现，是否从晚震旦世开始已经局限在类似现代澳大利亚鲨鱼湾等的潟湖中？形成的叠层石是否具有储集潜力？这些问题有待深入研究。

本节对塔里木盆地西北缘阿克苏、柯坪及乌什一带的典型野外剖面的上震旦统奇格布拉克组含叠层石的白云岩地层开展详细的取样，并开展碳氧同位素以及稀土元素分析，揭示晚震旦世叠层石能得以持续生长的环境特征，并评价晚震旦世叠层石作为油气储集层的潜在价值。

（一）叠层石发育特征

新元古代末期，受罗迪尼亚超大陆裂解影响，塔里木板块周边开始裂解。南华纪—震旦纪期间，塔里木板块先后经历了大陆裂谷—半深海—滨浅海—广海碳酸盐岩台地等几个发展阶段。塔里木盆地西北缘阿克苏—柯坪—乌什一带出露了较完整的震旦系（图 4.5）。震旦系分为下震旦统苏盖特布拉克组（Z_1s）和上震旦统奇格布拉克组（Z_2q）（图 4.5）。

因受拉张伸展作用影响，塔里木板块在早震旦纪时期出现大陆裂谷盆地。早震旦世沉积的苏盖特布拉克组自下而上由陆相逐渐过渡为浅海相沉积。苏盖特布拉克组为巨厚的碎屑沉积，总厚约 300～600m。该组下段为强氧化环境的紫红中薄层状泥岩、粉砂岩、长石砂岩、石英砂岩、砾岩等，并夹 5 套灰绿色辉绿岩。上段为弱还原环境中发育的灰绿、灰黄色页岩、粉砂岩、砂岩。上段上部夹多层紫红、灰色薄层-中厚层状碎屑灰岩，竹叶状灰岩、泥灰岩夹钙质砂岩（潮坪）；顶部褐灰、黄绿色薄层砂岩，海绿石砂岩、粉砂岩、膏泥岩等（潟湖），含微古植物化石。

晚震旦世时期，塔里木板块经历拉张洋盆阶段，随后开始强烈的沉降作用，形成一套以局限台地、潮坪和潟湖相为主的沉积。奇格布拉克组为中-厚层状白云岩、砂质白云岩夹长石岩屑砂岩及粉砂岩，富含叠层石、核形石、微古生植物，区域上厚 141～195m。震旦纪晚期，受抬升作用影响，震旦系顶部白云岩和叠层石暴露地表，遭受大气降水岩溶作用，导致顶部白云岩和叠层石中含有大量的溶塌角砾和丰富的溶蚀孔洞。部分孔洞中被方解石充填。奇格布拉克组与上覆寒武系玉尔吐斯组分界清楚，与下伏苏盖特布拉克组为连续沉积。

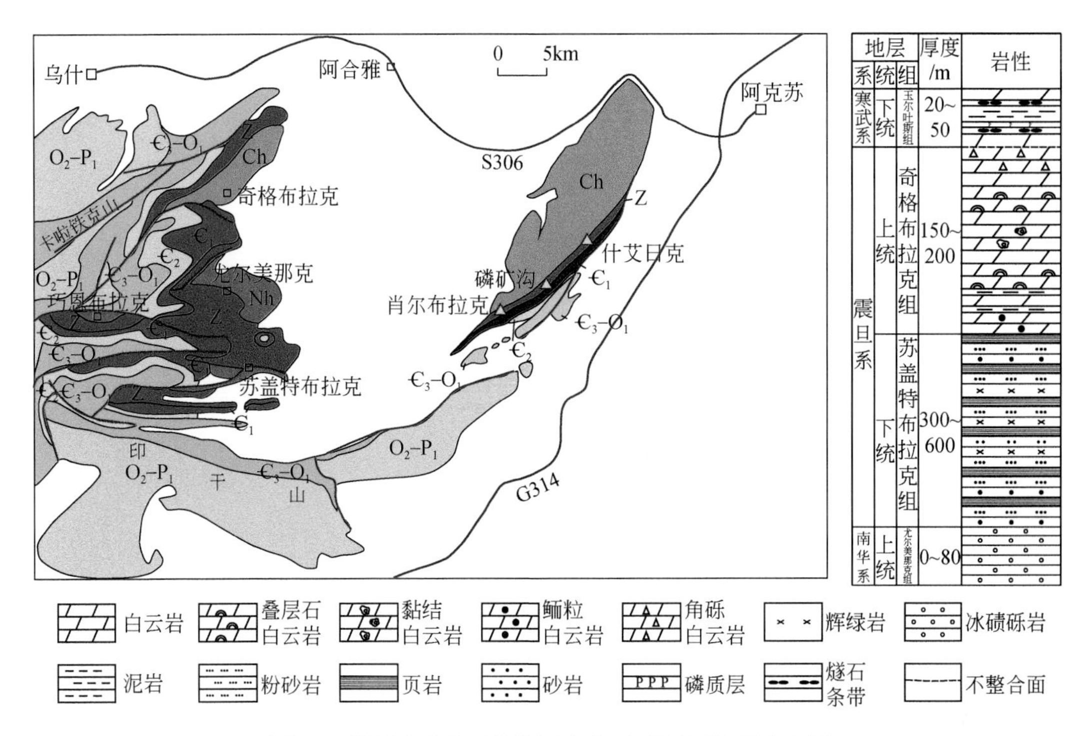

图 4.5　塔里木盆地西北缘阿克苏-乌什地区地层分布图

地层分布图根据 Li 等（2015）修改

本次研究重点观测塔里木盆地西北缘肖尔布拉克、磷矿沟、什艾日克等剖面（图 4.6）。在剖面中不同部位都能见到多层不同类型的叠层石产出，在这些剖面的下部，都有一段岩性序列具有相似性和可对比性。在这一段中，自下而上岩性为中薄层状白云岩、薄层泥岩和泥质白云岩、中厚层状叠层石和中厚层状白云岩。

根据对塔里木盆地西北缘阿克苏—乌什一带肖尔布拉克、磷矿沟和乌什剖面观测，上震旦统奇格布拉克组以白云岩、微生物黏结凝块石白云岩和叠层石为主。其中叠层石多在剖面的中上部产出，多为中厚层状叠层石（图 4.6）。叠层石的类型主要有锥状叠层石［图 4.7（a）］、柱状叠层石［图 4.7（b）］、弯曲短柱状叠层石［图 4.7（c）（d）］、穹状叠层石［图 4.7（e）（f）］、层状-波状叠层石等［图 4.7（g）（h）］。

锥状叠层石呈类似圆锥形状由基底面向上生长。锥状叠层石底部近似圆形，直径约 10～20cm，锥体高度一般 5～15cm。锥状叠层石内部纹层结构不发育。在剖面的垂向上可见多个锥体叠加形成的复合体。柱状叠层石呈不规则长柱状向上生长。从下至上柱体形状和宽度不规则但变化不大，彼此相互平行，紧密接触。柱状叠层石柱体宽度一般 5～10cm，高度 30～90cm。柱体中的叠层石纹层薄而密集，中间呈平缓穹状，在靠近柱体边缘处的纹层显著向下弯曲。单偏光下可见显著的明暗相间的纹层特征。弯曲短柱状叠层石锥体呈弯曲柱状向上生长。锥体直径 10～20cm，高度 20～30cm。短柱状叠层石一般底部较细，向上逐渐变粗，柱体轴线呈现一定程度的弯曲度。短柱状叠层石的下部纹层具有较高的上拱程度，上部纹层上拱程度逐渐减小，至顶部变成平缓的弧形。基底面上，多个短柱状叠层石并行向上生长，彼此之间有一定的间距。穹状叠层石含有向上凸起的平行穹状纹层结构。

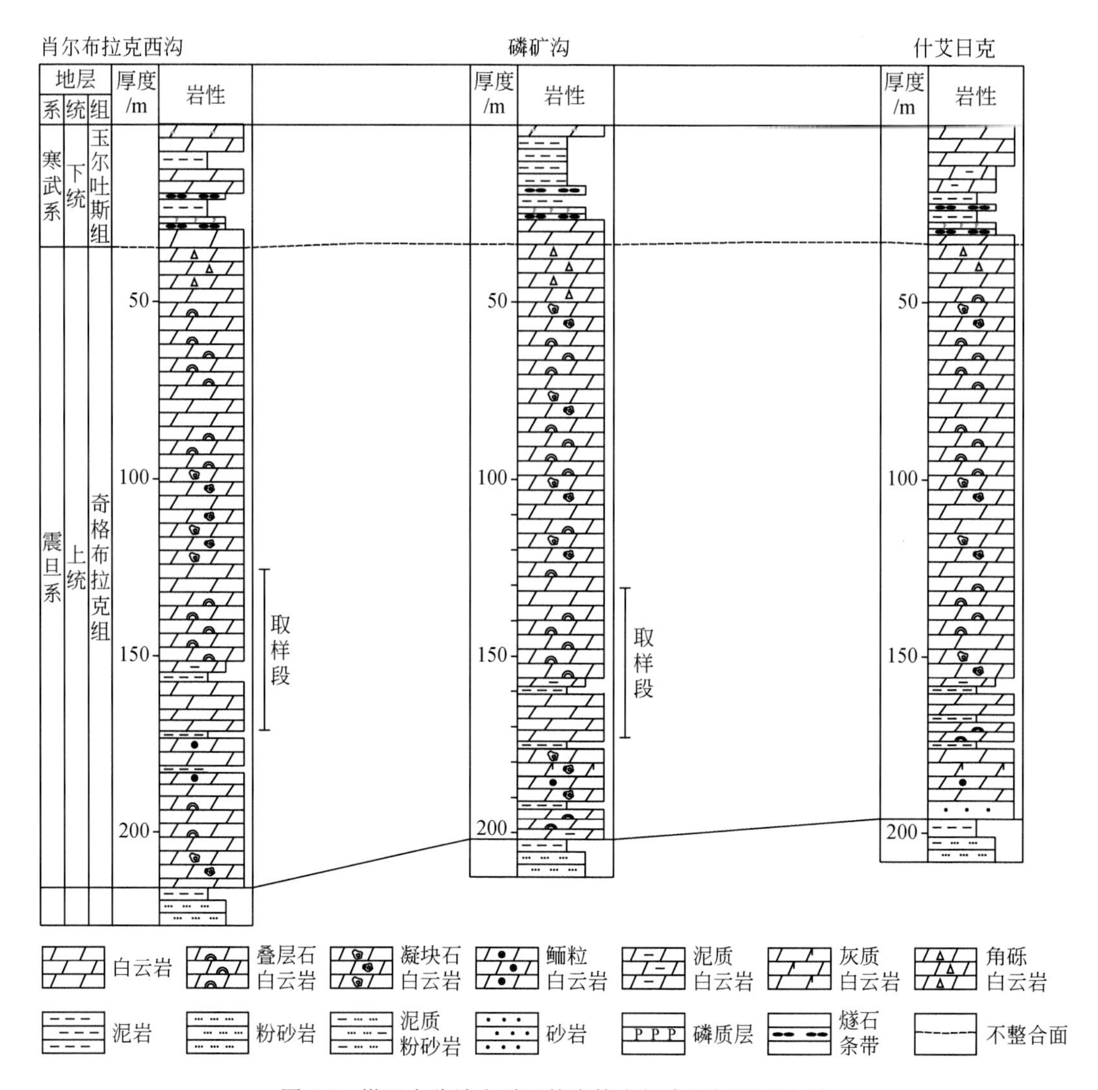

图 4.6　塔里木盆地上震旦统奇格布拉克组剖面对比图

向上凸起的穹隆呈近似的球面形态。穹隆直径差别较大，从几厘米至几十厘米不等。同一层中常见多个穹隆横向上挨在一起发育。肖尔布拉克东沟剖面上可见 3～5 层丘状叠层石，厚度约 30～60cm。层状-波状叠层石为具有近乎水平纹层状的叠层石，见有小的波纹状凸起，纹层厚度约 1～2mm。

肖尔布拉克和磷矿沟剖面中可见叠层石形态类型在垂向上依次变化的序列，由下而上依次为锥状、柱状、穹状叠层石和水平-波状叠层石（图 4.8）。野外剖面上至少可以观察到两个这样的序列。不同类型叠层石在垂向上会被白云岩或者凝块岩隔开。在穹状叠层石之上往往紧接着就会叠加波状叠层石。

叠层石中见有丰富的原生孔隙和次生溶蚀孔隙［图 4.8（g）（h）］。原生孔隙主要是沿着叠层石格架产出的格架间的窗格孔洞和片状孔洞。窗格孔洞大小一般 3～5mm，较大的可达 1cm 左右；多呈近乎圆形或椭圆形，顺着叠层石纹层分布［图 4.8（g）（h）］。片状孔

图 4.7　塔里木盆地上震旦统奇格布拉克组叠层石类型

（a）锥状叠层石（黄色箭头处），肖尔布拉克剖面；（b）柱状叠层石，蓝色线条勾出柱状叠层石轮廓，磷矿沟剖面；（c）（d）弯曲短柱状叠层石，磷矿沟剖面；（e）穹状叠层石（黄色箭头处），肖尔布拉克东沟剖面；（f）穹状叠层石，肖尔布拉克东沟剖面；（g）穹状和波状叠层石，肖尔布拉克剖面；（h）水平层状叠层石，磷矿沟剖面

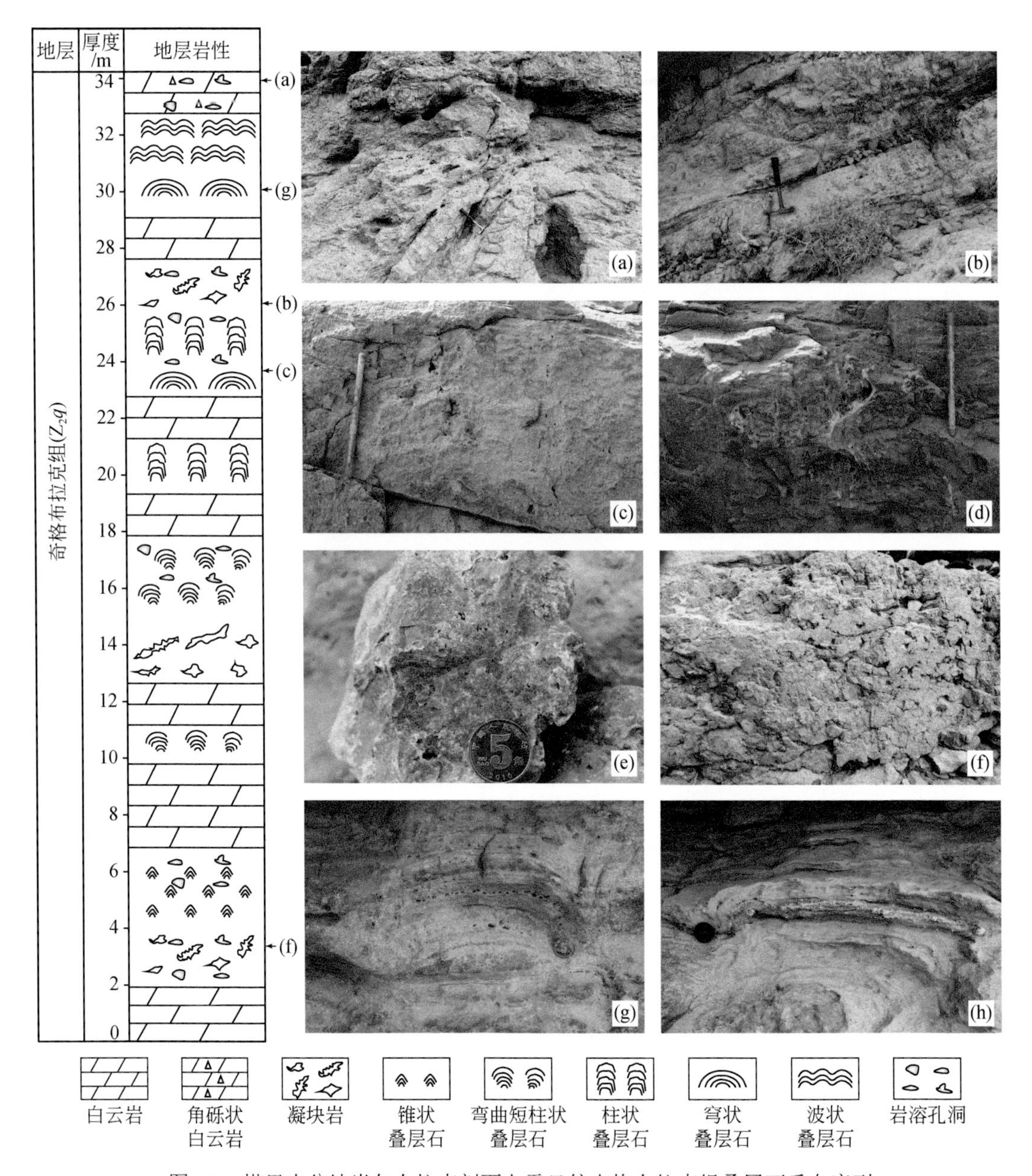

图 4.8　塔里木盆地肖尔布拉克剖面上震旦统奇格布拉克组叠层石垂向序列

（a）奇格布拉克组顶部岩溶型白云岩，富含大小不一的溶蚀孔洞；（b）同生期暴露冲刷不整合面；（c）～（e）叠层石中的次生溶蚀孔洞；（f）微生物黏结凝块岩；（g）穹状叠层石中沿着叠层石纹层发育的原生窗格孔；（h）穹状叠层石中沿着纹层发育的原生片状孔洞，被方解石充填

洞位于叠层石的相邻两个纹层之间，孔洞上下宽 3～5cm，顺纹层延伸长度 15～20cm，部分被方解石充填［图 4.8（g）（h）］。

奇格布拉克组上部见有大量岩溶角砾［图 4.8（a）］，角砾主要由溶塌的叠层石、凝块岩和白云岩构成。叠层石发育段中有多个同生期暴露形成的沉积间断面/冲刷面［图 4.8（b）］，其下的叠层石、黏结岩或白云岩中会发育丰富的次生溶蚀孔隙［图 4.8（c）～（f）］。

次生溶蚀孔洞大小不一，几毫米至几厘米，多沿着叠层石纹层分布，部分被方解石充填。

（二）地球化学特征

与相邻段的白云岩相比，叠层石的碳同位素组成具有略偏轻的特征，但氧同位素组成显著偏重。肖尔布拉克剖面白云岩的碳和氧同位素 $\delta^{13}C_{V\text{-}PDB}$ 和 $\delta^{18}O_{V\text{-}PDB}$ 分别为 5.4‰～6.8‰和−5.8‰～−2.3‰，平均为 6.8‰和−3.6‰。叠层石的碳和氧同位素 $\delta^{13}C_{V\text{-}PDB}$ 和 $\delta^{18}O_{V\text{-}PDB}$ 分别为 6.1‰～6.5‰和−2.0‰～−0.2‰，平均为 6.2‰和−1.5‰。磷矿沟剖面白云岩的碳和氧同位素 $\delta^{13}C_{V\text{-}PDB}$ 和 $\delta^{18}O_{V\text{-}PDB}$ 分别为 5.5‰～7.2‰和−6.2‰～−2.7‰，平均为 6.8‰和−4.4‰。叠层石的碳和氧同位素 $\delta^{13}C_{V\text{-}PDB}$ 和 $\delta^{18}O_{V\text{-}PDB}$ 分别为 5.9‰～6.8‰和−2.3‰～−0.1‰，平均为 6.1‰和−1.4‰。两个剖面的 $\delta^{13}C$ 和 $\delta^{18}O$ 具有负相关关系，随着氧同位素变重，碳同位素具有逐渐变轻的趋势（图 4.9）。

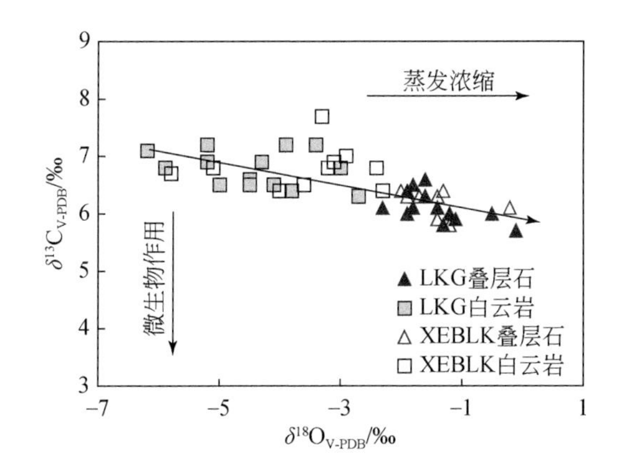

图 4.9 塔里木盆地上震旦统奇格布拉克组叠层石和白云岩碳氧同位素组成

LKG. 磷矿沟剖面；XEBLK. 肖尔布拉克剖面

与白云岩相比，叠层石中具有相对较高的稀土元素含量（图 4.10）。白云岩的总稀土元素∑REE 范围为4.03～19.75μg/g，平均为10.11μg/g；叠层石的∑REE 范围为 12.85～42.74μg/g，平均为 25.69μg/g。

与白云岩相比，叠层石还具有一定程度的轻稀土富集的特点（图 4.10）。白云岩的轻/重稀土比值（LREE/HREE）范围为 5.89～9.05，平均为 6.98；La/Yb 值范围为 0.41～0.86，平均为 0.57。叠层石的轻/重稀土值（LREE/HREE）范围为 7.20～10.48，平均为 9.10；La/Yb 值范围为 0.60～1.30，平均为 0.95，均高于白云岩。

白云岩具有一定程度的 Ce 正异常，其 δCe 的范围为 0.98～1.24，平均为 1.13。与之相比，叠层石岩则基本不具有 Ce 的正异常，其 δCe 的范围为 0.94～1.14，平均为 0.99。叠层石与白云岩基本一致，都不具有显著的 Eu 的异常现象。

（三）高盐度潟湖环境地球化学识别

1. 高盐度潟湖环境

叠层石的矿物组成为海水中沉淀的白云石，因此其氧同位素组成主要受海水氧同位素组成影响。根据白云石与沉淀白云石流体之间的氧同位素分馏系数（$1000\ln\alpha_{dolomite\text{-}water}=2.73\times10^6T^{-2}+0.26$）（Vasconcelos et al.，2005），白云石的氧同位素 $\delta^{18}O$ 值会随着流体氧同位素值的升高而升高。通常，蒸发作用会导致流体氧同位素 $\delta^{18}O$ 值逐渐增加，从而使得白云石的氧同位素 $\delta^{18}O$ 值逐渐增加（Bishop et al.，2014）。在海岸局限潟湖环境中，长期蒸发作用形成的浓缩高盐度海水会具有逐渐变重的氧同位素组成（Lloyd，1966；Risacher et al.，2003；Wacey et al.，2007）。因此，奇格布拉克组叠层石比白云岩更重的氧同位素组成表明其形成于高盐度的蒸发海水水体环境中（图 4.9）。磷矿沟剖面和肖尔布拉克剖面的取样段的叠层石氧同位素的 $\delta^{18}O_{V\text{-}PDB}$ 值要高于其上覆和下伏白云岩的值（图 4.11、图 4.12），表明这两个剖面的叠层石都是在蒸发高盐度海水中形成。在海岸潮汐作用区域，受障壁阻隔的潟湖中的海水水体会因蒸发作用形成高盐度海水。

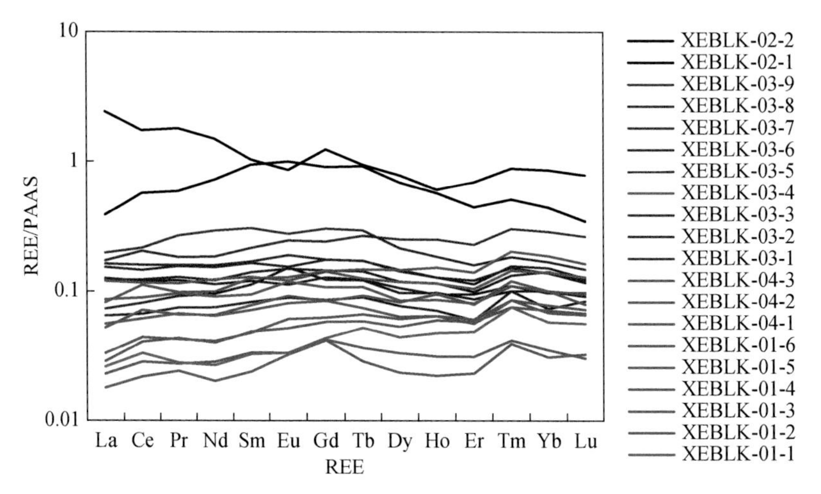

图 4.10　塔里木盆地上震旦统奇格布拉克组叠层石和白云岩 PAAS 标准化模式

XEBLK-02-1 和 XEBLK-02-2 为泥岩和泥质白云岩样品；XEBLK-03-1～XEBLK-03-9 为叠层石样品；其他为叠层石之上和之下层位的白云岩样品

与白云岩相比，叠层石碳同位素具有偏轻的特征（图 4.11、图 4.12），与微生物作用相关有机成因碳的输入有关。形成叠层石蓝细菌中的有机碳在蒸发浓缩海水中被氧化成为 CO_2/CO_3^{2-}，在叠层石格架碳酸盐岩化过程中被消耗并包含进碳酸盐岩矿物中。已有报道发现，二叠纪—三叠纪界面处的微生物岩具有类似的碳同位素负偏的特征（Wang et al.，2007）。随着氧同位素组成变重，碳同位素组成逐渐变轻（图 4.9），表明随着海水蒸发程度和盐度增加，微生物活动逐渐增强。

泥质白云岩和白云质泥岩（样品 XEBLK-02-1 和 XEBLK-02-2）含有较高的稀土元素含量，位于配分模式图的最上侧（图 4.10）。两个样品较高的稀土元素含量与其中的黏土矿物对海水中稀土元素的吸附富集有关。碳酸盐岩中的稀土元素特征受海水直接影响（Nothdurft et al.，2004）。肖尔布拉克组白云岩具有重稀土相对富集的特征，与海水组成具有一致性（Byrne and Sholkovitz，1996）。由于以白云石为主，叠层石也会继承海水稀土元素模式（Olivier and Boyet，2006），但叠层石的稀土元素含量普遍高于白云岩。通常在海岸潟湖环境中，长期蒸发浓缩会导致海水中稀土元素含量升高，进一步被叠层石所继承。

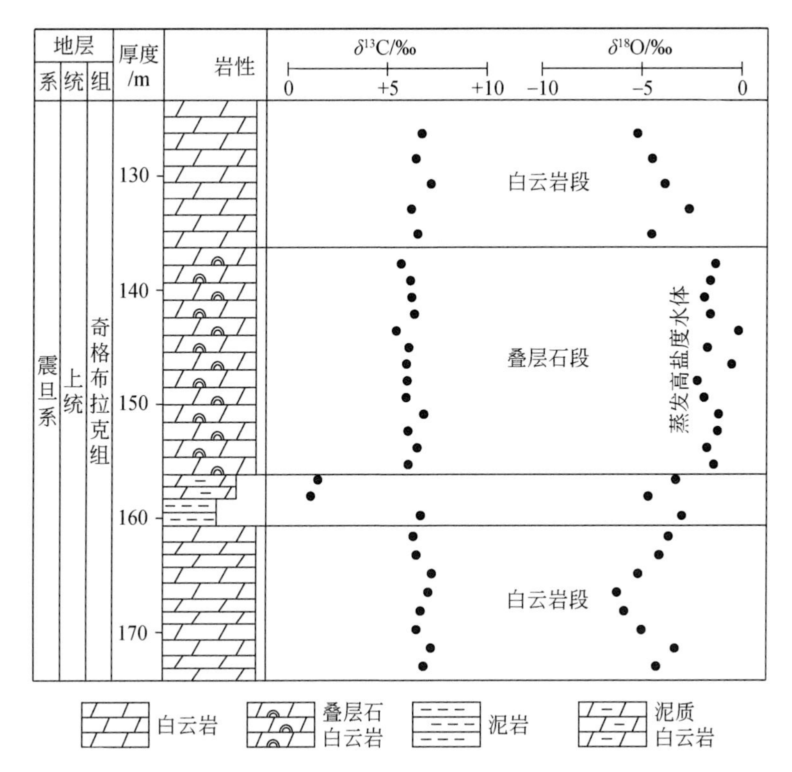

图 4.11 塔里木盆地磷矿沟剖面上震旦统奇格布拉克组叠层石和白云岩碳氧同位素变化

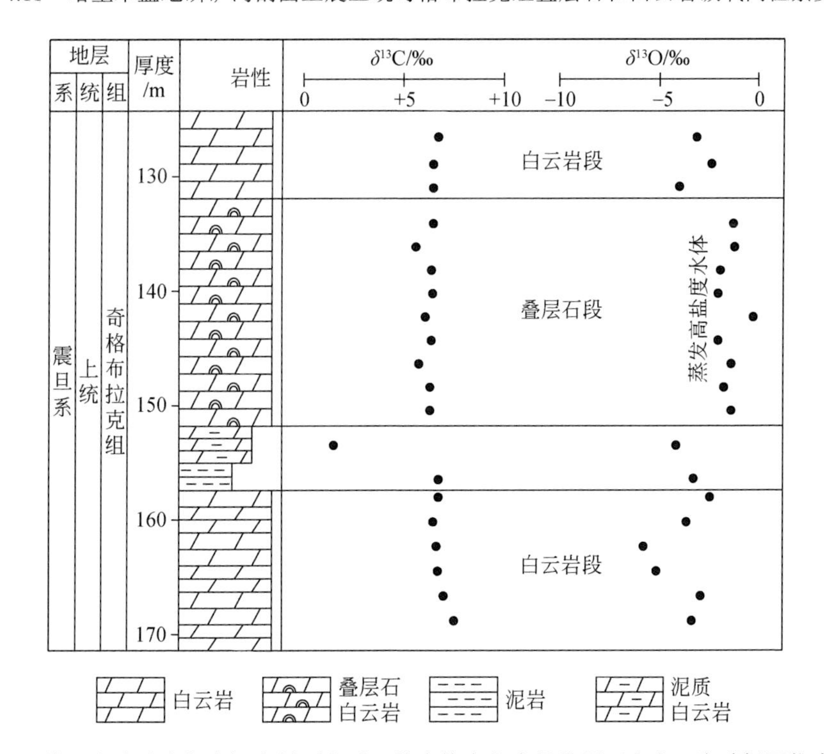

图 4.12 塔里木盆地肖尔布拉克剖面上震旦统奇格布拉克组叠层石和白云岩碳氧同位素变化

碳酸盐岩中 Ce 的相对含量是海水氧化还原性质的标志。随着海水氧化特征的增强，Ce^{3+}会氧化为Ce^{4+}，以 CeO_2 的形式沉淀，导致海水中的 Ce 亏损（Olivier and Boyet，2006）。肖尔布拉克组白云岩大多具有 Ce 的正异常，与之相比叠层石则大多具有轻微的 Ce 负异常；并且从白云岩向叠层石，δCe 值具有随着 $\delta^{18}O$ 增加逐渐降低的特点（图 4.13）；表明随着海水蒸发浓缩强度增加，海水氧化程度也逐渐增加。同时，δCe 值随总稀土含量增加而减少的特征（图 4.13），是因为海水蒸发浓缩导致叠层石稀土含量高，同时海水氧化程度增强，导致 δCe 降低。

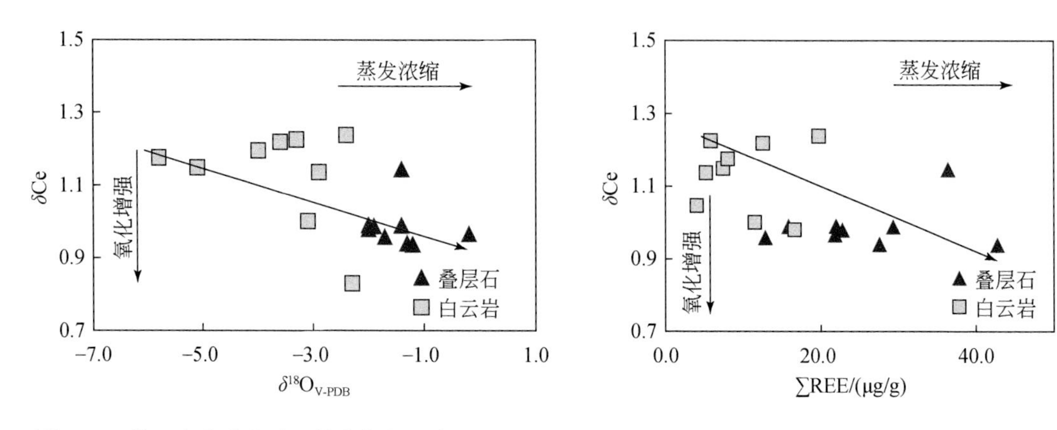

图 4.13 塔里木盆地上震旦统奇格布拉克组叠层石和白云岩 Ce 异常值与氧同位素、稀土含量交会图

2. 叠层石向高盐度环境退缩

地质历史上形成叠层石的微生物与后生异养生物的繁育呈此消彼长的关系。后生异养动物的啃食（graze）、生物钻孔破坏、其他生物的生存空间竞争等是叠层石繁育受限的主要原因（Garrett，1970；Pratt，1982）。在后生生物没有大规模繁育的环境中，光合作用的微生物及其形成的叠层石建造才能大规模存在（Pomar and Hallock，2008）。在前寒武纪古老地质时期，后生生物尚未广泛出现，以蓝细菌为主的微生物得以大量繁育，从而形成广泛产出的叠层石。如在中新元古界中有广泛的叠层石发育，构成最早的生命表现形式（Awramik and Sprinkle，1999）。

从新元古界晚期至早古生界开始，随着藻类和后生动物的大量繁育形成更为复杂的多级别的生态系统，叠层石生存空间受限，因而迅速减少；在显生宙以来至现今，叠层石等早期生命形式仅存在于一些极限的环境中。在一些突发地质事件造成的生物大灭绝之后的一段时间中（如二叠纪-三叠纪之交生物大灭绝事件），后生生物尚未恢复，微生物及叠层石得以大量形成（Baud et al.，1997；Kershaw et al.，2012）。现今时期，叠层石仅在海洋边缘、潮汐边缘等蒸发高盐度潟湖局限环境中存在，因为高盐度抑制了腕足腹足类动物生长，从而叠层石能得以大量繁育。如在澳大利亚鲨鱼湾，叠层石发育的潟湖的海水盐度是正常海水盐度的 2 倍，可高达 70‰（Bauld，1984；Papineau et al.，2005）。在巴西 Lagoa Vermelha 高盐度潟湖中见有微生物席的发育，该潟湖的化学、矿物学和生物学条件在前寒武时期会更为普遍（Vasconcelos et al.，2006）。在巴哈马 Exuma，叠层石在礁后潟湖中形成，低潮水位小于 1m（Andres and Reid，2006），潟湖盐度高达 94‰～120‰（Dupraz and Visscher，

2005；Dupraz et al.，2004）。

自震旦纪开始，已经有著名的埃迪卡拉动物群为代表的后生动物出现（Seilacher et al.，2003；Xiao and Laflamme，2009）。在塔里木盆地上震旦统碳酸盐岩中能见到这些后生动物化石的遗迹。这些后生动物会通过啃食、钻孔等破坏叠层石的生长。因此，震旦纪晚期叠层石的发育可能已经开始向高盐度潟湖环境中萎缩。奇格布拉克组叠层石碳氧同位素和稀土元素组成特征表明叠层石发育于高盐度的蒸发水体中，证明了叠层石已经向潟湖等极端环境收缩。在这些蒸发潟湖中，海水超高盐度抑制了后生动物的生存，为叠层石的持续发育提供了保障条件。

3. 叠层石潟湖环境发育模式

塔里木盆地西北缘奇格布拉克组主要沉积环境为碳酸盐岩台缘缓坡、潟湖、潮坪及滨岸相沉积，岩性类型以白云岩、微生物黏结凝块岩和叠层石为主（Deng et al.，2019a）。在奇格布拉克组中上部，见有薄层状的石膏层（Deng et al.，2019a），并且在层状叠层石发育部位可见石膏溶蚀形膏溶铸模孔，表明为蒸发潟湖相的环境（Flügel，2013）。根据碳氧同位素和稀土元素可以推测，塔里木盆地西北缘奇格布拉克组叠层石在发育过程中局部处于台地边缘潟湖环境中，潟湖与广海之间有障壁隔开（图 4.14）。障壁可能由微生物丘或浅滩构成。在潟湖环境中，长期蒸发作用形成的高盐度水体抑制了后生动物群的发育，因而叠层石能够得以形成。在潟湖之外的广海区域，埃迪卡拉动物群大量繁育，叠层石很难形成。

叠层石形态特征除受叠层石微生物类型影响之外，还受所处的沉积相带位置、可容纳空间、水深、水动力物理条件影响（Allwood et al.，2006，2007；Andres and Reid，2006）。尽管在潮下、潮间和潮上带亚相中都能形成叠层石（Qian et al.，2014），但叠层石的宏观形态类型差异指示了其发育所在的相带位置、海水物理化学条件的差异。在潮间带，波浪作用使海水动力较强、水深较大、可容纳空间较大，一般发育垂向向上生长的锥状、柱状、穹状、丘状等类型的叠层石（Mei and Meng，2016）。穹状叠层石的出现表明水体深度一般在 1m 左右（Allwood et al.，2006）。潮上带水体较浅、垂向可容纳空间少，一般发育横向生长延展的叠层石，如层状叠层石，进一步受波浪影响会形成层状-波状叠层石。Walter 等（1992）认为锥形叠层石可能局限在潮下带深-浅水环境中，在中、新元古代，它们也可能出现在深陡坡相环境中。在潮间带上部，受到长期波浪或潮汐定向水流影响，主要发育形成弯曲短柱状叠层石（Tosti and Riding，2017），短柱状叠层石之间的间隔（图 4.7）是水流淘蚀作用造成的。

塔里木盆地西北缘奇格布拉克组中产出了多种形态类型的叠层石，分别在潟湖中不同位置发育形成（图 4.14）。在潟湖的潮下带中，主要发育小型锥形叠层石；在潮间带中，主要发育柱状、弯曲柱状/丘状、穹状叠层石；在潮上带中，主要发育层状、波状叠层石。由于叠层石与白云岩及微生物黏结凝块岩在垂向上交替叠置产出（图 4.8），因此发育叠层石的潟湖相环境与台缘缓坡、潮坪相在时间序列上也交替出现。

（四）叠层石的油气储集潜力

不像中新元古界叠层石都呈巨厚层状广泛出现，由于发育于蒸发局限潟湖环境，上震旦统奇格布拉克组叠层石的厚度相对比较小，一般 0.5～1m，与白云岩层交互产出，并且其分布也比较局限，含有一定量的原生孔隙［图 4.8（c）（d）］，叠层石相对较为致密，其原生孔隙度和渗透率也较低，孔隙度普遍小于 3%，渗透率小于 0.2mD。

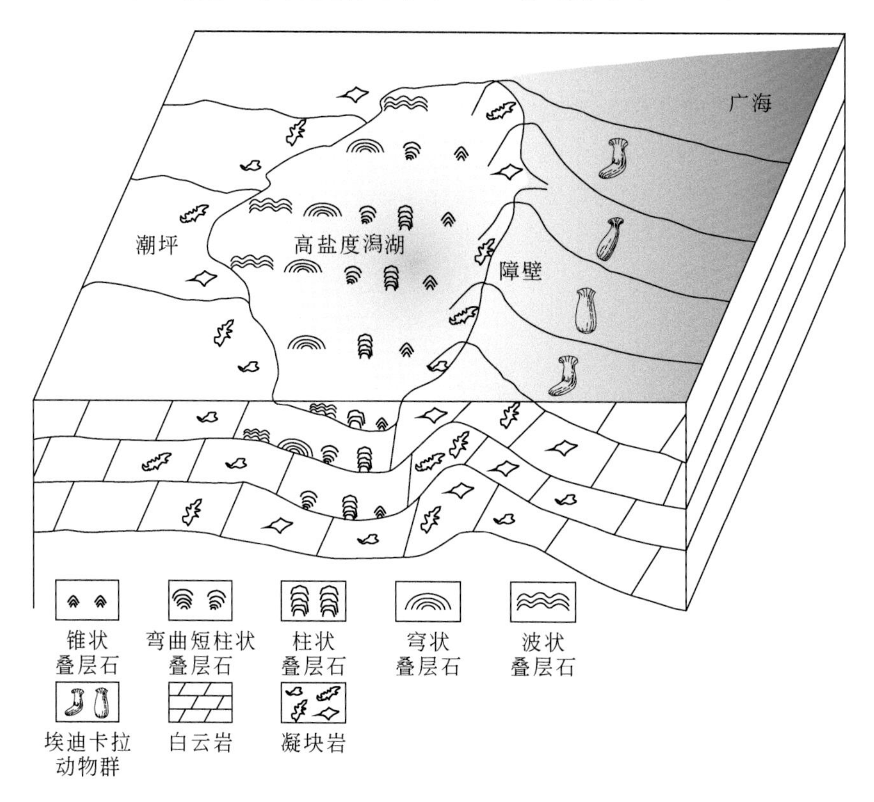

图 4.14　塔里木盆地上震旦统奇格布拉克组叠层石发育障壁潟湖环境模式图

埃迪卡拉动物群改自 Seilacher et al.，2003

受次生溶蚀改造作用影响，叠层石与白云岩能一起构成较好的储层。由于在浅水环境中形成，叠层石易于遭受同生期大气降水淋滤影响（Qian et al.，2014），从而形成丰富的溶蚀孔洞。根据阿克苏、柯坪、乌什一带的野外露头观测，奇格布拉克组叠层石发育段有多个同生期暴露形成的冲刷面［图 4.8（a）（b）］，其下的叠层石和白云岩中见有丰富的溶蚀孔洞（图 4.8）。奇格布拉克组上部的叠层石和白云岩也在震旦纪末期遭受风化壳岩溶作用影响形成岩溶角砾层，使其中具有丰富的储集空间［图 4.8（h）］。进一步遭受晚海西期的断裂和热液溶蚀作用，使叠层石能发育成良好的储集层，孔隙度可达 13.70%（李朋威等，2015）。

根据杨海军等（2020）钻井轮探 1 井钻探成果，奇格布拉克组为岩溶孔隙型储层，平均孔隙度 4.0%。与上覆玉尔吐斯组泥岩构成良好的生储盖组合。在 8737～8750m 段进行酸化压裂测试，在井口见天然气产出。由此可见，奇格布拉克组叠层石和白云岩能一起构成超深层古老层系的优质储集层，具有很好的油气勘探潜力。塔深 5 井在震旦系奇格布拉克组钻揭优质微生物岩储层，在上部叠加了不整合岩溶改造，构成良好的岩溶型微生物岩储层。对 8780～8840m 段开展酸压完井测试，测试日产液 24.95m^3，日产油 0.24m^3，日产气

38957m^3，测试结果为气层。

第二节　古老微生物岩层系生-储组合

当前全球油气勘探正逐渐向前寒武系古老层系拓展，已在全球范围内发现多个前寒武油气系统，其中蕴藏着丰富的油气资源，成为油气勘探的重要领域之一（Craig et al.，2013）。通常认为一个完整的油气系统包括烃源岩相关的油气充注量、储层、盖层封盖构成的有效圈闭和油气充注时间与圈闭形成时间的时空配置关系等要素（Magoon and Beaumont，1999）。其中有效烃源岩和储集层是最为关键的两个要素。在前寒武纪漫长生命演化过程中，各种微生物大量繁育，不仅为烃源岩的形成贡献大量的原始有机质，而且还能形成多种样式的微生物碳酸盐岩建造从而构成优质油气储集体。黑色泥页岩烃源岩中微生物相关的有机分子化石可追溯到元古宙约 2.1～1.6Ga（Zhang et al.，2021）。可构成储集层的微生物叠层石建造最早形成于 3.7Ga（Nutman et al.，2016）。因此，微生物作用具备产生有效烃源岩和储集层的条件，所构成的特殊的油气系统值得深入研究。

从元古宙到现今，沉积物中所保存的有机质富集程度与古菌、（蓝）细菌（原核生物）和真核生物的演化密切相关，所形成的富有机质沉积物是世界上油气资源的主要来源（Ghori et al.，2009）。在古元古界，约 2.1Ga 的黑色页岩中开始出现大量不同类型的微生物化石（El Albani et al.，2010），如加拿大的 Belcher Group（2.1Ga）（Hofmann，1976）和 Gunflint Iron Formation（2.08Ga）（Barghoorn and Tyler，1965）中发现不少丝状或椭圆形的蓝细菌和真细菌的遗骸（Craig et al.，2013）。新元古代是地球生命演化的转折点，开始向现代地球生命系统转变，大量真核生物如藻类等开始出现并繁盛发育（Xiao et al.，2010）。新元古界烃源岩层系主要在多个冰期的间歇期或期后的静海（ocean euxinia）水体中形成，静海环境有利于有机质的高度富集，使得这些海相沉积物的 TOC 含量高达 20%～30%（McKirdy and Imbus，1992）。成冰纪—中埃迪卡拉纪（660～600Ma），最早期的后生动物开始出现，但真核超微型光养型藻类（Love et al.，2009）和细菌（Summons et al.，1999）在海洋中仍占据主导地位，并对初始有机质产率有着最为重要的贡献，如中国四川盆地大塘坡组和陡山沱组（Zhu et al.，2019b）、加拿大 Hay Creek 群（Sperling et al.，2016）、南澳大利亚的 Tapley Hill 组（Le Heron，2012）等烃源岩层系。

目前所发现的前寒武系油气系统的储集层主要为碎屑岩和碳酸盐岩。如世界上最古老（约 1417～1361Ma）的油气藏位于澳大利亚北部 McArthur 盆地中的 Roper 群中，其储集层为中元古界下部的砂岩和辉绿岩（Dutkiewicz et al.，2007）。在澳大利亚 Amadeus 盆地上新元古界 Arumbera 组（570～543Ma）砂岩储层中见有干气产出，气源被认为来自下伏的新元古界的 Pertatataka 组（580Ma）页岩中（Gorter et al.，2007）。位于东西伯利亚 Lena-Tunguska 省的古老油气藏在 1973 年开始有商业油气产出，其储集层主要是中新元古界里菲系（Riphean）（1600～650Ma）的碳酸盐岩，油气来源于里菲系中富有机质页岩层段（Kuznetsov，1997）。

除为烃源岩发育提供有机质之外，微生物还可建造形成各种各样的微生物岩，特别是叠层石（Awramik and Sprinkle，1999；Riding，2011），最古老的叠层石形成时间可追溯到约 3.7Ga（Nutman et al.，2016）。这些微生物岩在前寒武系中广泛发育，厚度可达上千米，且常具有丰富的原生和次生孔隙，可构成有效微生物岩储集层（李朋威等，2015；Zheng et al.，2020）。对于微生物活动分别在什么环境中形成有效烃源岩和有效储集层，微生物生成的油气能否直接在微生物岩储集层中聚集从而构成有效的微生物生储系统，目前尚没有相关的研究。

在中国四川盆地及周缘地区广泛发育震旦系（即埃迪卡拉系）陡山沱组优质黑色页岩烃源岩，厚度可达数百米，已在其中鉴定出多种类型的微生物化石；并且在上覆灯影组中有大量的微生物岩储集层，富含沥青和天然气。因此，该套生储组合为研究微生物相关的油气生储系统提供了一个非常好的实例。

一、上扬子震旦系地层特征

新元古代（900～580Ma）是地球表面海洋环境、生命演化的重要阶段（Jiang et al.，2011；Li et al.，2013b；周传明等，2019）。在此期间，全球范围内发生了 2 期重要冰川事件（Sturtian and Marinoan，“雪球事件”）以及多期间歇性增氧事件，对海洋环境、地层沉积、海洋生物演化与更替有着决定性影响（Hoffman et al.，1998；Jiang et al.，2011；汪泽成等，2019，2020）。扬子板块在埃迪卡拉纪早期（约 630Ma）始终处于被动大陆边缘构造环境，强烈的裂谷作用使得板块内裂谷盆地普遍发育（Li et al.，2013b；周传明等，2019；Wang et al.，2020b）。在全球雪球事件、海平面变化、伸展构造背景等影响下，扬子板块在埃迪卡拉早期沉积了一套以黑色泥页岩和碳酸盐岩为主的陡山沱组沉积体系（图 4.15），整合或平行不

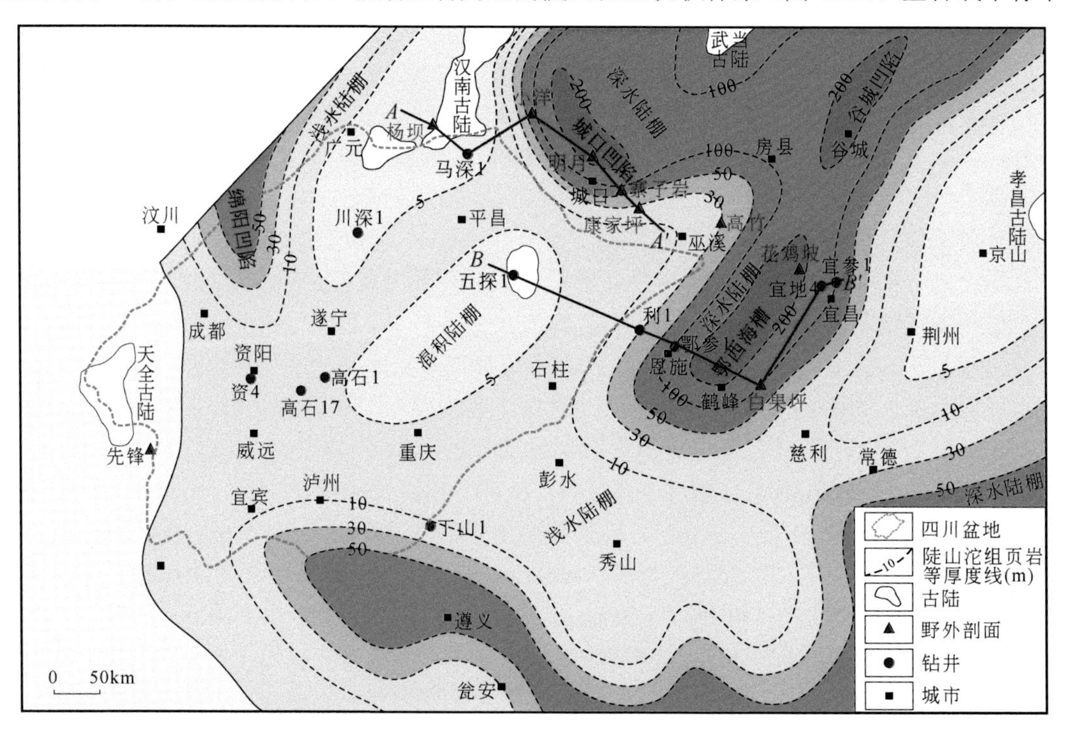

图 4.15　四川盆地及周缘震旦系陡山沱组分布图（据汪泽成等，2019；Wang et al.，2019 修改）

整合覆盖在南沱组冰碛岩之上（图 4.16）。至埃迪卡拉晚期，海洋与沉积环境再次发生变化，由碎屑岩沉积向碳酸盐岩沉积转换，发育了分布广泛而稳定的灯影组台地相-斜坡相碳酸盐岩地层（汪泽成等，2019，2020）。

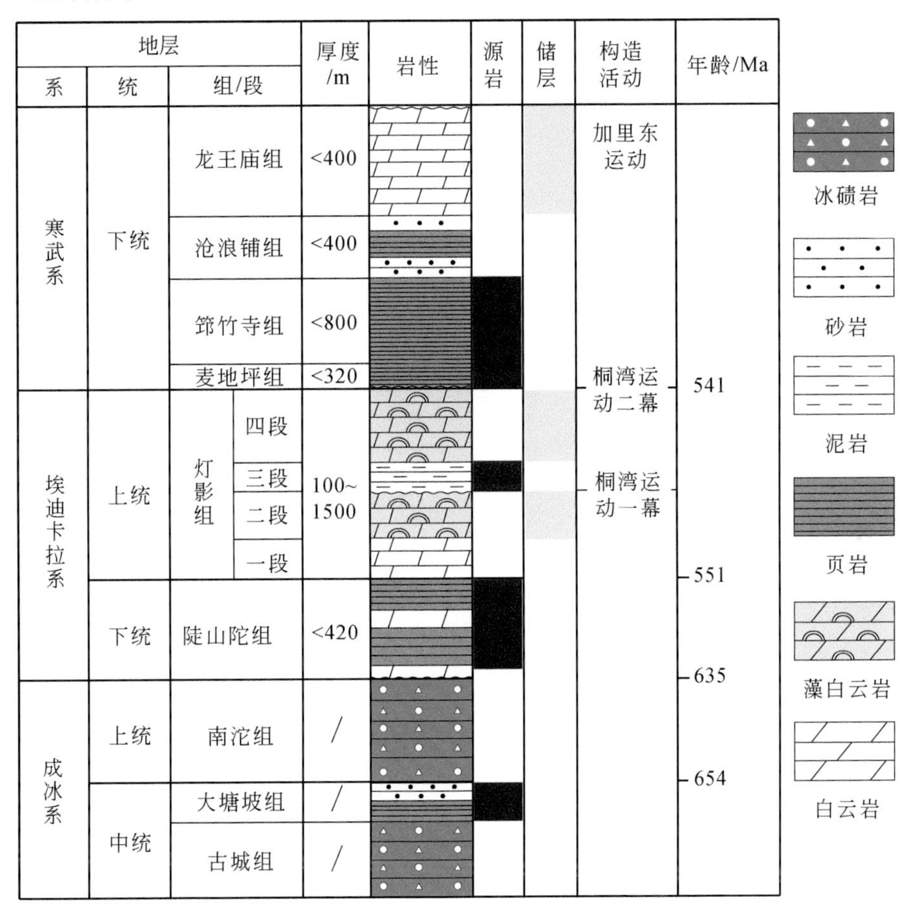

图 4.16　四川盆地及周缘地区成冰-埃迪卡拉/震旦-寒武系地层柱状图

在四川盆地及周缘地区，陡山沱组沉积主要在浅水碳酸盐岩台地、混积陆棚、浅水陆棚、深水陆棚、裂陷槽、海槽等相带发育。陡山沱组残余地层厚度在 0～1000m，在四川盆地内部厚度薄，盆地周缘的绵阳裂陷槽、城口裂陷槽、鄂西海槽等区域厚度大（图 4.15），明显受相带控制（Jiang et al.，2011）。岩性主要是灰-灰黑色泥质白云岩、白云质灰岩及黑色含有硅、磷结核或团块的泥页岩（汪泽成等，2019）。

根据岩性、岩相等特征，陡山沱组可分为 4 个段：陡一段为盖帽白云岩，具有典型的 δ^{13}C 负漂移特征（Hoffman et al.，1998；Jiang et al.，2011），覆盖在南沱组冰碛岩之上，总厚度为 2.0～10.0m，仅分布于鄂西、黔北等地区（汪泽成等，2019）。陡二段主要是富有机质黑色泥/页岩，夹碳酸盐岩，厚度达到100m，分布范围明显扩大。陡二段局部富含厘米级的磷/燧石结核或透镜体，结核中常见有保存良好的多细胞藻类化石、腕足动物、后生动物胚胎等微生物遗迹（Xiao et al.，2010）。陡三段以中-薄层状灰岩、白云岩为主，局部夹燧石条带，厚度在 60～80m，其分布范围与陡二段相当。陡四段主要是黑色泥/页岩，偶尔夹含锰磷层，地层厚度较薄，仅 0～15m（Jiang et al.，2011；汪泽成等，2019）。

在四川盆地及周缘地区，灯影组主要沉积于相对局限的台地浅水环境中，局部为深水陆棚环境。沉积发育时期，总体水体较浅，气候温暖，有利于菌藻类繁盛，在台缘带和台内滩可见大量微生物丘滩体发育（宋金民等，2017；汪泽成等，2020）。灯影组在扬子板块内分布广泛，总厚度在 50～1500m（汪泽成等，2020；Xiao et al.，2021）（图 4.16）。根据岩性和岩相，灯影组划分为 4 个段：灯一段主要为微晶白云岩、藻纹层白云岩，厚度为约 30～160m；灯二段为典型的微生物白云岩段，广泛发育多种类型的微生物岩，如葡萄状白云岩、凝块岩、叠层石等，厚度为 350～550m；灯三段以黄褐色长石石英砂岩、黑色粉砂质泥岩、凝灰岩等为主，分布相对稳定，多在 30～50m；灯四段时期水体相对较深，不利于菌藻类的繁盛，岩性以纹层-叠层状白云岩、块状微晶白云岩为主，厚度为约 50～600m。灯二段和灯四段末期，因受桐湾运动构造抬升的影响，灯二段和灯四段发生岩溶作用，成为富含溶蚀孔洞的优质储集层（朱东亚等，2014a；刘树根等，2016）。

早寒武世，全球性海平面快速上升，下寒武统筇竹寺组黑色页岩在四川盆地及周缘地区广泛，最大厚度甚至超过 700m，为一套区域分布的优质烃源岩（Wang et al.，2015）。

二、微生物烃源岩特征

（一）烃源岩中微生物种类

在四川盆地东北部不同相带位置的野外剖面（如小洋、明月、寨子岩和花鸡坡）的陡山沱组都见到了厚度不等的黑色页岩出露［图 4.17（a）～（f）］。在花鸡坡剖面，陡二段以黑色页岩为主［图 4.17（a）］，部分层中见有 1～2cm 大小的磷结核［图 4.17（b）］。在城口明月剖面，陡二段黑色页岩中见有层状、粒状、结核状等不同产状类型的黄铁矿［图 4.17（c）～（f）］。

陡山沱组黑色页岩中见有丰富的微生物遗迹或化石，构成毫米级纹层状的微生物席［图 4.17（g）］。在宜昌花鸡坡剖面二段含磷结核的黑色页岩见大量的浮游藻和底栖藻类的产出［图 4.17（h）～（j）］；除此之外，在花鸡坡等剖面中也见到一定数量的疑源类生物化石［图 4.17（k）（l）］。中晚埃迪卡拉纪（580～541Ma）是埃迪卡拉生物群演化的重要阶段（McFadden et al.，2008），其中多细胞藻类、丝状和球状蓝菌等是陡山沱组中微生物席的主要营造者（陈寿铭等，2010）。在湖北宜昌陡山沱组中发现丝状蓝菌 *Siphonophycus sinensis*、*Salome hubeiensis*、*Archaeophycus venustus*、*Siphonophycus* 等和多细胞藻类 *Wengania minuta*、*W.globosa* 等，以及一定数量的后生生物疑源类化石（McFadden et al.，2009）。这些菌藻类微生物构成了陡山沱组烃源岩的成烃生物母质。

（二）烃源岩地球化学特征

对川北地区小洋、明月、寨子岩和高竹 4 个剖面的陡山沱组 78 件黑色页岩样品进行 TOC 测试。TOC 含量为 0.11%～17.85%，平均值为 2.56%。这些不同剖面之间 TOC 含量有较大差异，其中小洋剖面中 TOC 含量最低，集中在 0.11%～0.63%，平均值为 0.4%。该剖面的黑色粉砂质页岩层主要分布在陡二段，厚度为 90m。城口寨子岩剖面中 TOC 含量最

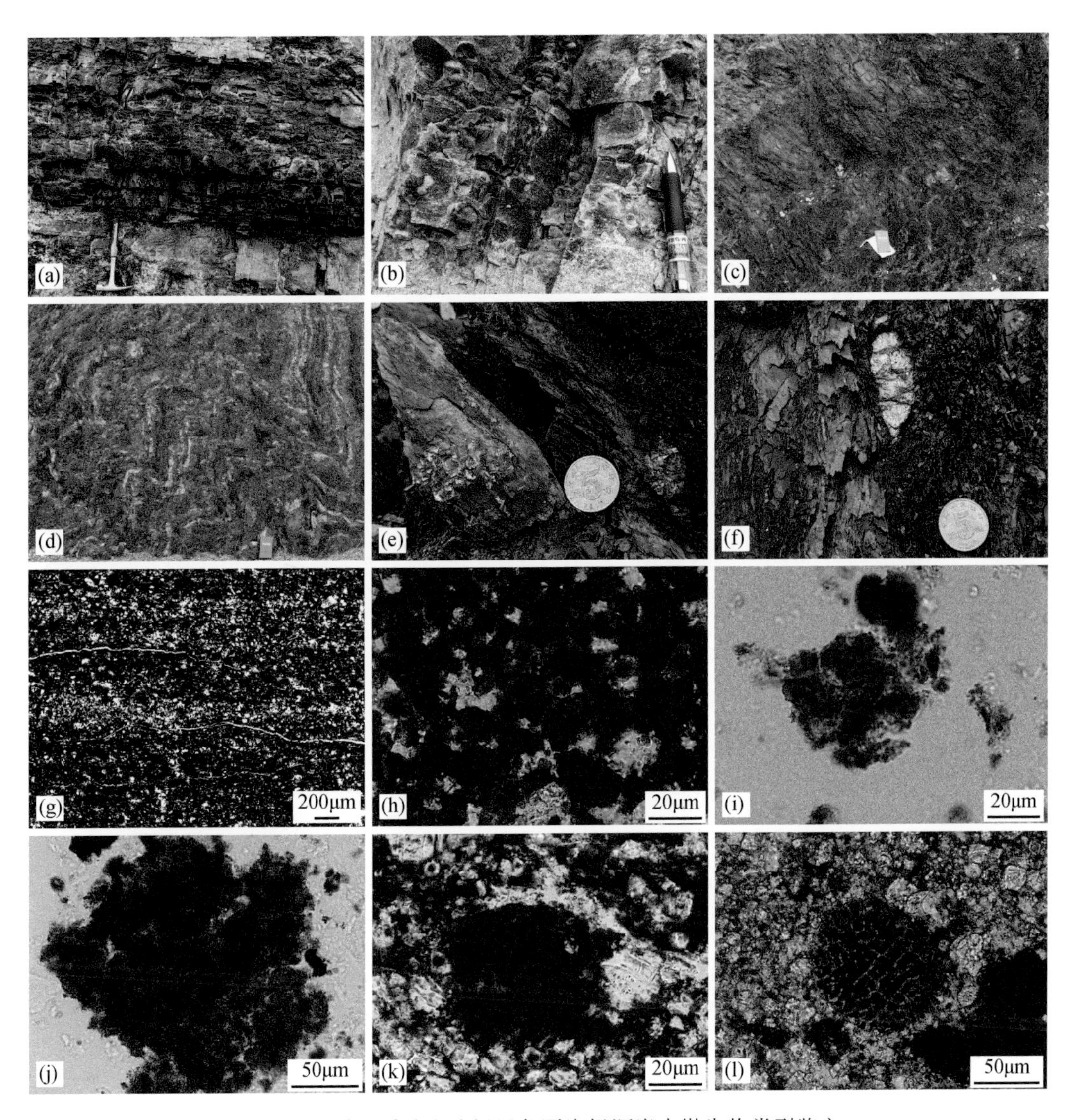

图 4.17　震旦系陡山沱组黑色页岩烃源岩中微生物类型鉴定

（a）黑色页岩，花鸡坡剖面；（b）黑色页岩中含有结核，花鸡坡剖面；（c）黑色碳质页岩，明月剖面；（d）黑色页岩中的层状黄铁矿，明月剖面；（e）黑色页岩中的粒状黄铁矿，明月剖面；（f）黑色页岩中的结核状黄铁矿，明月剖面；（g）黑色页岩中富有机质微生物纹层（深色纹层），明月剖面；（h）浮游藻类，花鸡坡剖面；（i）浮游藻类，花鸡坡剖面；（j）底栖藻类，花鸡坡剖面；（k）（l）疑源类，明月剖面

高，为 0.11%～17.85%，平均值达到 6.3%。黑色页岩和碳质页岩在陡二段分布，厚度约 30m。巫溪高竹和城口明月剖面中 TOC 含量大致相当，集中在 0.39%～5.2%，平均值分别为 1.84% 和 1.36%。高竹剖面的黑色页岩优质烃源岩主要在陡二段发育，厚度约 30m。明月剖面黑色页岩优质烃源岩在陡二段、陡三段和陡四段发育，累计厚度约 140m（图 4.18）。

对 11 个黑色页岩样品开展沥青反射率（R^b）测试。其 R^b 值为 2.46%～3.69%。根据刘德汉和史继扬（1994）提出的经验公式（R^o=0.668R^b+0.346），将 R^b 换算为等效镜质组反射率 R^o 值为 2.00%～2.81%，反映出陡山沱组黑色泥页岩烃源岩处于高-过成熟阶段。

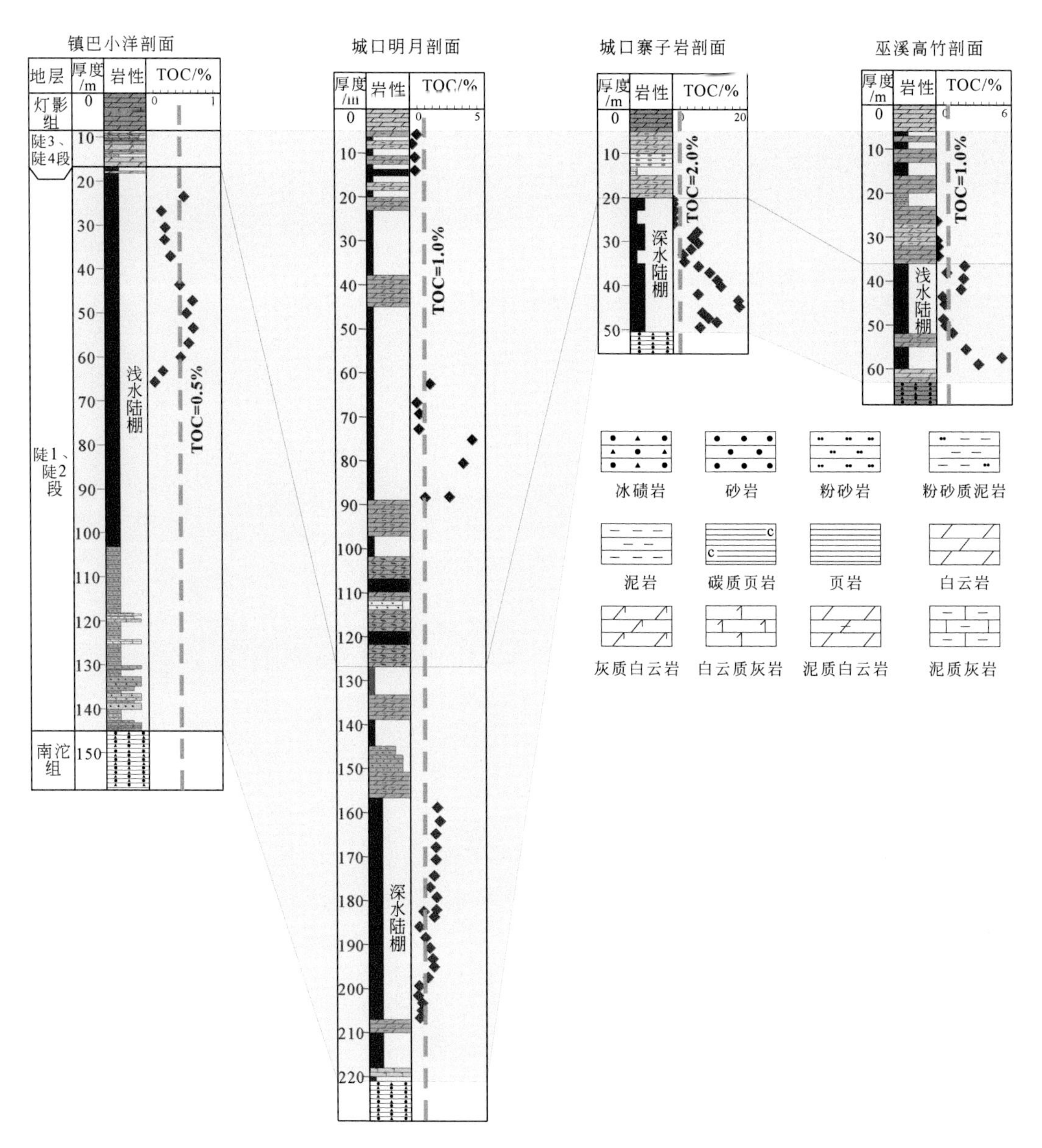

图 4.18　川东地区震旦系陡山沱组有机碳（TOC）分布对比图

微生物的大量繁育为烃源岩的形成提供了必要的有机质。残余总有机碳是评价烃源岩中有机质含量和是否具有良好生烃潜力的有效指标（秦建中等，2004；Peters et al.，2005）。川东北地区陡山沱组黑色页岩中的 TOC 含量为 0.11%～17.85%，平均值为 2.56%，整体上属于优质烃源岩级别（Peters et al.，1995）。由于所处的沉积相带位置、沉积环境、母质类型与数量、保存条件等方面的差异，陡山沱组黑色泥页岩的厚度和有机碳含量差异较大（图 4.18）。位于城口凹陷/裂陷附近的寨子岩剖面的页岩的 TOC 含量可高达 17.85%，高 TOC 含量的陡二段厚度达 90m；而位于台地边缘浅水陆棚区域小洋剖面 TOC 普遍较低，最高只到 0.63%。

烃源岩中的干酪根碳同位素（$\delta^{13}C_{org}$）能指示提供有机质的生物类型。一般认为来自海相低等微生物的干酪根具有偏负的 $\delta^{13}C_{org}$ 值，小于-28‰；而来自陆源植物的干酪根的 $\delta^{13}C_{org}$ 值则大于-26‰（Jarvie et al.，2007）。寨子岩剖面陡山沱组页岩中的干酪根的 $\delta^{13}C_{org}$ 值介于-31.1‰～-28.5‰，平均值为-29.7‰，明显小于-28‰，表明其可能来源于海洋细菌、藻类、浮游生物等低等水生生物。显微镜下鉴定也发现陡山沱组泥岩烃源岩中的成烃生物类型以菌藻类的微生物为主（图 4.17）。海相低等水生生物通常在烃源岩中转化成为I型腐泥型干酪根，具有很高的生烃潜力（Golyshev et al.，1991；Jarvie et al.，2007）。

（三）微生物烃源岩硫化还原环境

有机质富集主要与古生产力、氧化还原性、保存条件等密切相关。静水分层硫化还原的海水水体环境使得震旦系陡山沱组黑色页岩中保存富集了大量有机质。前人通过地球化学数据建立了陡山沱组时期海洋中强烈空间异质性的动态分层特征，即氧化-还原-铁质-硫化分层带，且不同区域氧化还原性差异较大（McFadden et al.，2008；Sahoo et al.，2012）。川东北城口寨子岩剖面陡二段泥页岩沉积于城口裂陷槽附近相对深水区域，其 Th/U 介于 0.21～4.52，δCe 值介于 0.85～1.41，反映了波动的氧化-还原-硫化的水体分层条件；在表层氧化水体中繁盛的微生物贡献大量有机质，沉降至底层硫化还原细粒沉积物中保存下来，从而形成高 TOC（＞2.83%）的烃源岩（Liu et al.，2019）。这种氧化还原性分层的空间异质性特征在鄂西海槽内同样存在，该区域的九龙湾、苗河等剖面以周期性次氧化、缺氧、静水硫化波动变化为主（Sahoo et al.，2012），促进了高 TOC 含量烃源岩的形成（Zhu et al.，2019b）。

陡山沱组页岩中黄铁矿的硫同位素组成指示不同部位硫化还原的差异及对有机质富集保存的差异控制作用。选取城口裂陷槽中心部位的明月剖面和南侧斜坡部位的寨子岩剖面开展研究。明月剖面黑色页岩中发育有大量的不同产状的黄铁矿，如厚度几毫米至几厘米的纹层状黄铁矿、直径几毫米至几厘米的结核状黄铁矿、几毫米大小的粒状黄铁矿、大量的几微米大小的草莓状黄铁矿等［图 4.17（d）（f）］。与之相比，寨子岩剖面黄铁矿的量则明显少于明月剖面，仅见少量的 2～3mm 纹层状黄铁矿层或者在扫描电镜下见几微米至几十微米大小的草莓状黄铁矿。明月剖面的总硫含量（TS）为 1.0%～18.9%，平均为 2.9%。寨子岩剖面的总硫含量（TS）为 0.43%～1.2%，平均为 0.8%，显著低于明月剖面（图 4.19）。

一般在开放循环的水体环境中，BSR 反应引起 S^{2-}与 SO_4^{2-} 之间强烈的硫同位素分馏（Machel et al.，1995），从而产生 ^{34}S 强烈亏损的硫化物。但在静水分层的海水水体中，由于缺少持续循环补给，BSR 作用会逐渐把海水中的 SO_4^{2-} 充分消耗还原，从而使产生的 H_2S 或黄铁矿具有与 SO_4^{2-} 类似的极正硫同位素值（Xiao et al.，2010）；此 BSR 过程中也会消耗大量的有机质从而使 TOC 含量降低。明月剖面的部分黄铁矿层具有极正偏的硫同位素 $\delta^{34}S_{V\text{-}CDT}$ 值（$\delta^{34}S_{V\text{-}CDT}$ 值为-20.6‰～39.0‰，平均 9.1‰）和相对较低的 TOC（0.6%～3.6%，平均 1.6%）（图 4.20），指示在滞留分层的硫化还原环境中 BSR 作用大量消耗硫酸根和有机质。

与明月剖面相比，寨子岩剖面的黄铁矿具有负的硫同位素 $\delta^{34}S_{V\text{-}CDT}$ 值（-27.3‰～-13.0‰，平均-19.2‰）和相对较高的 TOC（2.8%～17.9%，平均 11.1%）（图 4.20），指示微生物有机质在还原环境中得以大量保存。该剖面处于水体较浅的斜坡部位，由于有周围

海水的 SO_4^{2-} 和有机质的持续补充，BSR 作用程度相对较弱，并不能使 SO_4^{2-} 充分还原，也会有大量的有机质在硫化还原环境中充分保存下来（Liu et al.，2021）。

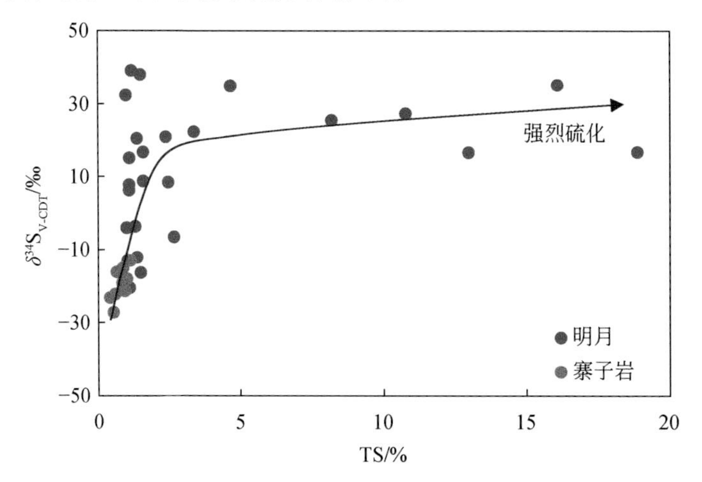

图 4.19　陡山沱组泥岩中黄铁矿 $\delta^{34}S_{V-CDT}$ 与总硫含量关系图

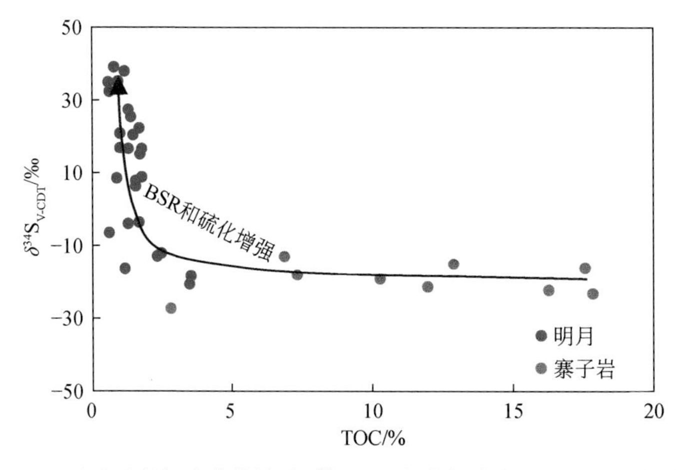

图 4.20　陡山沱组泥岩中黄铁矿 $\delta^{34}S_{V-CDT}$ 与有机碳含量（TOC）关系图

三、微生物岩储集岩特征

（一）微生物岩储集岩类型

四川盆地及周缘地区的震旦系灯影组，尤其是灯影组二段，广泛发育有丰富的微生物岩。微生物岩的类型主要包括微生物叠层石、凝块石、葡萄状白云石等（图 4.21）。叠层石常见有水平层状、波状和穹状叠层石［图 4.21（a）～（c）］。水平层状叠层石呈中厚层状产出，单层厚度多为 0.2～0.5m。显微镜下观察，在叠层石中可见近水平的纹层结构，纹层之间的孔隙多被方解石充填［图 4.22（a）］。波状叠层石中的波纹形态较为细小，波长度和高度多为厘米级的尺度；显微镜下可见纹层结构和波状起伏特征［图 4.22（b）］。穹状叠层石规模相对较大，穹形高度和长度可达米级尺度，层厚度 0.5～1m。

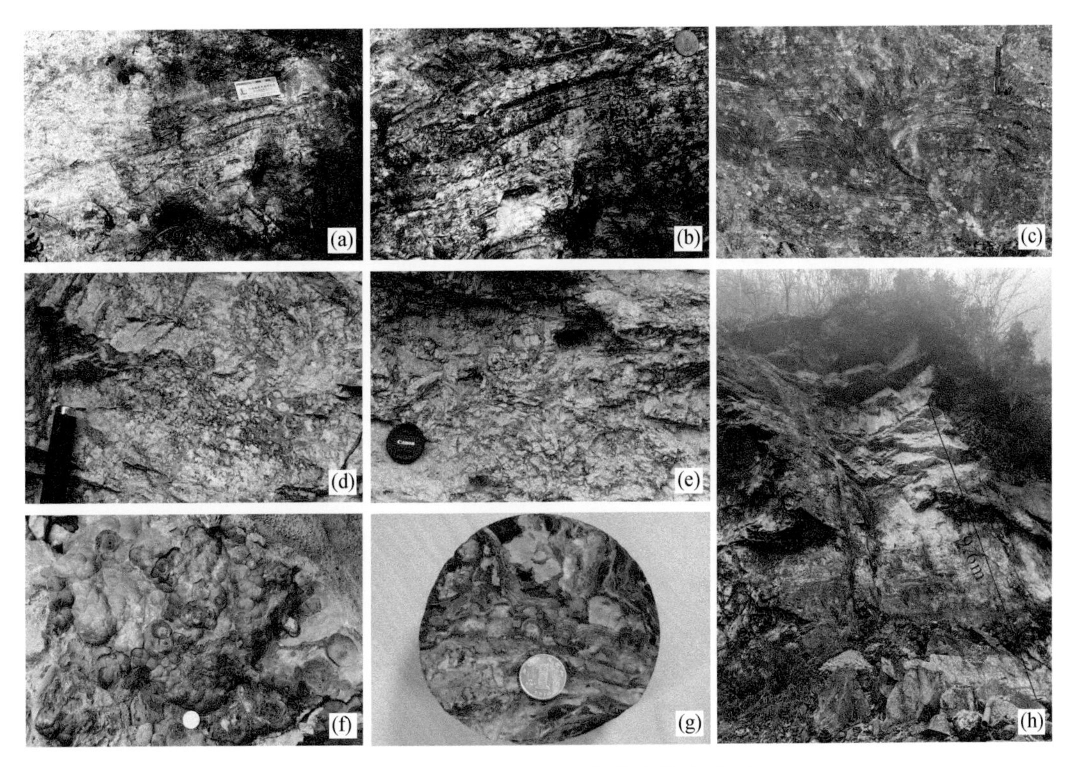

图 4.21 震旦系灯影组二段微生物岩类型

（a）水平层状叠层石，巫溪和平剖面；（b）水平层状-波状叠层石，巫溪和平剖面；（c）穹状叠层石，旺苍鼓城剖面；（d）微生物凝块岩，宏观上呈网状或层状集合体形式，单个凝块呈不规则状，大小为毫米-厘米级，微生物格架孔隙部分被白云石充填，旺苍鼓城剖面；（e）微生物凝块岩，宏观上呈黏结角砾状，单个凝块形状呈大小不规则状，大小为毫米-厘米级，见有大小不等溶蚀孔洞，巫溪和平剖面；（f）葡萄状白云石（葡萄石），南江杨坝剖面；（g）凝块层面中间发育葡萄状白云石，簰深1井；（h）厚层微生物凝块岩，巫溪和平剖面

凝块岩是微生物格架或微生物活动黏结碳酸盐岩颗粒而形成的微生物岩，其内部常具有宏观的微生物黏结形成的团块状结构且缺乏纹层结构［图 4.21（d）（e）］。显微镜下可见微生物黏结团块被深灰色的富含黏土或有机质的薄壳包围，团块直径介于 30～300μm 之间。单个微凝块以近球形、肾球状、圆形为主，黏结颗粒之间富含孔隙，部分被方解石胶结物充填［图 4.22（c）（e）］。

葡萄石在包括四川盆地在内的几乎整个扬子板块的灯影组（尤其是灯影组二段）微生物岩地层中都有发育［图 4.21（f）（g）］。葡萄石一般大小几毫米或 1～2cm，具有多层同心环状结构，单层环的厚度约 1～2mm［图 4.22（g）（h）］。葡萄石大多覆盖在厚层微生物岩的层面上，从层面向上呈葡萄状生长，填充在层面间的片状孔隙中［图 4.21（f）、图 4.22（f）］。在内部矿物结构组成上，葡萄石由自基底向外呈放射状簇状生长的白云石组成，保留有非常完好的原生环带结构［图 4.22（g）（i）］。

微生物岩（主要叠层石和凝块岩）在垂向上逐渐加积成为中厚层层状建造，单层厚度一般 40～60cm。多个中厚层状微生物岩垂向上叠加形成的规模巨大的微生物岩储集体，累计厚度一般 6～10m，部分可达 30m［图 4.21（h）］。

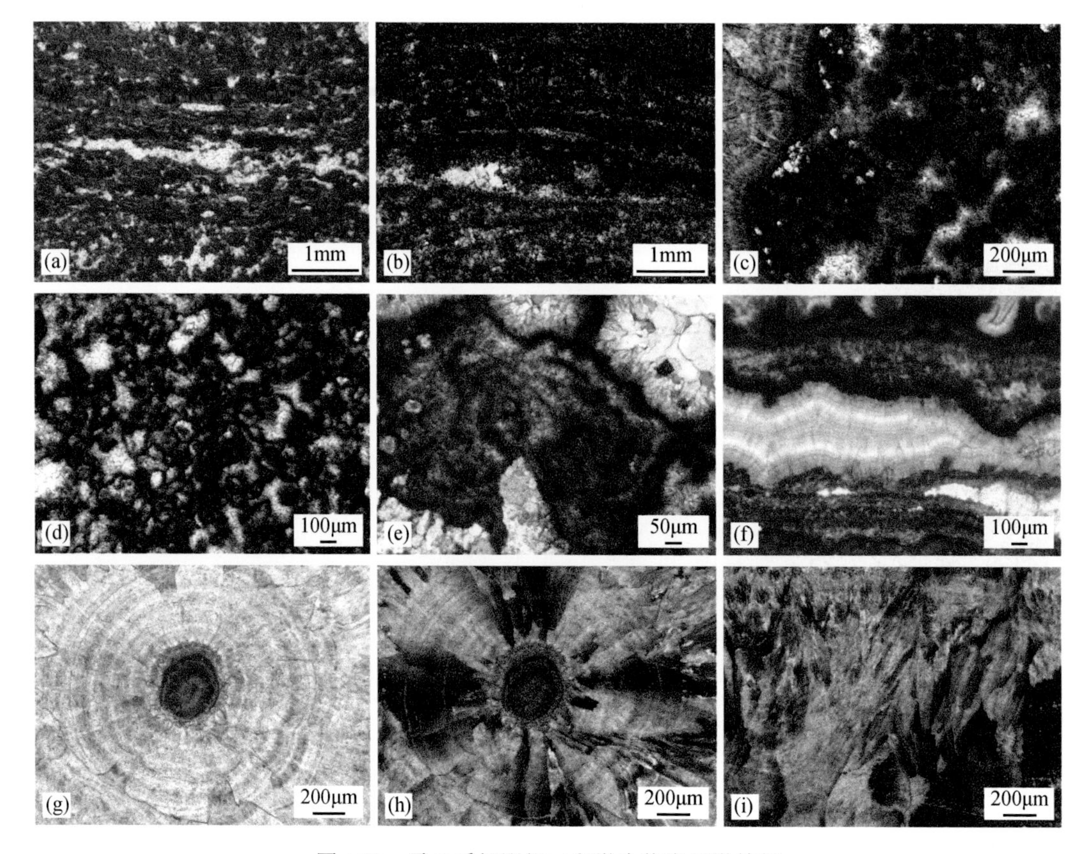

图 4.22 震旦系灯影组二段微生物岩显微特征

（a）水平层状叠层石，顺层孔隙被方解石充填，巫溪和平剖面，单偏光；（b）波状叠层石，顺层孔隙被方解石充填，巫溪和平剖面，单偏光；（c）微生物凝块岩，南江柳湾剖面，单偏光；（d）微生物凝块岩，林 1 井，单偏光；（e）微生物凝块岩，南江杨坝剖面，单偏光；（f）微生物凝块岩层间见圈层状葡萄石，簰深 1 井，单偏光；（g）葡萄状白云石（葡萄石）环状层圈结构，白云石晶体呈放射状向外生长，簰深 1 井，单偏光；（h）图（g）对应的正交偏光，葡萄石环状层圈结构，白云石晶体呈放射状簇状向外生长，簰深 1 井，正交偏光；（i）葡萄石圈层的放射状簇状白云石，柳湾剖面，正交偏光

（二）微生物作用证据

微生物碳酸盐岩是微生物生长代谢过程中细胞表面物质、胞外聚合物（EPS）导致碳酸盐岩矿物沉淀或者黏结的碳酸盐岩颗粒。微生物介导的白云石构成微生物岩中的重要矿物组成。针对灯影组的凝块石，通过扫描电镜观测发现其中有丰富的微生物活动的遗迹。凝块石的矿物组成主要是白云石，呈细小自形菱面体的晶体结构，直径处于微米级别（图 4.23）。在白云石中发现丰富的微生物活动遗迹，如雪花状、长片状、球形或哑铃形等结构特征（图 4.23），直径较小，以微米-纳米级别为主。它们通常被认为是微生物（尤其是蓝细菌）分泌的胞外聚合物（EPS）的遗迹。胞外聚合物（EPS）不但为白云石矿物沉淀提供成核位点，而且也克服了白云石沉淀的动力学障碍（Vasconcelos and McKenzie，1997；Sánchez-Román et al.，2008；由雪莲等，2014）。

对雪花状、长条状、球形位置开展了能谱元素组成分析。这些遗迹化石以 Ca、Mg、C 元素主，其次为 Fe、Si、Al 等元素［图 4.23（a）～（c）］。理论上白云石中碳的原子摩尔数与 Ca 和 Mg 摩尔数相等。但实际测试发现部分白云石样品中 C 的摩尔百分数含量超过 Ca 和 Mg 摩尔百分数之和［图 4.23（b）（c）］，说明这些白云石的形成与胞外聚合物 EPS 矿化过程中提供的有机质 C 有密切关系。白云石中具有一定含量的 Fe、Al、Si 等元素，认为是微生物活动吸附作用的结果，与 Vasconcelos 和 McKenzie（1997）实验室合成的微生物白云岩特征基本一致。

图 4.23　灯影组二段微生物岩扫描电镜和能谱特征

（a）雪花状结构，灯二段，南江杨坝剖面；（b）雪花状结构，灯二段，簰深 1 井；（c）近球状结构，灯二段，簰深 1 井；（d）近球状纳米结构，灯二段，杨家坪剖面；（e）纳米球状结构及胞外聚合物（EPS），灯二段，杨家坪剖面；（f）长条状 EPS，灯二段，杨家坪剖面

（三）储集空间特征

微生物岩中的储集空间类型包括原生孔隙和次生孔隙（图 4.24）。原生孔隙由微生物格架内和格架间的孔隙组成，如叠层石中顺纹层发育的层间孔隙［图 4.24（d）］和凝块岩中的窗格孔［图 4.24（e）］。次生溶蚀孔隙主要是遭受大气降水岩溶作用形成的溶蚀孔洞。灯影组二段白云岩在二段沉积之后遭遇桐湾期一幕构造抬升作用而暴露至地表遭受大气降水岩溶作用（朱东亚等，2014a），形成灯影组二段与三段之间的不整合面［图 4.24（a）］。不整合面之下的灯影组二段白云岩中发育丰富的岩溶孔洞［图 4.24（b）（e）］，部分孔洞中可见沥青充填［图 4.24（b）（c）］。

对灯影组凝块岩和叠层石储层开展储集空间 ct 表征（图 4.25）。两种类型微生物岩中都有着丰富的孔隙，但有着显著的差别。凝块岩中的孔隙类型主要是孤立的溶蚀孔洞［图 4.25（a）～（c）］，孔隙直径最小 9.3μm，最大 718.6μm，平均 34.1μm。通过 CT 得到总孔隙数量 14386 个，其中孤立孔隙数量 2770 个。通过浮力法实测孔隙度 6.16%；通过覆压气体渗透率分析仪测得渗透率为 0.031mD。叠层石中的孔隙比凝块岩中的孔隙小，但孔隙数量较多［图 4.25（d）～（f）］。孔隙直径最小 9.3μm，最大 498.5μm，平均 30.1μm。CT 得到总孔隙数量 26672 个，其中孤立孔隙数量 8921 个。实测孔隙度 11.29%，渗透率为 1.420mD，均高于凝块岩。

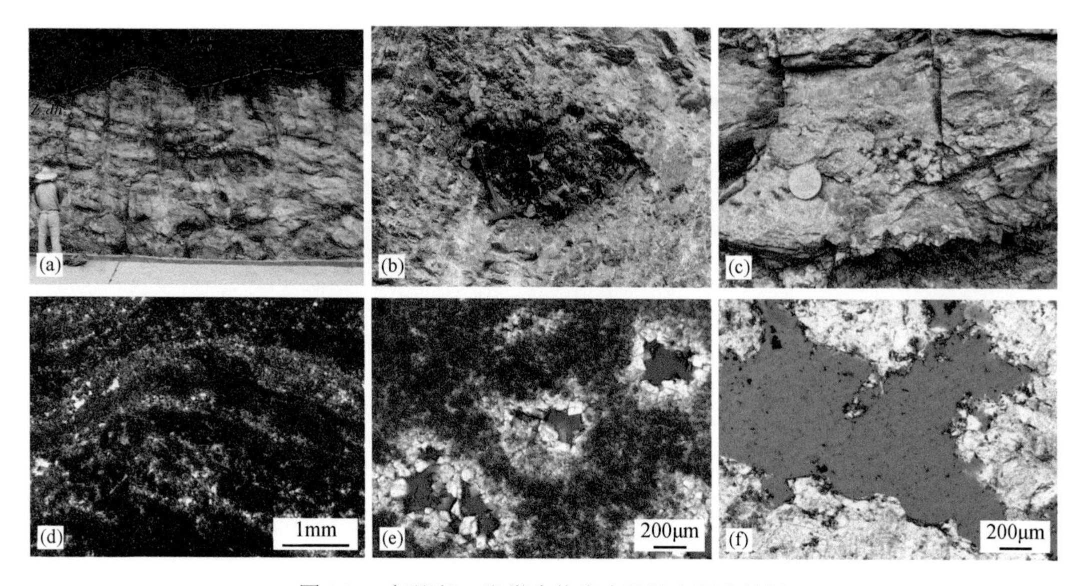

图 4.24　灯影组二段微生物岩中孔隙和沥青特征

（a）灯影组二段暴露形成的与上覆灯影组三段的岩溶不整合面，不整合面之下的灯影组二段厚层微生物岩中富含孔洞，不整合面之上为灯影组三段厚层泥岩和硅质泥岩盖层，光雾山镇映水坝剖面；（b）灯影组二段与三段之间不整合面之下微生物白云岩溶蚀孔洞中充填有沥青，旺苍盐河剖面；（c）微生物凝块岩中的孔隙中沥青充填，南江柳湾剖面；（d）叠层石中顺层格架孔，巫溪和平剖面，单偏光；（e）凝块岩中的窗格孔，鱼渡剖面，铸体薄片，单偏光；（f）凝块岩中的溶蚀孔洞，镇巴朱家沟剖面，铸体薄片单偏光

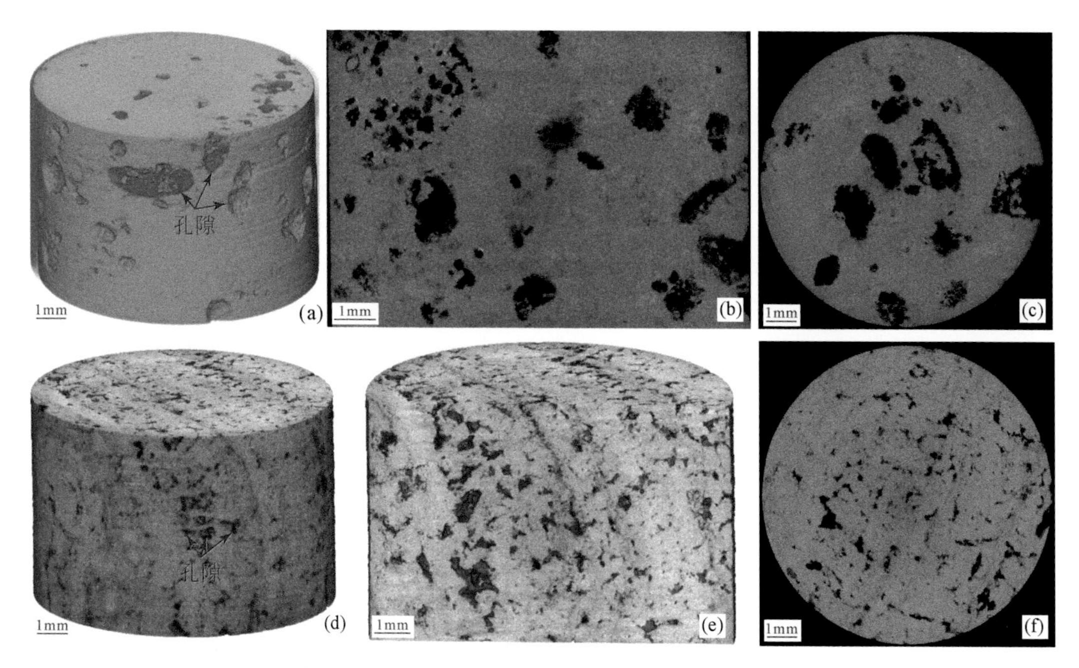

图 4.25　灯影组二段微生物岩中微孔隙的 CT 特征

（a）～（c）微生物凝块岩 CT 孔隙表征，震旦系灯影组二段（Z_2dn^2），四川盆地北部高竹剖面；（d）～（f）微生物叠层石 CT 孔隙表征，震旦系灯影组二段（Z_2dn^2），四川盆地北部高竹剖面

四、微生物成烃-成储环境转化

埃迪卡拉晚期（550～541Ma）的灯影组沉积时期，四川盆地及周缘地区的沉积环境逐渐转变为台地和台缘相带，处于浅水高能动荡的海洋水体环境中。继陡四段沉积之后，灯影组由一套海退式沉积序列组成，以台地相碳酸盐岩沉积为主。四川盆地内部及周缘地区大面积分布局限的潮坪环境，具有水体浅且能量较强、透光性良好、含氧量较高、营养物质丰富的特征，有利于细菌和藻类微生物生长。这些微生物在生长过程中通过黏结、捕获、介导等方式促使大量微生物碳酸盐岩的形成，包括叠层石、凝块石、核形石、层纹石等。尤其是在灯二段，微生物岩不断在垂向和侧向上加积形成数米至数十米的微生物丘滩体。由于微生物岩大多形成于水动力较强的浅水氧化环境下，肉眼很难见到完整的实体化石，微生物有机质也被氧化殆尽，仅有碳酸盐岩格架保留下来。但局部仍可通过扫描电镜观察到微生物岩中存在不少已矿化的微纳米级丝状、立方球状、板条状、卵状、螺旋状的碳酸盐岩化的微生物遗迹。

微生物作用既能介导方解石沉淀，也能介导白云石沉淀。在前寒武系古老地层中发育有大量的微生物白云岩，与特定的海水环境即白云石海的环境密切相关（Wang et al.，2020a）。古海洋、古气候的特殊性与微生物活动的耦合作用使得前寒武时期大量微生物白云岩广泛发育，构成了前寒武系中重要的油气储集层类型。

沉积与海水水体环境的变化控制了微生物活动是形成富有机质烃源岩还是形成微生物碳酸盐岩储集体（图 4.26）（Zhu et al.，2023）。在震旦系陡山沱组沉积时期，盆地斜坡、海槽等相对深水区域的海水水体处于静止分层的状态。在表层的氧化水体中，光合型的细菌类、藻类微生物大量繁盛，提供大量的有机质。随后微生物有机质向底层水体中沉降。位于氧化与还原界面（chemocline）之下的底层水体处于硫化还原环境，微生物有机质能得以大量保存，成为陡山沱组的富有机质烃源岩。

进入震旦系灯影组沉积时期，沉积环境逐渐转变为台地、台缘的浅水动荡高能环境。水体从硫化还原条件转变成为偏氧化条件。在动荡浅水环境中，能形成碳酸盐岩格架的微生物大量发育，从而导致了微生物碳酸盐岩丘滩体的形成，为优质微生物岩储集体发育奠定了基础。由此，硫化还原环境中发育的微生物相关的烃源岩成为临近的上覆氧化环境中发育的微生物岩储集体丰富的油气供给，构成了有效的微生物生储组合体系（图 4.26）。

五、微生物生-储组合系统

四川盆地震旦系灯影组微生物岩储层中蕴藏有丰富的油气资源。许多野外剖面和钻井岩心所揭示的微生物岩储层中都见到大量的沥青［图 4.24（b）（c）］。微生物岩也是威远-安岳大型气田的重要储集层（赵文智等，2020）。基于前人通过碳氢同位素示踪对比的研究，认为灯影组微生物岩储层中的天然气很大一部分来自陡山沱组烃源岩的贡献（魏国齐等，2014，2015；谢增业等，2021）。

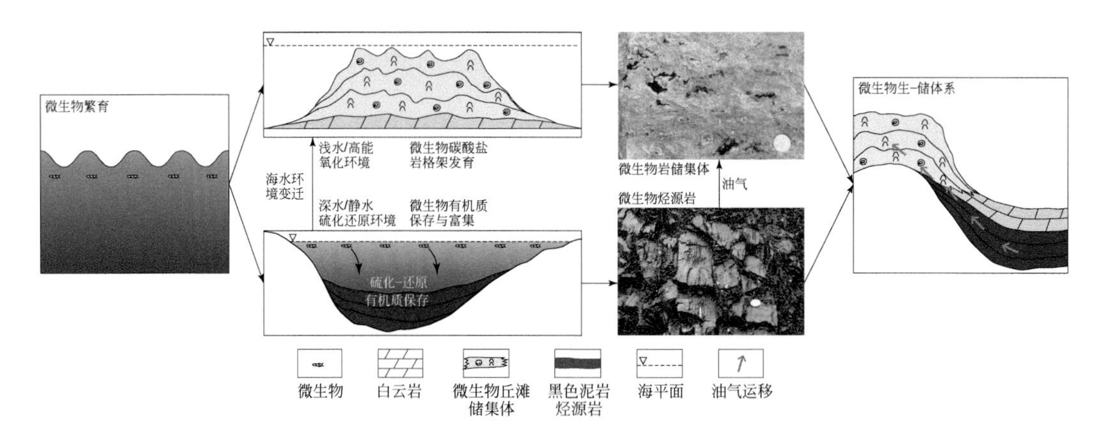

图 4.26　水体环境转化与微生物生储组合发育过程示意图

依据天然气碳氢同位素组成，前人研究认为川中安岳气田、威远气田的震旦系—寒武系天然气属于原油裂解气，但对于天然气来自哪层烃源岩，仍有争议（魏国齐等，2014，2015；吴伟等，2016；谢增业等，2021）。寒武系龙王庙组中 CH_4 的 $\delta^{13}C_1$ 值介于-33.6‰～-32.1‰，平均值为-32.8‰；乙烷的 $\delta^{13}C_2$ 值介于-34.0‰～-31.5‰，平均值为-32.7‰；甲烷和乙烷在碳同位素组成上具有同位素倒转特征（$\delta^{13}C_1>\delta^{13}C_2$）。威远地区震旦系中 CH_4 的 $\delta^{13}C_1$ 值介于-34.1‰～-32.0‰，平均值为-33.1‰；乙烷的 $\delta^{13}C_2$ 值介于-33.9‰～-31.0‰，平均值为-31.8‰；甲烷和乙烷在碳同位素组成上同样具有倒转的特征。安岳地区乙烷的 $\delta^{13}C_2$ 值则较高，介于-31.9‰～-26‰，平均值为-28.4‰，与威远地区相比有较大差异，反映了成因来源上的不同。

普遍认为 CH_4 的碳同位素受原始母质类型及成熟度影响大，成熟度越高，CH_4 碳同位素值越大；相比之下，C_2H_6 的碳同位素相对稳定，广泛应用于天然气成因来源的研究（戴金星等，1992）。威远地区寒武系龙王庙组和震旦系天然气具有相似的烷烃碳同位素值及倒转特征，认为它们主要来自高-过成熟阶段的寒武系烃源岩。与之相比，安岳地区震旦系乙烷 $\delta^{13}C_2$ 值偏重，反映有来自陡山沱组烃源岩的重要贡献，为混源气（魏国齐等，2014，2015；谢增业等，2021）。$\delta^{13}C_2$ 同位素值比陡山沱组干酪根的碳同位素值略偏高，是在高-过成熟阶段乙烷发生一定程度裂解作用下造成的，剩余的乙烷逐渐富集 ^{13}C（吴伟等，2016；谢增业等，2021）。

天然气 $\delta^2H_{CH_4}$ 值差异主要反映出成熟度、母质类型和沉积时水体环境差异（Schoell，1980），且随成熟度增高和水介质盐度增加而变重。四川盆地寒武系天然气的氢同位素 $\delta^2H_{CH_4}$ 为-138‰～-132‰，平均值为-134.6‰，表明其来自下寒武统烃源岩。而安岳地区震旦系天然气的氢同位素 $\delta^2H_{CH_4}$ 为-150‰～-136‰，平均值为-141.4‰，明显比寒武系天然气氢同位素轻。震旦系和寒武系天然气甲烷碳同位素基本相似，反映出相似热演化程度。由此认为烃源岩沉积时古水体盐度差异是两者氢同位素产生较大差异的关键因素。根据前人对主要烃源岩沉积时古盐度恢复结果，下寒武统筇竹寺组古盐度最高可达 18.5‰，而震旦系陡山沱组古盐度值为 7.6‰左右（谢增业等，2021）。由此认为安岳地区天然气氢同位素显著偏轻的特征与陡山沱组烃源岩的天然气贡献直接相关；并且陡山沱组烃源岩贡献比例越大，氢同位素越轻。此外，灯影组天然气的乙烷碳同位素变重与甲烷氢同位素变轻有较好的正相关关系，表明陡山沱组烃源岩的贡献越来越多（谢增业等，2021）。

四川盆地震旦系灯影组微生物岩储层中蕴藏有丰富的油气资源。许多野外剖面和钻井岩心所揭示的微生物岩储层中都见到大量的沥青。微生物岩也是威远-安岳大型气田的重要储集层（赵文智等，2020）。基于前人通过碳氢同位素示踪对比的研究，认为灯影组微生物岩储层中的天然气很大一部分来自陡山沱组烃源岩的贡献（魏国齐等，2015；谢增业等，2021）。震旦系灯影组微生物岩储层与陡山沱组微生物烃源岩构成重要生储组合系统。

由前文可知，陡山沱组黑色页岩烃源岩主要发育在陡二段和陡四段，大量的微生物贡献了丰富的有机质。泥页岩中 TOC 含量较高，普遍大于 1.0%～2.0%，等效 R^o 介于 1.9‰～2.8‰，正处于高-过成熟大量生气阶段，为一套较为有利的供气层系。陡山沱组在四川盆地及周缘地区广泛分布，具有“盆地内部厚度薄、盆地周缘厚度大”的特征，盆内厚度一般为 5～50m，而周缘厚度可达上百米至上千米（Wang et al.，2020b；赵文智等，2020）。高 TOC 含量的烃源岩主要分布在万源-达州、川西北绵阳-长宁、城口-鄂西等凹陷槽内，凹陷中心厚度可达 200～500m（Wang et al.，2020b；Zhao et al.，2017）。

在四川盆地，灯影组微生物岩储层主要沉积于台内和台地边缘。特别是在绵阳-长宁裂陷槽两侧的台缘带，水体能量较强，营养物质丰富，易于微生物的大量繁盛和快速生长，从而形成一系列规模较大的微生物碳酸盐岩丘滩体，其累计厚度可达几百米，如裂陷槽西侧资 4 井揭示微生物岩储集体厚度为 120m，东侧的高石 1 井钻遇微生物岩储集体厚达 430m，蓬探 1 井厚达 600m（Zhao et al.，2017；兰才俊等，2019；赵路子等，2020）。在位于四川盆地北部台缘带上的胡家坝剖面，微生物岩储层累计厚度可达 238m（兰才俊等，2019）。

在中晚寒武世，陡山沱组微生物烃源岩开始进入生油窗，所生成的油气沿断裂向上运移至临近灯影组微生物岩储层中聚集成藏（图 4.27）。志留纪末期至石炭纪末期的构造抬升导致陡山沱组烃源岩生烃过程停滞。直到三叠纪末期，陡山沱组烃源岩再次沉降埋藏，逐渐进入大量生油气高峰期，油气再次向上部灯影组微生物岩储集体运移聚集，形成大规模的油气藏。随着灯影组微生物岩油藏埋藏深度和温度不断增加，其中早期充注的大量原油发生裂解成为天然气，并在微生物岩储集体中富集成为现今的天然气藏。所以，陡山沱组微生物烃源岩厚度较大的区域与灯影组微生物岩储层叠合区域是微生物生-储组合体系有利区域，包括绵阳裂陷槽两侧的汶川—成都—遂宁—广元一带，城口裂陷槽附近的城口—杨坝一带，鄂西海槽西侧的巫溪—利 1 井一带（图 4.28）。

由上可知，古老前寒武纪，微生物活动不仅可以形成良好生油气潜力的优质烃源岩，也可形成储集油气的优质微生物岩储集体。微生物烃源岩和微生物储集体构成的微生物生储体系已在四川盆地构成具有商业油气勘探开发价值的微生物油气藏。除我国四川盆地之外，世界上其他地区也有潜在的微生物生储组合构成的油气藏。目前世界上不少地区都发现了多个前寒武系油气系统，如西伯利亚克拉通盆地中 Vendian（700～542Ma）油气系统、南阿曼 Salt 盆地 Nafun-Ara Group、印度中部 Vindhyan 盆地、巴西 São Francisco 盆地等（Craig et al.，2009；Grosjean et al.，2009；Smodej et al.，2019）。其中南阿曼 Salt 盆地 Nafun-Ara Group 的油气系统类似于陡山沱组—灯影组微生物有关的生储体系。其油气主要来源于 Ara Group

的页岩和碳酸盐（TOC 为 0.44%～1.9%）和下部的 Nafun Group 泥页岩烃源岩（TOC 为 1.3%～11.0%）（Grosjean et al.，2009；Smodej et al.，2019）。其储集层主要由盐岩之下的 Ara Group 的凝块岩、层纹石等微生物岩构成。中国华北地区中元古界的下马岭组黑色富有机质页岩与上覆的微生物叠层石也构成了有效的微生物生储组合体系（Luo et al.，2015）。

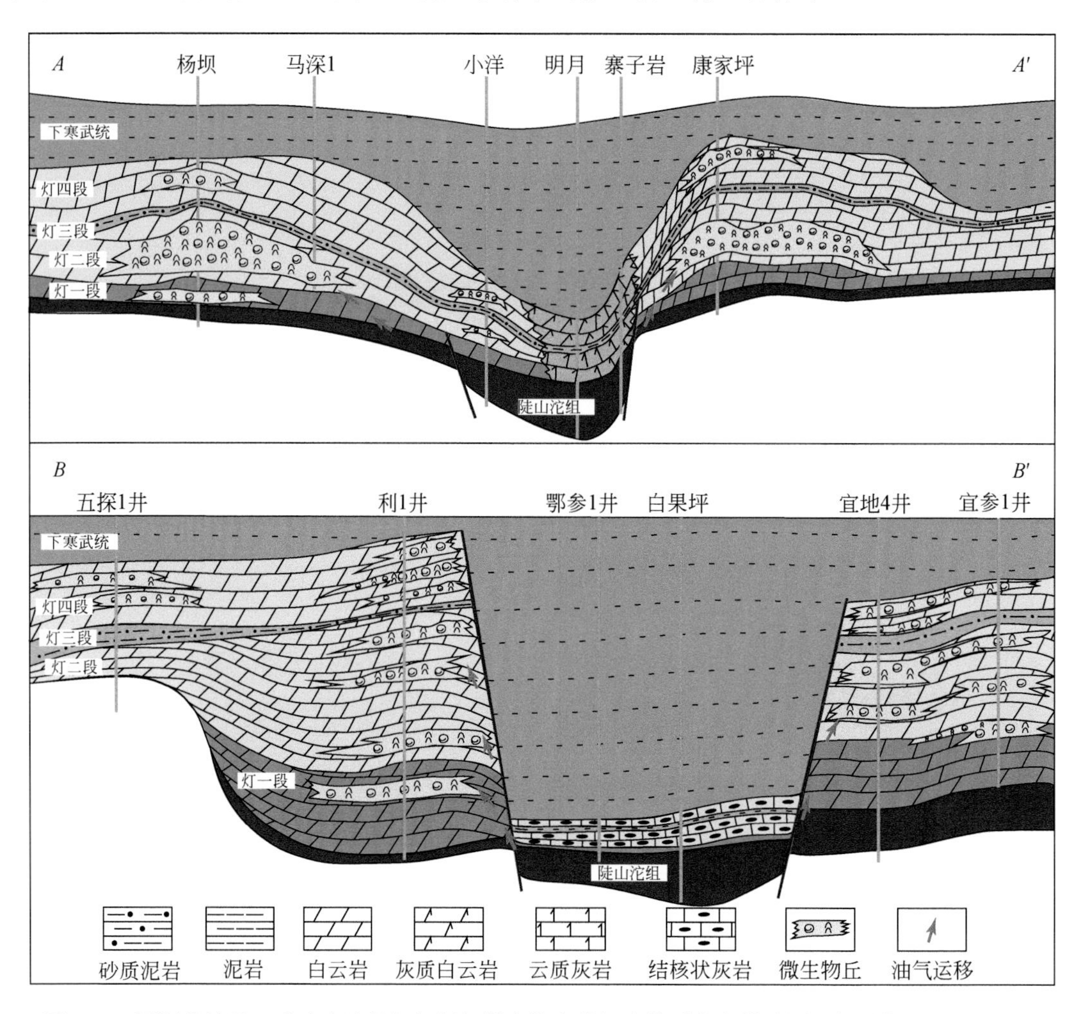

图 4.27　四川盆地震旦系陡山沱组与灯影组微生物生储组合体系发育模式图（剖面位置见图 4.15）

综上所述，晚震旦世陡山沱组时期，四川盆地及周缘地区的陡山沱组二段和四段发育优质微生物烃源岩，菌藻类成烃微生物活动为优质烃源岩形成贡献了丰度的原始有机质。在川东城口、鄂西凹陷槽内，黑色页岩烃源岩厚度达 200m，TOC 值高达 17.9%。晚震旦世灯影组时期，微生物活动促使大量微生物碳酸盐岩丘滩体的形成，包括叠层石、凝块石、葡萄石等，微生物白云石是微生物岩的重要矿物组成。微生物岩中富含原生格架孔隙和次生溶蚀孔洞，垂向和横向上展布范围可达数百米，为四川盆地重要储集体类型。沉积和海水环境的转变决定了微生物活动形成烃源岩或储集层。在深水/静水的硫化还原环境中，微生物有机质得以保存和富集，发育成为优质微生物烃源岩；而在浅水动荡高能氧化水体中，微生物有机质被氧化消耗，但微生物白云石化格架大量形成，形成规模性的微生物岩储集体。

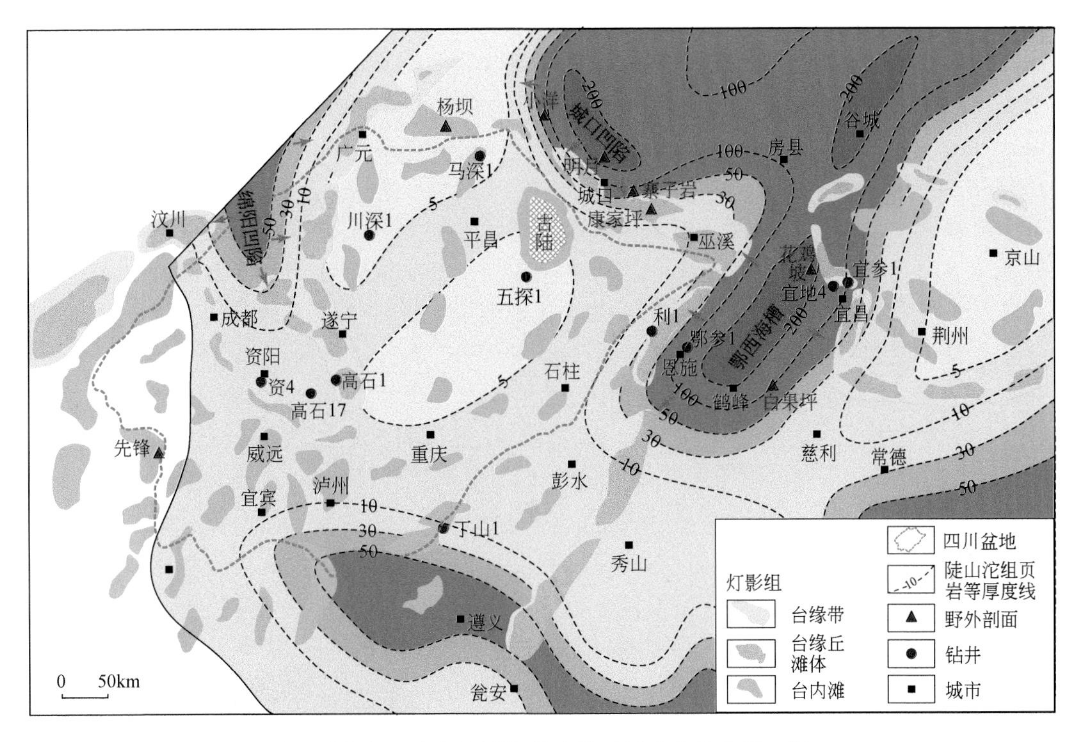

图 4.28　四川盆地及周缘陡山沱组烃源岩与灯影组微生物丘滩发育叠合图（据 Wang et al.，2019，2020b 修改）

在后期埋藏演化过程中，陡山沱组微生物烃源岩生成的油气向上覆灯影组微生物岩储集体中运移并聚集成藏，构成了有效的微生物生储组合体系。川中绵阳裂陷槽两侧、川东城口裂陷至鄂西海槽的西侧是震旦系陡山沱组与灯影组构成的微生物生-储体系的有利分布区域。中国华北的中元古界的下马岭组黑色页岩与上覆的微生物叠层石，南阿曼 Salt 盆地 Ara Group 烃源岩与上覆凝块岩、层纹石等微生物岩，构成潜在的微生物生-储体系。

第三节　古老微生物岩储层流体改造作用

前寒武纪时期间歇出现的白云石海环境（分别在约 760Ma、735Ma、650Ma、551Ma）以及震旦纪以来局部蒸发潮坪-潟湖环境中，微生物介导作用形成广泛的微生物白云岩丘滩体的沉积，在我国塔里木、四川、鄂尔多斯盆地中多个层系都有发育。如晚震旦世白云石海环境中，四川盆地和塔里木盆地分别发育有灯影组和奇格布拉克组微生物白云岩丘滩。在震旦系以来的蒸发潮坪-潟湖环境中，塔里木盆地在寒武系肖尔布拉克组、阿瓦塔格组，四川盆地在三叠系雷口坡组，鄂尔多斯盆地在奥陶系马家沟组中分别发育有大量的微生物白云岩丘滩沉积。不同时期、不同地区、不同层位上，古海洋、古气候等环境与微生物耦合作用形成大规模的微生物岩，为微生物岩储层形成奠定了基础。

震旦系灯影组发育有丰富的微生物岩。微生物岩主要在灯影组二段发育，沿着绵阳-长宁裂陷槽两侧形成厚层状微生物丘滩体。微生物丘滩中不但含有丰富的原生孔隙，而且还发育有丰富的溶蚀孔洞，构成优质微生物岩储集体。研究表明，灯影组二段和四段末期的桐湾一幕和二幕构造抬升导致灯影组微生物岩暴露至地表遭受大气降水岩溶作用，所形成的溶蚀孔洞是重要的储集空间类型（邹才能等，2014）。这些优质微生物岩储层是四川盆地威远气田（金之钧，2005；Wei et al.，2008）和安岳气田（邹才能等，2014；Zhu et al.，2015b）的主要储集层。

但前寒武纪古老地层经历了漫长的埋藏成岩演化过程，其储集空间会由于埋藏压实、矿物充填等而发生致密化，孔隙度和渗透率会逐渐降低（Schmoker and Hally，1982），对前寒武系中油气勘探带来巨大风险。通常，在埋藏成岩过程中，多种流体的溶蚀改造作用是碳酸盐岩储层发育的重要影响因素，如热液溶蚀和热液白云岩化作用（Davies and Smith，2006；Jin et al.，2006；Lavoie et al.，2010）、有机质成熟生烃所产生的酸性流体（有机酸、CO_2等）溶蚀作用（mesogenetic dissolution）（Mazzullo and Harris，1992；Qian et al.，2006；Jin et al.，2009）以及 TSR 作用所产生 H_2S 和 CO_2 的溶蚀作用（Cai et al.，2001；Liu et al.，2013，2014；Hao et al.，2015）。

威远和安岳气田以及四川盆地东南部的钻井所发现的灯影组优质白云岩储层为前寒武纪研究提供了实例。通过岩心观察发现，灯影组白云岩岩溶孔洞中见有热液白云石、黄铁矿以及热沥青共生的现象。揭示了灯影组白云岩在深埋藏成岩作用过程中遭受了热液和 TSR 相关流体共同改造作用。针对热液与 TSR 之间的关系，以及热液和 TSR 对白云岩储层发育的耦合改造作用过程及机制尚缺少系统研究和认识。

一、微生物岩储层岩石矿物学特征

震旦系灯影组二段和四段白云岩是主要的储集层。灯影组二段常见皮壳状结构白云岩［图 4.29（a）］，显微镜下见藻屑及藻黏结的结构特征。灯影组四段常见藻纹层状、糖粒状和角砾状白云岩［图 4.29（b）］。

受灯影末期桐湾运动抬升暴露影响，灯影组白云岩遭受大气降水岩溶作用，在白云岩中形成丰富的溶蚀孔洞（邹才能等，2014）。溶蚀孔洞大小一般几毫米至几厘米不等（图 4.29）。

白云岩溶蚀孔洞中常见有粗大晶粒状白云石充填或部分充填（图 4.29）。充填白云石一般几毫米大小，最大可达 1cm，多为白色，呈菱面体（rhombohedral）的晶体形态［图 4.29（a）～（e）］。在显微镜下观察，溶蚀孔洞充填白云石具有弯曲晶面和波状消光的特征。

伴随着晶粒状白云石的充填，在溶蚀孔洞中还常见有黄铁矿。黄铁矿呈单个的细粒状或粗粒状产出［图 4.29（c）～（e）］，或呈团块出现［图 4.29（e）］。通过显微镜［图 4.30（a）～（c）］和扫描电镜［图 4.30（e）］观察发现，黄铁矿具有近立方体形状的特点。黄铁矿多产出于晶粒状白云石中，具有与晶粒状白云石共生的关系［图 4.29（c）～（e），图 4.30（a）～（c）（e）］。

白云岩溶蚀孔洞中还常见有热沥青的充填。在晶粒状白云石充填的孔洞中，热沥青充填在晶粒状白云石充填之后的残余空间内［图 4.29（c）～（f），图 4.30（c）］。在显微镜下可以看到白云石颗粒被溶蚀，再被沥青充填的现象［图 4.30（d）］，表明热沥青的形成晚于白云石的充填。在扫描电镜下观察，可见热沥青常呈现鳞片状、球状、皮壳状等形态［图 4.30（f）］，热沥青中含有丰富的几微米至十几微米的微孔［图 4.30（g）（h）］。

图 4.29　震旦系灯影组白云岩孔洞充填晶粒状白云石、黄铁矿和沥青钻井岩心照片

（a）皮壳状结构白云岩溶蚀孔洞中充填粗晶白云石，金石 1 井，4019.85m；（b）纹层状颗粒白云岩和角砾状白云岩，角砾之间孔隙和纹层状白云岩溶蚀孔中充填黑色沥青，林 1 井，2657.71m；（c）白云岩溶蚀孔洞中充填粗晶白云石、黄铁矿和沥青，林 1 井，2825.70m；（d）白云岩溶蚀孔洞中充填粗晶白云石、黄铁矿和沥青，林 1 井，2826.79m；（e）白云岩溶蚀孔洞中充填粗晶白云石和黄铁矿，金石 1 井，4030.31m；（f）白云岩溶蚀孔洞中充填白云石和黑色沥青，林 1 井，2657.93m。FD. 孔洞充填粗晶白云石；Bn. 热沥青；Py. 黄铁矿

二、微生物岩储层流体包裹体分析

灯影组白云岩溶蚀孔洞中充填的粗晶白云石中见有丰富的流体包裹体。流体包裹体一般较小，约 10～15μm。紫外光照射下，这些流体包裹体均未见到荧光，表明为纯的盐水包

图 4.30　震旦系灯影组白云岩孔洞充填晶粒状白云石、黄铁矿和沥青显微照片

(a) 白云岩岩溶孔洞中充填粗晶白云石和黄铁矿，林 1 井，2619.31m，反射光；(b) 白云岩岩溶孔洞中充填粗晶白云石和黄铁矿，林 1 井，2625.72m，单偏光；(c) 白云岩溶蚀孔洞中充填粗晶白云石、黄铁矿和沥青，林 1 井，2825.72m；(d) 白云岩岩溶孔洞中充填白云石发生溶蚀，充填沥青，林 1 井，2619.22m，单偏光；(e) 白云岩溶蚀孔洞中充填的黄铁矿，林 1 井，2661.57m，扫描电子显微镜照片；(f) 白云岩溶蚀孔洞中充填的鳞片状和球状热沥青，金石 1 井，4032.89m，扫描电子显微镜照片；(g) 溶蚀孔洞中球状热沥青中发育大量微孔，金沙岩孔剖面，扫描电子显微镜照片；(h) 白云岩溶蚀孔隙中鳞片状和球状热沥青中含有丰富的微孔，金沙岩孔剖面，扫描电子显微镜照片。FD. 孔洞充填粗晶白云石；Bn. 热沥青；Py. 黄铁矿

裹体。对金石 1 井和林 1 井灯影组孔洞中充填的粗晶白云石所进行的流体包裹体测试结果见表 4.1 和图 4.31。

表 4.1 震旦系灯影组白云岩孔洞中充填粗晶白云石中流体包裹体显微测温结果

钻井	层位	均一温度/℃			盐度/%	
		范围	平均	主峰区间	范围	平均
金石 1 井	Z_2dy	150.3～187.9	173.3	185.0～187.9	16.7～21.3	19.5
林 1 井	Z_2dy	180.0～227.5	192.6	190.0～200.0	22.7～23.1	22.9
林 1 井	Z_2dy	222.0～238.0	228.9	220.0～230.0	16.2～16.7	16.4

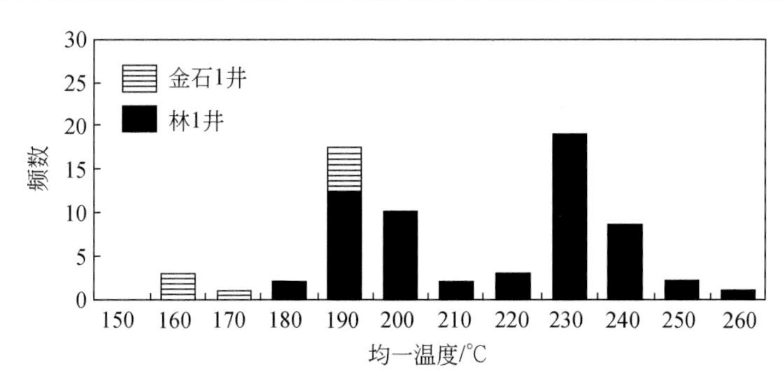

图 4.31 震旦系灯影组白云岩孔洞中充填粗晶白云石中流体包裹体均一温度统计直方图

金石 1 井灯影组白云岩孔洞中充填的粗晶白云石流体包裹体均一温度范围为 150.3～187.9℃，平均值为 173.3℃，主峰区间位于 185.0～187.9℃之间（图 4.31），具较高的盐度，位于 16.7%～21.3%之间，平均为 19.5%。

林 1 井灯影组白云岩孔洞中充填的粗晶白云石中流体包裹体均一温度有两期，一期温度范围为 180.0～227.5℃，平均值为 192.6℃，主峰区间位于 190.0～200.0℃之间（图 4.31）；另一期温度范围为 222.0～238.0℃，平均值为 228.9℃，主峰区间位于 220.0～230.0℃之间（图 4.31）。两期都具较高的盐度，前者位于 22.7%～23.1%之间，平均为 22.9%；后者位于 16.2%～16.7%之间，平均为 16.4%。

三、微生物岩地球化学分析

白云岩围岩中稀土元素含量一般都较低，总稀土元素含量（∑REE）变化范围为 1.06～3.76μg/g，平均值为2.14μg/g。从配分模式来看，白云岩围岩具有中稀土富集的特征（图4.32）；还普遍具有 Ce 的负异常，δCe 平均值为 0.59（图 4.32）。

孔洞中充填粗晶白云石中稀土元素含量比白云岩围岩略高，含量变化范围为 3.44～7.51μg/g，平均含量为 5.42μg/g。稀土元素配分模式上具有显著重稀土富集的特征（图 4.32）。孔洞中充填粗晶白云石的一个显著特征是多数样品具有一定的 Eu 正异常（图 4.32），δEu 位于 1.27～9.79 之间，平均值为 3.24。

从表 4.2 和图 4.33 中可以看出溶蚀孔洞中充填粗晶白云石与白云岩围岩之间在碳氧同位素组成上具有显著的差别。溶蚀孔洞中充填粗晶白云石的 $\delta^{13}C_{V\text{-}PDB}$ 位于 0.1‰～3.6‰之间，平均值为 2.2‰；$\delta^{18}O_{PDB}$ 位于−12.8‰～−7.2‰之间，平均值为−10.1‰。白云岩围岩的 $\delta^{13}C_{PDB}$ 位于 1.2‰～3.5‰之间，平均为 2.7‰；$\delta^{18}O_{PDB}$ 位于−7.2‰～−3.2‰之间，平均值为−6.2‰。与白云岩围岩相比，孔洞中充填粗晶白云石具有显著的氧同位素组成偏轻的特征。

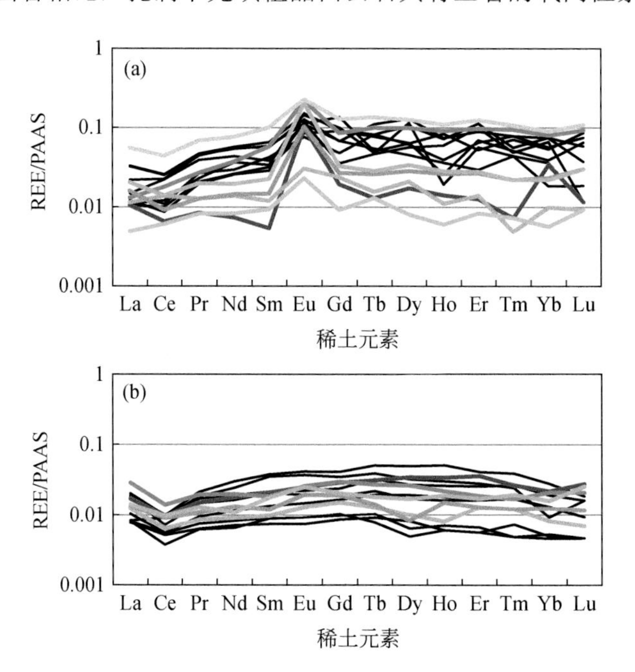

图 4.32 震旦系灯影组白云岩孔洞中充填粗晶白云石（a）和白云岩围岩（b）稀土元素配分模式图

表 4.2 震旦系灯影组白云岩溶蚀孔洞中充填粗晶白云石与白云岩围岩碳和氧同位素组成

样号	钻井	深度/m	$\delta^{13}C_{PDB}$/‰	$\delta^{18}O_{PDB}$/‰
孔洞中充填粗晶白云石				
L1-9-2	Lin 1	2619.35	0.1	−8.1
L1-10-1	Lin 1	2649.83	3.6	−7.2
L1-11-3	Lin 1	2664.82	2.2	−9.2
L1-11-2	Lin 1	2663.08	2.1	−12.8
L1-12-2	Lin 1	2767.66	2.6	−10.4
L1-13-3	Lin 1	2825.73	1.9	−12
L1-13-4	Lin 1	2827.64	2.8	−8.1
JS1-6-3	Jinshi 1	4029.85	3.1	−10.2
JS1-6-6	Jinshi 1	4030.31	1.2	−11.7
JS1-6-7	Jinshi 1	4032.89	2.6	−11.4
平均值			2.2	−10.1

续表

样号	钻井	深度/m	$\delta^{13}C_{PDB}$/‰	$\delta^{18}O_{PDB}$/‰
白云岩围岩				
L1-13-6	Lin 1	2828.12	3.5	−7.2
L1-13-1	Lin 1	2824.79	3.2	−6.5
L1-12-3	Lin 1	2767.95	3.3	−7.2
L1-12-1	Lin 1	2766.38	3.5	−6.4
L1-11-1	Lin 1	2654.02	2.4	−6.1
L1-11-3	Lin 1	2664.82	2.8	−7.1
L1-10-1	Lin 1	2649.83	2.4	−3.2
L1-9-1	Lin 1	2618.14	2.1	−6.5
JS1-6-6	Jinshi 1	4030.31	3.2	−5.6
JS1-6-4	Jinshi 1	4019.93	3.3	−4.9
JS1-6-2	Jinshi 1	4029.51	3.3	−6.5
JS1-5-2	Jinshi 1	2824.64	1.2	−6.7
JS1-5-1	Jinshi 1	2821.35	1.5	−6.1
平均值			2.7	−6.2

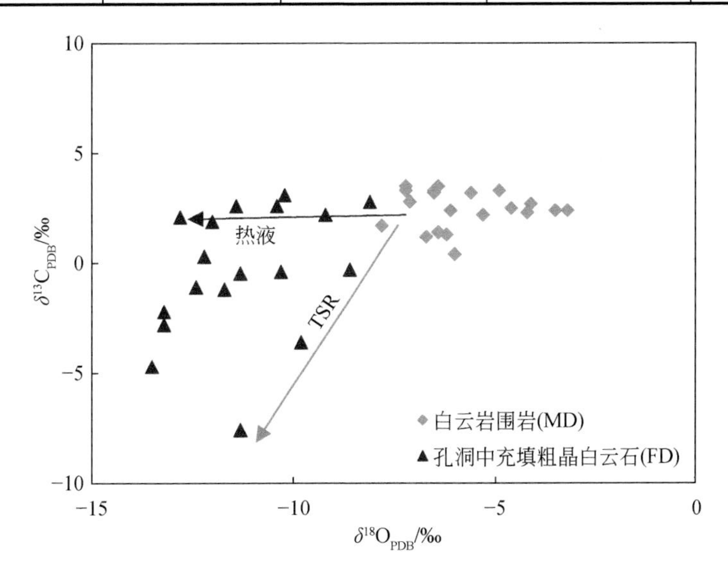

图 4.33　震旦系灯影组溶蚀孔洞中充填粗晶白云石和白云岩围岩碳氧同位素组成

林 1 井和金石 1 井灯影组白云岩中黄铁矿硫同位素分析测试结果见表 4.3。这些黄铁矿在硫同位素组成上富集 ^{34}S，其 $\delta^{34}S_{V\text{-}CDT}$ 值范围为 8.9‰～23.4‰，平均为 20.5‰。

四川盆地中部威远地区灯影组中石膏的 $\delta^{34}S$ 值位于 20.84‰～22.53‰之间；天然气中

H_2S 的 $\delta^{34}S$ 值位于 14.85‰～16.89‰之间；黄铁矿的 $\delta^{34}S$ 值位于 12.61‰～14.86‰之间（Zhu et al.，2007）。

表 4.3　震旦系灯影组白云岩中黄铁矿硫同位素组成

样号	井位	深度/m	黄铁矿形态	$\delta^{34}S_{V\text{-}CDT}$/‰
L1-13-2	Lin 1	2825.46	细粒状	23.0
L1-13-3	Lin 1	2825.73	细粒状	21.8
L1-13-5	Lin 1	2826.79	粗粒状	23.4
L1-13 6	Lin 1	2828.12	细粒状	23.1
JS1-6-2	Jinshi 1	4029.51	细粒状	8.9
JS1-6-4	Jinshi 1	4020.31	团块状	22.6
平均值				20.5

四、热液-TSR 耦合改造作用

（一）热液作用证据

白云岩成因类型多种多样，但大规模白云岩化作用一般是在海水环境中形成的（Warren，2000）。海水环境中沉淀形成的白云岩一般为泥粉晶白云岩。本次研究选取的白云岩围岩均为致密的泥粉晶白云岩，部分见有少量藻屑、藻纹层、砂屑等原始沉积结构，代表了海水环境中发育形成的原始白云岩。灯影组白云岩围岩中较低稀土元素含量及其具有 Ce 负异常的配分模式是继承了白云岩形成时的海水的特征（Webb and Balz，2000；Nothdurft et al.，2004；胡文瑄等，2010）。

已有研究表明，尽管不同热液体系中稀土元素浓度差别较大（Michard，1989；Klinkhammer et al.，1994），但全球范围内，不同热液流体具有非常类似的 REE 配分模式，即 LREE 富集和 Eu 正异常（Mills and Henry，1995；James and Henry，1996）。通常 Eu 含量的变化与温度和氧化还原条件有关。在较高温度的还原环境下，Eu^{3+}被还原成为 Eu^{2+}（Cai et al.，2008），流体 Eu^{2+}/Eu^{3+}值强烈受控于温度的大小，并在 250℃时 Eu^{2+}与 Eu^{3+}比例达到平衡（Sverjensky，1984）。由于 Eu^{2+}比 Eu^{3+}的离子半径大（分别为 0.117nm 和 0.095nm），Eu^{2+}比 Eu^{3+}不但更不易于被吸附，而且通常情况下还比较难进入造岩矿物中（Cai et al.，2008）。因此，较高温下 Eu 能以 Eu^{2+}的形式在热液流体中相对富集。随着温度的逐渐降低，富集的 Eu^{2+}逐渐转化为 Eu^{3+}。

热液流体中 Eu 的正异常在所沉淀的碳酸盐岩矿物中往往会被继承下来。灯影组白云岩溶蚀孔洞中充填的白云石具有 Eu 正异常的特征，表明是从热液流体中沉淀出来的。在四川盆地周边地区的灯影组白云岩溶蚀孔洞中充填的白云石也具有 Eu 正异常的特征（朱东亚等，2014b）。孔洞充填白云石 Eu 正异常的特征表明了热液流体作用的存在。

灯影组白云岩围岩的 $\delta^{18}O_{PDB}$ 和 $\delta^{13}C_{PDB}$ 平均值分别为-6.2‰和 2.7‰，与同时期海水成因白云岩较为一致（Veizer et al.，1997）。

通常情况下，白云石与沉淀白云石的流体之间存在着氧同位素的平衡分馏作用（$1000\ln\alpha_{dolomite-water}=2.73\times10^6T^{-2}+0.26$）（Vasconcelos et al.，2005），其氧同位素组成受流体氧同位素组成和形成温度的控制。如果流体本身由较轻氧同位素组成，如大气降水，其沉淀形成的白云石也具有较轻的氧同位素组成；并且，如果白云石是在较高温度流体中沉淀形成，其沉淀形成的白云石也会具有较轻的氧同位素组成。

结合孔洞充填白云石具有弯曲晶面、波状消光、较高的流体包裹体均一温度、Eu 正异常等特征，认为沉淀充填白云石较轻的氧同位素组成是高温下平衡分馏的结果。充填白云石是热液作用下形成的热液白云石（Davis and Smith，2006）。

（二）TSR 作用证据

通常黄铁矿的形成是 Fe^{2+}与 S^{2-}结合的产物。Fe^{2+}可能来自碳酸盐岩中夹杂的泥质（如泥质薄层、泥质条纹等）或者一些含铁的碎屑矿物（Cai et al.，2001）。S^{2-}可能来自某种类型的水溶液，或者某种作用机制所形成的 H_2S。其可能的来源包括深部岩浆火山作用，细菌硫酸盐还原（BSR）作用或热化学硫酸盐还原（TSR）作用等。

超镁铁质岩的 $\delta^{34}S$ 平均值为 1.2‰，基性岩的 $\delta^{34}S$ 平均值为 2.7‰，石陨石 $\delta^{34}S$ 变化范围为−5.6‰～2.6‰（孟祥金等，2006）。火山气体总硫的 $\delta^{34}S$ 平均值为+2.2‰±0.3‰（魏菊英和王关玉，1988）。天然气中 H_2S 的 $\delta^{34}S$ 值范围较宽，为−1.2‰～5.5‰（Nakai and Jensen，1967）。本次研究中黄铁矿 $\delta^{34}S$ 都与上述成因类型的硫同位组成有着显著的差别，因此推测这些黄铁矿中的硫与上述成因类型没有直接关系。

碳酸盐岩地层中常见硬石膏或者地层水中含有一定量的 SO_4^{2-}。硬石膏或者地层水中的 SO_4^{2-} 会通过 BSR 作用或 TSR 作用生成还原状态的 S^{2-}（如 H_2S），是 S^{2-}的重要形成机制。在 BSR 或 TSR 作用下，形成大量还原状态的 S。

BSR 过程中，细菌首先倾向于还原硫酸根中较轻的硫（Pierre et al.，2000），引起 SO_4^{2-} 与 S^{2-}之间强烈的硫同位素分馏效应（Machel et al.，1995），产生 ^{34}S 亏损的硫化物，其 $\delta^{34}S$ 值可强烈偏负。现代海洋溶解硫酸盐的 $\delta^{34}S$ 值非常稳定，约为 20‰，在深海、静海环境，细菌还原形成的 H_2S 和硫化物的 $\delta^{34}S$ 值为−40‰～−19‰；在浅海环境，细菌还原形成的 H_2S 和硫化物的 $\delta^{34}S$ 值约为−5‰（郑永飞和陈江峰，2000）。美国东南远海的 Blake Ridge 水合物区 BSR 作用形成的黄铁矿的值在−42.7‰～−26.2‰之间（Pierre et al.，2000）。震旦系灯影组白云岩中黄铁矿的硫同位素组成都较重，$\delta^{34}S_{V-CDT}$ 的平均值为 20.5%，因此并不是 BSR 作用的产物。

一般认为，TSR 作用是在较高温度下，地层中的硫酸盐类矿物（如硬石膏）中的硫在有机质（气态烃或液态烃）作用下发生还原，由 SO_4^{2-} 状态还原成 S^{2-}状态（Worden et al.，1995；Cai et al.，2001；蔡春芳和李宏涛，2005）。其反应方程如下：

$$CaSO_4+C_nH_m（烃）\longrightarrow CaCO_3+H_2S+CO_2+H_2O \tag{4.1}$$

TSR 过程中，还原产物 S^{2-}和反应物 SO_4^{2-} 之间会发生一定程度的硫同位素分馏（Orr，1977），结果会使 S^{2-}在一定程度上亏损 ^{34}S，但分馏可能会比较弱（Cross and Bottrell，2000），所以两者在硫同位素组成上较为接近。

从海水中沉积形成的硬石膏的硫同位素组成在全球范围内都较为一致，如新元古界与寒武系交界处的硬石膏 $\delta^{34}S$ 值大致在 20‰～30‰之间（Claypool et al.，1980）。张同钢等（2004）测试得到扬子地区灯影组碳酸盐岩中的硬石膏的 $\delta^{34}S$ 值大致在 20‰～37.8‰之间。从黄铁矿硫同位素组成可以判断，富 ^{34}S 的黄铁矿中的 S^{2-}为 TSR 作用的产物。

Zhu 等(2007，2015b)测得四川盆地中部威远地区灯影组中石膏的 $\delta^{34}S$ 值位于 20.84‰～22.53‰之间；天然气中 H_2S 的 $\delta^{34}S$ 值位于 11.50‰～16.89‰之间；黄铁矿的 $\delta^{34}S$ 值位于 12.61‰～15.11‰之间，表明 H_2S 和黄铁矿中的还原状态的硫为 TSR 成因。

四川盆地林 1 井震旦系灯影组白云岩中见热液白云石、黄铁矿和热沥青的共生现象(图 4.34）。热液白云石的碳氧同位素：点位①$\delta^{13}C$ 为−7.9‰，$\delta^{18}O$ 为−12.1‰；点位②$\delta^{13}C$ 为−4.8‰，$\delta^{18}O$ 为−14.2‰。伴生的方解石的碳氧同位素：点位①$\delta^{13}C$ 为−14.1‰，$\delta^{18}O$ 为−10.1‰；点位②$\delta^{13}C$ 为−12.3‰，$\delta^{18}O$ 为−13.6‰。方解石和白云石都具有显著负偏的碳同位素值，表明受到 TSR 作用消耗有机质形成的碳酸根的影响。方解石和白云石都具有偏轻的氧同位素组成，表明都是在热液高温作用下形成。黄铁矿的硫同位素 $\delta^{34}S$ 分别为 23.1‰和 21.6‰，表明了其 TSR 相关的成因。沥青反射率 R^b 达到 5.1%，表明了热液高温促使沥青的热演化作用。这些热液白云石、黄铁矿和热沥青的共生现象和地球化学指标也很好地表明了热液-TSR 耦合作用的存在。

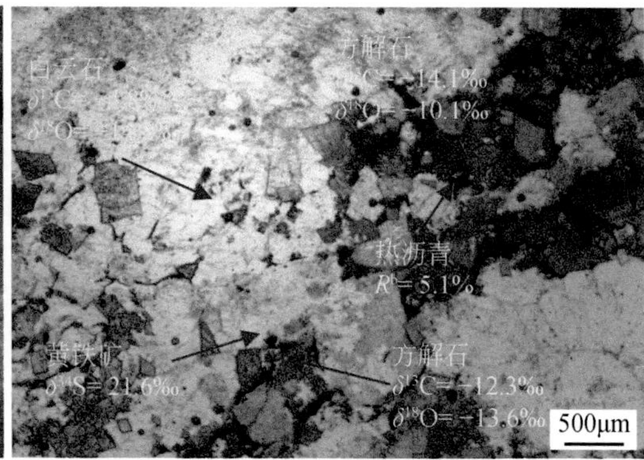

图 4.34　震旦系灯影组热液-TSR 耦合作用矿物和地球化学特征

（三）热液-TRS 耦合作用机制

实验研究表明，TSR 反应一般需要 175℃以上的温度条件，低于该温度没有可观察到的 TSR 反应（Goldhaber and Orr，1995）。实际上，多数成功的 TSR 实验是在高于 220℃（Kiyosu et al.，1990；Goldhaber and Orr，1995；Cross et al.，2004）的条件下进行的。受催化剂等因素的影响，如 Cu、Fe 等金属、蒙脱石、Cu-卟啉、H_2S、元素硫（Goldhaber and Orr，1995）和水（Seewald，2003；Worden et al.，1996），实际地质过程中 TSR 可能在较低的温度下就可以进行(Worden et al.，1995；Cai et al.，2001；Seewald，2003)，如 140℃（Worden et al.，1995），但高温无疑是较为有利的一个条件。

孔洞充填的热液白云石与黄铁矿具有共同产出的特征，表明两者在成因上有一定的关联。热液白云石的均一温度主要位于 190～200℃和 220～230℃之间。较高温度的热液流体的活动可以为 TSR 作用提供高温的环境，并且可使地层中的流体发生快速的热对流，加快了硬石膏的溶解和反应产物的迁出，因此可以加快 TSR 的进行。

孔洞中的原油是 TSR 作用不可或缺的反应物质。对灯影组白云岩储层供烃的主力烃源层位为下寒武统黑色泥页岩，在加里东中、晚期大量生烃（O_2-S）（赵宗举等，2003；李双建等，2011）。二叠纪开始的峨眉山岩浆火山活动（Ali et al.，2005）触发深部热液活动（图 4.34）；在深部热液作用（accelerated）和烃的参与下，灯影组白云岩地层中的 SO_4^{2-} 与烃类发生 TSR 作用（图 4.35）。与之相关的黄铁矿在孔洞附近的白云石以及白云岩围岩中沉淀形成［图 4.29（c）～（e）、图 4.30（a）～（c）、图 4.35］。

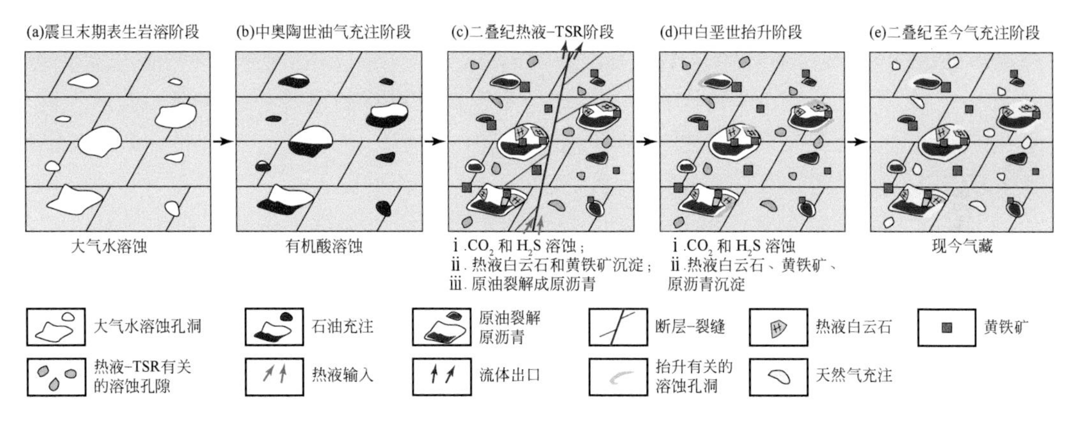

图 4.35　热液-TSR 耦合改造发育模式图

异常高的热演化过程，如岩浆侵入、热液活动等（Wilson，2000；Glikson et al.，2000），通常能促使原油热演化成为高演化的沥青。灯影组白云岩溶蚀孔洞中的热沥青多呈鳞片状、球状、皮壳状等形态［图 4.30（f）］，沥青反射率可高达 5.33%（对应镜质组反射率 3.91%）（朱东亚等，2013），表明可能是异常高热演化的结果。灯影组白云岩中的热沥青具有与热液白云石和黄铁矿共生的关系，表明了热液作用、TSR 作用与热沥青在成因上具有相关性。热液作用促使 TSR 反应的同时，也促使孔洞中的原油逐渐热演化成为热沥青（图 4.35）（Liu et al.，2016）。

（四）热液-TRS 耦合改造作用对储层的影响

碳酸盐岩在埋藏成岩作用过程中，热液溶蚀改造对储层发育有着重要的影响。热液活动可以使碳酸盐岩发生溶蚀和热液白云岩化作用（Davies and Smith，2006；Jin et al.，2006；Lavoie et al.，2010），增强了储层的储集性能。流体包裹体、地球化学等结果表明了灯影组白云岩经历了热液改造作用。刘树根等（2008b）也发现了热液作用对灯影组白云岩储层的溶蚀改造作用。

灯影组白云岩中的热液作用促使了 TSR 作用的进行。TSR 作用会产生一定量的 H_2S 和 CO_2（Cai et al.，2001；Liu et al.，2013，2014；Hao et al.，2015），对碳酸盐岩具有较强的溶蚀能力，能进一步促使碳酸盐岩中次生孔隙的发育（图 4.35）。热液-TSR 耦合作用形成的热沥青中见有丰富的几微米的微孔［图 4.30（g）（h）］，对天然气富集能有一定的贡献。热液流体活动的高温条件和流体对流条件也同时能促进次生溶蚀作用的进行。

大量研究已揭示四川盆地浅部二叠系和三叠系的天然气中富含 TSR 作用形成的 H_2S（Cai et al.，2003；Zhu et al.，2005；马永生，2007；Zhang et al.，2007），对浅部白云岩储层发育起着至关重要的作用（赵文智等，2006；Ma et al.，2008b；Hao et al.，2015）。

与浅部类似，四川盆地深层震旦系灯影组白云岩中现今也含有一定量的与 TSR 作用有关的 H_2S 和 CO_2。如川中威远地区天然气中 H_2S 含量达 1.32%，CO_2 含量高达 5.78%（Zhu et al.，2007）。H_2S 和 CO_2 的存在，不但能促使白云岩中次生溶蚀孔隙度发育，而且还对已有储集空间的保持具有重要的作用（图 4.34）（Hao et al.，2015）。受热液-TSR 作用共同影响，灯影组白云岩现今仍有较好的储集性能。如林 1 井实测灯影组上部白云岩储层的孔隙度多数大于 3.0%，最高可达 10.6%，平均为 4.0%。

热液-TSR 作用及其对碳酸盐岩储层改造，不仅增加勘探目的储层孔隙度，有力改善了古老致密储集体，而且还使油气勘探向更深层拓展，对前寒武系等古老深部层系油气勘探具有重要意义。

综上所述，流体包裹体、稀土元素以及碳、氧和硫同位素结果表明，四川盆地深层震旦系灯影组白云岩溶蚀孔洞中充填的粗大晶粒状白云石是热液活动形成的热液白云石；立方体状的黄铁矿是 TSR 作用的产物。粗大晶粒状白云石、黄铁矿和热沥青共生的关系表明热液和 TSR 具有一定的相关性；热液作用促使了 TSR 的进行，也加速了热沥青的形成演化。热液-TSR 耦合作用产生的 H_2S 和 CO_2 不但使深埋藏环境下的深层白云岩储层次生溶蚀孔隙进一步发育，而且还有利于已有储集空间保持。

第四节　古老微生物岩储层发育与保持机理

世界上主要的碳酸盐岩储集体类型，如礁滩相白云岩、断裂-流体改造型储层、微生物岩储层等，其孔隙的形成与发育大多是在早期近地表形成的，含有丰富的原生孔隙、次生溶蚀孔隙、断裂裂缝空间等。这些早期形成的孔隙，在深埋藏过程中需要保持下来，才能成为有效的储集体。

以四川盆地震旦系灯影组为例，探讨储集空间保持机理。四川盆地震旦系灯影组微生物白云岩中的孔隙类型包括原生孔隙和次生溶蚀孔隙。原生孔隙主要为微生物格架之间的窗格孔孔隙，孔隙大小一般 3～5mm，部分约 1cm。在镇巴渔渡镇朱家沟剖面和南江柳湾剖面的厚层叠层石中原生孔隙显著发育，主要为顺纹层产出的纹层之间的孔隙。

成岩演化过程中的次生溶蚀改造使微生物岩中产生大量的次生溶蚀孔洞。主要的溶蚀改造作用类型为表生岩溶作用。受桐湾构造运动抬升作用影响，在灯影组二段和四段沉积之后，二段和四段微生物岩分别遭受大气降水岩溶作用。岩溶作用在微生物岩中形成大量的次生溶蚀孔洞，溶蚀孔洞边缘呈港湾状，见围岩矿物的溶蚀残余。溶蚀孔洞大小一般 1～3cm，部分溶蚀孔洞可达数十厘米，见有沥青的充填。部分原生孔隙和溶蚀孔洞被成岩胶结矿物（白云石、方解石等）充填，形成残余的晶间角孔。

灯影组微生物岩中仍有丰富的原生和次生孔隙保存至今，构成现今气藏的储集空间。有四个方面的因素影响孔隙的保持（Zhu et al.，2020）：①较强抗压实能力的微生物格架；

②埋藏过程中缺少大规模流体的胶结；③油充注；④逐渐升高的 CO_2 和 H_2S 含量。

1. 较强抗压实能力的微生物格架

机械压实与化学压溶作用是造成碳酸盐岩中原始孔隙度降低的重要因素之一（Ehrenberg，2006）。实验研究表明，未压实的碳酸盐岩的机械压实作用主要发生在较低压力条件下，主要受矿物类型和颗粒多少控制。这个过程可导致孔隙度减少 30%。小于 1km 埋深时，化学压实作用能有效地减少孔隙（Croize et al.，2013）。在埋深初次超过 1500m 之后，孔隙度可从 40±2%减少至 18±1%，同时渗透率从 105±15mD 减少至 1mD。埋藏深度大于 3000m 时，孔隙度和渗透率保持稳定在 6±2.1%和<0.01mD （Aschwanden et al.，2019）。

碳酸盐岩储层较强的格架强度能增强其抵抗机械压实和化学压溶能力，因此能使孔隙度得以保存下来，不论是什么类型的孔隙度（Feazel and Schatzinger，1985）。以 Alabama 上侏罗统 Smackover 组为例，该组主要由鲕粒和球粒组成，有较强的格架稳定性，因此受压实压溶作用影响较弱，在 3600m 埋深状态下，其平均孔隙度保持至 17%（Croize et al.，2013）。灯影组微生物黏结作用形成的微生物格架能增强微生物岩的物理强度和抗压实能力，使微生物岩中的孔隙得以保存。

准同生期的白云岩化作用也增加了微生物岩的物理抗压实能力。在较大深度条件下，白云岩比灰岩会有更高的孔隙度和渗透率（Ehrenberg，2006），因此具有更大的作为储集层的潜力。两者之间的差异主要是白云岩具有更高的物理强度和化学稳定性，更能抵挡埋藏压实作用（Saller and Nuel，1998；Schmoker and Hally，1982）。灯影组微生物岩自身已经在准同生期海水环境中发生了白云岩化，几乎全部转化成了白云岩。此外，微生物岩层面上也形成了同生期海水葡萄状白云石的胶结，进一步增强了微生物岩的抗压实能力。

2. 缺少大规模流体通过和胶结

封存在孔隙中的地层水或流经孔隙的成岩流体是造成孔隙被各类成岩矿物胶结充填的重要因素。$1m^3$ 孔隙被方解石/白云石完全胶结充填需要 $27000m^3$ 流体流经孔隙格架（Ehrenberg et al.，2012）。因此，仅封存在孔隙中的地层水本身并不能造成严重的孔隙充填破坏。相对开放体系中大规模流体大范围胶结充填是导致已有孔隙度完全破坏的关键因素。

塔里木盆地塔河地区奥陶系灰岩中一些大型岩溶洞穴可见被巨晶方解石完全充填，是地表/近地表条件下大量大气降水胶结充填的结果（Meng et al.，2013）。盆地热卤水在从局部含水层运移至浅部地层会在缝孔洞中沉淀产生大量的白云石、方解石胶结充填物，归因于 CO_2 分压降低而从地层水中分离（Leach et al.，1991）。

通常由于区域性或局部优质封盖条件的存在，如厚层泥页岩或膏盐岩盖层的发育，微生物岩或白云岩储层会处于超压环境，造成超压的原因主要是微生物岩或白云岩储层内部油裂解生气或者构造挤压。超压作用能避免大规模外来流体的侵入和胶结，是储层储集空间保持的重要因素。在相对封闭的流体环境中，微生物岩或白云岩中的白云石并不是一成不变的，而是会发生显著的重结晶作用（Zhu et al.，2010），重结晶作用的结果是白云石晶体由粉细晶变成中粗晶，其中的微小孔隙合并成大的孔隙，孔喉变得更为粗大，孔隙连通性变好。因此，重结晶作用对改善孔隙结构和提高储层渗透率有着重要的意义。超压重结晶实验表明，重结晶后孔隙连通性显著增加（马永生等，2023）。

自震旦纪末期，灯影组微生物岩一直处于埋藏阶段并处于相对封闭的体系中，因此不会有大规模流体运移经过灯影组微生物岩的孔隙格架，也不会产生大范围碳酸盐岩矿物胶结作用。由此，灯影组微生物岩中孔隙不会严重破坏，能在一定程度保存下来。

3. 油/沥青充注

油的充注有利于储层中已有孔隙保存已经得到广泛的认可。储层中异常高的孔隙度在油层中会得到较好的保持（Heasley et al.，2000）。通常，碳酸盐岩孔隙中的水被烃类取代会使化学成岩过程变慢，因此导致较高孔隙度得以保持下来（Feazel and Schatzinger，1985；Maliva et al.，2009）。孔隙中油覆盖在孔隙周围颗粒表面，能抑制 Ca、Mg、CO_3^{2-} 等的传输并阻碍矿物的沉淀（Ehrenberg et al.，2012），使得碳酸盐岩矿物难以在已有的孔隙空间胶结充填作用。此外，经过长期深埋和热演化，灯影组微生物岩储层中的原油逐渐热降解成为沥青（图 4.36）。沥青附着在孔隙的表面形成沥青膜，沥青膜阻碍了孔隙流体与周围碳酸盐岩之间的接触，也会阻碍胶结矿物的沉淀充填，使孔隙得以保存下来［图 4.36（a）（b）］。

图 4.36　震旦系灯影组孔隙充填沥青与矿物对比

（a）孔洞中充填沥青，孔隙部分保存下来，Z_2dn^2，南江柳湾剖面；（b）孔洞中充填沥青，孔隙部分保存下来，Z_2dn^2，南江柳湾剖面；（c）（d）孔洞中没有沥青，几乎被不同类型成岩矿物完全充填，Z_2dn^2，南江杨坝剖面。MD. 基质白云石；RD. 早期充填放射状白云石；SD. 晚期充填鞍状白云石

与之相反，在没有烃类充注及后期沥青膜存在的微生物岩孔隙中则被大量碳酸盐岩矿物（白云石和方解石）持续地胶结充填。无沥青段的微生物岩孔隙中的 RD 和 SD（图 4.37）是埋藏过程中持续胶结充填的结果。从早期的环边放射状白云石（RD）向中心晚期充填的鞍形白云石（SD）中的流体包裹体均一温度具有逐渐增高的特征，其中环边放射状白云石

从 53.5℃至 120.4℃，晶粒状白云石从 153℃至 287℃（图 4.37），表明白云石形成的流体温度逐渐增高，是在逐渐深埋藏过程中随温度升高持续发生胶结充填的结果。孔洞边缘 RD 的 $\delta^{18}O$ 值向中心 SD 的 $\delta^{18}O$ 值逐渐减轻的特征也表明了随温度升高持续沉淀充填特征。RD 的 $^{87}Sr/^{86}Sr$ 值与 MD 基本一致，表明从地层水中沉淀形成；而 SD 的 $^{87}Sr/^{86}Sr$ 值比 MD 明显升高，表明从外来热液流体中形成（图 4.37）。

对不同期次充填白云石做了 U-Pb 同位素测年。孔洞壁上早期充填的纤状白云石 RD 的年龄为 559±20.9Ma，代表沉积之后不久桐湾运动时期的充填作用。随后胶结充填作用继续进行，纤柱状胶结白云石之后的中粗晶白云石充填物的年龄为 494.40±3.73Ma 和 431.62±5.75Ma，表明为早加里东期（晚寒武世）至晚加里东期（早中志留世）的充填作用。断裂裂缝中充填的斑马纹状白云石的年龄为 333.0±22.8Ma，孔洞中心充填的粗晶鞍形白云石的年龄为 297.64±7.16Ma，分别代表中海西期（中石炭世-广西运动）和晚海西期（早二叠世）的热液充填作用。

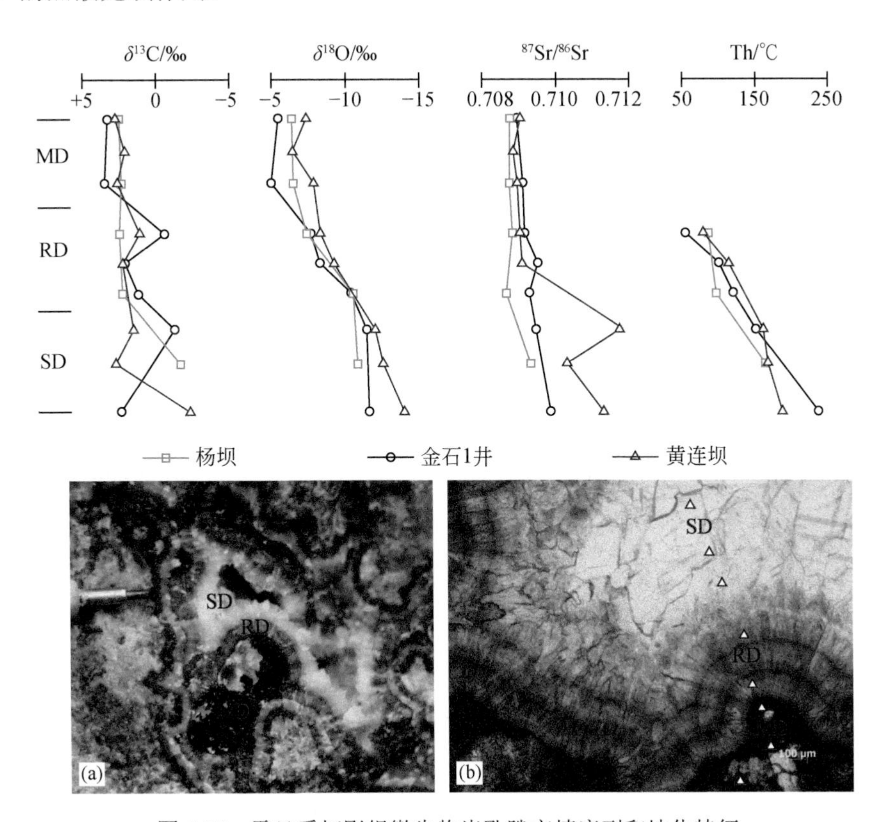

图 4.37　震旦系灯影组微生物岩孔隙充填序列和地化特征

（a）孔洞中没有沥青，几乎被不同类型成岩矿物完全充填，Z_2dn^2，南江杨坝剖面；（b）溶蚀孔洞充填矿物序列，Z_2dn^2，南江杨坝剖面。MD. 基质白云石；RD. 早期充填放射状白云石；SD. 晚期充填鞍状白云石

灯影组微生物岩的沥青充填段与未充填段之间的孔洞和矿物充填特征形成显著对比。通常，灯影组二段或四段，尤其是二段微生物岩上部孔隙中普遍见有沥青发育，覆盖在已有孔洞围岩矿物（白云石、方解石等）表面，这些沥青充填的孔隙中仍有较多的残余空间（图 4.36）。但与之鲜明对比的是，下部微生物岩中很少见到沥青，孔隙几乎全部被白云石

等胶结矿物充填（图 4.36）。

对发生油/沥青充填的白云岩和未发生油/沥青充填的灯影组白云岩开展了 CT 孔隙表征和对比分析（图 4.38）。来自蓬探 1 井的样品是有油/沥青充填影响的样品，其孔隙直径以 50～100μm 为主，孔隙度 5.1%，渗透率 13374.9mD。与之相比，来自米仓山的样品没有发生油和沥青的充填，其孔隙直径和孔隙度都相对较小，孔隙直径以小于 50μm 为主，孔隙度 1.5%，渗透率 0.012mD。这个结果表明了早期油充填对孔隙保持具有重要的意义。

图 4.38　震旦系灯影组油/沥青充填与没有油/沥青充填样品 CT 表征对比

（a）油/沥青充填，孔隙直径以 50～100μm 为主，孔隙度 5.1%，渗透率 13374.9mD，蓬探 1 井，灯影组；（b）无油/无沥青充填，孔隙直径以小于 50μm 为主，孔隙度 1.5%，渗透率 0.012mD，南江米仓山剖面，灯影组

如图 4.39 所示，对典型样品中胶结物充填期次和充填占比进行了定量统计。无油和沥青充填段，大多孔隙被多期胶结物充填，如巫溪剖面样品见有六期白云石/方解石充填，残余孔隙占比只有原孔隙的 0.46%，蓬探 1 井可识别出三期胶结作用，残余孔隙占比 6.37%。对高家山剖面、蓬探 1 井的沥青充填段的残余孔隙占比统计为 5%～20%。与无沥青充填段相比，孔隙度提高 4.5%～14.6%。

4. 高含量的 CO_2 和 H_2S

受多个有机和无机成岩过程影响，碳酸盐岩油气藏中的 CO_2 和 H_2S 含量会逐渐增加。第一，干酪根生烃过程中会产生大量的 CO_2、H_2S 和有机酸（Behar et al.，1995）。第二，海相碳酸盐岩中 TSR 作用会形成高含量的 CO_2 和 H_2S（Ma et al.，2007b），如四川盆地三

叠系飞仙关组 CO_2 和 H_2S 含量可高达 14.27%和 17.24%。第三，深部无机作用过程，如火山活动释放的气体中会含有大量的 H_2S 和 CO_2 等组分（Kump et al.，2005；Scott et al.，2011），碳酸盐岩热分解形成 CO_2 等。

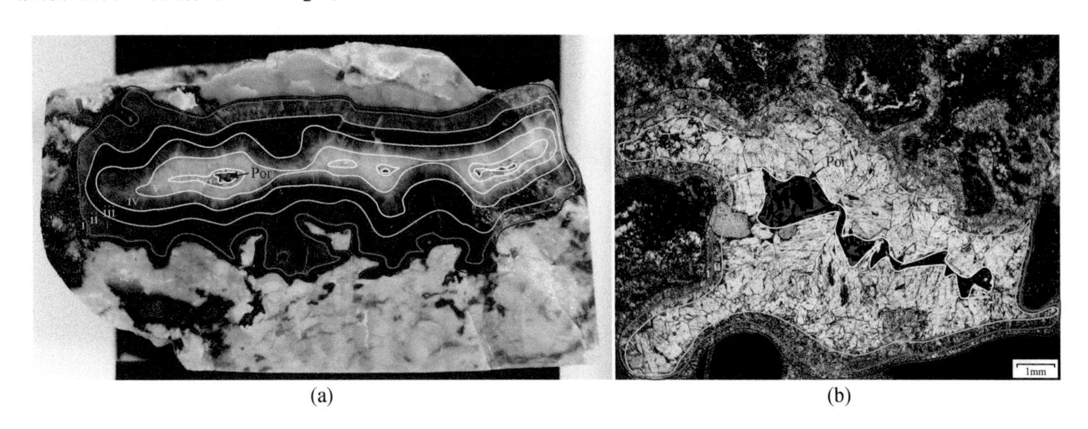

图 4.39　震旦系灯影组二段不同期次矿物胶结所占原始孔隙比例统计

（a）ⅰ期减孔 12.1%，ⅱ期减孔 29.9%，ⅲ期减孔 24.35%，ⅳ期减孔 19.5%，ⅴ期减孔 11.2%，ⅵ期减孔 2.53%，Por.残余孔隙度 0.46%；（b）ⅰ期减孔 18.0%，ⅱ期减孔 17.96%，ⅲ期减孔 57.67%，Por.残余孔隙度 6.37%

碳酸盐岩储层中不断升高的 H_2S 和 CO_2 分压能否持续溶蚀碳酸盐岩使孔隙度持续增加，是一个长期争论的问题。尽管高含量的 CO_2 和 H_2S 存在会使地层流体介质变为酸性环境，对碳酸盐岩具有溶蚀的潜力。但许多学者认为高含量的 CO_2 和 H_2S 并不能使碳酸盐岩储层孔隙度显著增加。Hao 等（2015）认为 TSR 作用导致的高含量的 H_2S 和 CO_2 不会导致碳酸盐岩储层的溶蚀；相反，TSR 作用可能导致方解石的沉淀胶结。岩石矿物学观测表明，地层酸性流体产生新增孔隙的能力非常有限，因为地层卤水缺少流动和循环补给导致其量非常有限（Ehrenberg et al.，2012）。尽管 TSR 活动相关高含 CO_2 和 H_2S 流体不会在灯影组中产生大量的新增孔隙，但酸性流体会对已有孔隙度的长期保持产生好的影响，因为酸性地层流体不易在微生物岩中产生碳酸盐岩矿物的沉淀胶结（Liu et al.，2016）。溶液中 $CaCO_3$ 溶解度会随着 P_{CO_2} 升高而增加，因此高 CO_2 流体中不易形成 $CaCO_3$ 的沉淀胶结。震旦系灯影组微生物岩储层中普遍含有较高的 H_2S 和 CO_2，与深埋藏过程中 TSR 作用有关（Liu et al.，2016；Zhu et al.，2015b）。如 GS1 井天然气中 CO_2 和 H_2S 的含量分别为 14.19%和 0.85%，GS2 和 MX8 井天然气中 CO_2 和 H_2S 的含量分别为 4.35%和 2.75%以及 6.23%和 1.03%。在高含 CO_2 和 H_2S 的酸性地层水中，碳酸盐岩胶结矿物不易发生沉淀胶结。因此，已有孔隙度能较好地保持至今。

沉积成岩早期大量原生和次生孔隙的形成以及后期埋藏过程中多种因素促使储集空间保存下来，构成了现今灯影组微生物岩气藏的储集空间。根据灯影组微生物岩成岩演化和油气成藏过程，恢复微生物岩储层发育和保持过程并建立其模式（图 4.40）。

第一，在晚震旦世灯影组沉积时期，微生物大量繁育形成微生物岩，含有丰富的原生格架孔隙（图 4.36）。微生物岩发育过程中发生准同生期白云岩化，同时在微生物岩层间孔洞中形成葡萄状白云石的沉淀。

第二，灯影组微生物岩沉积中期及末期，分别发生桐湾Ⅰ幕和Ⅱ幕抬升运动，导致灯影组微生物岩暴露至地表遭受大气降水岩溶改造，形成丰富的溶蚀孔洞。

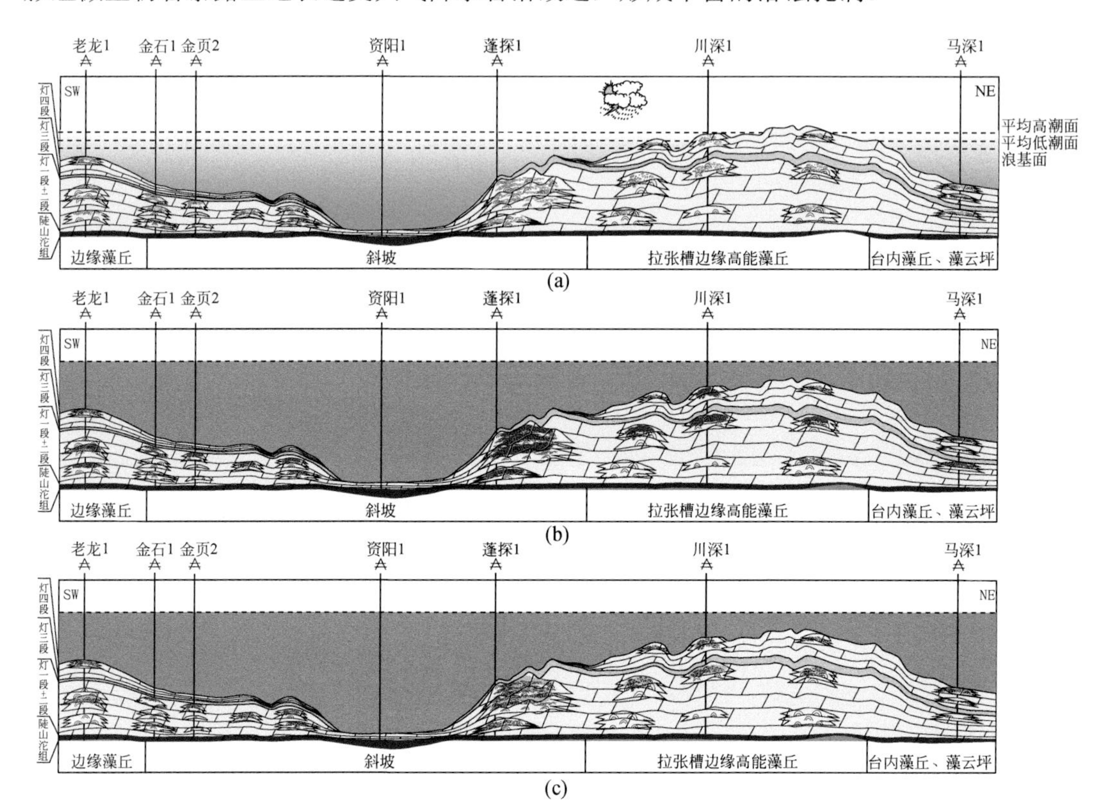

图 4.40　震旦系灯影组微生物岩孔隙发育和保持过程与模式

（a）裂陷槽两侧台缘和台内微生物丘滩白云岩在高位体系域大规模发育，经历准同生暴露和岩溶淋滤，发育丰富原生格架孔和溶蚀孔洞；（b）埋藏过程中微生物白云岩格架抗压实与压溶及油充注促使储集空间保持；（c）深埋藏过程中油裂解生气封闭超压环境、TSR 作用高含 CO_2 和 H_2S 环境促使储集空间保持至今

第三，从寒武纪开始，微生物岩进入沉降埋藏阶段。逐渐埋深过程中，微生物岩遭受一定的压实作用，但同生期白云岩化作用以及同生期葡萄状白云石胶结作用使微生物岩具有较强的抗压实和岩溶能力，部分储集空间得以保存下来。在逐渐深埋藏过程中，微生物岩一直处在相对封闭的环境中，没有遭受大规模流体胶结作用，仅从地层水中沉淀部分白云石等矿物。

第四，至奥陶纪末期，下寒武统泥质烃源岩开始生油，充注至灯影组微生物岩储层上部的溶蚀孔洞中（赵宗举等，2003；李双建等，2011）。至三叠纪中期开始，灯影组储层中的油逐渐热蚀变成为沥青，并发生热液-TSR 耦合作用（图 4.35），促使孔隙进一步发育。油的充填以及油转化为沥青覆盖在孔隙围岩表面，使储集空间得以进一步保存下来。灯影组微生物岩下部由于没有油的充注，其储集空间一直被地层水所占据，则持续发生埋藏成岩胶结作用，溶蚀孔洞逐渐被白云石等矿物完全充填。

第五，从二叠纪开始，灯影组微生物岩进入深埋藏阶段，埋藏温度高达 200℃以上，微生物岩油藏中油裂解生气并发生广泛的 TSR 作用，形成大量的 CO_2 和 H_2S，储集空间得以进一步保存。

第五章　深层-超深层规模储层发育机理与分布

第一节　深层-超深层碳酸盐岩储层类型与特征

全球碳酸盐岩地层中蕴藏着丰富的油气资源，是过去，也是未来油气勘探开发重中之重的领域。我国几代油气工作者通过漫长艰苦地探索与实践，先后在塔里木盆地、四川盆地、鄂尔多斯盆地的古老海相碳酸盐岩层系中取得了举世瞩目的成果。近年来，随着勘探技术的日益进步，碳酸盐岩油气勘探逐步向深层（埋深大于 4500m）、超深层（埋深大于 6000m）推进，发现了更多的油气资源，成为世界超深层油气勘探开发最活跃的领域。从 20 世纪 90 年代开始，我国分别在塔里木盆地、四川盆地中发现了塔河、轮南、普光、龙岗、元坝、安岳、蓬莱气区、川西等多个深层-超深层大型碳酸盐岩油气田。最近十多年，相继实施了一批超深井，如 2006 年完钻的塔深 1 井深度 8408m，2018 年完钻的马深 1 井深度达 8418m，2020 年完钻的鹰 1 井和轮探 1 井深度分别为 8588m 和 8882m，2023 年完钻的“深地一号”跃进 3-3XC 井深度 9432m 更是刷新亚洲最深井纪录，且均揭示了越来越多的碳酸盐岩储集体类型，实现了油气新领域的重大发现，为深层-超深层碳酸盐岩储层理论和技术进展奠定了坚实基础。近几年又在塔里木盆地腹部的顺北、富满等地区深度 7000～8500m 的超深层奥陶系碳酸盐岩中，取得了规模性商业储量的发现，并建成了超百万吨的年产量。深层-超深层已成为中国油气勘探开发的热点领域，理论技术的系统创新和勘探开发实践促使中国在深层-超深层海相碳酸盐岩油气领域，特别是在深层-超深层碳酸盐岩储集体成因机理、地质模式、地球物理表征预测与建模等方面，走在了世界前列。

深层-超深层碳酸盐岩领域油气勘探开发面临着巨大的技术和商业风险，其中，能否找到并精细描述深层-超深层规模性优质储集体是关键环节之一。国外前期研究认为，受成岩压实和胶结影响，随埋藏深度增加和年代变老，碳酸盐岩中的孔隙度逐渐降低，大于 6000m 的超深层很难再有有效储层存在（Ehrenberg et al.，2009；Schmoker and Hally，1982），这种认识在一定程度上影响了对埋藏更深的碳酸盐岩领域油气的探索。近年来，中国油气行业大胆实践，不断挑战新深度，实施的一批超深探井揭示深层-超深层中仍有优质储集体和丰富油气资源，打破了上述传统认识，获得了油气勘探的重大突破（马永生等，2021）。在深度 7000～8000m 的超深层，塔里木盆地顺北和富满地区奥陶系碳酸盐岩中发现工业性储量和产量（Ma et al.，2022），在超过 8000m 的超深层古老的前寒武系—寒武系中，塔深 1 井（Zhu et al.，2015a）、塔深 5 井、轮探 1 井（杨海军等，2020），四川盆地川深 1、元深 1 等井都发现优质储集层。所揭示的深层-超深层碳酸盐岩地层中发育多类型的优质储集体，如盐下的白云岩储集体（陈代钊和钱一雄，2017）、微生物岩储集体（李朋威等，2015）、断裂-流体耦合作用下断层-流体相互作用形成的储集体等（何治亮等，2019；漆立新等，2019）。这些储集体共同的特点是埋藏深度大，普遍经历复杂的成岩改造过程。新的勘探发现也推动了深层碳酸盐岩储层发育机理逐渐发展完善。

随着塔里木盆地塔河油田和四川盆地普光气田两个大型深层碳酸盐岩油气田的发现和成功开发，针对不整合岩溶缝洞型（翟晓先，2006）、礁滩型（Ma et al.，2008a）碳酸盐岩储层的研究取得了一系列理论和技术成果。马永生等（2010）提出三元控储理论，认为沉积和成岩环境控制早期孔隙发育，构造-压力耦合控制裂缝与溶蚀，流体与岩石相互作用控制深部溶蚀与孔隙的保存。何治亮等（2017）提出构造、层序、岩相、流体和时间五个因素控储的地质成因模型。赵文智等（2012）提出沉积礁/滩及白云岩、后生溶蚀-溶滤和深层埋藏-热液等是碳酸盐岩储层大型化发育的关键地质条件。Shen 等（2015）认为规模性优质储集体大多在沉积成岩早期形成。众多研究机构和学者对碳酸盐岩储层发育机理已达成一定共识。

综合最新勘探和研究进展，进一步明确有利相带（高能颗粒滩、微生物丘、生物礁等）奠定了优质碳酸盐岩储层发育的基础，后期构造及断裂-流体的改造作用使储层进一步发育优化并向深层拓展，在深埋条件下有利流体环境中有效的保持机制尤为重要，即体现出“有利相带奠定基础、断裂-流体改造优化拓展、深埋环境有效保持”的总体特征（图 5.1）。

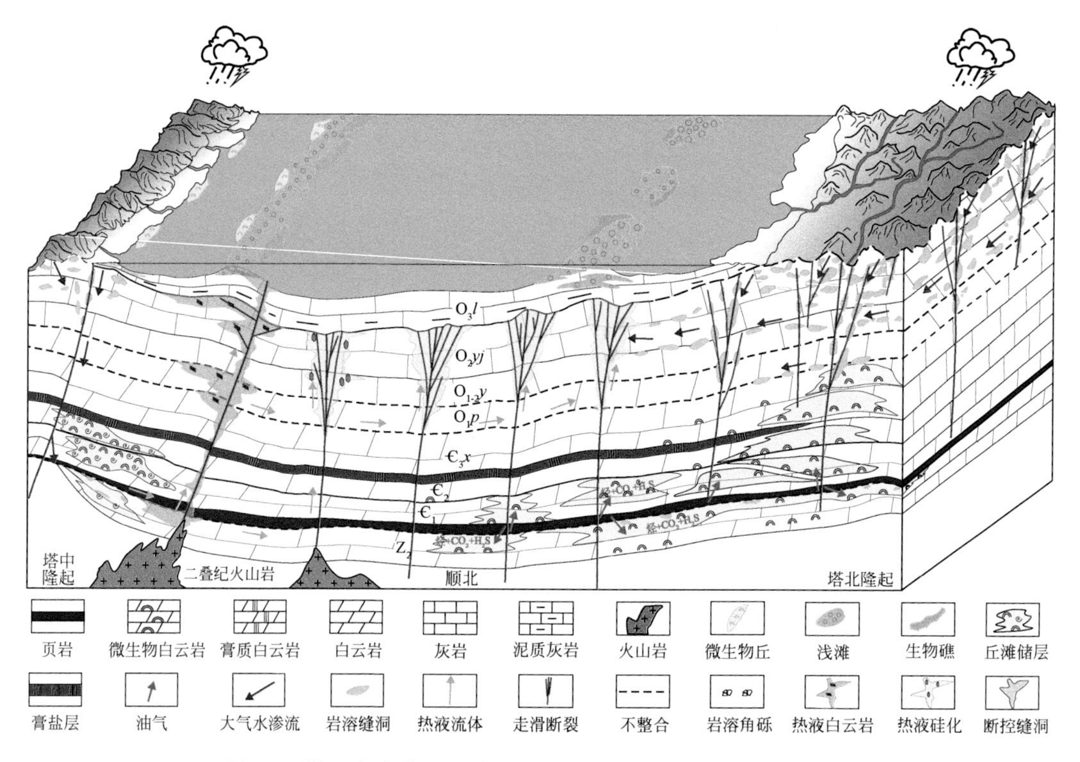

图 5.1　塔里木盆地深层-超深层碳酸盐岩储层发育机理模式图

依据储层发育主要控制因素，如沉积相控制（相控）、岩溶不整合面控制（岩溶面控）、断裂控制（断控），或者是相-断-溶复合多因素控制作用，对我国深层-超深层碳酸盐岩储层主要类型和分布区域进行了总结归纳（表 5.1）。可以看出，高能礁滩相白云岩叠加断裂/裂缝改造、古老微生物丘滩白云岩叠加断裂裂缝和不整合面岩溶改造、走滑断控储集体、构造沉积弱分异相带叠加断裂-流体改造等类型的储集体是深层-超深层重要储集体类型。

表 5.1　深层-超深层碳酸盐岩储层发育控制因素和主要储集体类型

主控因素	储层特征	构造沉积背景	储层发育保持机理	重点地区/层段
相控型	台缘高能礁滩 孔隙-孔缝型储层	台内裂陷槽边缘高能相带	早期云化、溶蚀、深埋超压造缝、构造破裂，早期油气充注孔隙保持	四川二叠系—三叠系台缘颗粒滩（普光）和生物礁（元坝） 塔里木寒武系台缘、震旦系古裂陷边缘
	台内丘滩相白云岩 孔隙/裂缝-孔隙储层	构造沉积弱分异薄层台内相带	早期云化、早期溶蚀和早期油气充注，晚期可叠加断裂-热液改造，早期油气充注孔隙保持	四川寒武系龙王庙和洗象池组（磨溪） 塔里木盆地寒武系—奥陶系台内
	微生物丘滩孔隙储层	台缘高能微生物丘，潮坪-潟湖相带含膏微生物白云岩	微生物白云岩，早期溶蚀（膏溶、岩溶），早期油气充注、封闭超压孔隙保持	四川盆地灯影组台缘丘滩（安岳气田）、三叠系雷口坡组（川西彭州气田） 塔里木盆地奇格布拉克组、肖尔布拉克组、阿瓦塔格组微生物岩 鄂尔多斯盆地奥陶系马家沟组（靖边气田）
岩溶型	风化壳岩溶缝洞型	古隆起和走滑断裂	表生溶蚀和构造破裂	塔里木古隆起奥陶系（塔河） 四川古隆起寒武系、二叠系
断控型	走滑断裂空腔体	挤压与走滑断裂	走滑断裂构造破裂作用	塔里木顺北断控主导（顺北）
断-溶双控型	走滑断裂和流体溶蚀缝洞储层	走滑断裂、构造热液	走滑断裂叠加热液溶蚀改造、热液白云岩化/硅化	塔里木塔中、顺南、古城断裂-热液体系
相-断-溶复合联控型	颗粒滩孔隙、断裂-流体溶蚀孔隙储层	局部高地貌、隆起岩溶、断裂-热液	局部颗粒滩相，叠加构造破裂，断裂耦合大气降水/热液改造不同岩相	塔里木塔中-巴麦地区奥陶系 四川二叠系栖霞组、茅口组

第二节　深层-超深层碳酸盐岩储层发育机理

一、原始高能相带和早期白云岩化奠定储层发育基础

国内外各地区的研究实例表明，规模性碳酸盐岩储集体的分布大多表现出相控特征。早期高能台缘（内）礁滩相带中形成的礁灰岩、颗粒灰岩等建造是优质白云岩储层发育的基础（Saller et al.，2001；Vandeginste et al.，2009）。高能相带沉积物由于淘洗充分，颗粒含量高，黏土矿物含量较低，一般具有较高的原始物性，后期胶结物主要为亮晶，且由于礁滩体多发育在地形高部位，更易于遭受准同生大气降水溶蚀，而形成大量次生孔隙，有利于后期流体的进入和规模性白云岩化作用的发生（Land，1980；周进高等，2015）。

地质历史上大规模白云岩化一般都是在准同生阶段局限台地蒸发海水环境或相邻的高能相带中形成的，主要发生萨布哈、渗透回流等白云岩化过程，都与蒸发浓缩超高盐度海

水有密切的关系（Machel，2004）。除此之外，还有埋藏白云石化、热液白云岩（Davis and Smith，2006）、微生物白云岩化（Vasconcelos and McKenzie，1997）等作用机制。

目前，关于白云岩化作用能否造成孔隙度的增加仍是一个充满争议的话题。前人曾提出过等摩尔交代模式、残余灰岩溶解模式、白云石胶结模式等多个理论来解释白云岩中孔隙的成因，这主要取决于原始灰岩的结构、白云岩化流体的性质、成岩系统的温压条件和开放程度等多重因素的叠加。一般被认为，早期的白云岩化是优质储层形成的关键，在白云岩化过程中原始的孔隙结构也经历了重新调整—再分配过程，白云岩中的晶间孔、粒间孔及溶孔等多表现出对原始灰岩中孔隙的继承性，虽然此过程并非一定能贡献新增的孔隙空间，但是所形成的晶粒-颗粒支撑结构白云岩具有更强的抗压溶性，特别是对于白云岩化程度较高的储层，随着埋藏深度的增加，早期形成的孔隙更易于被保存下来，而不是被晚期化学压溶所形成的胶结物充填，因此相比灰岩，深层-超深层白云岩更有利于形成优质储层（赵文智等，2015）。

二、构造抬升不整合面大气水岩溶形成广泛岩溶缝洞型储层

岩溶缝洞型储层在海相碳酸盐岩储层中占据十分重要地位，常形成大型-超大型油气田，如美国 Puckett 油气田、意大利 Rospo Mare 油气田、中国轮南-塔河油田等（Zhao et al., 2014）。国内外诸多学者对古岩溶缝洞型储集体的分布规律、主控因素、成因机理等做了深入研究，建立了一系列的碳酸盐岩缝洞储集体成因模式与理论。这些碳酸盐岩地层在构造抬升作用或海平面下降背景下暴露至地表，遭受地表淋滤作用形成不同级次和不同成因类型的层序界面；层序界面之下的碳酸盐岩储层遭受（准）同生、表生期大气降水淋滤作用，含有 CO_2 的酸性流体与碳酸盐岩间发生水-岩相互作用，且溶蚀产物持续被带离，最终形成规模性岩溶缝洞型储集体。

在多旋回盆地演化的宏观背景下，中国塔里木盆地、四川盆地、鄂尔多斯盆地内多层系、大面积发育深层-超深层古岩溶缝洞型储集层，具有良好的勘探前景。塔河油田是塔里木盆地已发现的油气田中储量最大的油气田，也是研究深层奥陶系岩溶缝洞型储集体较早、较成熟的区域之一，具有多期岩溶叠加改造、缝洞储层类型多样、非均质性强等特点。研究表明，在塔河主体区，加里东中期（Ⅰ，Ⅱ，Ⅲ幕）和海西早期构造抬升剥蚀阶段是古岩溶作用发生的主要时期。受多期次复合构造作用影响（何治亮等，2005），中-上奥陶统碳酸盐岩地层被差异性剥蚀，发生强烈的表生岩溶作用，形成了多期次、多形式叠加的古潜山型风化壳岩溶储集体。而在塔河南部桑塔木组覆盖的斜坡区域，酸性流体沿多期构造变形所形成的断裂-裂隙体系运移，在碳酸盐岩地层中发生深循环溶蚀作用，形成不同规模的断控型岩溶储集体，是斜坡区内幕岩溶碳酸盐岩储层发育的主要成因机制。

三、断裂-流体耦合改造促使优质储层向深部拓展

近期针对塔里木盆地、四川盆地和鄂尔多斯盆地深层碳酸盐岩勘探实践发现，断裂-流体在深层-超深层碳酸盐岩储层发育中起着重要的作用。三大海相盆地深层碳酸盐岩中都发育不同类型和规模的走滑断裂。走滑断裂本身可以破碎致密碳酸盐岩形成储集空间，尤其是由一系列断层组成的规模较大的断裂带，对致密碳酸盐岩的改造作用更加明显，形成

的储层空间规模更大；断裂也可作为大气降水下行通道和深部流体上涌通道，促使致密碳酸盐岩发生热液溶蚀作用、热液白云岩化作用等。典型的如塔里木盆地顺北-富满地区断控缝洞型、顺南断裂硅质热液改造型及四川盆地栖霞组—茅口组断裂-热液白云岩型储集体。

顺北地区走滑断裂在加里东中期至海西晚期持续发育（Deng et al.，2019b），走滑断裂本身可以破碎致密碳酸盐岩形成储集空间，尤其是由一系列断层组成的规模较大的断裂带，对致密碳酸盐岩的改造作用更加明显，形成超深层规模性断控储集体（Ma et al.，2022）。沿着走滑断裂活动的多期流体溶蚀改造作用进一步控制了深层-超深层碳酸盐岩储集空间的发育演化，形成了走滑断裂主控断裂破碎空腔型储集体。近期完钻的顺北 84X 井，在超 9000m 埋深的特深层致密灰岩中钻揭断控缝洞型储集体，钻遇放空和漏失，放空段长 1.19m，漏失钻井液 4000 余立方米，经井震标定和分析，放空漏失段位于断裂带内部。在位于放空漏失段上部获得的岩心中观察到强烈的破碎作用，大量角砾间孔洞及高角度构造缝被方解石胶结，具有典型的断层破碎角砾带与裂缝带特征。顺北 84X 井测试获得千吨高产，构造破裂规模成储机制得到进一步证实。

沿着断裂多种类型流体活动形成断-溶双控型储集体，主要包括顺南地区断裂-硅质热液交代改造型储集体（You et al.，2018）、四川盆地二叠系栖霞组—茅口组断裂-热液白云岩化型储集体（胡安平等，2018）。在顺南地区一批钻井揭示了富硅热液流体的活动和对储层的建设性改造作用。如顺南 4、顺南 401、顺北 16、古隆 1、顺托 1、顺北 53x 等钻井在奥陶系碳酸盐岩储层具有强烈的硅质交代特点，发育缝洞-孔隙型储层。顺南 4 井在埋深超 6600m 的奥陶系鹰山组揭示受强烈硅化热液改造形成的储层，孔隙度最高达到 20.5%，远高于未溶蚀改造的致密灰岩（孔隙度 1.4%～1.6%）（You et al.，2018）。顺南 4 井鹰山组累产天然气超 1200 万 m^3。四川盆地热体制研究表明，二叠纪盆地内大地热流显著增高（Qiu et al.，2022），且基底断裂的发育和活动为热流体活动提供了条件。流体沿着断层进入二叠系，促使碳酸盐岩发生溶蚀改造和白云岩化作用，形成热液白云岩储层。普仁 1 井栖霞组优质储层主要是由发育的高能颗粒滩相灰岩叠加热液白云岩化形成，岩性为斑马状裂缝-孔洞型白云岩，储集空间为溶孔和裂缝，有鞍状白云石充填，孔隙度在 2.20%～6.60%（N=17）（Zou et al.，2023）。如泰来 6 井在埋深超 5400m 井段钻遇茅口组优质热液白云岩储层，储层岩石主要是低能相带泥晶灰岩沿走滑断裂和裂缝热液白云岩化的结果，储层空间主要为裂缝和溶孔，内有鞍状白云石充填，实测孔隙度介于 2.23%～4.34%，平均值为 3.34%，热液白云岩储层段获天然气日产 11 万 m^3。

四、深埋有利流体环境中储集空间长期保持

深层-超深层领域存在优质的碳酸盐岩储层已毋庸置疑，尽管有关深层优质规模性储层发育的成因机理、主控因素、地质模式等方面研究存在分歧，但也形成了一些基本共识：构造-层序-沉积作用控制了碳酸盐岩矿物成分、结构类型、可改造性能以及原始孔隙发育，尤其是在高能浅水水体环境中沉积形成的颗粒滩、鲕粒滩、微生物丘滩等碳酸盐岩构成深层-超深层碳酸盐岩储层发育的物质基础，早期白云岩化作用和早期溶蚀淋滤是储层发育的关键因素（图 5.2）。在后期漫长成岩演化过程中，不同类型构造-流体环境控制了储层进一步发育与保持，使储集空间发生调整。其中，构造抬升-大气降水、断裂-热液、深埋藏生

烃充注与油气转化和 TSR 相关的富含 CO_2、H_2S、有机酸等酸性流体环境中，碳酸盐岩发生溶蚀作用所形成的大量次生孔隙尤为重要。这些观点得到一系列高温、高压溶蚀模拟实验的证实。油气充注和油裂解成气过程可以导致储层超压流体环境，并且深埋 TSR 相关高含 CO_2 和 H_2S 的酸性地层流体的存在，既能形成溶蚀孔隙，又能促使已有的孔隙得以长期保持（Zhu et al.，2020）（图 5.2）。近期实验表明，盐下白云岩层系中膏盐岩封闭形成的超压环境使得白云岩储层中的孔隙得以保持和调整，进一步改进储层物性（马永生等，2023）。

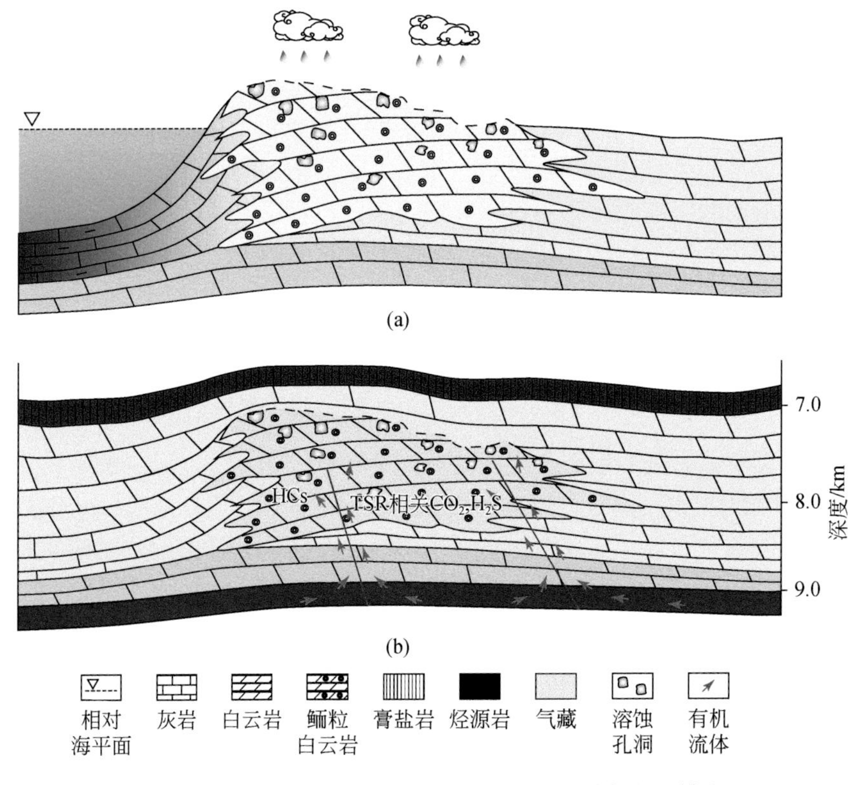

图 5.2　深层-超深层碳酸盐岩储层发育与保持机制和模式

（a）高能滩白云岩化与早期溶蚀；（b）油气充填、TSR 相关高含 CO_2 和 H_2S 与超压促使孔隙保持，HCs 为烃类

第三节　深层-超深层碳酸盐岩储层分布

一、深层-超深层碳酸盐岩层系勘探研究进展

新中国成立初期，陆相生油理论的提出促使东部大庆、胜利等多个大油田的陆续发现，保障了社会主义建设初期国家对油气资源的需求。中西部盆地海相层系中也时有油气发现，但储量和产量规模一直都较小。在“稳定东部、发展西部”战略方针指引下，20 世纪90 年代初期我国开始向中西部盆地海相碳酸盐岩层系开展油气勘探战略转移和会战攻关，并逐步向深层-超深层拓展，相继取得多个重大油气勘探突破（图 5.3），为我国社会主义现代化

建设提供了重要油气保障。

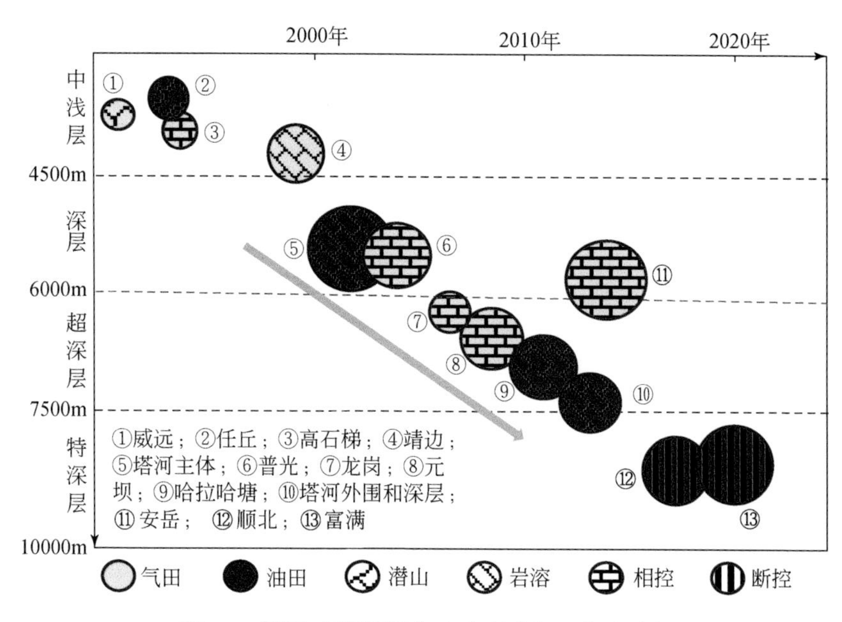

图 5.3　深层–超深层油气大中型油气田发现过程

在塔里木盆地，创新勘探思路，在塔克拉玛干沙漠北缘部署沙参 2 井获高产油气流，实现我国古生界海相碳酸盐岩油气的首次重大突破；1997 年沙 48 井喜获高产油气流，发现了我国第一个古生界特大油田——塔河油田，目前已经建成了我国最大的古生界海相碳酸盐岩岩溶缝洞型油田，探明储量 14.5 亿 t。2016 年，发现我国第一个超深层断控油气田——顺北油田，最大埋深 8937.77m，油藏中部平均埋深 7761m，最大油藏高度 1300m，探明油气储量约 3 亿 t（油气当量），是世界上第一个实现商业开发的断控超深层油气田，之后在其东北部进一步发现富满油田，储量达 4.8 亿 t。在哈拉哈塘地区探明储量 4.0 亿 t，塔中油田探明储量 6.0 亿 t。

在四川盆地，2003 年中国石油化工集团有限公司普光 1 井获高产气流，实现南方海相碳酸盐岩油气勘探战略性突破，发现我国最大的海相整装气田——普光气田，探明天然气储量 3400 亿 m^3。普光气田为亚洲第一个成功开发的高含硫特大型气田，埋深度 4776～5766m，含气高度 990m，硫化氢含量 12%～17%（世界第二）。2007 年，又发现了全球首个超深层生物礁大气田——元坝气田，探明天然气储量 2500 亿 m^3。在川中古隆起安岳气田震旦系—寒武系碳酸盐岩中发现储量规模最大的气田，探明储量 12000 亿 m^3；磨溪气田龙王庙组中探明储量 4403 亿 m^3。

根据“十三五”资源评价结果（图 5.4），我国中西部三大海相盆地海相碳酸盐岩油气资源量 350.43 亿 t，探明储量为 50.42 亿 t，占比 14.4%，总体探明率低。碳酸盐岩层系中总待探明储量 300.01 亿 t，占总待探明资源的 66.8%，仍具有巨大的勘探开发潜力，将是未来勘探开发的主战场。持续深入开展碳酸盐岩油气勘探开发是贯彻落实党中央和“大力提升油气勘探开发力度”“保障国家能源安全”“向地球深部进军”的具体举措。

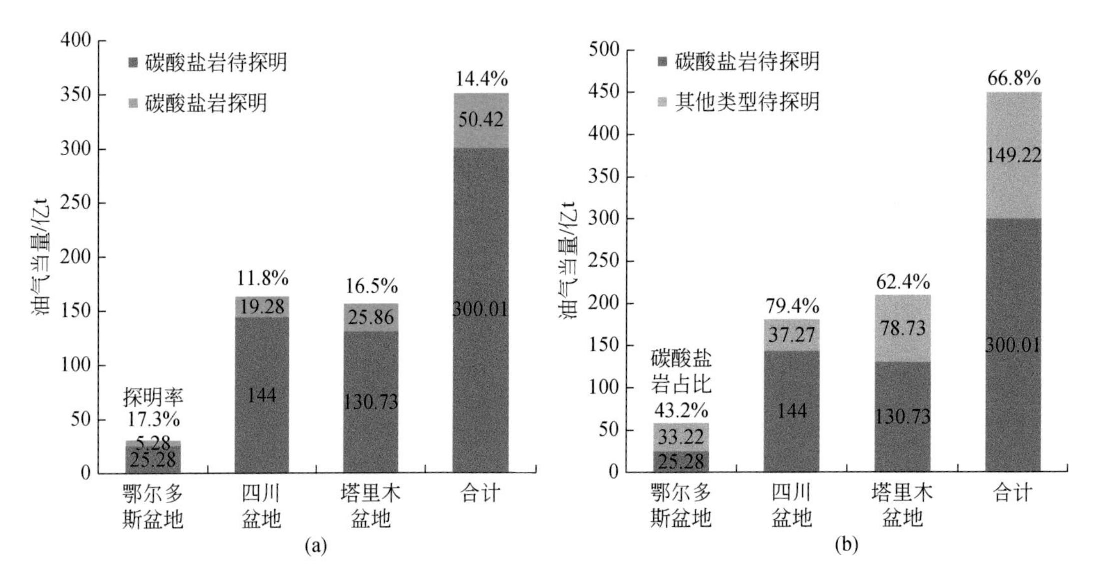

图 5.4　中西部三大盆地碳酸盐岩深层-超深层自源潜力

二、深层-超深层主要碳酸盐岩储层类型

对中西部盆地海相碳酸盐岩储层类型、成因机理和分布规律认识逐渐深化和丰富是带动海相碳酸盐岩层系大油气田发现的基础。早期针对碳酸盐岩古隆起和古潜山岩溶储层的不断探索使得塔河、轮南、塔中等大型油气田相继被发现。随着塔河的油气勘探逐渐从隆起区向南部斜坡区拓展，逐渐认识到走滑断裂控储作用的重要性，由岩溶高地区的岩溶缝洞勘探思路，向岩溶盆地区以断裂控制缝洞勘探转变，于是带动了顺北超深走滑断控性碳酸盐岩油田的发现以及富满油田的发现。沿着开江-梁平海槽边缘不断探索礁滩相白云岩储层，带动了普光气田的发现；此后，勘探进一步向深层生物礁储层拓展，带动了元坝气田的发现。近年来，对微生物丘滩体储层的认识，带动了安岳震旦系—寒武系丘滩型超万亿立方米大气田的发现。

根据我国塔里木盆地、四川盆地、鄂尔多斯盆地三大盆地深层-超深层油气勘探进展和海相碳酸盐岩储层与成藏研究进展，深层-超深层碳酸盐岩储层可归纳为 5 种主要类型和模式，分别为礁滩型、不整合面岩溶缝洞型、断裂-流体耦合型（断溶体和热液白云岩）、盐下白云岩型和古老微生物岩型。对 5 种类型储集体的特征、主要储集空间类型、发育模式和代表性油气田/钻井等都进行了详细的总结（图 5.5）。

受埋藏岩石和成岩胶结的影响，碳酸盐岩中的孔隙度通常会随埋藏深度增加和地层变老而降低的趋势，致使碳酸盐岩中油气勘探深度下限限定在 5000～6000m （Schmoker and Hally，1982）。对于早古生界之下的前寒武系—志留系的碳酸盐岩储层，深度至 6000m，孔隙度普遍降低至小于 10%，中值孔隙度（P_{50}）接近 5%（Ehrenberg et al.，2009）。6000～10000m 的深层-超深层碳酸盐岩中是否仍有优质储层，是一直困扰勘探家的难题，也是超深层勘探风险所在。

A：礁滩型储层

孔隙类型：岩溶孔洞、粒内粒间孔；

典型实例：四川盆地普光–元坝—龙岗气田长兴组—飞仙关组（P_2c-T_1f）；磨溪—安岳气田龙王庙组($Є_1l$)

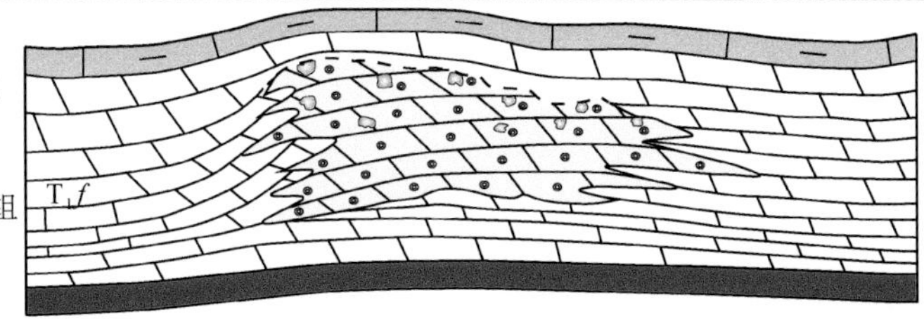

B：不整合面岩溶缝洞型储层

孔隙类型：岩溶孔洞和洞穴、断溶体。

典型实例:塔里木盆地塔河–轮南奥陶系碳酸盐岩

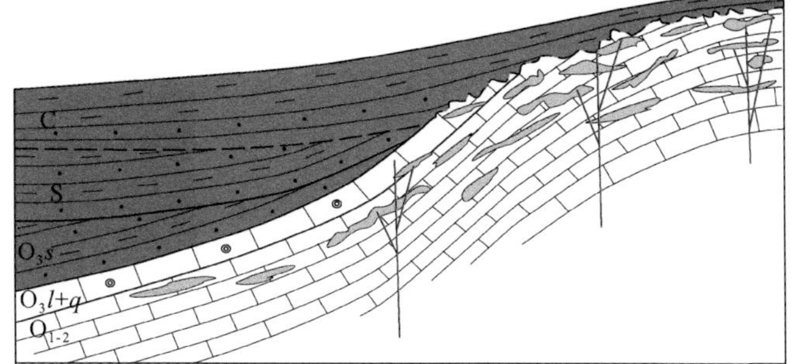

C：断裂–流体耦合型储层

①断裂–溶蚀；②断裂–热液白云岩储层。

孔隙类型：晶间–晶内孔、断裂–裂缝有、空腔及走滑断裂伴生的溶蚀孔洞。

典型实例：塔里木盆地顺北、满深、顺南、古城（Є-O）油气田、四川盆地东南部泰来6井栖霞组—茅口组等

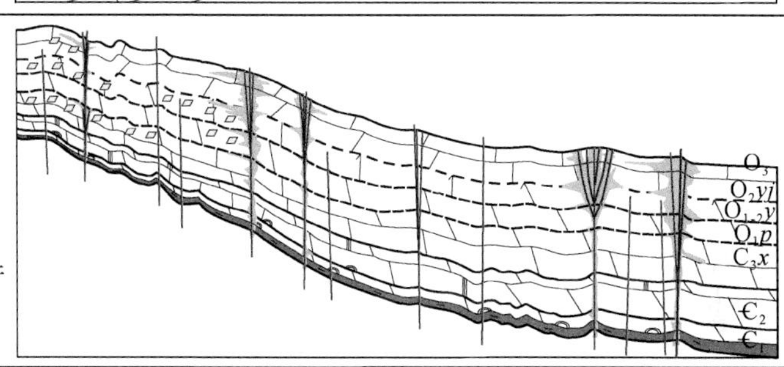

D：盐下白云岩型

孔隙类型：晶间孔、粒间孔、溶蚀孔洞。

典型实例：塔里木和四川盆地中寒武系膏岩层下的中下寒武系白云岩

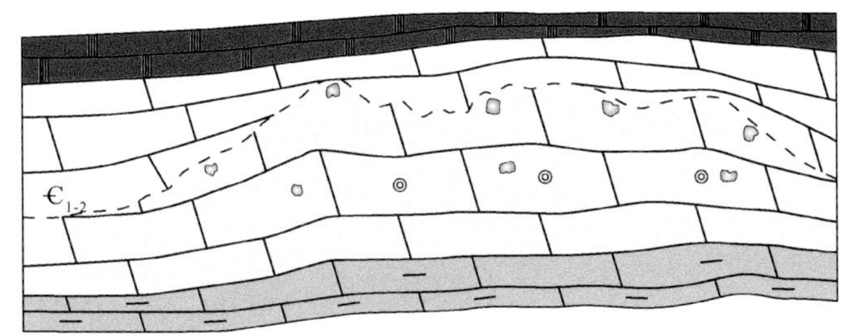

E：古老微生物岩型储层

孔隙类型：微生物岩格架孔、窗格孔、溶蚀孔洞。

典型实例：塔里木盆地奇格布拉克组、阿瓦塔格组、四川盆地威远–安岳气田灯影组、川西雷口坡组等

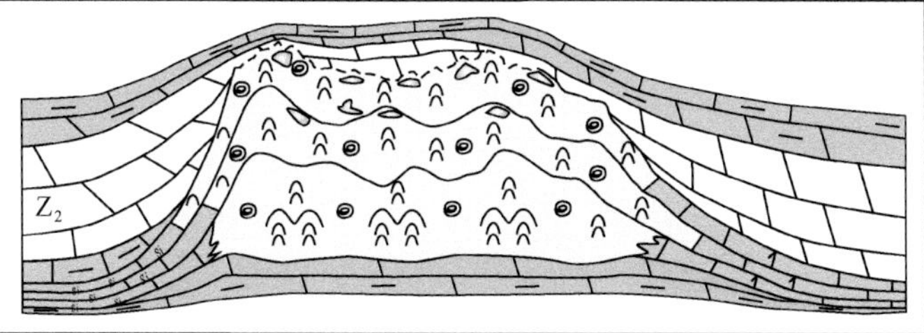

图例：砂岩、泥岩、白云岩、鲕粒白云岩、灰质白云岩、微生物岩、凝块石、泥质白云岩、石膏白云岩、硅质白云岩、灰岩、泥质灰岩、鲕粒灰岩、膏岩盐、岩溶洞穴、断裂–流体洞穴、热液白云石、溶蚀孔洞、不整合面、走滑断层

图 5.5　深层–超深层主要碳酸盐岩储集体类型、特征和模式

受勘探钻井深度的限制，上述孔隙度变化的趋势统计仅到6000m深度。近年来中国在塔里木盆地和四川盆地钻探了一系列超过 8000m 的超深钻井，在深层-超深层中发现了优质碳酸盐岩储层和丰富的油气储量及产量，突破了前期6000m的勘探深度限制。这些碳酸盐岩储集体包括以相控型为主的颗粒滩相白云岩，部分受不整合面岩溶改造形成相控-面控复合型。另外一种类型为断控型储集体。

相控型或相控基础上的流体改造型储集体主要是塔里木盆地和四川盆地寒武系盐下白云岩储集体和微生物岩储集体。高能颗粒滩相白云岩和微生物丘滩体构成储集体的基础，受同沉积期大气降水淋滤或晚期构造抬升作用影响，进一步发育成为优质储集体。如塔里木盆地中深1井在寒武系盐下肖尔布拉克组的6760～6810m段白云岩中揭示优质颗粒和微生物白云岩（相控型）储层，孔隙度高达 12.6%，为高产气层，日产气 15.8545 万 m^3。塔深 1 井 8407.56m 的寒武系白云岩孔隙度高达 9.1%，获少量凝析油。轮探 1 井在下寒武统吾松格尔组 8203～8260m 段砂屑白云岩（相控型）中获高产油气流，日产气 4.5917 万 m^3、日产油 134m^3；震旦系奇格布拉克组（面控-相控型）8737～8750m 段的微生物岩孔隙度4.0%，测试为气层。塔深 5 井震旦系奇格布拉克组钻井揭示优质微生物岩储层，叠加了不整合岩溶改造(相控-面控型)，对 8780～8840m 段开展酸压完井测试，测试日产液 24.95m^3，日产油 0.24m^3，日产气 3.8957 万 m^3，测试结果为气层。

典型的断控型储集体是塔里木盆地奥陶系断溶体型储集体，是塔里木盆地顺北至富满地区的主要储层，油气产层普遍在 7000～8000m，部分超过 9000m，其中顺北油气田年产量已超过 100 万 t。除走滑断裂和裂缝体系构成栅簇状的断裂储集空间之外，沿断裂的流体溶蚀改造作用对储集体形成具有重要的作用，特别是沿着断裂上行热液流体活动，对碳酸盐岩叠加溶蚀作用，形成热液白云岩化和热液硅化作用，也可以形成优质储集体。这些多种类型储集体的存在，使塔里木和四川盆地油气勘探深度可进一步向万米深处拓展（图 5.6）。

三、深层-超深层碳酸盐岩储层分布

根据塔里木盆地、四川盆地、鄂尔多斯盆地等深层-超深层碳酸盐岩层系中油气勘探研究成果和超深钻井资料，深层、超深层，甚至超过万米的特深层中，主要的碳酸盐岩储层类型包括古老微生物岩、礁滩相、白云岩、断控缝洞储集体等。古老微生物岩、礁滩相和白云岩储层叠加断裂-流体改造作用将使储层发育更好。

塔里木盆地主体勘探区域的塔北隆起、满加尔西缘顺北、富满和顺南地区、塔中隆起地区等超深万米地层中的有利储集体主要包括震旦系奇格布拉克组微生物岩、寒武系台缘带、寒武系—下奥陶统颗粒滩/微生物丘滩白云岩（特别是寒武系盐下白云岩）、走滑断裂断控缝洞型碳酸盐岩等（图 5.7、图 5.8）。已有多口井在这些层系中钻揭良好油气显示。中深 1 井在中寒武统阿瓦塔格组获气 110m^3，在下寒武统肖尔布拉克组获日产气 3 万 m^3，中深 1C 井在肖尔布拉克组获日产气 15.8545 万 m^3（王招明等，2014）。轮探 1 井中寒武统盐间沙依里克组 7940～7996m 段测试为含油气层；吾松格尔组 8203～8260m 段酸化压裂，试采油压 11.714MPa，日产油 134m^3，日产气 4.59 万 m^3（杨海军等，2020）。塔深 5 井震旦系奇格布拉克组钻井揭示优质微生物岩储层，叠加了不整合岩溶改造，对 8780～8840m 段开展酸压完井测试，测试日产液 24.95m^3，日产油 0.24m^3，日产气 3.8957 万 m^3，测试结果为气层。

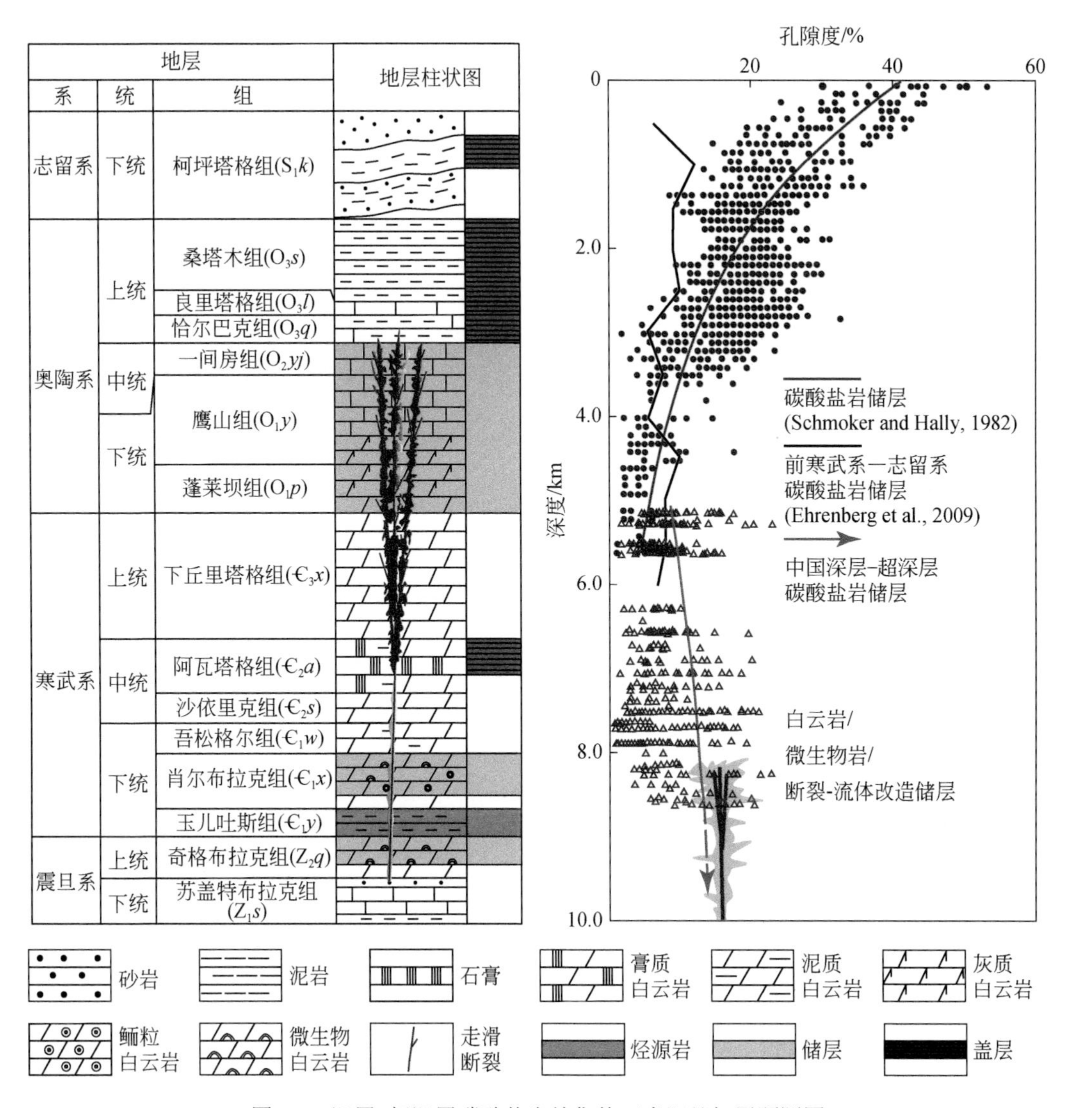

图 5.6　深层-超深层碳酸盐岩储集体万米深处拓展预测图

寒武系台缘带是在塔里木盆地塔北、富满、顺北等地区广泛分布的大型台缘带，垂向上具有多期叠置，地震反射结构清晰，解释落实程度高，但目前仍未获油气勘探突破，不同层段台缘带储盖发育及保存条件有差异，中寒武统膏盐岩发育区域之下的中下寒武统台缘带盖层和保存条件较好。

中晚寒武世经历多期海平面升降变化过程，吾松格尔组沉积期在台缘带浅水高能相带位置处发育丘滩储集体，受短期相对海平面下降影响发育高频层序界面，高频层序界面控制准同生期云化作用，并在相对古地貌高部位发生间歇性的短期暴露和大气降水淋滤，形成优质丘滩相储集体。吾松格尔组—沙依里克组沉积期的海退-大幅快速海侵背景下，致密碳酸盐岩隔层叠置分布，可形成吾松格尔组两期台缘丘滩的直接封盖条件，形成岩性圈闭。

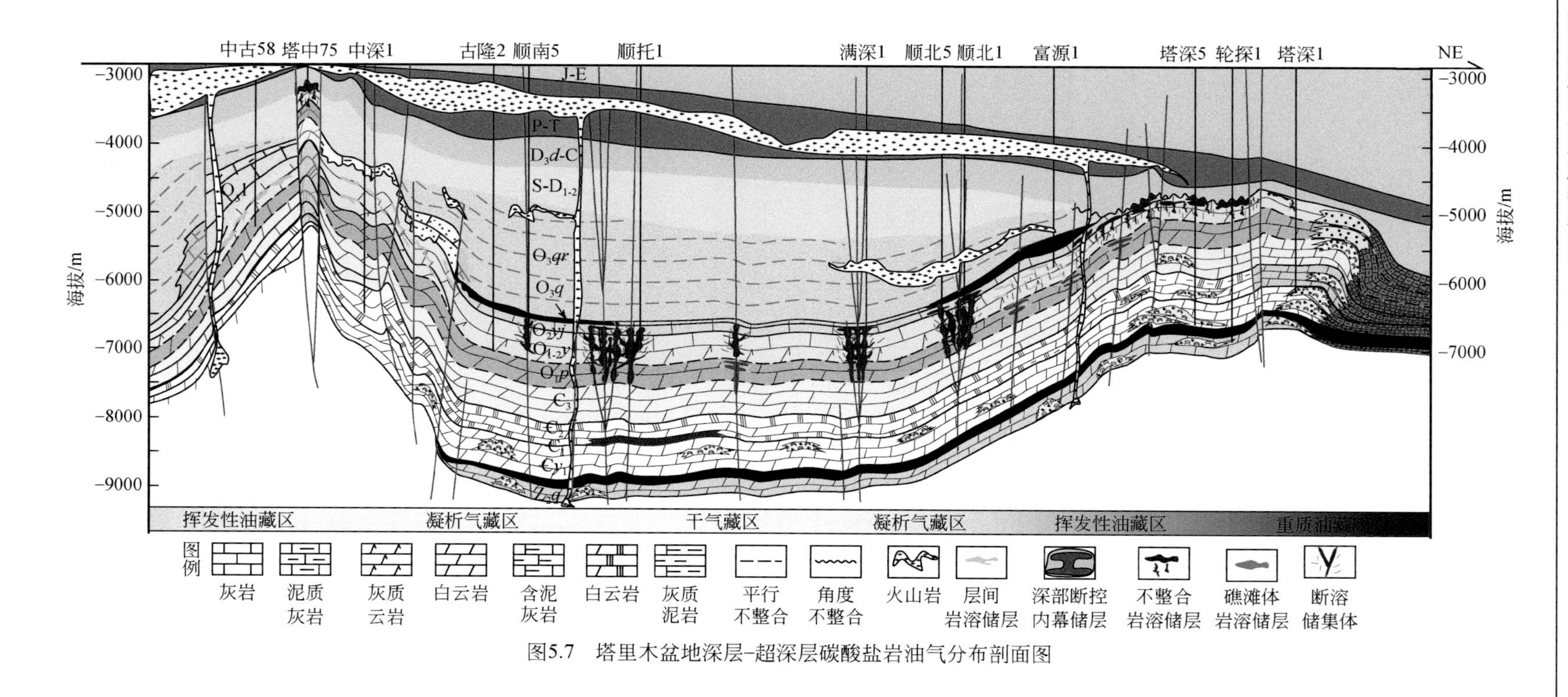

图5.7　塔里木盆地深层–超深层碳酸盐岩油气分布剖面图

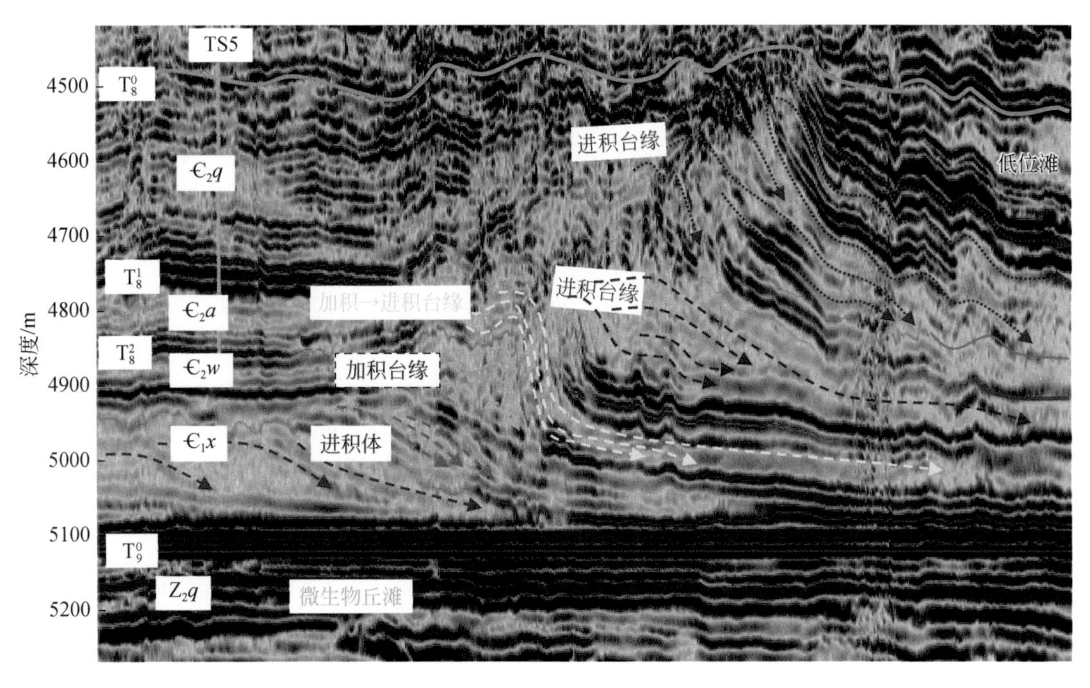

图 5.8 塔里木盆地深层-超深层勘探潜力层系地震剖面特征

中寒武统阿瓦塔格组发育膏盐岩潟湖及潟湖边缘的沉积，处膏盐岩层之外，发育大量的中厚层状的以叠层石为主的微生物岩储层。叠层石中原生格架孔隙非常丰富。叠层石段单层厚度可达 2～3m，与膏盐岩层或含膏白云岩层互层产出。

晚寒武世—早中奥陶世时期，塔河—顺北一带总体处于局限-开阔台地相带沉积区，微生物丘和滩相在不同层段均有发育。晚寒武世微生物繁盛，微生物丘滩相白云岩最为发育，早奥陶世海侵，区域范围内形成含灰致密层。结合钻井资料和单井地震相分析，上寒武统在顺北—塔北总体为开阔-局限台地，发育多个微生物丘滩复合体。

上寒武统顶面存在短期暴露和大气降水淋滤作用，顺北中部地区地震剖面上可见局部不整合的发育。顺南蓬 1 钻遇上寒武统下丘里塔格群台内丘滩相储层，丘滩体发育早期云化作用和早期溶蚀作用，并遭受后期破裂和流体改造形成裂缝-孔隙型储层。

顺北和富满地区，寒武系—下奥陶统走滑断裂及主干走滑断裂相关的低级序断裂普遍发育，具有分层变形、上下叠置、错位展布的特征。走滑断裂和低级序断裂发育，下丘丘滩体具有良好的沟通下寒武统烃源岩的条件。塔中隆起及顺北中区蓬莱坝组底部发育 50～90m 厚的区域盖层，主要岩性为致密灰岩或含云灰岩，表现为高阻致密段，可在一定范围内与下丘构成良好储盖组合。

四川盆地深层-超深层勘探层系主要分布在川西、川中和川北地区，重点层系为震旦系、寒武系和二叠系，均具有超万亿立方米天然气的地质资源量。这些地区的海相超深层层系中具有多个类型的储集层目标，可形成立体勘探格局（图 5.9），主要包括：靠近下寒武统烃源岩的灯影组台缘微生物岩丘滩体（图 5.10），具有源储侧接、近源成藏的特征；寒武系仙女洞组、龙王庙组、洗象池群的台内颗粒滩相储集体，具有下生上储、断裂输导、近源成藏的特征；二叠系栖霞组、茅口组台内滩相叠加断裂-流体改造的储集体，具有下生上储、断裂输导、多源立体成藏的特征。

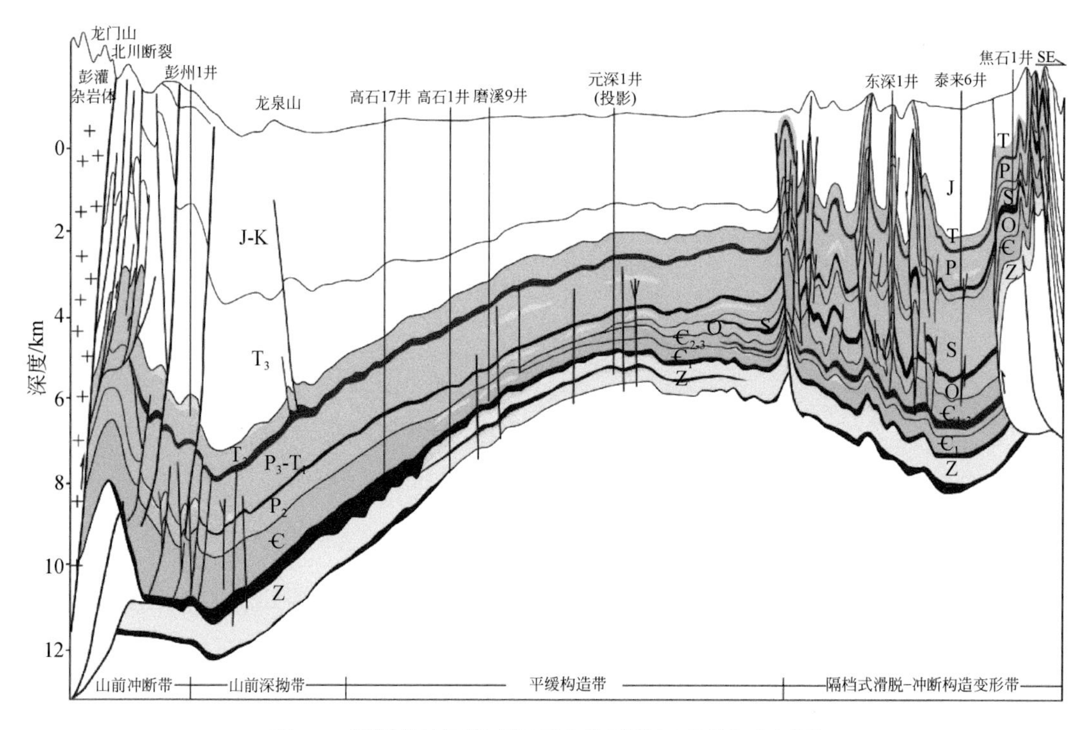

图 5.9　四川盆地海相多层系立体天然气成藏分布剖面

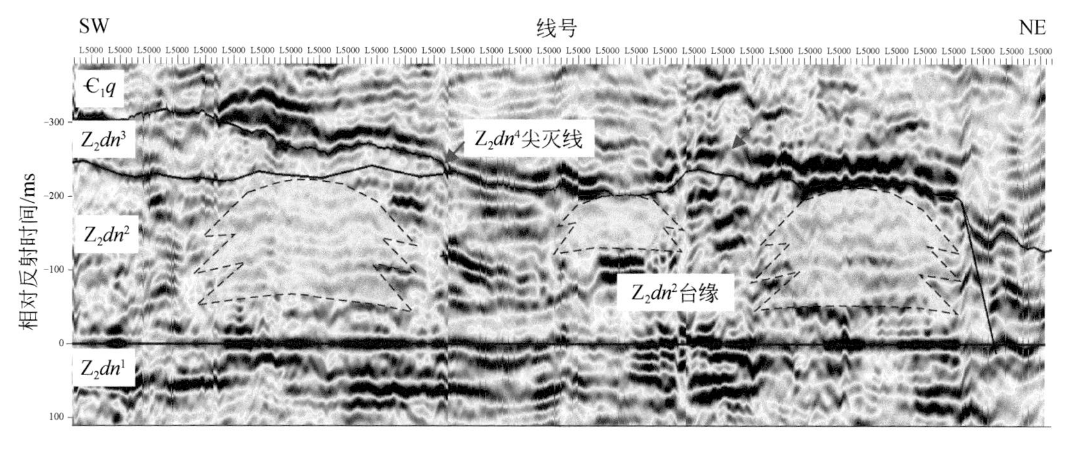

图 5.10　四川盆地震旦系灯影组二段台缘带地震特征

绵阳-长宁裂陷槽东西两侧的震旦系灯影组台缘微生物丘滩仍具有巨大的勘探潜力，主要包括灯影组二段陡坡台缘微生物丘滩储层、灯影组四段台缘和台内滩相储层。桐湾运动一幕和二幕抬升与岩溶改造作用使储层进一步发育改善。绵阳-长宁裂陷槽和鄂西海槽位置发育大规模的下寒武统烃源岩，除此之外还有厚度较大的陡山沱组烃源岩分布。两套烃源岩在灯影组埋藏早期向储层供烃，并且在后期逐步深埋藏过程中持续处于封闭环境，使孔隙等得以长期保存。此外，油裂解生气产生的超压作用和 TSR 作用形成的大量 CO_2 和 H_2S 也使得孔隙得以长期保存至今。

基于储层沉积发育特征及地质模型，运用正演模拟对三维地震资料进行处理，明确储层地震响应特征，结合古地貌、波形分类、地震属性等反映储层发育主控因素的方法手段识别有利储层平面分布特征。对永川区块，通过波阻抗反演的方式能较好识别灯影组灯四段藻丘滩储层；对川西大邑地区，运用均方根振幅属性，能较好识别灯影组丘滩体储层。依据三维地震解释，目前已落实裂陷槽西侧探区发育灯二段陡坡台缘和灯四段台缘在埋深 8000～11000m 深处的多个有效圈闭。

川北寒武系多层段发育台内丘滩成藏条件好，下寒武统烃源岩生烃强度高，发育寒武系台内滩储层，已有钻井获得良好显示。此外，在四川盆地西部的川西深拗区，高陡断裂改造的二叠系高能颗粒滩是有利的油气勘探目标类型。在川西拗陷深坳区识别出形成于印支期的高陡断裂，具有沟通寒武系筇竹寺组烃源的作用，有利于三叠系盐下层系早期成藏。

参 考 文 献

蔡春芳，李宏涛. 2005. 沉积盆地热化学硫酸盐还原作用评述. 地球科学进展，20（5）：14-19.

蔡春芳，梅博文，马亭，等. 1997. 塔里木盆地有机酸来源、分布及对成岩作用的影响. 沉积学报，15（3）：103-109.

蔡春芳，李开开，李斌，等. 2009. 塔河地区奥陶系碳酸盐岩缝洞充填物地球化学特征及其形成流体分析. 岩石学报，25（10）：2399-2404.

陈代钊. 2008. 构造-热液白云岩化作用与白云岩储层. 石油与天然气地质，29（5）：614-622.

陈代钊，钱一雄. 2017. 深层—超深层白云岩储集层：机遇与挑战. 古地理学报，19（2）：187-196.

陈洪德，田景春，刘文均，等. 2002. 中国南方海相震旦系—中三叠统层序划分与对比. 成都理工学院学报，29（4）：355-379.

陈强路，何治亮，李思田. 2007. 塔中地区奥陶系碳酸盐岩储层与油气聚集带. 石油实验地质，29（4）：367-372.

陈瑞银，赵文智，张水昌. 2009. 塔里木盆地下古生界油气晚期成烃成藏的地质依据. 地学前缘，16（4）：173-181.

陈寿铭，尹崇玉，刘鹏举，等. 2010. 湖北宜昌樟村坪埃迪卡拉系陡山沱组硅磷质结核中的微体化石. 地质学报，84（1）：70-77.

陈学时，易万霞，卢文忠. 2004. 中国油气田古岩溶与油气储层. 沉积学报，22（2）：244-253.

陈永权，张科，倪新锋，等. 2023. 塔里木盆地新元古界—下古生界超深层白云岩油气地质理论与勘探前景. 北京：石油工业出版社.

陈宗清. 2010. 论四川盆地奥陶系天然气勘探. 天然气工业，30（1）：23-30.

戴金星. 2003. 威远气田成藏期及气源. 石油实验地质，25（5）：473-480.

戴金星，裴锡古，戚厚发. 1992. 中国天然气地质学 卷 1. 北京：石油工业出版社.

戴金星，宋岩，戴春森. 1995. 中国东部无机成因气及其气藏形成条件. 北京：科学出版社.

邓尚，刘雨晴，刘军. 2021. 克拉通盆地内部走滑断裂发育，演化特征及其石油地质意义：以塔里木盆地顺北地区为例. 大地构造与成矿学，45（4）：1063-1078.

董大忠，程克明，王玉满，等. 2010. 中国上扬子区下古生界页岩气形成条件及特征. 石油与天然气地质，31：288-299，308.

董大忠，高世葵，黄金亮，等. 2014. 论四川盆地页岩气资源勘探开发前景. 天然气工业，34：1-15.

樊太亮，于炳松，高志前. 2007. 塔里木盆地碳酸盐岩层序地层特征及其控油作用. 现代地质，21（1）：57-65.

方少仙，董兆雄，侯方浩. 1999. 层状白云岩储层特征与成因. 北京：地质出版社.

冯增昭，彭勇民，金振奎，等. 2001. 中国南方寒武纪和奥陶纪岩相古地理. 北京：地质出版社.

郭彤楼. 2014. 四川盆地奥陶系储层发育特征与勘探潜力. 石油与天然气地质，35（3）：372-378.

何骁，梁峰，李海，等. 2024. 四川盆地下寒武统筇竹寺组海相页岩气高产井突破与富集模式. 中国石油勘探，29（1）：142-155.

何治亮，徐宏节，段铁军. 2005. 塔里木多旋回盆地复合构造样式初步分析. 地质科学，40（2），153-166.
何治亮，魏修成，钱一雄，等. 2011. 海相碳酸盐岩优质储层形成机理与分布预测. 石油与天然气地质，32（4）：489-498.
何治亮，张军涛，丁茜，等. 2017. 深层-超深层优质碳酸盐岩储层形成控制因素. 石油与天然气地质，38（4）：633-644.
何治亮，云露，尤东华，等. 2019. 塔里木盆地阿-满过渡带超深层碳酸盐岩储层成因与分布预测. 地学前缘，26（1）：13-21.
胡安平，潘立银，郝毅，等. 2018. 四川盆地二叠系栖霞组、茅口组白云岩储层特征、成因和分布. 海相油气地质，23（2）：39-52.
胡书毅，文玲，田海芹. 2001. 扬子地区奥陶纪古地理与石油地质条件. 中国海上油气，15（5）：317-321.
胡文瑄，陈琪，王小林，等. 2010. 白云岩储层形成演化过程中不同流体作用的稀土元素判别模式. 石油与天然气地质，31（6）：810-818.
黄文明，刘树根，马文辛，等. 2011. 四川盆地东南缘震旦系—下古生界储层特征及形成机制. 石油天然气学报（江汉石油学院学报），33（7）：7-12.
贾承造. 1997. 中国塔里木盆地构造特征与油气. 北京：石油工业出版社.
贾承造，魏齐国，姚慧君，等. 1995. 盆地构造演化和区域构造地质. 北京：石油工业出版社.
贾振远，郝石生. 1989. 碳酸盐岩油气形成与分布. 北京：石油工业出版社.
蒋裕强，董大忠，漆麟，等. 2010. 页岩气储层的基本特征及其评价. 天然气工业，30：7-12.
蒋忠诚，袁道先，曹建华，等. 2012. 中国岩溶碳汇潜力研究. 地球学报，33（2）：129-134.
焦存礼，邢秀娟，何碧竹，等. 2011. 塔里木盆地下古生界白云岩储层特征与成因类型. 中国地质，38（4）：1008-1015.
焦方正. 2017. 塔里木盆地顺托果勒地区北东向走滑断裂带的油气勘探意义. 石油与天然气地质，38（5）：831-839.
金之钧. 2005. 中国海相碳酸盐岩层系油气勘探特殊性问题. 地学前缘，12（3）：15-22.
金之钧，朱东亚，胡文瑄，等. 2006. 塔里木盆地热液活动地质地球化学特征及其对储层影响. 地质学报，80（2）：245-253.
兰才俊，徐哲航，马肖琳，等. 2019. 四川盆地震旦系灯影组丘滩体发育分布及对储层的控制. 石油学报，40（9）：1069-1084.
李浩，王骏，殷进垠. 2007. 测井资料识别不整合面的方法. 石油物探，46（4）：421-424.
李浩，游瑜春，郑亚斌，等. 2011. 应用测井技术识别碎屑岩与碳酸盐岩地质事件及其差异. 石油与天然气地质，32（1）：142-149.
李慧莉，邱楠生，金之钧，等. 2005. 塔里木盆地的热史. 石油与天然气地质，26（5）：613-617.
李皎，何登发，梅庆华. 2015. 四川盆地及邻区奥陶纪构造-沉积环境与原型盆地演化. 石油学报，36（4）：427-445.
李开开，蔡春芳，蔡镠璐，等. 2010. 塔河地区下古生界热液流体及储层发育主控因素探讨：以 S88 和 TS1 井为例. 石油实验地质，32（1）：46-51.
李培军. 2016. 走滑断裂带深成岩溶作用机制. 武汉：中国地质大学.
李朋威，罗平，陈敏，等. 2015. 塔里木盆地西北缘上震旦统微生物碳酸盐岩储层特征与成因. 石油与天然气地质，36（3）：416-428.
李双建，高波，沃玉进，等. 2011. 中国南方海相油气藏破坏类型及其时空分布. 石油实验地质，33（1）：43-55.
李映涛，邓尚，张继标，等. 2023. 深层致密碳酸盐岩走滑断裂带核带结构与断控储集体簇状发育模式：以塔里木盆地顺北 4 号断裂带为例. 地学前缘，30（6）：80-94.
刘策，张义杰，李洪辉，等. 2017. 塔里木盆地古城地区中下奥陶统白云化流体性质厘定：来自稀土元素的证据. 矿物岩石地球化学通报，36（4）：602-610.
刘春燕，吴茂炳，巩固. 2006. 塔里木盆地北部塔河油田奥陶系加里东期岩溶作用及其油气地质意义. 地质通报，25（9-10）：1128-1134.
刘存革，李国蓉，张一伟，等. 2007. 锶同位素在古岩溶研究中的应用：以塔河油田奥陶系为例. 地质学报，81（10）：1398-1406.
刘德汉，史继扬. 1994. 高演化碳酸盐烃源岩非常规评价方法探讨. 石油勘探与开发，21（3）：113-115.
刘全有，金之钧，刘文汇，等. 2015. 四川盆地东部天然气地球化学特征与 TSR 强度对异常碳，氢同位素影响. 矿物岩石地球化学通报，34：471-480.
刘树根，黄文明，陈翠华，等. 2008b. 四川盆地震旦系—古生界热液作用及其成藏成矿效应初探. 矿物岩石，28（3）：41-50.
刘树根，黄文明，张长俊，等. 2008a. 四川盆地白云岩成因的研究现状及存在问题. 岩性油气藏，20（2）：6-15.
刘树根，宋金民，罗平，等. 2016. 四川盆地深层微生物碳酸盐岩储层特征及其油气勘探前景. 成都理工大学学报：自然科学版，43（2）：129-152.
柳广弟，张厚福. 2009. 石油地质学. 北京：石油工业出版社.
卢曦. 2022. 塔里木盆地古城地区下古生界碳酸盐岩储层硅化作用特征及对储层. 海相油气地质，27（2）：185-191.
罗平，张静，刘伟，等. 2008. 中国海相碳酸盐岩油气储层基本特征. 地学前缘，15（1）：36-50.
马永生. 2007. 四川盆地普光超大型气田的形成机制. 石油学报，28（2）：9-14.
马永生，蔡勋育，赵培荣，等. 2010. 深层超深层碳酸盐岩优质储层发育机理和“三元控储”模式：以四川普光气田为例. 地质学报，84（8）：1087-1094.
马永生，黎茂稳，蔡勋育，等. 2021. 海相深层油气富集机理与关键工程技术基础研究进展. 石油实验地质，43（5）：737-748.
马永生，蔡勋育，云露，等. 2022. 塔里木盆地顺北超深层碳酸盐岩油气田勘探开发实践与理论技术进展. 石油勘探与开发，48（1）：1-17.
马永生，蔡勋育，李慧莉，等. 2023. 深层-超深层碳酸盐岩储层发育机理新认识与特深层油气勘探方向. 地学前缘，30（6）：1-13.
梅冥相，马永生，邓军，等. 2005. 加里东运动构造古地理及滇黔桂盆地的形成——兼论滇黔桂盆地深层油气勘探潜力. 地学前缘，12（3）：227-236.
门玉澎，许效松，牟传龙，等. 2010. 中上扬子寒武系蒸发岩岩相古地理. 沉积与特提斯地质，30（3）：58-64.
孟祥金，侯增谦，李振清. 2006. 西藏驱龙斑岩铜矿 S、Pb 同位素组成：对含矿斑岩与成矿物质来源的指示. 地质学报，80（4）：554-558.

苗继军，贾承造，邹才能，等. 2007. 塔中地区下奥陶统岩溶风化壳储层特征与勘探领域. 天然气地球科学，18（4）：497-500，606.
聂海宽，张金川，包书景，等. 2012. 四川盆地及其周缘上奥陶统—下志留统页岩气聚集条件. 石油与天然气地质，33：335-345.
聂海宽，金之钧，马鑫，等. 2017. 四川盆地及邻区上奥陶统五峰组—下志留统龙马溪组底部笔石带及沉积特征. 石油学报，38：160-174.
聂海宽，党伟，张珂，等. 2024. 中国页岩气研究与发展 20 年：回顾与展望. 天然气工业，44（3）：20-52.
裴建国，梁茂珍，陈阵. 2008. 西南岩溶石山地区岩溶地下水系统划分及其主要特征值统计.中国岩溶，27（1）：6-10.
漆立新. 2019. 塔里木盆地顺北超深断溶体油藏特征与启示. 中国石油勘探，25（1）：102-111.
钱海涛，王思敬，严福章，等. 2008. 黔中水利枢纽一期工程区岩溶发育模式及水库防渗研究. 水文地质工程地质，4：51-57.
秦建中，刘宝泉，国建英，等. 2004. 关于碳酸盐烃源岩的评价标准. 石油实验地质，26（3）：281-286.
秦启万，何才华. 2004. 岩溶洞穴形态沉积与贵州地貌发育. 贵州师范大学学报：自然科学版，22（2）：24-26.
邱楠生，金之钧. 2000. 油气成藏的脉动式探讨. 地学前缘，7（4）：561-567.
沈安江，赵文智，胡安平，等. 2015. 海相碳酸盐岩储集层发育主控因素. 石油勘探与开发，42（5）：545-554.
宋金民，刘树根，李智武，等. 2017. 四川盆地上震旦统灯影组微生物碳酸盐岩储层特征与主控因素. 石油与天然气地质，38（4）：741-752.
孙浩淼. 2014. 黔中水利枢纽平寨水库左岸岩溶溶蚀分析. 水利与建筑工程学报，12（3）：76-79.
汪泽成，刘静江，姜华，等. 2019. 中—上扬子地区震旦纪陡山沱组沉积期岩相古地理及勘探意义. 石油勘探与开发，46（1）：39-51.
汪泽成，姜华，陈志勇，等. 2020. 中上扬子地区晚震旦世构造古地理及油气地质意义. 石油勘探与开发，47（5）：884-897.
王坤，胡素云，刘伟，等. 2017. 塔里木盆地古城地区上寒武统热液改造型储层形成机制与分布预测. 天然气地球科学，28（6）：939-951.
王珊，曹颖辉，张亚金，等. 2020. 里木盆地古城地区奥陶系鹰三段硅质岩地球化学特征及成因. 天然气地球科学，31（5）：710-720.
王世杰，张信宝，白晓永. 2015. 中国南方喀斯特地貌分区纲要.山地学报，33（6）：641-648.
王毅，张一伟，金之钧，等. 1999. 塔里木盆地构造—层序分析. 地质论评，45（5）：504-513.
王招明，谢会文，陈永权，等. 2014. 塔里木盆地中深 1 井寒武系盐下白云岩原生油气藏的发现与勘探意义. 中国石油勘探，19（2）：1-13.
王志刚. 2015. 涪陵页岩气勘探开发重大突破与启示. 石油与天然气地质，36：1-6.
魏国齐，谢增业，白贵林，等. 2014. 四川盆地震旦系—下古生界天然气地球化学特征及成因判识. 天然气工业，34（3）：44-49.
魏国齐，杜金虎，徐春春，等. 2015. 四川盆地高石梯—磨溪地区震旦系—寒武系大型气藏特征与聚集模式. 石油学报，36（1）：1-12.
魏菊英，王关玉. 1988. 同位素地球化学. 北京：地质出版社.
邬光辉，陈利新，徐志明，等. 2008. 塔中奥陶系碳酸盐岩油气成藏机理. 天然气工业，28（6）：19-22.

邬兴威，苑刚，陈光新，等. 2005. 塔河地区断裂对古岩溶的控制作用. 断块油气田，12（3）：7-9.

吴伟，罗冰，罗文军，等. 2016. 再论四川盆地川中古隆起震旦系天然气成因. 天然气地球科学，27（8）：1447-1453.

谢增业，李剑，杨春龙，等. 2021. 川中古隆起震旦系—寒武系天然气地球化学特征与太和气区的勘探潜力. 天然气工业，41（7）：1-14.

许效松，杜佰伟. 2005. 碳酸盐岩地区古风化壳岩溶储层. 沉积与特提斯地质，25（3）：1-7.

闫相宾. 2002. 塔河油田下奥陶统古岩溶作用及储层特征. 江汉石油学院学报，24：23-25.

闫相宾，李铁军，张涛，等. 2005. 塔中与塔河地区奥陶系岩溶储层形成条件的差异. 石油与天然气地质，26（2）：202-207.

杨海军，陈永权，田军，等. 2020. 塔里木盆地轮探 1 井超深层油气勘探重大发现与意义. 中国石油勘探，25（2）：62-72.

尤东华，韩俊，胡文瑄，等. 2018. 塔里木盆地顺南 501 井鹰山组白云岩储层特征与成因. 沉积学报，36（6）：1206-1217.

由雪莲，孙枢，朱井泉. 2014. 塔里木盆地中上寒武统叠层石白云岩中微生物矿化组构特征及其成因意义. 中国科学：地球科学，44（8）：1777-1790.

于炳松，陈建强，林畅松. 2005. 塔里木盆地奥陶系层序地层格架及其对碳酸盐岩储集体发育的控制. 石油与天然气地质，26（3）：305-309，316.

余志伟. 1999. 氧、碳同位素在白云岩成因研究中的应用. 矿物岩石地球化学通报，18（2）：103-105.

袁道先，蒋勇军，沈立成. 2016. 现代岩溶学. 北京：科学出版社.

云露，肖志高，徐明军. 2004. 浅谈塔里木盆地台盆区天然气勘探前景. 石油与天然气地质，25(4)：429-432.

翟晓先. 2006. 塔河大油田新领域的勘探实践. 石油与天然气地质，27（6）：751-761.

张宝民，刘静江. 2009. 中国岩溶储集层分类与特征及相关的理论问题. 石油勘探与开发，36（1）：12-29.

张抗. 2001. 塔河油田性质和塔里木碳酸盐岩油气勘探方向. 石油学报，22（4）：1-6.

张涛，蔡希源. 2007. 塔河地区加里东中期古岩溶作用及分布模式. 地质学报，81（8）：1125-1134.

张同钢，储雪蕾，张启锐，等. 2004. 扬子地台灯影组碳酸盐岩中的硫和碳同位素记录. 岩石学报，20（3）：717-724.

张希明，杨坚，杨秋来，等. 2004. 塔河缝洞型碳酸盐岩油藏描述及储量评估技术. 石油学报，25(1)：13-18.

张煜，毛庆言，李海英，等. 2023. 顺北中部超深层断控缝洞型油气藏储集体特征与实践应用. 中国石油勘探，28（1）：1-13.

赵路子，汪泽成，杨雨，等. 2020. 四川盆地蓬探 1 井灯影组灯二段油气勘探重大发现及意义. 中国石油勘探，25（3）：1-12.

赵文智，汪泽成，王一刚. 2006. 四川盆地东北部飞仙关组高效气藏形成机理. 地质论评，52（5）：708-718.

赵文智，汪泽成，胡素云，等. 2012. 中国陆上三大克拉通盆地海相碳酸盐岩油气藏大型化成藏条件与特征. 石油学报，33（2）：1-10.

赵文智，沈安江，潘文庆等. 2013. 碳酸盐岩岩溶储层类型研究及对勘探的指导意义：以塔里木盆地岩溶储层为例.岩石学报，29（9）：3213-3222.

赵文智，沈安江，周进高，等. 2014. 礁滩储集层类型、特征、成因及勘探意义：以塔里木和四川盆地为例. 石油勘探与开发，41（3）：257-267.

赵文智，沈安江，胡安平，等. 2015. 塔里木、四川和鄂尔多斯盆地海相碳酸盐岩规模储层发育地质背景初探. 岩石学报，31（11）：3495-3508.

赵文智，汪泽成，姜华，等. 2020. 从古老碳酸盐岩大油气田形成条件看四川盆地深层震旦系的勘探地位. 天然气工业，40（2）：1-10.

赵宗举，朱琰，邓红婴，等. 2003. 中国南方古隆起对中、古生界原生油气藏的控制作用. 石油实验地质，25（1）：10-17.

赵宗举，张运波，潘懋，等. 2010. 塔里木盆地寒武系层序地层格架. 地质论评，56（5）：609-620.

郑永飞，陈江峰. 2000. 稳定同位素地球化学. 北京：科学出版社.

周传明，袁训来，肖书海，等. 2019. 中国埃迪卡拉纪综合地层和时间框架.中国科学：地球科学，49（1）：7-25.

周进高，徐春春，姚根顺，等. 2015. 四川盆地下寒武统龙王庙组储集层形成与演化. 石油勘探与开发，42（2）：158-166.

朱东亚，孟庆强. 2010. 塔里木盆地奥陶系碳酸盐岩中黄铁矿的成因. 岩石矿物学杂志，29（5）：516-524.

朱东亚，金之钧，胡文瑄，等. 2008. 塔里木盆地深部流体对碳酸盐岩储层的影响. 地质论评，54(3)：348-354.

朱东亚，孟庆强，解启来，等. 2010. 云南腾冲热液发育模式及其对塔里木盆地热液溶蚀改造的启示. 石油及天然气地质，31（3）：327-334.

朱东亚，孟庆强，胡文瑄，等. 2012. 塔里木盆地深层寒武系地表岩溶型白云岩储层及后期流体改造作用. 地质论评，58（4）：691-701.

朱东亚，金之钧，彭勇民，等. 2013. 黔中隆起震旦系灯影组高热演化沥青地球化学特征及差异分析. 天然气地球科学，24（2）：382-387.

朱东亚，金之钧，孙冬胜，等. 2014b. 南方震旦系灯影组热液白云岩化及其对储层形成的影响研究：以黔中隆起为例. 地质科学，49（1）：161-175.

朱东亚，金之钧，张荣强，等. 2014a. 震旦系灯影组白云岩多级次岩溶储层叠合发育特征及机制. 地学前缘，21（6）：335-345.

朱东亚，张殿伟，李双建，等. 2015. 四川盆地下组合碳酸盐岩多成因岩溶储层发育特征及机制. 海相油气地质，20（1）：33-44.

邹才能，杜金虎，徐春春，等. 2014. 四川盆地震旦系-寒武系特大型气田形成分布、资源潜力及勘探发现. 石油勘探与开发，41（3）：278-293.

邹胜章，夏日元，刘莉，等. 2016. 塔河油田奥陶系岩溶储层垂向带发育特征及其识别标准. 地质学报，90（9）：2490-2501.

Adams J E，Rhodes M L. 1960. Dolomitization by seepage refluxion. AAPG Bulletin，44（12）：1912-1920.

Al-Aasm I. 2003. Origin and characterization of hydrothermal dolomite in the Western Canada Sedimentary Basin. Journal of Geochemical Exploration，78（3）：9-15.

Ali J R，Thompson G M，Zhou M F，et al. 2005. Emeishan large igneous province，SW China. Lithos，79（3）：475-489.

Allison J D，Brown D S，Novo-Gradac K J. 1991. A Geochemical Assessment Model for Environmental Systems：Version 3.0 User’s Manual. Athens，Georgia：Environmental Research Laboratory Office of Research and Development U.S. Environmental Protection Agency.

Allwood A C，Walter M R，Kamber B S，et al. 2006. Stromatolite reef from the Early archaean era of Australia. Nature，441（7094）：714-718.

Allwood A C，Walter M R，Burch I W，et al. 2007. 3.43 billion-year-old stromatolite reef from the Pilbara Craton of Western Australia：ecosystem-scale insights to early life on Earth. Precambrian Research，158（3）：198-227.

Alsharhan A S，Nairn A E M. 1997. Sedimentary Basins and Petroleum Geology of the Middle East. Amsterdam：Elsevier Science.

Andres M S，Reid R P. 2006. Growth morphologies of modern marine stromatolites：a case study from Highbourne Cay，Bahamas. Sedimentary Geology，185（3-4）：319-328.

Aschwanden L，Diamond L W，Adams A. 2019. Effects of progressive burial on matrix porosity and permeability of dolostones in the foreland basin of the Alpine Orogen，Switzerland. Marine and Petroleum Geology，100：148-164.

Awramik S M，Sprinkle J. 1999. Proterozoic stromatolites：the first marine evolutionary biota. Historical Biology，13（4）：241-253.

Bai G P. 2006. Distribution patterns of giant carbonate fields in the world. Journal of Palaeogeography，8：241-250.

Baker P A，Kastner M. 1981. Constraints on the formation of sedimentary dolomite. Science，213（4504）：214-216.

Ball J W，Nordstrom D K. 1991. WATEQ4F-User's Manual with Revised Thermodynamic Data Base and Test Cases for Calculating Speciation of Major，Trace and Redox Elements in Natural Waters. Reston，Virginia：U.S. Geological Survey.

Banner J L，Hanson G N. 1990. Calculation of simultaneous isotopic and trace element variations during water-rock interaction with applications in carbonate diagenesis. Geochimica et Cosmochimica Acta，54（11）：3123-3137.

Barghoorn E S，Tyler S A. 1965. Microorganism from the gunflint chert. Science，147：563-575.

Baud A，Cirilli S，Marcoux J. 1997. Biotic response to mass extinction：the lowermost Triassic microbialites. Facies，36：238-242.

Bauld J. 1984. Microbial mats in marginal marine environments：Shark Bay，Western Australia，and Spencer Gulf，South Australia//Cohen Y，Castenholz R W，Halvorson H O. Microbial Mats：Stromatolites. New York：Alan R. Liss，Inc.

Behar F，Vandenbroucke M，Teermann S C，et al. 1995. Experimental simulation of gas generation from coals and a marine kerogen. Chemical Geology，126（3-4）：247-260.

Bell E A，Boehnke P，Harrison T M，et al. 2015. Potentially biogenic carbon preserved in a 4.1 billion-year-old zircon. Proceedings of the National Academy of Sciences，112（47）：14518-14521.

Bhat G M，Craig J，Hafiz M，et al. 2012. Geology and hydrocarbon potential of Neoproterozoic-Cambrian Basins in Asia：an introduction. London：Geological Society，Special Publications，366（1）：1-17.

Bishop J W，Osleger D A，Montañez I P，et al. 2014. Meteoric diagenesis and fluid-rock interaction in the Middle Permian Capitan backreef：Yates Formation，Slaughter Canyon，New Mexico. AAPG Bulletin，98（8）：1495-1519.

Boggs S. 2009. Petrology of Sedimentary Rocks. Cambridge：Cambridge University Press.

Brand U，Veizer J. 1980. Chemical diagenesis of a multicomponent carbonate system I: trace elements. Journal of Sedimentary Petrology，50：1219-1236.

Brumsack H J. 1980. Geochemistry of Cretaceous black shales from the Atlantic ocean. Chemical Geology，31：1-25.

Byrne R H，Sholkovitz E R. 1996. Marine chemistry and geochemistry of the lanthanides//Gschneidner K A J，Eyring L. Handbook of the Physics and Chemistry of Rare Earths. Amsterdam：Elsevier.

Cai C F，Hu W S，Worden R H. 2001. Thermochemical sulphate reduction in Cambrian-Ordovician carbonates in central Tarim. Marine and Petroleum Geology，18：729-741.

Cai C F，Worden R H，Wang Q H，et al. 2002. Chemical and isotopic evidence for secondary alteration of nature gas in the Hetianhe Field，Bachu uplift of the Tarim Basin. Organic Geochemistry，33：1415-1427.

Cai C F，Worden R H，Bottrell S H，et al. 2003. Thermochemical sulphate reduction and the generation of hydrogen sulphide and thiols （mercaptans） in Triassic carbonate reservoirs from the Sichuan Basin，China. Chemical Geology，202（1-2）：39-57.

Cai C F，Li K K，Li H T. 2008. Evidence for cross formational hot brine flow from integrated $^{87}Sr/^{86}Sr$，REE and fluid inclusions of the Ordovician veins in central Tarim，China. Applied Geochemistry，23：2226-2235.

Cai C F，Zhang C，He H，et al. 2013. Carbon isotope fractionation during methane-dominated TSR in East Sichuan Basin gasfields，China：a review. Marine and Petroleum Geology，48：100-110.

Cantrell D L，Swart P K，Hagerty R M. 2004. Genesis and characterization of dolomite，Arab-D reservoir，Ghawar field，Saudi Arabia. GeoArabia Middle East Petroleum Geosciences，9（2）：11-36.

Chen D Z，Wang J G，Qing H R. 2009. Hydrothermal venting activities in the early Cambrian，South China，petrological，geochronological and stable isotopic constraints. Chemical Geology，258（3-4）：168-181.

Chen H L，Yang S F，Dong C W，et al. 1997. Geological thermal events in Tarim Basin. Chinese Science Bulletin，42（7）：580.

Chen S，Zhu Y，Wang H，et al. 2011. Shale gas reservoir characterisation：a typical case in the southern Sichuan Basin of China. Energy，36：6609-6616.

Claypool G E，Holse W T，Kaplan I R，et al. 1980. The age curves of sulfur and oxygen isotopes in marine sulfate and their mutual interpretation. Chemical Geology，28：199-260.

Cooper J D，Keller M. 2001. Palaeokarst in the Ordovician of the southern Great Basin，USA：implications for sea-level history. Sedimentology，48（4）：855-873.

Craig J，Thurow J，Thusu B，et al. 2009. Global Neoproterozoic petroleum systems：the emerging potential in North Africa. Geological Society，London，Special Publications，326（1）：1-25.

Craig J，Biffi U，Galimberti R F，et al. 2013. The palaeobiology and geochemistry of Precambrian hydrocarbon source rocks. Marine and Petroleum Geology，40：1-47.

Croize D，Renard F，Gratier J P. 2013. Compaction and porosity reduction in carbonates：a review of observations，theory，and experiments. Advances in Geophysics，54：181-238.

Cross M M，Bottrell S H. 2000. Reconciling experimentally observed sulphur isotope fractionation during thermochemical sulphate reduction（TSR） with field data：a ‘steady-state’ model of isotopic behavior. Journal of Conference Abstracts，5（2）：325.

Cross M M，Manning D A C，Bottrell S H，et al. 2004. Thermochemical sulphate reduction（TSR）：experimental determination of reaction kinetics and implications of the observed reaction rates for petroleum reservoirs. Organic Geochemistry，35（4）：393-404.

Dai J，Song Y，Dai C，et al. 1996. Geochemistry and accumulation of carbon dioxide gases in China. AAPG Bulletin，80：1615-1625.

Dai J，Zou C，Liao S，et al. 2014. Geochemistry of the extremely high thermal maturity Longmaxi shale gas，southern Sichuan Basin. Organic Geochemistry，74：3-12.

Davies G R. 2005. Hydrothermal-dolomite and leached limestone reservoirs：tectonic，structural，mining and petroleum geology linkage. Calgary：American Association of Petroleum Geologists/Canadian Society of Petroleum Geologists，Joint Annual Meeting.

Davies G R，Smith L B. 2006. Structurally controlled hydrothermal dolomite reservoir facies：an overview. AAPG Bulletin，90（11）：1641-1690.

Deng H B，Tian J C，Zhang X，et al. 2019a. Sedimentary facies characteristics and sedimentary patterns of Sinian in Akesu area on the northwest margin of Tarim Basin. Journal of Northeast Petroleum University，43（3）：20-32.

Deng S，Li H L，Zhang Z P，et al. 2019b. Structural characterization of intracratonic strike-slip faults in the central Tarim Basin. AAPG Bulletin，103（1）：109-137.

Deng S，Zhao R，Kong Q，et al. 2022. Two distinct strike-slip fault networks in the Shunbei area and its surroundings，Tarim Basin：hydrocarbon accumulation，distribution，and controlling factors. AAPG Bulletin，106（1）：77-102.

Dong S，Chen D，Qing H，et al. 2013. Hydrothermal alteration of dolostones in the Lower Ordovician，Tarim Basin，NW China：multiple constraints from petrology，isotope geochemistry and fluid inclusion microthermometry. Marine and Petroleum Geology，46：270-286.

Duan Z H，Sun R. 2003. An improved model calculating CO_2 solubility in pure water and aqueous NaCl solutions from 273 to 533K and from 0 to 2000bar. Chemical Geology，193（3-4）：257-271.

Duan Z H，Zhang Z G. 2006. Equation of state of the H_2O，CO_2 and H_2O-CO_2 system up to 10GPa and 2573.15K：molecular dynamics simulations with ab initio potential surface. Geochimica et Cosmochimica Acta，70（9）：2311-2324.

Duan Z H，Li D D. 2008. Coupled phase and aqueous species equilibrium of the H_2O-CO_2-NaCl-$CaCO_3$ system from 0 to 250℃，1 to 1000bar with NaCl concentrations up to saturation of halite. Geochimica et Cosmochimica Acta，72（20）：5128-5145.

Dullien F A. 1992. Porous Media：Fluid Transport and Pore Structure，Second Edition. San Diego：Academic Press.

Dupraz C，Visscher P T. 2005. Microbial lithification in marine stromatolites and hypersaline mats. Trends in microbiology，13（9）：429-438.

Dupraz C，Visscher P T，Baumgartner L K，et al. 2004. Microbe–mineral interactions：early carbonate precipitation in a hypersaline lake （Eleuthera Island，Bahamas）. Sedimentology，51（4）：745-765.

Dutkiewicz A，Volk H，Ridley J，et al. 2007. Precambrian inclusion oils in the Roper Group：a review//Proceedings of the Central Australian Basins Symposium. vol 2. Northern Territory Geological Survey Special Publication.

Ehrenberg S N. 2006. Porosity destruction in carbonate platforms. Journal of Petroleum Geology，29（1）：41-52.

Ehrenberg S N，Eberli G P，Keramati M，et al. 2006. Porosity-permeability relationships in interlayered limestone-dolostone reservoirs. AAPG Bulletin，90（1）：91-114.

Ehrenberg S N，Nadeau P H，Steen Ø. 2009. Petroleum reservoir porosity versus depth：influence of geological age. AAPG Bulletin，93（10）：1281-1296.

Ehrenberg S N，Walderhaug O，Bjørlykke K. 2012. Carbonate porosity creation by mesogenetic dissolution：reality or illusion? AAPG Bulletin，96（2）：217-233.

El Albani A，Bengtson S，Canfield D E，et al. 2010. Large colonial organisms with coordinated growth in oxygenated environments 2.1Gyr ago. Nature，466：100-104.

Elrick M. 1995. Cyclostratigraphy of Middle Devonian carbonates of the eastern Great Basin. Journal of Sedimentary Research，65（1）：61-79.

Feazel C T，Schatzinger R A. 1985. Prevention of carbonate cementation in petroleum reservoirs. Special Publications of SEPM，36：97-106.

Fike D A，Grotzinger J P，Pratt L M，et al. 2006. Oxidation of the Ediacaran ocean. Nature，444：744-747.

Flügel E. 2013. Microfacies of Carbonate Rocks：Analysis，Interpretation And Application. Berlin：Springer Science and Business Media.

Ford D，Williams P. 2007. Karst Hydrogeology and Geomorphology. Chichester：Wiley.

Foscolos A E. 1984. Diagenesis 7. catagenesis of argillaceous sedimentary rocks. Geoscience Canada，11（2）：67-75.

Garrett P. 1970. Phanerozoic stromatolites：noncompetitive ecologic restriction by grazing and burrowing animals. Science，169（3941）：171-173.

Gerlach T M. 1980. Evaluation of volcanic gas analyses from Kilauea volcano. Journal of Volcanology and Geothermal Research，7（3-4）：295-317.

Ghori K A R，Craig J，Thusu B，et al. 2009. Global Infracambrian petroleum systems：a review. Geological Society，London，Special Publications，326（1）：109-136.

Gill B C，Timothy W L，Seth A Y，et al. 2010. Geochemical evidence for widespread euxinia in the later Cambrian ocean. Nature，469：80-83.

Glikson M，Mastalerz M，Golding S D. 2000. Metallogenesis and hydrocarbon generation in northern Mount Isa Basin，Australia：implications for ore grade mineralization//Organic Matter and Mineralisation：Thermal Alteration，Hydrocarbon Generation and Role in Metallogenesis. Netherlands：Springer.

Goldhaber M B，Orr W L. 1995. Kinetic controls on thermochemical sulfate reduction as a source of sedimentary H_2S//Vairavamurthy M A，Schoonen M A. Geochemical Transformations of sedimentary Sulfur （ACS Symposium series 612）. Washington D.C.：American Chemical Society.

Goldstein R H，Anderson J E，Bowman M W. 1991. Diagenetic responses to sea-level change：integration of field，stable isotope，paleosol，paleokarst，fluid inclusion，and cement stratigraphy research to determine history and magnitude of sea-level fluctuation//Franseen E E，Watney W L，Kendall C，et al. Sedimentary Modeling：Computer Simulation and Methods for Improved Parameters Definition. Kansas：Kansas Geological Survey.

Golyshev S I，Verkhovskaya N A，Burkova V N，et al. 1991. Stable carbon isotopes in source-bed organic matter of West and East Siberia. Organic Geochemistry，17（3）：277-291.

Gorter J D，Grey K，Hocking R M. 2007. The petroleum exploration potential of the Australian Infracambrian（Ediacaran） of the Amadeus and Officer Basins. Australian Petroleum Production and Exploration Association，47（1）：391-392.

Gregg J M，Bish D L，Kaczmarek S E，et al. 2015. Mineralogy，nucleation and growth of dolomite in the laboratory and sedimentary environment：a review. Sedimentology，49：1749-1769.

Grosjean E，Love G D，Stalvies C，et al. 2009. Origin of petroleum in the Neoproterozoic-Cambrian South Oman salt basin. Organic Geochemistry，40（1）：87-110.

Guo R，Zhang S，Wang K，et al. 2021. Multiphase dolomitization and hydrothermal alteration of the Upper Cambrian-Lower Ordovician carbonates in the Gucheng uplift，Tarim Basin （NW China）. Journal of Petroleum Science and Engineering，206：108964.

Guo T. 2015. The fuling shale gas field—a highly productive Silurian gas shale with high thermal maturity and complex evolution history，southeastern Sichuan Basin，China. Interpretation，3：25-34.

Hajikazemi E，Al-Aasm I S，Coniglio M. 2010. Subaerial exposure and meteoric diagenesis of the Cenomanian-Turonian Upper Sarvak Formation，southwestern Iran. Geological Society，London，Special Publications，330（1）：253-272.

Halbouty M T. 2003. Giant oil and gas fields of the decade 1990-1999. AAPG Memoir，78：15-105.

Handford C R，Loucks R G. 1993. Carbonate depositional sequences and systems tracts—responses of carbonate platforms to relative sea-level change//Loucks R G，Rick S. Carbonate Sequence Stratigraphy，Recent Advances and Applications. McLean，VA：American Association of Petroleum Geologists.

Hao F，Zhang X，Wang C，et al. 2015. The fate of CO_2 derived from thermochemical sulfate reduction （TSR） and effect of TSR on carbonate porosity and permeability，Sichuan Basin，China. Earth-Science Reviews，141：154-177.

Hardie L A，Bosellini A，Goldhammer R K. 1986. Repeated subaerial exposure of subtidal carbonate platforms，Triassic，northern Italy：evidence for high frequency sea level oscillations on a 104-year scale. Paleoceanography，（4）：447-457.

Hays P D，Grossman E L. 1991. Oxygen isotopes in meteoric calcite cements as indicators of continental paleoclimate. Geology，19（5）：441-444.

He Z L，Ding Q，Wo Y J，et al. 2017. Experiment of carbonate dissolution：implication for high quality carbonate reservoir formation in deep and ultradeep basins. Geofluids，2017：1-8.

Heasley E C，Worden R H，Hendry J P. 2000. Cement distribution in a carbonate reservoir：recognition of a palaeo oil-water contact and its relationship to reservoir quality in the Humbly Grove field，onshore，United Kingdom. Marine and Petroleum Geology，17：639-654.

Hoffman P F，Kaufman A J，Halverson G P，et al. 1998. A neoproterozoic snowball Earth. Science，281：1342-1346.

Hofmann H J. 1976. Precambrian microflora，Belcher Islands，Canada：significance and systematics. Journal of Palaeontology，50：1040-1073.

Hood A V S，Wallace M W. 2012. Synsedimentary diagenesis in a Cryogenian reef complex：ubiquitous marine dolomite precipitation. Sedimentary Geology，255：56-71.

Hood A V S，Wallace M W，Drysdale R N. 2011. Neoproterozoic aragonite-dolomite seas? Widespread marine dolomite precipitation in Cryogenian reef complexes. Geology，39：871-874.

Hood A V S，Wallace M W，Reed C P，et al. 2015. Enigmatic carbonates of the Ombombo subgroup，Otavi Fold Belt，Namibia：a prelude to extreme Cryogenian anoxia? Sedimentary Geology，324：12-31.

Hower J，Eslinger E V，Hower M E，et al. 1976. Mechanism of burial and metamorphism of argillaceous sediment：1. Mineralogical and chemical evidence. Geological Society of America Bulletin，87（5）：725-737.

Hu Y，Cai C，Pederson C L，et al. 2020. Dolomitization history and porosity evolution of a giant，deeply buried Ediacaran gas field （Sichuan Basin，China）. Precambrian Research，338：1-21.

Huang J，Zou C，Li J，et al. 2012. Shale gas generation and potential of the Lower Cambrian Qiongzhusi Formation in the Southern Sichuan Basin，China. Petroleum Exploration and Development，39：75-81.

Hurley N F，Budros R. 1990. Albion-Scipio and Stony Point Fields—USA Michigan Basin//Beaumont E A，Foster N H. Stratigraphic Traps 1，AAPG Treatise of Petroleum Geology，Atlas of Oil and Gas Fields. Tulsa：American Association of Petroleum Geologists.

James N，Choquette P W. 1984. Diagenesis 9. limestones，the meteoric diagenetic environment. Geoscience Canada，11（2）：161-194.

James N P，Choquette P W. 1988. Paleokarst. New York：Springer.

James R H，Henry E. 1996. Chemistry of ore-forming fluids and mineral formation rates in an active hydrothermal sulfide deposit on the Mid-Atlantic Ridge. Geology，24（12）：1147-1150.

James R H，Elderfield H，Rudnicki M D，et al. 1995. Hydrothermal plumes at Broken Spur，29°N Mid-Atlantic Ridge：chemical and physical characteristics. Geology Society Special Publication，87：97-109.

Jarvie D M，Hill R J，Ruble T E，et al. 2007. Unconventional shale-gas systems：the Mississippian Barnett shale of north-central Texas as one model for thermogenic shale-gas assessment. AAPG Bulletin，91（4）：475-499.

Jiang G Q，Shi X Y，Zhang S H，et al. 2011. Stratigraphy and paleogeography of the Ediacaran Doushantuo Formation （ca. 635~551Ma） in South China. Gondwana Research，19：831-849.

Jiang L，Cai C F，Worden R H，et al. 2013. Reflux dolomitization of the Upper Permian Changxing Formation and the Lower Triassic Feixianguan Formation，NE Sichuan Basin，China. Geofluids，13（2）：232-245.

Jin T，Li Y，Luo P，et al. 2015. Types of microbialites and its reservoir rock characteristics of the Mesoproterozoic Wumishan Formation in Jixian County，Tianjin，China. Acta Geologica Sinica （English Edition），89（S1）：48-50.

Jin Z J，Zhu D Y，Zhang X F，et al. 2006. Hydrothermally fluoritized Ordovician carbonates as reservoir rocks as reservoir rocks in the Tazhong area，central Tarim Basin，NW China. Journal of Petroleum Geology，29：27-40.

Jin Z J，Zhu D Y，Hu W X，et al. 2009. Mesogenetic dissolution of the middle Ordovician limestone in the Tahe Oilfield of Tarim Basin，NW China. Marine and Petroleum Geology，26（6）：753-763.

Jones G D，Smart P L，Whitaker F F，et al. 2003. Numerical modeling of reflux dolomitization in the Grosmont platform complex （Upper Devonian），Western Canada Sedimentary Basin. AAPG Bulletin，87（8）：1273-1298.

Kendall A C. 1984. Evaporites. Canada：Geochemical.

Kershaw S，Guo L，Swift A，et al. 2002. Microbialites in the Permian-Triassic boundary interval in central China：structure，age and distribution. Facies，47（1）：83-89.

Kershaw S，Crasquin S，Li Y，et al. 2012. Microbialites and global environmental change across the Permian-Triassic boundary：a synthesis. Geobiology，10（1）：25-47.

Kiyosu Y，Krouse H R，Viau C A. 1990. Carbon isotope fractionation during oxidation of light hydrocarbon gases：relevance to thermochemical sulfate reduction in gas reservoirs//Orr W L，White C M. Geochemistry of Sulfur in Fossil Fuels. Washington D.C.：American Chemical Society.

Klinkhammer G P，Elderfield H，Edmond J M，et al. 1994. Geochemical implications of rare earth element patterns in hydrothermal fluids from mid-ocean ridges. Geochimica et Cosmochimica Acta，58（23）：5105-5113.

Koeshidayatullah A，Corlett H，Stacey J，et al. 2020. Evaluating new fault-controlled hydrothermal dolomitization models：insights from the Cambrian Dolomite，Western Canadian Sedimentary Basin. Sedimentology，67（6）：2945-2973.

Konert G，Afifi A M，Al-Hajri S A，et al. 2001. Paleozoic stratigraphy and hydrocarbon habitat of the Arabian Plate. AAPG Memoir，74：483-515.

Kump L R，Pavlov A，Arthur M A. 2005. Massive release of hydrogen sulfide to the surface ocean and atmosphere during intervals of oceanic anoxia. Geology，33（5）：397-400.

Kuznetsov V G. 1997. Riphean hydrocarbon reservoirs of the Yurubchen-Tokhom zone，Lena-Tunguska province，NE Russia. Journal of Petroleum Geology，20：459-474.

Land L S. 1980. The isotopic and trace element geochemistry of dolomite：the state of the art. SEPM Special Publication，28：87-110.

Land L S. 1983. The application of stable isotopes to studies of the origin of dolomite and to problems of diagenesis of clastic sediments//Arthur M A，Anderson T F，Kaplan I R，et al. Stable Isotopes in Sedimentary Geology，SEPM Short Course 10. Tulsa：Society for Sedimentary Geology.

Land L S. 1985. The origin of massive dolomite. Journal of Geological Education，33：112-125.

Lavoie D，Chi G，Urbatsch M，et al. 2010. Massive dolomitization of a pinnacle reef in the Lower Devonian West Point Formation （Gaspé Peninsula，Quebec）：an extreme case of hydrothermal dolomitization through fault-focused circulation of magmatic fluids. AAPG Bulletin，94（4）：513-531.

Le Heron D P. 2012. The Cryogenian record of glaciation and deglaciation in South Australia. Sedimentary Geology，243-244：57-69.

Leach D L，Plumlee G S，Hofstra A H，et al. 1991. Origin of late dolomite cement by CO_2-saturated deep basin brines：evidence from the Ozark region，central United States. Geology，19（4）：348-351.

Li C，Wang X，Li B，et al. 2013a. Paleozoic fault systems of the Tazhong uplift，Tarim Basin，China. Marine and Petroleum Geology，39（1）：48-58.

Li K，Cai C，He H，et al. 2011. Origin of palaeo - waters in the Ordovician carbonates in Tahe oilfield，Tarim

Basin：constraints from fluid inclusions and Sr，C and O isotopes. Geofluids，11（1）：71-86.

Li W，Yu H Q，Deng H B. 2012. Stratigraphic division and correlation and sedimentary characteristics of the Cambrian in central-southern Sichuan Basin. Petroleum Exploration and Development，39（6）：725-735.

Li Z X，Evans D A，Halverson G P. 2013b. Neoproterozoic glaciations in a revised global palaeogeography from the breakup of Rodinia to the assembly of Gondwanaland. Sedimentary Geology，294：219-232.

Liu Q Y，Worden R H，Jin Z J，et al. 2013. TSR versus non-TSR processes and their impact on gas geochemistry and carbon stable isotopes in Carboniferous，Permian and Lower Triassic marine carbonate gas reservoirs in the Eastern Sichuan Basin，China. Geochimica et Cosmochimica Acta，100：96-115.

Liu Q Y，Worden R H，Jin Z J，et al. 2014. Thermochemical sulphate reduction （TSR） versus maturation and their effects on hydrogen stable isotopes of very dry alkane gases. Geochimica et Cosmochimica Acta，137：208-220.

Liu Q Y，Zhu D Y，Jin Z J，et al. 2016. Coupled alteration of hydrothermal fluids and thermal sulfate reduction （TSR） in ancient dolomite reservoirs：an example from Sinian Dengying Formation in Sichuan Basin，Southern China. Precambrian Research，285：39-57.

Liu Q Y，Zhu D Y，Jin Z J，et al. 2019. Influence of volcanic activities on redox chemistry changes linked to the enhancement of the ancient Sinian source rocks in the Yangtze craton. Precambrian Research，327：1-13.

Liu Q Y，Li P，Jin Z J，et al. 2021. Preservation of organic matter in shale linked to bacterial sulfate reduction （BSR） and volcanic activity under marine and lacustrine depositional environments. Marine and Petroleum Geology，127：104950.

Lloyd R M. 1966. Oxygen isotope enrichment of sea water by evaporation. Geochimica et Cosmochimica Acta，30（8）：801-814.

Lonnee J，Machel H G. 2006. Pervasive dolomitization with subsequent hydrothermal alteration in the Clarke Lake gas field，Middle Devonian Slave Point Formation，British Columbia，Canada. AAPG Bulletin，90（11）：1739-1761.

Loucks R G. 1999. Paleocave carbonate reservoir：origins，burial-depth modifications，spatial complexity，and reservoir implications. AAPG Bulletin，83（11）：1795-1834.

Loucks R G，Mescher P K，McMechan G A. 2004. Three-dimensional architecture of a coalesced，collapsed-paleocave system in the Lower Ordovician Ellenburger Group，Central Texas. AAPG Bulletin，88（5）：545-564.

Love G D，Grosjean E，Stalvies C，et al. 2009. Fossil steroids record the appearance of Demospongiae during the Cryogenian period. Nature，457：718-721.

Lü X X，Yang N，Zhou X Y，et al. 2008. Influence of Ordovician carbonate reservoir beds in Tarim Basin by faulting. Science in China Serial D：Earth Science，51（S2）：53-60.

Lu X，Wang Y，Tian F，et al. 2017. New insights into the carbonate karstic fault system and reservoir formation in the Southern Tahe area of the Tarim Basin. Marine and Petroleum Geology，86：587-605.

Luczaj J A，Harrison W B，Smith Williams N. 2006. Fractured hydrothermal dolomite reservoirs in the Devonian Dundee Formation of the central Michigan Basin. AAPG Bulletin，90（11）：1787-1801.

Luo G M，Hallmann C，Xie S C，et al. 2015. Comparative microbial diversity and redox environments of black shale and stromatolite facies in the Mesoproterozoic Xiamaling Formation. Geochimica et Cosmochimica Acta，151：150-167.

Lyons T W，Anbar A D，Severmann S，et al. 2009. Tracking Euxinia in the ancient ocean：a multiproxy perspective and proterozoic case study. Annual Review of Earth and Planetary Sciences，37：507-534.

Ma A，Jin Z，Zhu C. 2018. Detection and research significance of thiadiamondoids from crude oil in Well Shunnan 1，Tarim Basin. Acta Petrolei Sinica，39（1）：42-53.

Ma Y，Cai X，Guo T. 2007a. The controlling factors of oil and gas charging and accumulation of Puguang gas field in the Sichuan Basin. Chinese Science Bulletin，52（S1）：193-200.

Ma Y，Guo X，Guo T，et al. 2007b. The Puguang gas field：new giant discovery in the mature Sichuan Basin，Southwest China. AAPG Bulletin，91：627-643.

Ma Y，Guo T，Zhao X，et al. 2008a. The formation mechanism of high-quality dolomite reservoir in the deep of Puguang Gas Field. Science in China Series D：Earth Sciences，51（ZK1）：53-64.

Ma Y，Zhang S，Guo T，et al. 2008b. Petroleum geology of the Puguang sour gas field in the Sichuan Basin，SW China. Marine and Petroleum Geology，25：357-370.

Ma Y S，Cai X Y，Yun L，et al. 2022. Practice and theoretical and technical progress in exploration and development of Shunbei ultra-deep carbonate oil and gas field，Tarim Basin，NW China. Petroleum Exploration and Development，49（1）：1-20.

Machel H G. 2004. Concepts and models of dolomitization：a critical reappraisal. London：Geological Society，Special Publications，235（1）：7-63.

Machel H G，Anderson J H. 1989. Pervasive subsurface dolomitization of the Nisku Formation in central Alberta. Journal of Sedimentary Petrology，59：891-911.

Machel H G，Krouse H R，Sassen R. 1995. Products and distinguishing criteria of bacterial and thermochemical sulfate reduction. Applied Geochemistry，10：373-389.

Magoon L B，Beaumont E A. 1999. Petroleum systems//Beaumount E A，Foster N H. Handbook of Petroleum Geology：Exploring for Oil and Gas Traps. Tulsa：American Association of Petroleum Geologists.

Maliva R G，Missimer T M，Clayton E A，et al. 2009. Diagenesis and porosity preservation in Eocene microporous limestones，South Florida，USA. Sedimentary Geology，217（1-4）：85-94.

Mazzullo S J. 2004. Overview of porosity evolution in carbonate reservoirs. Kansas Geological Society Bulletin，79（1-2）：1-19.

Mazzullo S J，Harris P M. 1992. Mesogenetic dissolution：its role in porosity development in carbonate reservoir. AAPG Bulletin，76（5）：607-620.

Mazzullo S J，Chilingarian G V. 1996. Hydrocarbon reservoirs in karsted carbonate rocks. Developments in Petroleum Science，44：797-865.

McFadden K A，Huang J，Chu X L，et al. 2008. Pulsed oxidation and biological evolution in the Ediacaran Doushantuo Formation. Proceedings of the National Academy of Sciences，105（9）：3197-3202.

McFadden K A，Xiao S，Zhou C，et al. 2009. Quantitative evaluation of the biostratigraphic distribution of acanthomorphic acritarchs in the Ediacaran Doushantuo Formation in the Yangtze Gorges area，South China. Precambrian Research，173（1-4）：170-190.

Mckirdy D M，Imbus S W. 1992. Precambrian petroleum：a decade of changing perceptions//Schidlowsk M. Early organic evolution：implications for mineral and energy resources. Berlin Heidelberg：Springer.

Mei M X，Meng Q F. 2016. Composition diversity of modern stromatolites：a key and window for further understanding of the formation of ancient stromatolites. Journal of Palaeogeography，18（2）：127-146.

Meng Q，Zhu D，Hu W，et al.2013. Dissolution-filling mechanism of atmospheric precipitation controlled by both thermodynamics and kinetics. Science China：Earth Sciences，56（2）：2150-2159.

Meyer K M，Kump L R. 2008. Oceanic euxinia in earth history：causes and consequences. Annual Review of Earth and Planetary Sciences，36：251-288.

Michard A. 1989. Rare earth element systematics in hydrothermal fluids. Geochimica et Cosmochimica Acta，53（3）：745-750.

Michel T H. 2003. Giant fields 1868-2003 in CD-ROM of giant oil and gas fields of the decade 1990-1999：AAPG Memoir，78：123-137.

Mills R A，Henry E. 1995. Rare earth element geochemistry of hydrothermal deposits from the active TAG Mound，26° N Mid-Atlantic Ridge. Geochimica et Cosmochimica Acta，59（17）：3511-3524.

Mitchum R M，van Wagoner J C. 1991. High-frequency sequences and their stacking patterns：sequence-stratigraphic evidence of high-frequency eustatic cycles. Sedimentary Geology，70（2-4）：131-160.

Möller P，Bau M，1993. Rare-earth patterns with positive cerium anomaly in alkaline waters from Lake Van，Turkey. Earth and Planetary Science Letters，117：671-676.

Monty C. 1973. Precambrian background and Phanerozoic history of stromatolitic communities，an overview. Annales de la Société géologique de Belgique，96：585-624.

Moore C H. 1989. Carbonate Diagenesis and Porosity，Developments in Sedimentology. Amsterdam：Elsevier Science.

Moore C H. 2001. Carbonate Reservoirs：Porosity，Evolution and Diagenesis in a Sequence Stratigraphic Framework. Amsterdam：Elsevier Science.

Mores J W，Avidson R S. 2002. The dissolution kinetics of major sedimentary carbonate minerals. Earth-Science Reviews，58：51-84.

Morrow D W. 1982. Diagenesis 1. Dolomite-Part 1：the chemistry of dolomitization and dolomite precipitation. Geoscience Canada，9（1）：5-13.

Nakai N，Jensen M L. 1967. Sources of atmospheric sulfur compounds. Geochemical Journal，（4）：199-210.

Neng Y，Yang H J，Deng X L. 2018. Structural patterns of fault damage zones in carbonate rocks and their influences on petroleum accumulation in Tazhong Paleo-uplift，Tarim Basin，NW China. Petroleum Exploration and Development，45（1）：40-50.

Nesbitt H W，Markovics G. 1997. Weathering of granodioritic crust，long-term storage of elements in weathering profiles，and petrogenesis of siliciclastic sediments. Geochimica Cosmochimica Acta，61（8）：1653-1670.

Nijenhuis I A，Bosch H J，Sinninghe Damsté J S，et al. 1999. Organic matter and trace element rich sapropels and black shales：a geochemical comparison. Earth and Planetary Science Letters，169：277-290.

Nothdurft L D，Gregory E W，Balz S K. 2004. Rare earth element geochemistry of Late Devonian reefal carbonates，Canning Basin，Western Australia，confirmation of a seawater REE proxy in ancient limestones.

Geochimica Cosmochimica Acta，68（2）：263-283.

Nutman A P，Bennett V C，Friend C R，et al. 2016. Rapid emergence of life shown by discovery of 3，700-million-year-old microbial structures. Nature，537（7621）：535-538.

O'Neil J R，Clayton R N，Mayeda T K. 1969. Oxygen isotope fractionation in divalent metal carbonates. Journal of Chemical Physics，51：5547.

Olivier N，Boyet M. 2006. Rare earth and trace elements of microbialites in Upper Jurassic coral-and sponge-microbialite reefs. Chemical Geology，230（1-2）：105-123.

Orr W L. 1977. Geologic and geochemical controls on the distribution of hydrogen sulfide in natural gas. Advances in Organic Geochemistry，7：571-597.

Pan C，Yu L，Liu J，et al. 2006. Chemical and carbon isotopic fractionations of gaseous hydrocarbons during abiogenic oxidation. Earth and Planetary Science Letters，246（1-2）：70-89.

Papineau D，Walker J J，Mojzsis S J，et al. 2005. Composition and structure of microbial communities from stromatolites of Hamelin Pool in Shark Bay，Western Australia. Applied and Environmental Microbiology，71（8）：4822-4832.

Parkhurst D L，Appelo C A J. 1999. User's guide to PHREEQC（version 2）：a computer program for speciation，batch-reaction，one-dimensional transport，and inverse geochemical calculations. Reston，Virginia：U.S. Geological Survey.

Peters K E，Clark M E，Das Gupta U，et al. 1995. Recognition of an Infracambrian source rock based on biomarkers in the Baghewala-1 oil，India. AAPG Bulletin，79（10）：1481-1493.

Peters K E，Walters C C，Moldowan J M. 2005. The Biomarker Guide，Second ed. Cambridge：Cambridge University Press.

Petrash D A，Bialik O M，Bontognali T R R，et al. 2017. Microbially catalyzed dolomite formation：from near-surface to burial. Earth-Science Reviews，171：558-582.

Pierre C，Rouchy J M，Gaudichet A. 2000. Diagenesis in the gas hydrate sediments of Blake Ridge：mineralogy and stable isotope compositions of the carbonate and sulfide minerals//Paull C K，Matsumoto R，Wallace P J. Proceedings of the Ocean Drilling Program：Scientific Results. College Station，Texas：Ocean Drilling Program

Piper D Z. 1991. Geochemistry of a Tertiary sedimentary phosphate deposit，Baja California Sur，Mexico. Chemical Geology，92：283-316.

Plummer L N，Parkhurst D L，Fleming G W，et al. 1988. A computer program incorporating Pitzer's equations for calculation of geochemical reactions in brines. Reston，Virginia：U.S. Geological Survey.

Pomar L，Hallock P. 2008. Carbonate factories：a conundrum in sedimentary geology. Earth-Science Reviews，87（3-4）：134-169.

Pratt B R. 1982. Stromatolite decline：a reconsideration. Geology，10（10）：512-515.

Qian Y X，Chen Y，Chen Q L，et al. 2006. General characteristics of burial dissolution for Ordovician carbonate reservoirs in the northwest of Tazhong area. Acta Petrolei Sinica，27：47-52.

Qian Y X，Du Y M，Chen D Z，et al. 2014. Stratigraphic sequences and sedimentary facies of Qigebulak Formation at Xianerbulak，Tarim Basin. Petroleum Geology and Experiment，36（1）：1-8.

Qing H，Mountjoy E W. 1994. Formation of coarsely crystalline，hydrothermal dolomite reservoirs in the

Presqu'ile barrier，Western Canada Sedimentary Basin. AAPG Bulletin，71（8）：55-77.

Qing H，Bosence D W J，Rose E P F. 2001. Dolomitization by penesaline sea water in Early Jurassic peritidal platform carbonates，Gibraltar，western Mediterranean. Sedimentology，48（1）：153-163.

Qiu H，Deng S，Cao Z，et al. 2019. The evolution of the complex anticlinal belt with crosscutting strike - slip faults in the central Tarim basin，NW China. Tectonics，38（6）：2087-2113.

Qiu N，Chang J，Zhu C，et al. 2022. Thermal regime of sedimentary basins in the Tarim，Upper Yangtze and North China Cratons，China. Earth-Science Reviews，224：103884.

Riding R. 2000. Microbial carbonates：the geological record of calcified bacterial-algal mats and biofilms. Sedimentology，47：179-214.

Riding R. 2006. Microbial carbonate abundance compared with fluctuations in metazoan diversity over geological time. Sedimentary Geology，185（3-4）：229-238.

Riding R. 2011. Microbialites，stromatolites，and thrombolites//Reitner J，Thiel V. Encyclopedia of Geobiology，Encyclopedia of Earth Science Series. Heidelberg：Springer.

Ries J B，Fike D A，Pratt L M，et al. 2009. Superheavy pyrite（$\delta^{34}S_{pyr} > \delta^{34}S_{CAS}$）in the Terminal Proterozoic Nama Group，Southern Namibia：a consequence of low seawater sulfate at the dawn of animal life. Geology，37：743-746.

Risacher F，Alonso H，Salazar C. 2003. The origin of brines and salts in Chilean salars：a hydrochemical review. Earth-Science Reviews，63（3-4）：249-293.

Sahoo S K，Planavsky N J，Kendall B，et al. 2012. Ocean oxygenation in the wake of the Marinoan glaciation. Nature，489（7417）：546-549.

Saller A，Ball B，Robertson S，et al. 2001. Reservoir characteristics of Devonian cherts and their control on oil recovery：dollarhide field，west Texas. AAPG Bulletin，85（1）：35-50.

Saller A H，Nuel H. 1998. Distribution of porosity and permeability in platform dolomites：insight from the Permian of west Texas. AAPG Bulletin，82（8）：1528-1550.

Saller A H，Budd D A，Harris P M. 1994. Unconformities and porosity development in carbonate strata：ideas from a Hedberg conference. AAPG Bulletin，78（6）：857-872.

Sánchez-Román M，Vasconcelos C，Schmid T，et al. 2008. Aerobic microbial dolomite at the nanometer scale：implications for the geologic record. Geology，36（11）：879-882.

Schmidt V，McDonald. 1979. The role of secondary porosity in the course of sandstone diagenesis. SEMP Special Publication，26（1）：175-207.

Schmoker J W，Hally R B. 1982. Carbonate porosity versus depth：a predictable relation for South Florida. AAPG Bulletin，66（12）：2561-2570.

Schoell M. 1980. The hydrogen and carbon isotopic composition of methane from natural gases of various origins. Geochimica et Cosmochimica Acta，44（5）：649-661.

Scholle P A，Ulmer-Scholle D S. 2003. A color guide to the petrography of carbonates rocks：grains，textures，porosity，diagenesis. Tulsa：American Association of Petroleum Geologists.

Scott C T，Bekker A，Reinhard C T，et al. 2011. Late Archean euxinic conditions before the rise of atmospheric oxygen. Geology，39（2）：119-122.

Seewald J S. 2003. Organic-inorganic interactions in Petroleum Producing Sedimentary Basins. Nature，426：327-333.

Seilacher A，Grazhdankin D，Legouta A. 2003. Ediacaran biota：the dawn of animal life in the shadow of giant protists. Paleontological Research，7（1）：43-54.

Shangguan Z G，Bai C H，Sun M L. 2000. Mantle-derived magmatic gas releasing features at the Rehai area，Tengchong county，Yunnan Province，China. Science in China Serial D：Earth Science，43（2）：132-140.

Shen A J，Zhao W Z，Hu A P，et al. 2015. Major factors controlling the development of marine carbonate reservoirs. Petroleum Exploration and Development，42（5）：597-608.

Sholkovitz E R. 1992. Chemical evolution of rare earth elements：fractionation between colloidal and solution phases of filtered river water. Earth Planetary Science Letters，114：77-84.

Shuster A M，Wallace M W，Hood A V S，et al. 2018. The Tonian Beck Spring Dolomite：marine dolomitization in a shallow，anoxic sea. Sedimentary Geology，368：83-104.

Smith L B. 2006. Origin and reservoir characteristics of Upper Ordovician Trenton-Black River hydrothermal dolomite reservoirs in New York. AAPG Bulletin，90（11）：1691-1718.

Smodej J，Reuning L，Becker S，et al. 2019. Micro-and nano-pores in intrasalt，microbialite-dominated carbonate reservoirs，Ara Group，South-Oman Salt Basin. Marine and Petroleum Geology，104：389-403.

Solomon S T，Walkden G M. 1985. The application of cathodoluminescence to interpreting the diagenesis of an ancient calcrete profile. Sedimentology，32（6）：877-896.

Sperling E A，Carbone C，Strauss J V，et al. 2016. Oxygen，facies，and secular controls on the appearance of Cryogenian and Ediacaran body and trace fossils in the Mackenzie Mountains of northwestern Canada. GSA Bulletin，128：558-575.

Spirakis C S，Heyl A V. 1988. Possible effects of thermal degradation of organic matter on carbonate paragenesis and fluorite precipitation in Mississippi Valley-type deposits. Geology，16（12）：1117-1120.

Stacey J，Corlett H，Holland G，et al. 2021. Regional fault-controlled shallow dolomitization of the Middle Cambrian Cathedral Formation by hydrothermal fluids fluxed through a basal clastic aquifer. GSA Bulletin，133（11-12）：2355-2377.

Sternbach C A，Friedman G M. 1986. Dolomites formed under conditions of deep burial：Hunton Group carbonate rocks（Upper Ordovician to Lower Devonian）in the deep Anadarko Basin of Oklahoma and Texas. Carbonates and Evaporites，1（1）：69-73.

Strasser A. 1994. Milankovitch cyclicity and high-resolution sequence stratigraphy in lagoonal-peritidal carbonates（Upper Tithonian-Lower Berriasian，French Jura Mountains）. International Association of Sedimentologists，19：258-301.

Summons R E，Jahnke L L，Hope J M，et al. 1999. 2-Methylhopanoids as biomarkers for cyanobacterial oxygenic photosynthesis. Nature，400：554-556.

Sun S Q. 1995. Dolomite reservoirs，porosity evolution and reservoir characteristics. AAPG Bulletin，79（2）：186-204.

Surdam R C，Boese S W，Crossey L J. 1982. Role of organic and inorganic reactions in development of secondary porosity in sandstones. AAPG Bulletin，66（6）：635-642.

Surdam R C，Boese S W，Crossey L J. 1984. The chemistry of secondary porosity// McDonald D A，Suedam R C. Clastic Diagenesis. Tulsa：American Association of Petroleum Geologists.

Sverjensky D A. 1984. Europium redox equilibria in aqueous solution. Earth Planetary Science Letter，67：70-78.

Taylor S R，McLennan S M. 1985. The Continental Crust：Its Composition and Evolution. Oxford：Blackwell.

Tissot B P，Welte D H. 1978. Petroleum formation and occurrence：a new approach to oil and gas exploration. New York：Springer-Verlaf.

Toland W G. 1960. Oxidation of organic compounds with aqueous sulfate. Journal of American Chemical Society，82：1911-1916.

Tosti F，Riding R. 2017. Current molded，storm damaged，sinuous columnar stromatolites：mesoproterozoic of northern China. Palaeogeography，Palaeoclimatology，Palaeoecology，465：93-102.

Tucker M E. 1982. Precambrian dolomites：petrographic and isotopic evidence that they differ from Phanerozoic dolomites. Geology，10：7-12.

Vacher H L，Mylroie J E. 2002. Eogenetic karst from the perspective of an equivalent porous medium. Carbonates and Evaporites，17：182-196.

Vandeginste V，Swennen R，Reed M H，et al. 2009. Host rock dolomitization and secondary porosity development in the Upper Devonian Cairn Formation of the Fairholme carbonate complex （South-west Alberta，Canadian Rockies）：diagenesis and geochemical modelling. Sedimentology，56（7）：2044-2060.

Vasconcelos C，McKenzie J A. 1997. Microbial mediation of modern dolomite precipitation and diagenesis under anoxic conditions （Lagoa Vermelha，Rio de Janeiro，Brazil）. Journal of Sedimentary Research，67：378-390.

Vasconcelos C，McKenzie J A，Warthmann R，et al. 2005. Calibration of the $\delta^{18}O$ paleothermometer for dolomite precipitated in microbial cultures and natural environments. Geology，33（4）：317-320.

Vasconcelos C，Warthmann R，McKenzie J A，et al. 2006. Lithifying microbial mats in Lagoa Vermelha，Brazil：Modern Precambrian relics?. Sedimentary Geology，185（3-4）：175-183.

Veizer J，Bruckschen P，Pawellek F，et al. 1997. Oxygen isotope evolution of Phanerozoic seawater. Palaeogeography，Palaeoclimatology，Palaeoecology，132（1-4）：159-172.

Veizer J，Ala D，Azmy K，et al. 1999. $^{87}Sr/^{86}Sr$，$\delta^{13}C$ and $\delta^{18}O$ evolution of Phanerozoic seawater. Chemical Geology，161（1）：59-88.

Viers J，Dupre′ B，Polve′ B M ，et al. 1997. Chemical weathering in the drainage basin of a tropical watershed（Nsimi-Zoetele site，Cameroon）：comparison between organic-poor and organic-rich waters. Chemical Geology，140：181-206.

Wacey D，Wright D T，Boyce A J. 2007. A stable isotope study of microbial dolomite formation in the Coorong region，South Australia. Chemical Geology，244（1-2）：155-174.

Walter M R，Grotzinger J P，Schopf J W. 1992. Proterozoic Stromatolites. Cambridge：Cambridge University Press.

Wang B，Al-Aasm I S. 2002. Karst-controlled diagenesis and reservoir development：example from the Ordovician main-reservoir carbonate rocks on the eastern margin of the Ordos basin，China. AAPG Bulletin，86（9）：1639-1658.

Wang J B，He Z L，Zhu D Y，et al. 2020a. Petrological and geochemical characteristics of the botryoidal dolomite of Dengying Formation in the Yangtze Craton, South China: constraints on terminal Ediacaran "dolomite seas". Sedimentary Geology, 406: 105722.

Wang J B, Zhu D Y, He Z L, et al. 2024. Guizhou modern karsts as analogs for paleokarst reservoirs in the Shunbei oil field, Tarim Basin, China. AAPG Bulletin, 108: 521-545.

Wang S F, Zhou C N, Dong D Z, et al. 2015. Multiple controls on the paleoenvironment of the early Cambrian marine black shales in the Sichuan Basin, SW China: geochemical and organic carbon isotopic evidence. Marine and Petroleum Geology, 66: 660-672.

Wang W, Kano A, Okumura T, et al. 2007. Isotopic chemostratigraphy of the microbialite-bearing Permian-Triassic boundary section in the Zagros Mountains, Iran. Chemical Geology, 244 (3-4): 708-714.

Wang X L, Hu W X, Chen Q, et al. 2010. Characteristics and formation mechanism of Upper Sinian algal dolomite at the Kalpin area, Tarim Basin, NW China. Acta Geologica Sinica, 84 (10): 1479-1494.

Wang Z C, Liu J J, Jiang H, et al. 2019. Lithofacies paleogeography and exploration significance of Sinian Doushantuo depositional stage in the middle-upper Yangtze region, Sichuan Basin, SW China. Petroleum Exploration and Development, 46 (1): 39-51.

Wang Z C, Jiang H, Chen Z Y, et al. 2020b. Tectonic paleogeography of Late Sinian and its significances for petroleum exploration in the middle-upper Yangtze region, South China. Petroleum Exploration and Development, 47 (5): 884-897.

Warren J. 2000. Dolomite: occurrence, evolution and economically important associations. Earth-Science Reviews, 52 (1-3): 1-81.

Webb G E, Balz S K. 2000. Rare earth elements in Holocene reefal microbialites, a new shallow seawater proxy. Geochimica et Cosmochimica Acta, 64 (9): 1557-1565.

Wei G Q, Cheng G S, Du S M, et al. 2008. Petroleum systems of the oldest gas field in China: neoproterozoic gas pools in the Weiyuan gas field, Sichuan Basin. Marine and Petroleum Geology, 25 (4/5): 371-386.

Wierzbicki R, Dravis J J, Al-Aasm I, et al. 2006. Burial dolomitization and dissolution of Upper Jurassic Abenaki platform carbonates, deep Panuke reservoir, Nova Scotia, Canada. AAPG Bulletin, 90 (11): 1843-1861.

Wilson N S. 2000. Organic petrology, chemical composition, and reflectance of pyrobitumen from the El Soldado Cu deposit, Chile. International Journal of Coal Geology, 43 (1): 53-82.

Winter B L, Johnson C M, Clark D. 1997. Strontium, neodymium, and lead isotope variations of authigenic and silicate sediment components from the Late Cenozoic Arctic Ocean: implications for sediment provenance and the source of trace metals in seawater. Geochimica et Cosmochimica Acta, 61 (19): 4181-4200.

Worden R H, Smalley P C, Oxtoby N H. 1995. Gas souring by thermochemical sulfate reduction at 140℃. AAPG Bulletin, 79: 854-863.

Worden R H, Smalley P C, Oxtoby N H. 1996. The effect of thermochemical sulfate reduction upon formation water salinity and oxygen isotopes in carbon gas reservoirs. Geochimica et Cosmochimica Acta, 60: 3925-3931.

Wu M, Wang Y, Zheng M, et al. 2007. The hydrothermal karstification and its effect on Ordovician carbonate reservoir in Tazhong Uplift of Tarim Basin, Northwest China. Science in China Series D: Earth Sciences-English Edition, 50: 103.

Xiao D，Cao J，Luo B，et al. 2021. Neoproterozoic postglacial paleoenvironment and hydrocarbon potential：a review and new insights from the Doushantuo Formation Sichuan Basin，China. Earth-Science Reviews，212（1-2）：103453.

Xiao S，Laflamme M. 2009. On the eve of animal radiation：phylogeny，ecology and evolution of the Ediacara biota. Trends in Ecology and Evolution，24（1）：31-40.

Xiao S H，Schiffbauer J D，McFadden K A，et al. 2010. Petrographic and SIMS pyrite sulfur isotope analyses of Ediacaran chert nodules：implications for microbial processes in pyrite rim formation，silicification，and exceptional fossil preservation. Earth and Planetary Science Letters，297（3-4）：481-495.

Yan W，Yang G，Yi Y，et al. 2019. Characteristics and genesis of Upper Sinian dolomite reservoirs in Keping area，Tarim Basin. Acta Petrolei Sinica，40（3）：295-307，321.

Yilmaz İ Ö，Altiner D. 2006. Cyclic palaeokarst surfaces in Aptian peritidal carbonate successions （Taurides，southwest Turkey）：internal structure and response to mid-Aptian sea-level fall. Cretaceous Research，27（6）：814-827.

You D，Han J，Hu W，et al. 2018. Characteristics and formation mechanisms of silicified carbonate reservoirs in well SN4 of the Tarim Basin. Energy Exploration and Exploitation，36（4）：820-849.

Zeng，C，Liu C，Zhao M，et al. 2016. Hydrologically-driven variations in the karst-related carbon sink fluxes：insights from high-resolution monitoring of three karst catchments in Southwest China. Journal of Hydrology，533：74-90.

Zeng C，Li Z，Wang Y，et al. 2020. Early paleozoic tropical paleokarst geomorphology predating terrestrial plant growth in the Tahe oilfield，Northwest China. Marine and Petroleum Geology，122：104653.

Zenger D H，Dunham J B，Ethington R L. 1980. Concepts and models of dolomitization. SEPM Special Publication，28：320.

Zhang S C，Zhu G Y，Chen J P，et al. 2007. A discussion on gas sources of the Feixianguan Formation H_2S-rich giant gas fields in the Northeastern Sichuan Basin. Chinese Science Bulletin，52（1）：113-124.

Zhang S C，Su J，Ma S H，et al. 2021. Eukaryotic red and green algae populated the tropical ocean 1400 million years ago. Precambrian Research，357：106-166.

Zhao W，Shen A，Qiao Z，et al. 2014. Carbonate karst reservoirs of the Tarim Basin，northwest China：types，features，origins，and implications for hydrocarbon exploration. Interpretation，2（3）：SF65-SF90.

Zhao W Z，Wei G Q，Yang W，et al. 2017. Discovery of Wanyuan-Dazhou intracratonic rift and its exploration significance in the Sichuan Basin，SW China. Petroleum Exploration and Development，44（5）：659-669.

Zheng J F，Pan W Q，Shen A J，et al. 2020. Reservoir geological modeling and significance of Cambrian Xiaoerblak Formation in Keping outcrop area，Tarim Basin，NW China. Petroleum Exploration and Development，47（3）：536-547.

Zhou J G，Yao G S，Yang G，et al. 2015. Genesis mechanism of the Sinian-Cambrian reservoirs in the Anyue Gas Field，Sichuan Basin. Natural Gas Industry，B2-2：127-135.

Zhu D，Meng Q，Jin Z，et al. 2015a. Formation mechanism of deep Cambrian dolomite reservoirs in the Tarim basin，Northwestern China. Marine and Petroleum Geology，59（1）：232-244.

Zhu D，Liu Q，Zhang J，et al. 2019a. Types of Fluid Alteration and Developing Mechanism of Deep Marine

Carbonate Reservoirs. Geofluids，1：1-18.

Zhu D Y，Jin Z J，Hu W X，et al. 2008. Effects of abnormally high heat stress on petroleum in reservoir. Science in China Series D：Earth Sciences，51（4）：515-527.

Zhu D Y，Jin Z J，Hu W X. 2010. Hydrothermal recrystallization of the Lower Ordovician dolomite and its significance to reservoir in northern Tarim Basin. Science in China Series D：Earth Sciences，53（3）：368-381.

Zhu D Y，Liu Q Y，He Z L，et al. 2020. Early development and late preservation of porosity linked to presence of hydrocarbons in Precambrian microbialite gas reservoirs within the Sichuan Basin，southern China. Precambrian Research，342：105694.

Zhu D Y，Liu Q Y，Wang J B. 2022. Transition of seawater conditions favorable for development of microbial hydrocarbon source—Reservoir assemblage system in the Precambrian. Precambrian Research，374，106649.

Zhu D Y，Liu Q Y，Wang J B，et al. 2024. Differential fault-fluid alterations and reservoir properties in ultra-deep carbonates in the Tarim Basin，NW China. Applied Geochemistry，170：106084.

Zhu G，Zhang S，Wang H，et al. 2009. The formation and distribution of deep weathering crust in north Tarim Basin. Acta Petrologica Sinica，25（10）：2384-2398.

Zhu G，Zhang S，Huang H P，et al. 2011. Gas genetic type and origin of hydrogen sulfide in the Zhongba gas field of the Western Sichuan Basin，China. Applied Geochemistry，26：1261-1273.

Zhu G，Wang T，Xie Z，et al. 2015b. Giant gas discovery in the Precambrian deeply buried reservoirs in the Sichuan Basin，China：implications for gas exploration in old cratonic basins. Precambrian Research，262：45-66.

Zhu G Y，Zhang S C，Liang Y B，et al. 2005. Isotopic evidence of TSR origin for natural gas bearing high H_2S contents within the Feixianguan Formation of the Northeastern Sichuan Basin，Southwestern China. Science in China Series D：Earth Sciences，48（11）：1960-1971.

Zhu G Y，Zhang S C，Liang Y B，et al. 2007. The genesis of H_2S in the Weiyuan Gas Field，Sichuan Basin and its evidence. Chinese Science Bulletin，52（10）：1394-1404.

Zhu G Y，Li T T，Zhao K，et al. 2019b. Excellent source rocks discovered in the Cryogenian interglacial deposits in South China：geology，geochemistry，and hydrocarbon potential. Precambrian Research，333：105455.

Zou C，Wei G，Xu C，et al. 2014. Geochemistry of the Sinian—Cambrian gas system in the Sichuan Basin，China. Organic Geochemistry，74：13-21.

Zou Y，You D，Chen B，et al. 2023. Carbonate U-Pb geochronology and clumped isotope constraints on the origin of hydrothermal dolomites：a case study in the middle permian Qixia Formation，Sichuan Basin，South China. Minerals，13（2）：223.